ICOLD
COMMITTEE ON CONCRETE DAMS
ROLLER-COMPACTED CONCRETE DAMS

CIGB
COMITÉ SUR LES BARRAGES EN BÉTON
BÉTON COMPACTÉ AU ROULEAU

T0187540

INTERNATIONAL COMMISSION ON LARGE DAMS
COMMISSION INTERNATIONALE DES GRANDS BARRAGES
61, avenue Kléber, 75116 Paris
Téléphone : (33-1) 47 04 17 80 - Fax : (33-1) 53 75 18 22
http://www.icold-cigb.org./

CRC Press/Balkema is an imprint of the Taylor & Francis Group, an informa business
© 2021 ICOLD/CIGB, Paris, France

Typeset by Apex CoVantage, LLC

Published by: CRC Press/Balkema
Schipholweg 107C, 2316 XC Leiden, The Netherlands
e-mail: Pub.NL@taylorandfrancis.com
www.routledge.com – www.taylorandfrancis.com

AVERTISSEMENT – EXONÉRATION DE RESPONSABILITÉ :

NOTICE – DISCLAIMER:

Original text in English
French translation by the Comité Français des Barrages et Réservoirs
& Comite Suisse des Barrages
Layout by Nathalie Schauner

Texte original en anglais
Traduction en français par le Comité Français des Barrages et Réservoirs
& Comite Suisse des Barrages
Mise en page par Nathalie Schauner

ISBN: 978-0-367-34949-3 (Pbk)
ISBN: 978-0-429-32901-2 (eBook)

COMMITTEE ON CONCRETE DAMS
COMITÉ SUR IES BARRAGES EN BÉTON
(2015–2018)

Chairman/Président

United States/États-Unis   Mr MICHAEL ROGERS

Vice Chairman/Vice Président

Switzerland/Suisse   Dr MARCO CONRAD

Members/Membres

Australia/Australie   Mr BRIAN FORBES

Austria/Autriche   Dr WALTER PICHLER

Brazil/Brésil   Dr JOSÉ MARQUES FILHO

Canada/Canada   Mr FRANÇOIS COUTURIER

Chile/Chili   Dr LEONARDO BUSTAMENTE

China/Chine   Dr YAO XU

France   Mr MICHEL GUERINET

Great Britain/Grande Bretagne   Dr MALCOLM DUNSTAN,

India/Inde   Mr B.J PARMAR

Iran   Mr MOHAMMAD ESMAELNIA OMAR

Iraq   Dr DAL OTHMAN

Italy/Italie   Dr MARIO BERRA

Japan/Japon   Dr YOSHIKAZU YAMACUCHI

Korea/Korée   Mr HYUNG-SEOP PARK

Norway/Norvège   Mr OLE-JOHN BERTHELSEN

Pakistan   Dr AZHAR SALIM SHEIKH

Portugal   Dr ARMANDO CAMELO

Russia/Russie   Dr GALINA KOSTYRYA

South Africa/Afrique du Sud   Dr QUENTIN SHAW

PRÉSIDENT

Sous-comité BCR

Spain/Espagne   Mr RAFAEL IBAÑEZ DE ALDECOA

Sweden/Suède   Mr ERIC NORDSTROM

Switzerland /Suisse   Mr FRANCOIS AMBERG

Turkey/Turquie   Mr DINÇER AYDOĞAN

Ukraine   Mr JURIJ LANDAU

SOMMAIRE	CONTENTS

TABLE DES MATIÈRES

TABLE OF CONTENTS

LISTE DES FIGURES ET TABLEAUX

FIGURES

LIST OF FIGURES AND TABLES

FIGURES

TABLEAUX

TABLES

AVANT-PROPOS

Le présent Bulletin sur les barrages en béton compacté au rouleau a été préparé afin de mettre à jour le Bulletin N° 126 de 2003 de la CIGB, intitulé «Barrages en béton compacté au rouleau - Technique actuelle et Exemples ». Au cours des 15 années écoulées depuis, la technologie du béton compacté au rouleau pour les barrages a continué de se développer et le nouveau document présente l'état de la technologie en date de 2018. En comparaison, alors qu'il y avait environ 250 barrages en BCR achevés au moment de la publication du Bulletin N° 126, à la fin de 2017, il y en avait plus de 700 dans le monde. Le nombre de barrages BCR achevés ayant une hauteur supérieure à 100 m est passé d'environ 30 à la fin de 2003 à 115 à la fin de 2017, ce qui témoigne de la confiance croissante que suscitent les barrages en BCR. Alors que le béton compacté au rouleau pouvait encore être considéré comme une nouvelle technologie en 2003, il est maintenant vrai de dire que la construction par compactage au rouleau est devenue l'approche standard pour les grands barrages-poids en béton.

Le présent bulletin a pour objet de présenter les pratiques actuelles et l'état des connaissances de cette technologie du béton compacté au rouleau pour les barrages. Le Bulletin remplace le Bulletin N° 126 de la CIGB « Barrages en Béton Compacté au Roleau » publié en 2003 et le Bulletin N° 75 « Béton compacté pour les barrages-poids», publié en 1989.

En 2013, la Commission internationale des grands barrages (CIGB) a demandé à son comité technique sur les barrages en béton, alors présidé par R.G. Charlwood (États-Unis), de préparer une mise à jour complète du Bulletin N° 126 afin de présenter la technologie actuelle des barrages en béton compacté au rouleau. Un sous-comité du comité sur les barrages en béton de la CIGB, présidé par Q.H.W. Shaw (Afrique du Sud), a préparé ce bulletin.

Ce bulletin traite de tous les aspects de la planification, de la conception, de la construction et des performances du BCR dans les barrages. Le dosage des mélanges et le contrôle de la qualité sont discutés et une liste complète des références est incluse. Depuis la publication du Bulletin N° 126, de nombreux aspects du BCR dans les barrages sont mieux compris. Le nouveau Bulletin contient moins d'informations sur les approches particulières appliquées dans différents pays, mais inclut des informations plus complètes, notamment en ce qui concerne la conception, le dosage et la construction. Avec une meilleure compréhension, il a également été possible de mettre en évidence de manière plus précise les exigences pour un barrage BCR bien réussi, ainsi que les pièges et difficultés pouvant être rencontrés à la conception et à la construction de barrages BCR.

Le sujet des barrages en matériaux cimentés n'est plus abordé et relève maintenant du Comité de la CIGB sur les barrages en matériaux cimentés. Aussi, le document n'utilise plus certaines histoires de cas pour illustrer des développements importants.

Le Bulletin reconnaît que le développement de la technologie du béton compacté au rouleau pour les barrages se poursuit, bien qu'à un rythme peut-être progressivement plus lent.

M.F. ROGERS
PRÉSIDENT, COMITÉ SUR LES BARRAGES EN BÉTON

FOREWORD

This Bulletin on "Roller Compacted Concrete Dams" was prepared to update ICOLD Bulletin 126 of 2003, "Roller-Compacted Concrete Dams. *State of the art and case histories*." During the intervening 15 years, the technology of Roller Compacted Concrete for dams has continued to develop and the new document presents the state-of-the-art technology as at 2018. Compared to approximately 250 completed RCC dams at the time of publication of Bulletin 126, by the end of 2017, there were more than 700 completed RCC dams in the world. The number of completed RCC dams that exceed 100 m in height increased from approximately 30 by the end of 2003 to 115 by the end of 2017, reflecting the increasing confidence in RCC for dams. While roller-compacted concrete could have still been considered a new technology in 2003, it is now true to say that construction by roller-compaction has become the standard approach for large concrete gravity dams.

The purpose of this Bulletin is to present current practice and the state-of-the-art roller-compacted concrete technology for dams. The Bulletin supersedes ICOLD Bulletin N° 126 published in 2003 and Bulletin N° 75 "Roller-Compacted Concrete for Gravity Dams" published in 1989.

In 2013, the International Commission on Large Dams (ICOLD) directed that its technical Committee on Concrete Dams, then under the Chairmanship of R.G. Charlwood (USA), undertake the preparation of a comprehensive update of the ICOLD Bulletin 126 to present the current technology of roller-compacted concrete dams. A sub-Committee of the ICOLD Committee on Concrete Dams, chaired by Q.H.W. Shaw (South Africa), prepared this Bulletin.

This Bulletin addresses all aspects of the planning, design, construction and performance of RCC in dams. Mixture proportioning and quality control are discussed and a comprehensive listing of references is included. Many aspects of RCC in dams have become better understood since the publication of Bulletin 126 and the new Bulletin contains less information on the particular approaches applied in different countries, but includes more comprehensive information particularly in relation to design, mixture proportioning and construction. With greater understanding, it has further been possible to highlight more definitively the requirements of successful RCC dams, as well as the pitfalls and difficulties that can be associated with RCC dam design and construction.

Hardfill is no longer addressed and now falls under the ICOLD Committee on Cemented Materials Dams, while the document no longer uses selected case histories to illustrate particular milestone developments.

The Bulletin acknowledges that development continues in the technology of roller-compacted concrete for dams, although at perhaps a progressively slower rate.

M.F. ROGERS
CHAIRMAN, COMMITTEE ON CONCRETE DAMS

REMERCIEMENTS

Ce Bulletin a été préparé sous les auspices du comité sur les Barrages en béton de la CIGB. Sa préparation a été entreprise sous la présidence de R. G. Charlwood (États-Unis) et complétée sous la présidence de M. F. Rogers (États-Unis).

L'auteur principal du bulletin est Q.W.H. Shaw (Afrique du Sud) les sous-comités de rédaction comprennent les auteurs principaux suivants :

R. Ibañez-de-Aldecoa (Espagne/États-Unis), T. Dolen (États-Unis), C. Du (Allemagne), F. Ortega (Espagne/États-Unis), M.F. Rogers (États-Unis), Q.H.W. Shaw (Afrique du Sud) and Y. Xu (Chine).

Une contribution significative a été apportée par les personnes suivantes:

M. Conrad (Suisse), M.R.H. Dunstan, (Grande-Bretagne), B. Forbes (Australie), T. Uesaka (Japon), E.K. Schrader (États-Unis), D. Shannon (États-Unis) and Y. Yamaguchi (Japon).

Une assistance éditoriale ainsi que des commentaires ont été apportés par les personnes suivantes :

F. Couturier (Canada), I. Ergeneman (Turquie), A. Hughes (États-Unis), J. Salamon (États-Unis) and G. Tarbox (États-Unis).

La traduction de la version originale anglaise du bulletin vers le français a été réalisée par F. Couturier avec le concours des personnes suivantes :

C Bordas (Canada), B. Larocque (Canada), J. Beaulieu (Canada), C. Gou (Canada), A. Taha (Canada), F. Delorme (France), M. Lino (France)

ACKNOWLEDGEMENTS

This Bulletin was drafted under the auspices of the ICOLD Committee on Concrete Dams. The Bulletin was initiated under the Committee Chairmanship of R.G. Charlwood (USA), and completed under the Chairmanship of M.F. Rogers (USA).

The lead author of the Bulletin was Q.H.W. Shaw (South Africa). The drafting sub-Committee comprised the following primary authors:

R. Ibañez-de-Aldecoa (Spain/USA), T. Dolen (USA), C. Du (Germany), F. Ortega (Spain/Germany), M.F. Rogers (USA), Q.H.W. Shaw (South Africa) and Y. Xu (China).

Significant contributions were also provided by the following:

M. Conrad (Switzerland), M.R.H. Dunstan, (Great Britain), B. Forbes (Australia), T. Uesaka (Japan), E.K. Schrader (USA), D. Shannon (USA) and Y. Yamaguchi (Japan).

Additional editorial assistance and important comment was provided by the following:

F. Couturier (Canada), I. Ergeneman (Turkey), A. Hughes (USA), J. Salamon (USA) and G. Tarbox (USA).

TERMINOLOGIE

Le Tableau ci-dessous présente la terminologie utilisée dans le présent Bulletin

Abbréviation/Terme/ Acronyme		Définition	Description
Version française	**Version originale anglaise**		
ACI	ACI	American Concrete Institute	Société professionnelle aux États-Unis active dans le domaine du béton; elle publie notamment des normes et des manuels de bonne pratique.
AC	SCM	Ajouts cimentaires	Matériau qui, lorsqu'ajouté au ciment hydraulique, contribue aux propriétés du béton durci par action hydraulique ou pouzzolanique, ou les deux
ARE	WRA	Adjuvant réducteur d'eau	Adjuvants réduisant la quantité d'eau (entre 6 et 12%) sans retarder la prise
ASTM	ASTM	American Society for Testing & Materials	Organisme américain pour la préparation des standards.
BCR	RCC	Béton Compacté au Rouleau	
BCRAE	AERCC	BCR à air entrainé	BCR contenant un adjuvant entraîneur d'air
BCREL	HCRCC	BCR à teneur élevée en liants, plus de 150 kg/m³	
BCRFL	LCRCC	BCR à faible teneur en liants, moins de 100 kg/m³	
BCRML	MCRCC	BCR à moyenne teneur en liants, entre 100 et 150 kg/m³	
BCV	CVC	Béton conventionnel vibré	
Béton frais	Fresh RCC	BCR (à l'état) frais	Béton à l'état plastique
BS	BS	British Standard	Organisme britannique pour la préparation des standards.
Ciment Portland	OPC	Ciment Portland	Ciment dont la part de clinker est au moins 95%
CMD Note 1	CMD	Barrage en remblai cimenté	L'acronyme anglais est retenu afin d'éviter la confusion du à la similarité avec BCR. Vs BRC. . .
CMV	VSI	Concasseur à marteau à axe vertical	Type de concasseur pour la fabrication des granulats
Conception-construction	Design-build	Conception et construction	Mode de réalisation où l'Entrepreneur est responsable de la conception et de la construction.
CSG	CSG	Ciment-Sable-Gravier	

TERMINOLOGY

In this Bulletin, the following terminology and abbreviations are used:

Abbreviation/ Term/Acronym	Definition	Description
ACI	American Concrete Institute	Professional society in the USA dealing with concrete affairs & publishing practice guidelines
AERCC	Air-Entrained RCC	RCC containing air, entrained using a chemical admixture
ASTM	American Society for Testing & Materials	U.S.A. standards authority
BS	British Standard	Standard issued by British Standards Institute
Cementitious Paste	Cementitious materials + water + air	
CM	Cementitious Materials	Cement + Supplementary Cementitious Materials (SCM)
CMD	Cemented Materials Dams	
CSG	Cemented Sand and Gravel	
CVC	Conventional Vibrated Concrete	Mass concrete, consolidated by immersion vibration
EC	Euro Code	Standard issued by the European Standards Committee (CEN)
ECI	Early Contractor Involvement	
EI	Elongation Index	Measure of aggregate particle shape for elongation
FE or FEA	Finite Element or Finite Element Analysis	Numerical, computational method used in the design of dams
FI	Flakiness Index	Measure of aggregate particle shape for flakiness
Fresh RCC	RCC before initial setting time	
FST	Full-Scale Trial	Trial RCC placement
GERCC	Grout-Enriched vibrated RCC	RCC surfacing, with fluid grout added on top of spread RCC surface. Consolidated by immersion vibration.
GEVR	Grout-Enriched VibraTable RCC	RCC surfacing concrete, with grout added on top of receiving layer surface. Consolidated by immersion vibration.
Hardfill	Variation of LCRCC with trapezoidal section and impermeable upstream element, for which no inter-layer joint treatment is applied	
HCRCC	High-Cementitious RCC	RCC with total cementitious materials content > 150 kg/m^3

Abbréviation/Terme/ Acronyme		Définition	Description
Version française	Version originale anglaise		
DNMG	MSA	Dimension nominale maximale des granulats	Dimension nominale maximale des granulats (5–10% retenu par cette dimension de tamis)
E/C	W/C	Rapport Eau/Ciment	
E/MC	W/CM	Rapport eau/matériaux cimentaires	Liants hydrauliques, incluant ciment et pouzzolanes (cendres volantes, etc.)
EC	EC	Eurocode	Les Eurocodes sont préparés par le Comité européen de normalisation (CEN)
ECI Note 1	ECI	Early Contractor Involvement	Mode de réalisation de projet où l'entrepreneur est choisi tôt durant le stade de l'ingénierie afin qu'il apporte l'expertise en construction au concepteur..
Essai Vebe avec charge	Loaded VeBe	Essai de maniabilité du BCR utilisant une Table vibrante (ASTM C1170 - Méthode B)	Essai Vebe modifié par l'ajout d'une surcharge pour une masse totale de 12.5kg.
Fluage	SRC	Relaxation des contraintes par le fluage	Une explication détaillée est fournie à l'annexe A
FMM	MMF	Facteur de maturité modifié	Une mesure de la maturité du béton exposé aux conditions ambiantes.
GERCC Note 1	GERCC	BCR enrichi en coulis	BCR avec un coulis ajouté en surface d'une couche épandue puis vibré pour l'incorporer avec le BCR de la couche tout en le compactant.
GEVR Note 1	GEVR	BCR enrichi en coulis	BCR avec un coulis ajouté sur la surface de la couche de réception avant d'épandre le BCR. Après que le BCR est épandu par-dessus, il est vibré pour faire remonter le coulis, l'incorporer au BCR et le compacter.
Joint amorcé	Induced joint	Type de joint de contraction	Joint de contraction réalisé par l'amorce d'une fissure qui se propage d'une amorce à l'autre formant ainsi un joint en travers du barrage
IVRCC Note 1	IVRCC	BCR qui peut être vibré par vibrateur interne.	BCR ayant suffisamment de maniabilité pour permettre la vibration par vibrateur interne sans l'ajout de coulis.
LBSGTM	LBSGTM	Jauge de déformation	Jauge de déformation à longue base mesurant la température
Liants	CM	Matériaux cimentaires	ciments + ajouts cimentaires
m.v.t.s.a.	t.a.f.d.	Masse volumique théorique, sans air	
MCI	SLM	Méthode des couches inclinées	Méthode de mise en place du BCR par couches inclinées afin de minimiser le temps avant qu'elles ne soient recouvertes par une couche subséquente pour ainsi réduire le nombre de joints froids.

Abbreviation/ Term/Acronym	Definition	Description
HSI	Horizontal Shaft Impact Crusher	Type of aggregate crusher
IVRCC	Immersion VibraTable RCC	RCC with sufficient workability to allow consolidation by immersion vibration (without additional grout).
Loaded VeBe	RCC workability test, using a vibrating Table (ASTM C1170 – procedure B)	VeBe test modified with the addition of a surcharge mass. Total mass = 12.5 kg.
LoI	Loss on Ignition	Measure for the content of free unburnt carbon mineral materials
LCRCC	Low Cementitious RCC	Total cementitious materials content less than 100 kg/m^3
MCRCC	Medium Cementitious RCC	RCC with total cementitious materials content 100–150 kg/m^3
MEVR	Mortar-Enriched VibraTable RCC	
MMF	Modified Maturity Factor	Measure of the maturity of concrete exposed to ambient conditions
MSA	Maximum Size Aggregate	Maximum size of aggregate used in concrete mix
OPC	Ordinary Portland Cement	Cement type containing at least 95% clinker
P/M	Paste/Mortar Ratio	Volumetric ratio between cementitious paste and mortar in RCC
QA	Quality Assurance	
QC	Quality Control	
RCC	Roller-Compacted Concrete	
RCD	Roller-Compacted Dams	Terminology used in Japan for roller-compacted concrete dams
S/A	Sand/Aggregate Ratio	Volumetric ratio between fine aggregates and total aggregates
SCM	Supplementary Cementitious Materials	Non cement, cementitious materials (flyash, natural pozzolans, GGBFS, etc)
SLM	Sloped Layer Method	Method of placing RCC on an incline to allow earlier bonding between layers
SRC	Stress-Relaxation Creep	A separate description is provided in Appendix A.
SSD	Saturated Surface Dry	Condition of aggregates, when no further moisture absorption can occur
t.a.f.d.	Theoretical Air-Free Density	

Abbréviation/Terme/ Acronyme		Définition	Description
Version française	**Version originale anglaise**		
MEF ou EF	FE or FEA	Méthode des éléments finis	Méthode d'analyse numérique utilisée dans l'ingénierie des barrages
P/M	P/M	Rapport pâte/mortier	Rapport volumétrique entre la pâte cimentaire et le mortier dans le BCR.
Pâte cimentaire	Cementitious Paste	Pâte d'origine cimentaire	ciment + ajouts cimentaires+ eau + air
Pâte totale	Total Paste	Matériaux cimentaires + granulats + fines<75microns + eau+ air	
Perte au feu	LoI	Perte au feu	Mesure en teneur de carbone libre
QA	QA	Assurance qualité	
QC	QC	Contrôle qualité	
RCD Note 1	RCD	Roller Compacted Dam	Terme employé au Japon pour un type particulier de barrage en BCR.
Remblai cimenté	Hardfill	Remblai cimenté	Type de barrage en BCR à faible teneur en liant, de forme trapézoïdale et muni d'un élément imperméable à l'amont et pour lequel il n'y a pas de traitement aux joints inter-couches.
SSS	SSD	Saturé superficiellement sec	Condition de teneur en eau des granulats n'absorbant ou n'apportant aucune eau au mélange
aucun	MEVR	BCR enrichi au mortier et qui peut être vibré	
aucun	S/A	Ratio sable/granulats	Rapport volumétrique entre les granulats fins et le total des granulats.
aucun	HSI	Concasseur à marteau à axe horizontal	Type de concasseur pour la fabrication des granulats
aucun	VC	Type d'essai de maniabilité utilisé au Japon, semblable à l'essai VeBe	
aucun	EI	Teneur en particules allongées	Mesure de la forme des particules pour leur forme allongée
aucun	FI	Teneur en particules plates	Mesure de la forme des particules pour leur forme plate
aucun	FST	Planche d'essai pleine grandeur	Programme d'essai de mise en place du BCR avec le personnel, les équipements et les moyens prévus pour la construction.
Note 1	L'acronyme anglais est utilisé.		

Abbreviation/ Term/Acronym	Definition	Description
Total Paste	Cementitious materials + aggregate fines < 75 microns + water + air	
VC	Variations of Loaded VeBe test, used in Japan & China	
VSI	Vertical Shaft Impact Crusher	Type of aggregate crusher
W/C W/CM	Water/cement ratio Water/cementitious materials ratio	CM = C + SCM
WRA	Water Reducing Agent	Chemical admixture to increase workability & reduce concrete water demand

1. INTRODUCTION

1.1 CONTEXTE

La construction de barrages en béton compacté au rouleau (BCR) possède une histoire de presque 40 ans, avec plus de 700 barrages en BCR construits ou en construction dans le monde en date de 2018. En plus de son évolution pour atteindre un certain stade de maturité au cours de cette période, la technologie continue de se développer; certaines améliorations apportées à la pratique antérieure étant encore en cours d'adoption alors que d'autres aspects continuent de recevoir des raffinements.

Le sujet du Béton compacté au rouleau pour les barrages a fait l'objet du Bulletin No 75 « Barrages en béton compactés au rouleau» (ICOLD/CIGB 1989), puis du Bulletin No 126 « Barrages en béton compacté au rouleau: Techniques actuelles et exemples» (ICOLD/CIGB 2003). Alors que ce dernier document a vu une grande diffusion et fut utilisé avec succès au cours de la période écoulée, un certain nombre de développements d'importance apparus récemment doivent maintenant être confirmés afin que la publication de la CIGB l'état actuel de la technique. Puisque sa structure et une grande partie de son contenu restent valables, le présent effort a été lancé comme une mise à jour du Bulletin No 126. Pendant que le processus de rédaction du nouveau bulletin progressait, un contenu supplémentaire important était développé pour refléter la meilleure compréhension et l'expérience acquise dans la conception, le dosage des mélanges, la construction et la performance des barrages BCR.

Des développements particulièrement importants dans la technologie des barrages en BCR qui ont rendu nécessaire la présente mise à jour du Bulletin N° 126 comprennent les points suivants:

1. Nouveaux développements dans la compréhension du comportement de différents types de mélanges BCR à jeune âge qui influencent la conception et la construction;
2. Les différences de conception importantes liées à la construction horizontale des barrages en BCR par rapport à la construction verticale des barrages en BCV;
3. Développements dans la conception des mélanges BCR;
4. Développements dans les techniques de construction, plus particulièrement en relation avec les mélanges BCR super-retardés et à maniabilité élevée;
5. Développements dans la conception et la construction de barrages voutes en BCR et
6. Développement découlant de l'utilisation du BCR dans la construction de barrages dans les environnements très rigoureux.

1.2 OBJECTIF DU BULLETIN

L'objectif de ce Bulletin est de mettre à la disposition du praticien en barrages un résumé des pratiques contemporaines typiques et généralement acceptées concernant l'utilisation de béton compacté au rouleau pour la construction de barrages. En conséquence, le présent Bulletin présente une revue complète de l'état de la conception et de la construction des barrages BCR en date de sa publication (2018).

Ce bulletin traite de tous les aspects de la construction en béton compacté au rouleau pour les barrages, de la planification à la performance en exploitation en passant par la conception et la construction. La sélection des matériaux, le dosage des mélanges de béton et le contrôle de la qualité sont également abordés. Il convient de se reporter au Bulletin 165 de la CIGB «Sélection des matériaux pour les barrages en béton» (ICOLD/CIGB 2014) pour un examen plus exhaustif des exigences en matière de sélection des matériaux. De façon générale, l'information publiée qui a été utilisé pour la préparation du présent bulletin est contenue dans les références listée à la fin de chaque chapitre.

1.   INTRODUCTION

1.1   BACKGROUND

Roller-compacted concrete dam (RCC) construction has a history of almost 40 years, with more than 700 RCC dams completed or under construction worldwide as of 2018. Despite evolving to reach a state of some maturity over this period, the technology continues to develop, with certain improvements to earlier practice still in the process of being adopted and other aspects continuing to experience on-going refinement.

Roller-compacted concrete for dams was first addressed by ICOLD in Bulletin N° 75 "Roller-Compacted Concrete Gravity Dams" (ICOLD/CIGB, 1989), and subsequently in Bulletin N° 126 "Roller-Compacted Concrete Dams: State of the art and case histories" (ICOLD/CIGB, 2003). While the latter document saw wide and successful application over the intervening period, a number of important recent developments now need to be addressed to ensure that the current ICOLD publication reflects the contemporary state of the art. With its structure and much of its content remaining valid, the preparation of this Bulletin was initiated as an update of Bulletin N° 126. As the process of compiling the new Bulletin evolved, significant additional content was developed to address the improved understanding and experience in the design, mixture proportioning, construction and performance of RCC dams.

Particularly important developments in RCC dam technology that necessitated the present update of Bulletin N° 126 include the following:

1. New developments in the understanding of the early behaviour of different types of RCC mixes that influence design and construction;
2. The important design differences that relate to the horizontal construction of RCC dams, compared to the vertical construction of CVC dams;
3. Developments in RCC mix designs;
4. Developments in construction techniques, most particularly related to super-retarded, high workability RCC mixes;
5. Developments in the design and construction of RCC arch dams; and
6. Developments arising from the use of RCC for dam construction in extreme environments.

1.2   BULLETIN PURPOSE

The purpose of this Bulletin is to make available to the general dam practitioner a synopsis of contemporary typical and generally accepted practice in the use of roller-compacted concrete construction for dams. This Bulletin accordingly presents a comprehensive review of the state of the art of the design and construction of RCC dams as of the current date of publication (2018).

This Bulletin addresses all aspects of roller-compacted concrete construction for dams, from planning, to design and construction, and performance in operation. Materials selection, concrete mixture proportioning and quality control are also addressed. Reference should be made to ICOLD Bulletin 165 "Selection of Materials for Concrete Dams" (ICOLD/CIGB, 2014) for a more exhaustive review of materials selection requirements. Published material used in the preparation of this Bulletin is listed in the References for each Section.

La construction en BCR est en principe simple; elle utilise des équipements et des processus couramment disponibles pour transporter, étendre et compacter le béton. L'expérience a toutefois montré qu'un nombre considérable de facteurs doivent être pris en compte pour réussir la construction d'un barrage en BCR. Compte tenu du fait qu'il n'est pas possible de traiter tous ces facteurs et influences dans ce bulletin technique, il est fortement recommandé de consulter un expert en construction en BCR pour tous les projets importants de construction de ce type de barrages.

1.3   PRINCIPAL AVANTAGE DES BARRAGES EN BCR

En présentant ce nouveau bulletin, il est important de reconnaître que la construction de barrages en BCR est une technologie qui a été développée dans le but spécifique de réduire le coût des barrages en béton. Bien que l'élément clé du BCR permettant de réduire les coûts soit la rapidité de construction réalisable, des avantages économiques peuvent également être obtenus par rapport à d'autres types de barrages grâce à un retour sur l'investissement plus tôt dans la vie du projet. (Dunstan, 2015).

L'expérience a toutefois montré que les avantages potentiels de la rapidité de construction du BCR ne sont souvent pas pleinement réalisés, souvent dû à des pratiques de construction inefficaces et à une conception trop compliquée. La première considération et le précepte de base pour tous les barrages en BCR devraient donc être de concevoir pour une construction simple.

1.4   CONSTRUCTION DE BARRAGE EN BCR

Le terme «BCR» décrit un matériau (un mélange de béton) et un processus de construction qui combine les techniques de mise en place économiques et rapides utilisées pour les travaux de terrassement aux caractéristiques de résistance et de durabilité du béton. Le BCR est un béton sans affaissement qui se prête au transport au moyen de convoyeurs et de camions à benne basculante, à la mise en place en couches horizontales avec un bulldozer et au compactage avec un rouleau vibrant. À l'état durci, les propriétés du BCR sont essentiellement similaires à celles du béton vibré conventionnel (BCV), bien que des mélanges de BCR avec des teneurs en matériaux cimentaires plus faibles et/ou avec des granulats de moindre résistance ont été conçus pour produire un béton de faible module d'élasticité et à fluage élevé.

En principe dans la construction de barrages, le BCR est mis en place en couches minces (généralement de 300 mm d'épaisseur, mais récemment jusqu'à 400 mm) horizontales ou très légèrement inclinées, de la même manière que pour un barrage en terre ou en enrochement. En appliquant cette technique, les barrages BCR peuvent généralement être construits à des taux supérieurs à 10 m de hauteur par mois. La liaison entre les couches de BCR peut avoir une incidence sur les performances structurelles et de perméabilité de la masse de béton du barrage. Pour cette raison, différentes méthodologies de construction et différents types de mélanges de BCR sont appliqués en fonction des niveaux de performance attendus selon la conception du barrage en question.

Le succès de la construction de barrages BCR se manifeste par son application très répandue, sa vitesse de construction plus rapide et souvent une réduction en ciment et/ou en matériaux cimentaires, ce qui a amélioré la compétitivité des barrages en béton en terme de coûts.

La clé du succès d'un projet de barrage en BCR réside dans sa simplicité de conception permettant un placement rapide et ininterrompu de BCR ainsi que dans la simplicité des méthodes de construction, des systèmes, des dispositions et des détails afin de permettre une utilisation maximale et continue des installations, des équipements et de la main-d'œuvre.

1.5   TYPES DE BARRAGES EN BCR ET APPLICATIONS

En principe, deux approches principales sont appliquées pour les barrages BCR:

- Une approche qui repose sur l'imperméabilité du BCR et des joints entre couches; et
- Une approche qui repose sur une barrière imperméable indépendante, qui est généralement placée sur la face amont de la structure du barrage.

RCC construction is in principle simple, using commonly available equipment and processes to transport, spread and compact concrete. Experience, however, has demonstrated that there are a considerable number of factors that must be effectively considered to realise successful RCC dam construction. In view of the fact that it is not possible to address all such factors and influences in this technical bulletin, it is strongly recommended that the guidance of an experienced RCC practitioner be sought on all significant RCC dam projects.

1.3 THE KEY ADVANTAGE OF RCC DAMS

In presenting this new Bulletin, it is important to recognise that RCC dam construction is a technology that was developed with the specific objective of reducing the cost of concrete dams. While the key element of RCC that allows reduced cost is the achievable speed of construction, a secondary but important economic benefit can also be derived compared to other dam types in an earlier return on capital investment (Dunstan, 2015).

Experience has, however, demonstrated that the possible benefits of RCC construction speed are frequently not fully realised, often as a consequence of inefficient construction practices and over-complicated design. The first consideration and the basic precept for all RCC dams should consequently be to design for construction simplicity.

1.4 RCC DAM CONSTRUCTION

The term "RCC" describes a material (a concrete mixture) and a construction process that combines the economical and rapid placement techniques used for mass earthworks with the strength and durability characteristics of concrete. RCC is a no-slump concrete that lends itself to transportation using conveyors and dumper trucks, spreading in horizontal layers with a bulldozer and compaction with a vibratory roller. In its hardened state, the properties of RCC are, in essence, similar to those of conventional vibrated concrete (CVC), although RCC mixes with lower cementitious materials contents and/or lower strength aggregates have been designed to produce low elastic modulus and high creep concretes.

In principle, RCC is placed for the construction of dams in thin (typically 300 mm, although recently also 400 mm) horizontal, or very gently sloped layers in a similar manner to an earth- or rock-fill dam. Applying this technique, RCC dams can typically be raised at rates exceeding 10 m per month. Bond between RCC placement layers can impact the structural and permeability performance of the concrete mass of the dam and different construction methodologies and RCC mix types are applied dependent on the respective performance levels required in terms of a particular dam design.

The success of RCC dam construction can be seen in its widespread application, with the increased construction speed, and often reduced cement and/or cementitious materials, having increased the cost-competitiveness of concrete-type dams.

The key to a successful RCC dam is simplicity in design to enable rapid, uninterrupted RCC placement and simplicity in construction methodologies, systems, arrangements and details to enable maximum, continuous plant, equipment and labour utilisation.

1.5 RCC DAM TYPES & APPLICATIONS

In principle, two primary approaches are applied for RCC dams:

- An approach that relies on the impermeability of the RCC and the joints between layers; and
- An approach that relies on an independent impervious barrier, which is usually placed on the upstream face of the dam structure.

Certains barrages en BCR ont combiné les approches ci-dessus, tandis que d'autres ont été conçus sans élément imperméable distinct, mais en acceptant une quantité tolérable d'infiltrations. Un nombre croissant de barrages en BCR sont également conçus avec une zone BCR imperméable en amont, qui présente des niveaux plus élevés de résistance à la traction et de cohésion dans les joints, ainsi qu'une zone interne et aval ayant une résistance réduite et aucune exigence d'étanchéité.

En termes de nombre, la première approche est évidemment préférée; la majorité des nouveaux barrages BCR ayant tendance à suivre cette philosophie générale.

En outre, un certain nombre de variantes de conception et de construction de barrage en BCR sont utilisées au niveau international. Certaines sont liées à la disponibilité locale de matériaux particuliers, tels que le BCR à teneur élevée en fines, «high-fine», répandu au Brésil (Oberholtzer, Lorenzo & Schrader, 1988) où les additifs minéraux pouzzolaniques ne sont généralement pas disponibles de façon économique, ainsi que d'autres cas liés à des conditions de charge particulières, ou à des préférences nationales spécifiques (Hirose, 1982).

La majorité des barrages en BCR contiennent des ajouts cimentaires. Bien que ceux-ci furent en général initialement inclus en tant que substituts de ciment moins coûteux, des avantages secondaires ont pris par la suite une plus grande importance, notamment une réduction conséquente du gain en chaleur d'hydratation et la création de pâte supplémentaire pour améliorer l'imperméabilité du BCR, la cohésion du mélange, la maniabilité, la liaison des joints de levées, etc. Les cendres volantes de charbon pulvérisées sont le matériau complémentaire le plus courant dans des mélanges de 30/70% (ciment/cendres volantes) qui sont assez habituels dans le BCR.

Au cours de l'histoire de son développement, le BCR est passé d'un remblai de masse à faible résistance à une solution capable de produire une vaste gamme de matériaux de béton pour les barrages. Du béton à faible résistance, faible module de déformation et béton à fluage élevé, il est passé à du béton à haute résistance, module de déformation élevé, haute densité, béton à faible fluage et imperméable. Il est possible de produire des mélanges BCR avec des résistances à la compression in situ allant de 2 à plus de 40 MPa (à un âge plus élevé). Avec des techniques de construction appropriées et un BCR à haute résistance et de maniabilité élevée, il est également possible d'obtenir une bonne adhérence, et par conséquent une résistance à la traction verticale, entre les couches de béton. En conséquence, le BCR est maintenant utilisé pour la construction d'une gamme de types de barrages en béton, allant de structures gravité trapézoïdales à faible contrainte, à de grands barrages voute ou grands barrages gravité. On peut également dire que le béton compacté au rouleau a maintenant remplacé le béton de masse conventionnel (BCV) en tant que méthode conventionnelle pour la construction de barrage-poids.

La conception d'un barrage en BCR est un processus de développement et d'optimisation, qui doit être abordé sur la base d'une compréhension approfondie des différentes caractéristiques de comportement et de performance des différents types de BCR, en regard des exigences de construction, des contraintes du programme et ses objectifs, des charges structurelles applicables, de la compétence de la fondation et enfin des caractéristiques et de la disponibilité des matériaux. Selon les circonstances et les conditions, le type de barrage en BCR optimal peut aller d'une section structurelle mince faisant usage d'une résistance à la traction verticale élevée et d'une cohésion entre couches, fait avec un béton ayant une teneur élevée en matériaux cimentaire et une maniabilité élevée, à une section plus épaisse nécessitant peu ou pas de cohésion, ne nécessitant pas de résistance à la traction verticale, ayant une plus faible maniabilité et moins de matériaux cimentaire.

La création par la CIGB d'un comité pour les barrages en remblai cimenté (CMD) en 2014 a imposé d'établir une distinction entre les barrages CMD et les barrages BCR; le premier ayant déjà été considéré comme une variante d'un barrage en BCR. Les discussions entre les comités de la CIGB sur les barrages en béton et celui sur les barrages en remblais cimentés ont permis de convenir qu'il n'était pas nécessaire de tracer une ligne de démarcation distincte pour établir une frontière définitive entre CMD et BCR. Aux fins du présent bulletin, le BCR est défini comme «un béton fabriqué avec des matériaux contrôlés individuellement avec précision, mélangé dans un malaxeur, et pour lequel résistance, perméabilité, densité, module de déformation et liaison inter-couche (cohésion et traction) sont tous des paramètres de conception, même s'ils sont conçus pour une valeur de zéro ».

There are some RCC dams that have combined the above approaches, while there are others that have been designed without a separate impermeable element, but assuming a tolerable amount of seepage. An increasing number of RCC dams are also being designed with an upstream impervious zone of RCC, which also indicates higher levels of tensile strength and lift joint cohesion, and an internal/downstream zone, with reduced strength and no requirement for watertightness.

In terms of numbers, the first approach is evidently preferred, with the majority of new RCC dams tending to follow this general philosophy.

In addition, a number of variations of the RCC dam design and construction approach are practised internationally; some related to the local availability of particular materials types, such as the "high-fines" RCC common in Brazil (Oberholtzer, Lorenzo & Schrader, 1988), where pozzolanic mineral admixtures are not generally economically available, and others related to particular loading conditions, or specific national preferences (Hirose, 1982).

The majority of RCC dams contain supplementary cementitious materials (SCMs). While these were generally initially included as a lower cost cement replacement, secondary benefits have developed increased importance, including a consequential reduction in total hydration heat evolution and the creation of additional paste for enhanced RCC impermeability, mix cohesiveness, workability, layer bond, etc. Pulverized coal flyash is the most commonly and successfully used supplementary cementitious material, with 30/70% (cement/fly ash) blends quite usual in RCC.

Over its development history to date, RCC has grown from a low strength, mass fill to a solution capable of producing a broad range of concrete materials for dams; from low strength, low deformation modulus, high creep concrete to very high strength, high deformation modulus, high density, low creep and impermeable concrete. It is possible to produce RCC mix designs with in-situ compressive strengths ranging from 2 to more than 40 MPa (at extended age). With appropriate construction techniques and high-workability, high strength RCC, it is also possible to achieve good bond, and accordingly vertical tensile strength, between placement layers. Consequently, RCC is now used for the construction of a range of concrete dam types from low stress, trapezoidal gravity structures to high arch dams and high gravity dams. It can also be stated that Roller-Compacted Concrete has now replaced conventional mass concrete (CVC) as the conventional method for the construction of gravity dams.

The design of an RCC dam is a process of development and optimisation, which must be approached on the basis of a comprehensive understanding of the various different behaviour and performance characteristics of the different RCC types, balanced against the related construction requirements, the programme constraints and targets, the applicable structural loadings, the foundation competence and the characteristics and availability of materials. Depending on circumstances and conditions, the optimal RCC dam type can range from a slender structural section relying on high vertical tensile strengths and inter-layer cohesion, with a high cementitious materials content, high-workability RCC, to a broader section requiring lower inter-layer cohesion and not requiring vertical tensile strength, with a lower-workability, lower cementitious materials content RCC.

The establishment of an ICOLD committee for Cemented Materials Dams (CMD) in 2014 has required that a distinction be created between CMD and RCC dams; the former having previously been considered a variation of an RCC dam. Discussion between the ICOLD committees for Concrete Dams and Cemented Materials Dams resulted in agreement that a distinctive line need not be drawn to establish a definitive boundary between CMD and RCC. For the purpose of this Bulletin, RCC is defined as "a concrete, manufactured with individually and accurately controlled materials and mixed in a mixer, and for which strength, permeability, density, deformation modulus and inter-layer bond (cohesion and tension) are all design parameters, even if designed for a value of zero".

En principe, les caractéristiques qui différencient un barrage CMD d'un barrage en BCR peuvent être définies comme suit:

- Une section de forme trapézoïdale, avec un fruit combiné amont et aval minimal de 1,2H: 1V;
- Aucun traitement de surface entre les couches de mise en place; et
- Aucune exigence structurelle pour la résistance à la traction verticale et aucune exigence (ou exigence minimale) en matière de cohésion entre les couches.

1.6   HISTORIQUE DU DÉVELOPPEMENT DES BARRAGES EN BCR

Alors que plusieurs projets, expérimentations et hypothèses dans le passé, ont ouvert la voie au BCR, par exemple, Lowe (1962), Gentile (1970), Raphaël (1970), Moffat (1973), Cannon (1974), & Sivley (1974), ce n'est que dans les années 1970 que des propositions pour la construction de barrage en béton par compactage au rouleau ont pu progresser de façon crédible. Suite à l'utilisation importante du BCR dans les travaux de réparation et pour les batardeaux au barrage de Tarbela (Pakistan) en 1975 (Chao & Johnson, 1979), le premier barrage en béton compacté au rouleau (« barrage compacté au rouleau », RCD en anglais) a été achevé au Japon en 1980. (Hirose, 1981) Parallèlement, le premier barrage d'importance en BCR est le barrage de Willow Creek aux États-Unis, achevé en 1982 (Schrader & McKinnon, 1984). Par la suite, le BCR a progressivement été accepté de par le monde, avec 33 grands barrages réalisés à la fin des années 1980; neuf aux États-Unis, cinq en Afrique du Sud, quatre en Espagne, trois au Japon, trois en Australie, deux en Chine, deux au Maroc et un en Argentine, au Brésil, en France, au Mexique et en Roumanie; le plus grand d'entre eux fait 91 m. Il est également reconnu que le BCR a été utilisé pour la première fois en Chine pour la construction de barrages dans les années 1970. Mais puisqu'aucune donnée publiée n'est disponible, l'expérience ainsi acquise n'a pu contribuer au développement international de cette technologie à cette époque.

La technologie du BCR pour la construction de barrages a connu un processus de développement rapide au cours des années 1990, qui a abouti à la publication du Bulletin 126 de la CIGB en 2003 et à l'achèvement en 2002 du barrage Miel 1 en Colombie, barrage d'une hauteur de 188 m et en 2009 du barrage de Longtan en Chine d'une hauteur finale de 217 m.

Depuis la publication du Bulletin 126, on peut constater que les technologies du BCR pour la construction de barrages ont atteint un certain niveau de maturité. Des systèmes plus précis ont été mis en place pour assurer la réalisation de nombreux objectifs du bulletin. Une meilleure compréhension du comportement du BCR frais et durci a permis une approche plus rigoureuse de la conception de barrage en BCR, tandis qu'une meilleure compréhension des exigences des mélanges de BCR pour aboutir à une construction réussie a donné lieu à une approche plus définitive et plus élaborée au dosage du mélange. Une vaste expérience additionnelle en construction a permis de bien comprendre les ratios production/ capacité et de mieux différencier entre les équipements, les systèmes et les méthodes de construction les plus appropriés et celles moins adaptés.

En 2018, des barrages en BCR avaient été construits ou étaient en construction dans 70 pays. Les barrages BCR ont été construits dans une grande diversité de climats; des plus arides, tels que Jahgin en Iran, aux plus froids, tels que Taishir en Mongolie et Middle Fork Dam aux États-Unis, et même les plus humides, tels que Changuinola 1 au Panama. Les barrages en BCR se sont également révélés être la solution optimale sur certains sites où les barrages en enrochement et les barrages voûte à double courbure en BCV étaient les solutions proposées auparavant.

Les informations sur l'emplacement, les types et les hauteurs de barrages en BCR complétés et en construction, sont publiées chaque année dans l'atlas mondial de l'International Journal on Hydropower and Dams (Dunstan, 2017). Des informations sur la répartition mondiale des barrages en BCR ainsi que sur l'évolution des statistiques pour chacun des différents types de BCR sont publiées régulièrement, par exemple dans les comptes-rendus de Hydro-2014, Conférence internationale et exposition, Cernobbio, Italie, octobre 2014 (Dunstan, 2014).

In principle, the distinctions that differentiate a CMD from an RCC dam can be defined as follows:

- A trapezoidal section conFiguration, with minimum combined upstream and downstream face slopes of 1.2H:1V;
- No surface treatment between placement layers: and
- No structural requirement for vertical tensile strength and no (or minimal) requirement for cohesion between layers.

1.6   HISTORY OF DEVELOPMENT OF RCC DAMS

While various earlier work, experimentation and hypothesis paved the way, e.g. Lowe (1962), Gentile (1970), Raphael, (1970), Moffat (1973), Cannon (1974), & Sivley (1974), it was not until the 1970s that proposals to construct a significant concrete dam by roller compaction were confidently mooted. After the extensive use of RCC for repair work and coffer dams at Tarbela Dam (Pakistan) in 1975 (Chao & Johnson, 1979), the first significant RCD (Roller-Compacted Dam-concrete) dam (Shimajigawa Dam) was completed in Japan in 1980 (Hirose, 1981) and the first significant RCC dam (Willow Creek) was completed in the USA in 1982 (Schrader & Mckinnon, 1984). Thereafter, RCC progressively gained acceptance across the world, with 33 large RCC dams completed by the close of the 1980s; nine in the USA, five in South Africa, four in Spain, three in Japan, three in Australia, two in China, two in Morocco and one each in Argentina, Brazil, France, Mexico and Romania; the highest of these being 91 m. It is also understood that RCC was first used for dam construction in China during the 1970s, but no published data is available and accordingly the related experience did not contribute to the international development of the state of the art at that time.

RCC technology for dam construction underwent a process of rapid development through the 1990s, which culminated in the publication of ICOLD Bulletin 126 in 2003 and saw the completion of Miel 1 Dam in Columbia to a height of 188 m in 2002 and Longtan Dam in China to a final height of 217 m in 2009.

Since the publication of Bulletin 126, RCC technologies for dam construction can be seen to have gained a certain level of maturity, with more definitive systems having been established to ensure the realisation of many of the objectives of the Bulletin. A greater understanding of the behaviour of fresh and hardened RCC has allowed a more comprehensive approach to RCC dam design, while a better under-standing of RCC mixture requirements for successful construction has given rise to a more definitive and extensive approach to mixture proportioning. Extensive additional construction experience has enabled a clear understanding of production/capacity ratios and a better differentiation between the more and less suiTable construction equipment, systems and methods.

By 2018, RCC dams had been constructed, or were under construction in 70 countries. RCC dams have been constructed in a significant diversity of climates; from the most arid, such as Jahgin in Iran, to the coldest, such as Taishir in Mongolia and Middle Fork Dam in the USA, and even the wettest, such as Changuinola 1 in Panama. RCC dams have also proved to be the optimal solution at some sites where rock-fill dams and CVC double-curvature arch dams had previously been the proposed solutions.

Information on the location, types and heights of RCC dams, completed and under construction, is published annually in the International Journal on Hydropower and Dams' World Atlas (Dunstan, 2017). Information on the worldwide distribution of RCC dams and the distribution and changes in statistics for each of the different RCC types is published regularly, for example in the proceedings of Hydro-2014. International Conference & Exhibition. Cernobbio, Italy, October 2014 (Dunstan, 2014).

1.7 AVANTAGES ET INCONVÉNIENTS DE LA CONSTRUCTION DE BARRAGES BCR

Alors que le principal avantage du type de barrage en BCR réside dans la rapidité de sa construction (Dunstan, 2013), d'autres avantages économiques significatifs ont été démontrés dans un certain nombre de cas lorsque la sélection de ce type de barrage a permis la mise en service d'un projet hydroélectrique substantiellement plus tôt.

Si l'utilisation d'un barrage en BCR dans un projet hydroélectrique de 500 MW peut permettre de réduire la période de construction de 6 mois et de rapprocher la date de mise en service d'autant, le bénéfice net du projet pourrait être de plus de 50 millions US $. Un tel avantage des barrages en BCR peut influencer considérablement sur le choix du type de barrage et constitue un facteur important de la croissance continue dans l'utilisation des barrages en BCR.

Alors que les barrages BCR présentent généralement les mêmes avantages que les barrages en BCV il y a des avantages supplémentaires et spécifiques par rapport aux barrages en remblai. Ce sont:

- La construction plus rapide (avec les avantages sociaux et environnementaux rattachés);
- L'utilisation réduite du ciment (et dans certains cas des matériaux cimentaire);
- L'utilisation efficace de l'équipement;
- Une construction plus simple;
- Réduction de la quantité de coffrage;
- Une dérivation de la rivière plus simple pendant la construction (le déversement intentionnel a déjà été intégré avec succès à la gestion des eaux durant la construction d'un certain nombre de grands barrages en BCR);
- La construction de type horizontale permet un batardeau intégré;
- La possibilité d'utiliser des granulats qui pourraient ne pas être considérés comme appropriés pour une utilisation dans les barrages BCV; et
- La réduction des coûts de mise en œuvre directs et indirects grâce aux avantages susmentionnés.

De plus, le BCR a été utilisé pour d'autres applications liées à la construction de barrages, notamment:

- Des batardeaux;
- Le renforcement et rehaussement des barrages existants en béton et en maçonnerie;
- La construction d'un parement sur la face aval de barrages en remblai pour permettre le déversement;
- La protection de la face aval des barrages BCV existants pour améliorer la résistance au gel-dégel;
- La construction de fondation pour des barrages en béton.
- La construction de structures de stabilisation géotechniques sur les culées, etc.
- La protection des talus.
- Comme remblai de masse pour protéger contre l'érosion.
- La construction de remblais pour créer des accès en terrain escarpé.
- Et d'autres mesures de réhabilitation similaires.

Ces autres utilisations du BCR sont examinées plus en détail au chapitre 8.

Bien que les nombreux avantages aient été confirmés par des utilisations répétées et réussies, un barrage en BCR ne représentera pas toujours la solution la moins coûteuse. Des situations spécifiques comprennent les sites où les granulats ne sont pas pratiquement disponibles, ou dans lesquels les conditions de fondation sont mauvaises et nécessiteraient des excavations profondes ou entraîneraient un tassement différentiel excessif. En outre, les conditions qui compromettent l'efficacité et, par conséquent, la compétitivité des coûts de la construction du BCR dont, par exemple, un espace de travail restreint et la nécessité d'incorporer des pièces encastrées et autres travaux spéciaux dans la structure du barrage.

En répondant aux principales exigences de simplicité de construction, un barrage gravité, long, rectiligne et comprenant plus de 1 million m 3 de BCR, représente généralement la conFiguration de barrage pour lequel l'efficacité de la construction de BCR est plus facilement réalisée (Dunstan 2014).

Bien que les premières préoccupations concernant les barrages BCR étaient axées sur l'étanchéité et les propriétés de résistance au cisaillement entre les couches de béton (Schrader 2012), des méthodes de construction et les mesures de contrôle de la qualité qui y sont rattachées ont depuis été développées afin de garantir l'étanchéité et une cohésion élevée entre les couches. Une conception soignée du mélange

1.7   ADVANTAGES AND DISADVANTAGES OF RCC DAM CONSTRUCTION

With the primary advantage of the RCC dam type lying in the associated speed of construction (Dunstan, 2013), significant economic benefit has been demonstrated in a number of instances when the selection of an RCC dam type has enabled a hydropower project to be brought into operation substantially earlier.

If the application of an RCC dam might be able to reduce the implementation period for a 500 MW hydropower scheme by six months, the net project benefit is likely to exceed US$ 50 million. Such a benefit of RCC dam construction can substantially influence the selection of dam type and represents a significant factor in the on-going growth in the application of RCC dams.

While RCC dams generally demonstrate the same advantages as CVC dams, additional benefits, as well as specific advantages compared to fill dams include:

- More rapid construction (with associated social and environmental benefits);
- Reduced cement utilisation (and in some cases cementitious materials);
- Efficient use of equipment;
- Greater simplicity of construction;
- Reduced formwork;
- Simplified river diversion and management during construction (intentional overtopping has been successfully incorporated as part of the construction river management in the case of a number of major RCC dams);
- Horizontal construction increases the opportunity for the inclusion of an integrated coffer dam;
- An ability to use aggregates that may not be considered suiTable for use in CVC dams; and
- Reduced direct and indirect implementation cost as a consequence of the above advantages.

In addition, RCC has been used for other applications related to dam construction, including:

- Cofferdams;
- Strengthening and raising of existing concrete & masonry dams;
- Reinforcing the downstream face of fill dams to allow overtopping;
- Protection of the downstream face of existing CVC dams to improve freeze-thaw resistance;
- Forming foundations for concrete dams;
- Forming geotechnical stabilisation structures on abutments, etc;
- Slope protection;
- As a mass fill for erosion;
- Access approach embankments in steep terrain; and
- Other rehabilitation measures.

These other uses of RCC are discussed in greater detail in Section 8.

Although the many advantages have been borne out through repeated, successful application, an RCC dam will not always represent the least-cost dam-type solution and specific unfavourable conditions include situations in which aggregate materials are not reasonably available, or where foundation conditions are excessively poor, require deep excavations, or would result in excessive differential settlement. In addition, conditions that compromise the efficiencies and consequently the cost-competitiveness of RCC construction include restrictive working space and the requirement for the incorporation of extensive works and/or inserts within the dam structure.

Meeting the primary requirements for simplicity of construction, a long, straight gravity dam comprising more than 1 million m^3 of RCC typically represents the dam conFiguration for which the efficiencies of RCC construction are most easily realised (Dunstan, 2014).

Although early concerns for RCC dams focussed on watertightness and the shear strength properties between placement layers (Schrader, 2012), construction methods and associated quality control measures have since been developed that can assure impermeability and high levels of cohesion between placement layers. Good RCC mix design and stringently controlled construction

BCR et une construction rigoureusement contrôlée sont nécessaires pour atteindre avec assurance et à répétition des niveaux élevés de résistance à la traction verticale entre les couches. La capacité de résistance à la traction verticale entre les couches reste la limitation critique de la hauteur du barrage en BCR.

La conception et le développement de la conception d'un barrage en BCR ainsi que l'optimisation du mélange BCR peuvent parfois être plus compliqués et prendre beaucoup plus de temps que pour un barrage en béton traditionnel (BCV). La conception d'un barrage en BCR est un processus, similaire à celui d'un barrage en remblai, dans lequel le choix des matériaux (ciment et granulats) et la conception de la structure sont développées en parallèle pour élaborer une solution optimale. Dans certaines circonstances, le développement du mélange de BCR peut prendre beaucoup de temps et il peut être avantageux de lancer ce processus avant l'appel d'offres, ce qui implique davantage de planification de projet.

1.8 CONCEPTS ET TYPES DE BCR COURANTS

En termes de formulation du mélange, la pratique générale du BCR peut être divisée en trois catégories principales basées sur la teneur en liants ou matériaux cimentaires (ciment Portland et adjuvants minéraux ou ajouts cimentaires), comme suit:

- BCR à faible teneur en liants - BCRFL (LCRCC) (teneur en ciment <100 kg/m^3);
- BCR à moyenne teneur en liants - BCRML (MCRCC) (teneur en ciment > 100 et <150 kg/m^3);
- BCR à teneur élevée en liants – BCREL (HCRCC) (teneur en ciment) >150 kg/m^3).

En outre, le béton de barrage compacté au rouleau (RCD) est une variante de la construction de barrages en béton compacté au rouleau spécifique au Japon, qui utilise de 120 à 130 kg/m^3 de matériaux cimentaires.

Bien que ces catégories soient essentiellement basées sur la teneur en matériaux cimentaires, chacune d'elles applique une philosophie très différente en ce qui concerne la conception de barrage. Il est important de reconnaître que la catégorie BCREL est la plus commune des catégories ci-dessus, en termes de nombre de barrages construits à ce jour; elle pourrait donc être considérée comme une approche «principale». Ce type de BCR a connu un développement important au fil des ans et sa forme la plus évoluée est décrite comme le barrage tout en BCR, «all-RCC» selon le terme anglais en usage, ou BCR super-retardé à maniabilité élevée (Ortega, 2012).

Il convient de noter que le BCR «à teneur élevée en liant» était auparavant appelé «BCR à pâte riche», tandis que le BCR à «faible teneur en liant» était appelé «BCR à pâte maigre». Dans un développement récent, les BCRFL et BCRML bien conçus peuvent avoir une apparence très similaire à un BCR à pâte riche, la pâte produite à partir de matériaux cimentaires et d'eau étant complétée par des fines non plastiques (particules <75 microns).

Les BCR à très faible teneur en matériaux cimentaires ont parfois été classés dans la catégorie «remblai dur », « remblai cimenté » ou « ciment sable gravier(CSG)». Cette catégorie de barrage comprend une section trapézoïdale et généralement un parement amont en béton armé. Le développement futur de ce type de barrage sera guidé par le comité des barrages en remblai cimenté de la CIGB et sera traité dans un bulletin séparé.

Bien que la pratique varie légèrement, les BCRFL, BCRML, BCREL partagent un certain nombre de concepts communs; entre autres, le principe de base de mise en place sur la longueur du barrage au lieu de par plot, le compactage en couche de 300 mm et la réalisation des joints transversaux par amorce de fissure en insérant un dispositif de coupure dans chaque couche ou chaque deuxième couche.

Dans le cas du RCD typique au Japon, la structure du barrage final est similaire à celle d'un barrage en béton traditionnel, avec des monolithes (plots) de 15 m de largeur formés en coupant des joints dans le BCR déjà mis en place. Le béton compacté au rouleau est placé comme un noyau entre deux épaisseurs importantes de parement en béton de masse conventionnel (BCV) mis en place en couches minces et compactées en levées de un mètre. Le BCV de parement a pour objectif d'assurer la durabilité et la résistance de la surface, toutefois, le matériau RCD contient généralement 30% de cendres volantes et est considéré comme ayant une perméabilité équivalente au BCV.

are required to confidently and consistently realise high levels of vertical, inter-layer tensile strength and it is vertical tensile strength capacity between placement layers that remains the critical limitation on RCC dam height.

The design and design development for an RCC dam and the optimisation of the RCC mix can sometimes be more involved and time consuming than is the case for a traditional (CVC), mass concrete dam. The design of an RCC dam is a process, similar to that of a fill dam, whereby materials design (cementitious and aggregates) and structural design are developed in parallel to evolve an optimal solution. In certain circumstances, RCC mix development can be time-consuming and sometimes it may be advantageous to initiate this process prior to tender, implying a requirement for additional forward planning.

1.8   CURRENT RCC DESIGN CONCEPTS AND TYPES

In terms of mix composition, general RCC practice can be divided into three, primary categories on the basis of cementitious materials content (Portland cement and mineral admixtures, or supplementary cementitious materials (SCMs)), as follows:

- Low-cementitious RCC - LCRCC (cementitious content < 100 kg/m^3);
- Medium-cementitious RCC - MCRCC (cementitious content > 100 and < 150 kg/m^3); and
- High-cementitious RCC - HCRCC (cementitious content > 150 kg/m^3).

In addition, RCD (Roller-Compacted Dam-concrete), is a variation of RCC dam construction unique to Japan, which uses 120 to 130 kg/m^3 total cementitious materials.

Although these categories are essentially based on the applicable cementitious materials content, each applies a notably different philosophy for dam design. It is important to recognise that the HCRCC category is the most common of the above, in terms of numbers of dams constructed to date, and this could accordingly be considered as the "mainstream" approach. Significant development has occurred in this RCC type over the years and its most evolved form is described as the "all-RCC dam approach", or super-retarded, high workability RCC (Ortega, 2012).

It should be noted that "High-cementitious" RCC was previously termed "High-paste" RCC, while "Low-cementitious" RCC was termed "Lean-RCC". In recent development, well-designed LCRCC & MCRCC can demonstrate an appearance very similar to a high-paste RCC, with the paste produced by cementitious materials and water being augmented with non-plastic fines (< 75 micron particles).

Very low cementitious materials RCCs have, at times, been categorised as "hard-fill", or cemented sand and gravel (CSG). This category involves a trapezoidal section and usually a reinforced concrete upstream impermeable facing. The future development of this dam type will be guided by the Cemented Materials Dams committee of ICOLD and addressed in a separate CMD bulletin.

Although there are some minor variations in practice, LCRCC, MCRCC and HCRCC share a number of common design concepts; inter alia, the basic principle of horizontal placement, compaction typically in 300 mm layers and the inducing of transverse joints by means of the insertion of de-bonding systems into each layer, or each second layer.

In the case of RCD, the final dam structure is similar to a traditional concrete gravity dam, with 15 m wide monoliths formed by cutting discrete joints into the placed RCC. The roller-compacted concrete is placed as a core mass concrete, inside significant widths of conventional mass surfacing concrete, and is spread in thin layers and compacted in lifts generally 1 m in depth. The purpose of the external CVC is to provide surface durability and strength, although the RCD material generally contains 30% fly ash and is considered to indicate an equivalent permeability to the CVC.

1.9   TENDANCES DANS LES TYPES DE BCR

Depuis la première génération de barrages en BCR, une tendance générale vers les types de BCREL est apparue, probablement à la suite de ce qui suit:

- Alors que le BCR était initialement considéré comme un béton de masse de faible résistance pour lequel des modifications de conception étaient appliquées par rapport à un barrage poids en BCV traditionnel, la construction moderne en BCREL peut produire des barrages en béton de haute qualité et de résistance élevée;
- Le BCR à teneur élevée en liants est perçu comme permettant la construction de barrage-poids parfaitement équivalents aux barrages en béton de masse conventionnels;
- Particulièrement en ce qui concerne les grands barrages, le passage de BCV à BCREL, plutôt qu'à BCRFL, pourrait être une étape plus facile pour de nombreux concepteurs de barrages;
- Les développements dans la construction de barrages tout en BCR à maniabilité élevée et super-retardé ont encore amélioré l'efficacité et la compétitivité de BCREL, comme décrit en détail aux chapitres 4 et 5;
- En Chine, le pays qui compte le plus grand nombre de barrages en BCR, le BCREL est utilisé;
- La section structurelle de plus grande dimension souvent nécessaire pour les barrages du type BCRFL nécessite des taux de placement plus élevé pour réaliser un programme donné et lorsque la conception requiert des mortiers de liaison pour répondre aux exigences de liaison entre couches, des taux de mise en place plus élevés deviennent parfois difficiles à atteindre.

Par conséquent, le BCREL sera souvent le premier choix pour un barrage sur une fondation compétente et pour un site ayant un bon accès aux matériaux cimentaires, à moins que des conditions particulières ne rendent son application peu pratique ou compromettent son efficacité. Malgré ce fait, tous les types de BCR listés représentent des solutions viables qui doivent être prises en compte dans les limites des contraintes, des opportunités et des conditions inhérentes à chaque site de barrage.

Fréquemment de nos jours, la pâte du BCRFL et du BCRML améliorée par l'ajout de fines non plastiques (<75 microns), est généralement calculé comme le volume de matériaux cimentaires, l'eau, l'air, les additifs chimiques et les fines, tandis que cette dernière n'était pas considéré à l'origine comme faisant partie de la pâte dans la conception du BCREL. Pour plus de clarté, dorénavant une distinction est donc faite entre la «pâte cimentaire», qui est considérée comme comprenant le ciment + les matériaux pouzzolaniques + l'eau + l'air + les additifs chimiques et la «pâte totale», qui est considérée comprendre la pâte cimentaires + tout matériaux de remplissage non cimentaire <75 microns.

Les mélanges modernes de BCRFL indiquent un contenu total en pâte plus grand, généralement entre 210 et 240 litres/m³, un dimension nominale maximale du granulat de 50 mm et une teneur en sable plus élevée par rapport aux mélanges de BCR maigres du début du BCR. En conséquence, la maniabilité est améliorée, avec des temps à l'essai Vebe avec charge inférieurs, et une ségrégation réduite lors de la manipulation. Pour obtenir l'augmentation du volume total de la pâte, le BCRFL contient généralement entre 120 et 210 kg/m³ de matériaux, sous forme de fines de concassage ou de poudre de roche broyée. Dans certains cas, ce filler peut apporter l'avantage de cimenter.

Lorsque des matériaux de remplissage non cimentaires, des fillers, ne sont pas disponibles, un BCREL super-retardé nécessitera généralement une teneur en ciment supérieure à 190 kg/m³. Bien qu'un tel mélange contienne un pourcentage élevé de pouzzolane, une teneur en matériaux cimentaires de ce niveau peut souvent produire des résistances à la compression supérieure à 35 MPa à un an d'âge. Une résistance du béton de ce niveau n'est généralement pas nécessaire dans les barrages-poids, sauf s'ils sont de grande hauteur ou soumis à des tensions significatives sous charge sismique. Par conséquent, les fines non-plastiques sont maintenant généralement utilisées dans les BCREL pour augmenter le volume de la pâte totale, ce qui permet d'étendre les avantages de la construction en BCR super-retardé et à maniabilité élevée aux mélanges à plus faible teneur en matériaux cimentaires (>150 kg/m³).

L'approche des barrages tout en BCR, «all-RCC», continue de voir une application croissante, avec des parements et des interfaces réalisé en BCR enrichi de coulis et vibré (le GERCC et le GEVR selon les acronymes anglais) et aussi en BCR qui peut être vibré (IVRCC selon l'acronyme anglais). Les GERCC et GEVR sont des variantes d'enrichissement en coulis permettant le compactage du BCR avec un vibrateur interne, le IVRCC est un BCR contenant suffisamment de pâte et de maniabilité pour

1.9   TRENDS IN RCC TYPES

Since the first generation of RCC dams, a general trend towards HCRCC types has been apparent, most likely as a consequence of the following:

- While RCC was initially considered as a low strength mass concrete for which design changes might be applicable compared to a traditional CVC gravity dam, modern HCRCC construction can produce high quality, high strength concrete dams;
- High-cementitious RCC is perceived as allowing the construction of gravity dams that are fully equivalent to conventional mass concrete dams;
- Particularly in relation to high dams, the move from CVC to HCRCC, rather than LCRCC, might be an easier step for many dam designers;
- Developments in high-workability, super-retarded, all-RCC dam construction have further increased the efficiency and competiveness of HCRCC, as described in detail in Chapters 4 and 5;
- In China, the country with the largest number of RCC dams, HCRCC is used; and
- The broader structural section often required for larger LCRCC dams increases the placement rate necessary to achieve a fixed programme and where the design requires bedding mixes to meet inter-layer bond requirements, more rapid placement rates become more difficult to achieve.

HCRCC will consequently often be the first choice for a dam on a competent foundation and with good access to cementitious materials unless particular conditions make its application impractical or sufficiently compromise its efficiency. Notwithstanding this fact, all of the listed RCC types represent workable solutions that should be considered within the constraints, opportunities and conditions inherent to each specific dam site.

Often now enhanced through the addition of non-plastic fines (< 75 microns), paste in LCRCC and MCRCC is generally calculated as the volume of cementitious materials, water, air, chemical additives and aggregate fines, whereas the last mentioned was not originally considered as part of the paste in the HCRCC design approach. To ensure greater clarity in moving forward, a differentiation is accordingly made between "Cementitious Paste", which is considered to comprise cement + pozzolanic materials + water + air + chemical additives and "Total Paste", which is considered to comprise Cementitious Paste + all non-cementitious filler materials < 75 microns.

Modern LCRCC mixes indicate an increased total paste content, typically between 210 and 240 litres/m^3, a MSA limited to 50 mm and a higher content of sand, compared to early, lean RCC mixes. Consequently, workability is increased, with lower Loaded VeBe times, and segregation during handling is reduced. To achieve the increased total paste volume, LCRCC will usually contain between 120 and 210 kg/m^3 filler, in the form of crusher fines, or milled rock powder. In some instances, this filler can contribute some cementing benefit.

When non-cementitious filler materials are not available, a super-retarded HCRCC will generally require a cementitious materials content exceeding 190 kg/m^3. While such a mix will contain a high percentage of pozzolan, cementitious materials contents of this level can often produce RCC compressive strengths at a one-year age exceeding 35 MPa. Concrete strengths of this level are not typically necessary in gravity dams, unless particularly high and/or subject to significant tensions under seismic loading. Consequently, non-plastic fines are now generally used in HCRCC to enhance the Total Paste volume, allowing the benefits of high-workability, super-retarded RCC construction to be extended to lower cementitious materials RCC (> 150 kg/m^3) mixes.

The "all RCC" dam approach continues to see increasing application, with facings and interfaces being formed in GERCC (grout-enriched RCC), GEVR (grout-enriched vibrated RCC) and IVRCC (immersion-vibrated RCC). With GERCC and GEVR being variations of grout enrichment to allow the compaction of RCC with an immersion vibrator, IVRCC is RCC that contains sufficient paste and/or mobility to be compacted by immersion vibrator without the need to add grout. Depending on the nature of the

être compacté par un vibrateur interne sans ajout de coulis. En fonction de la nature des granulats et du BCR, le GERCC et le GEVR peuvent nécessiter l'ajout de 50 à 80 litres de pâte par m³ pour permettre le compactage par vibrateur interne, tandis que, en principe, l'IVRCC nécessitera soit un BCR avec une teneur en pâte plus élevée, des granulats particulièrement bien formés et classés, ou un équilibre des deux, pour permettre le compactage par vibrateur interne.

Afin de réaliser le bénéfice des approches de barrages tout en BCR et en BCR de maniabilité élevée, sans une augmentation conséquente du contenu en matériaux cimentaire, ni d'exigence en fines excessives, l'utilisation d'adjuvants et de spécifications de granulats plus restrictives est devenue courante (Ortega, & SPANCOLD, 2014). Ces spécifications comprennent des exigences pour une meilleure mise en forme et un meilleur calibrage des particules et une plus faible teneur en vide, en particulier dans la fraction de granulats fins. Par conséquent, il peut souvent être démontré que les exigences et les dépenses relatives à l'usine de traitement de granulats entraînent une réduction directe nette du coût unitaire du BCR grâce à une teneur inférieure en ciment et en pouzzolane. En appliquant les procédures de construction et les spécifications qui y sont rattachées, le BCR super-retardé et à maniabilité élevée doit maintenant être reconnu comme la méthode la plus simple et la plus rapide pour la construction de barrages en béton de haute qualité.

Le succès est maintenant plus souvent atteint en utilisant le type BCRML qui était jadis délaissé lorsqu'on appliquait l'approche du BCR imperméable. En effet, dans la plage de teneur en matériaux cimentaires applicable, il n'est généralement pas possible de s'appuyer uniquement sur la pâte cimentaire pour obtenir la performance souhaitée. Par conséquent, la pâte totale est augmentée de fines non cimentaires afin de développer un BCR suffisamment imperméable. Parfois, ce type de BCR sera zoné, ne créant qu'une zone imperméable en amont, le reste de la section du barrage utilisant un BCRML plus perméable, ou même un BCRFL. En règle générale, cette approche sera appliquée avec un traitement plus rigoureux des joints inter-couche et éventuellement avec un mélange de liaison dans la zone «imperméable» amont.

Nonobstant ce qui précède, toute une gamme de solutions en BCR peut être envisagée. Des principes et approches similaires à ceux présentés peuvent désormais être appliqués à la conception de mélanges et à la construction de BCR avec une gamme importante de teneur en matériaux cimentaires.

1.10   CONSIDÉRATIONS DE CONSTRUCTION

Une compréhension approfondie des exigences de construction est une nécessité pour toutes les étapes du développement d'un projet de barrage en BCR et, par conséquent, il est souvent avantageux de faire appel à une expertise en construction comme support lors des étapes préliminaires d'un projet. Étant donné que les exigences en construction de barrages en BCR sont en réalité beaucoup plus complexes qu'il n'apparait au départ, il est en outre généralement avantageux de pré-qualifier les entrepreneurs, en ne permettant que les offres d'entrepreneurs expérimentés, en particulier pour les grands barrages en BCR ou ceux plus complexes.

Une approche de projet qui peut être avantageuse est l'implication d'un entrepreneur tôt dans le projet, selon la méthode de l'engagement hâtif de l'entrepreneur, « Early Contractor Involvement ». Cette façon peut prendre différentes formes, mais son but est de réduire la durée du programme de mise en œuvre, améliorer l'estimation des coûts et aider la prise de décisions de conception qui ont un impact sur les coûts.

1.11   MEILLEURE COMPRÉHENSION DU COMPORTEMENT DU BCR EN BAS ÂGE

De nombreux barrages BCR ont été instrumentés de manière rigoureuse, ce qui a permis des avancées significatives dans la connaissance et la compréhension de la performance et du comportement du matériau, tant à l'état frais, que pendant le processus d'hydratation et dans son état mature (Shaw, 2010 & Shaw, 2012). Avec cette connaissance, il devient évident que l'on peut supposer que le BCR se comporte de manière similaire au BCV de manière réaliste uniquement lorsqu'il a atteint sa maturité. Les problèmes connexes et les impacts qui en résultent sur la conception du barrage en BCR sont traités plus en détail au chapitre 2.

aggregates and the RCC, GERCC and GEVR might require the addition of between 50 and 80 litres of paste per m³ to enable compaction by immersion vibrator, while, in principle, IVRCC will either require an RCC with a higher paste content, or particularly well-shaped and graded aggregates, or a balance of both, to allow immersion vibrator consolidation.

To realise the benefits of the all-RCC and high-workability RCC approaches without a consequentially increased cementitious materials content, or the requirement for excessive fines, the use of admixtures and a more restrictive aggregate specification has become common (Ortega, & SPANCOLD, 2014); with requirements for better particle shaping and grading and a lower void content, particularly in the fine aggregate fraction. Related requirements and expenditure on the aggregate processing plant can accordingly often be demonstrated to give rise to a direct net RCC unit cost reduction through a lower cement and pozzolan content. Applying the associated construction procedures and specifications, super-retarded, high-workability RCC must now be recognised as the simplest and most rapid methodology for the construction of high-quality concrete dams.

Success is increasingly being achieved using the previously less favoured MCRCC type with the impermeable RCC approach. In the applicable cementitious materials content range, it is generally not possible to rely on cementitious paste alone and accordingly, Total Paste is enhanced with non-cementitious fines to develop sufficiently impermeable RCC. Sometimes, this RCC type will be zoned, creating only an upstream impermeable zone, with the remainder of the dam section using a more permeable MCRCC, or even LCRCC. Typically, this approach will be applied with more stringent layer joint treatment and possibly a bedding mix, in the upstream "impermeable" zone.

Notwithstanding the foregoing, a range of workable RCC solutions can be considered and similar principles and approaches can now be applied for the mix design and construction application of RCC with a significant range of cementitious materials contents.

1.10 CONSTRUCTION CONSIDERATIONS

An in-depth understanding of the associated construction requirements is a necessity for all stages of the development of an RCC dam project and consequently, it is often advantageous to bring in construction expertise to assist at an early stage. Due to the fact that the requirements of RCC dam construction are actually much more complex than is initially apparent, it is further usually advantageous to pre-qualify contractors, only allowing bids from suitably experienced contractors, particularly for large, or more complex RCC dams.

A system that can be advantageous is early contractor involvement (ECI). ECI can take many different forms, but is primarily applied to reduce implementation programme duration, to develop greater cost certainty and to improve design/cost decision making.

1.11 IMPROVED UNDERSTANDING OF THE EARLY BEHAVIOUR OF RCC

Many RCC dams have been comprehensively instrumented and this has allowed significant developments in the knowledge and understanding of the performance and behaviour of the material, in the fresh state, during the hydration process and in its mature form (Shaw, 2010 & Shaw, 2012). With this knowledge, it is apparent that RCC can essentially be assumed to behave in a similar manner to CVC realistically only in a mature state. The related issues and consequential impacts on RCC dam design are addressed in greater detail in Chapter 2.

RÉFÉRENCES / REFERENCES

CANNON, R.W. "*Compaction of mass concrete with a vibratory roller*". Journal of American Concrete Institute, Vol. 71, Chicago, October 1974.

CHAO, P.C. AND JOHNSON, J.A. "*Rollcrete usage at Tarbela dam*". Construction International: Design and Construction, ACI, Chicago, November 1979.

DUNSTAN, M.R.H. "*The precedent for the rapid construction of large RCC dams*". Proceedings. Water Storage and Hydropower Development for Africa. Africa 2103. Addis Ababa, Ethiopia. April 2013.

DUNSTAN, M.R.H. "*World Developments in RCC dams – Part 1*". Proceedings. Hydro-2014. International Conference & Exhibition. Cernobbio, Italy. October 2014.

DUNSTAN, M.R.H. "*How fast should an RCC dam be constructed*". Proceedings. Seventh international symposium on roller compacted concrete (RCC) dams. Chengdu, China. October 2015.

DUNSTAN, M.R.H. "*RCC Dams 2017*". 2017 World Atlas & Industry Guide. International Journal of Hydropower & Dams. Aqua-Media International. Wallington, Surrey, UK. September 2017.

GENTILE, G, "*Notes on the construction of the Alpe Gera dam*". In Rapid construction of concrete dams, ASCE, New York, 1970.

HIROSE, T. "*Some experience gained in construction of Shimajigawa and Ohkawa dams*". International Conference "Rolled Concrete for dams" CIRIA, London, June 1981.

HIROSE, T. "*Research and practice concerning RCD method*". C.18, XIVth ICOLD Congress, Vol. 3, Rio de Janeiro, 1982.

ICOLD/CIGB, "*Roller-compacted concrete for gravity dams*". (Béton compacté au rouleau pour barrages-poids). Bulletin N° 75, ICOLD/CIGB, Paris, 1989.

ICOLD/CIGB, "*Roller-compacted concrete dams. State of the art and case histories*". (Barrages en béton compacté au Rouleau. Technique actuelle et exemples). Bulletin N° 126, ICOLD/CIGB, Paris, 2003.

ICOLD/GIGB, "*Selection of materials for concrete dams*". (Sélection des matériaux pour les barrages en béton). Bulletin N° 165, ICOLD/CIGB, Paris, 2014.

LOWE, J III. Discussion to "*Utilisation of soil cement as slope protection for earth dams*". by HOLTZ, W.G. and WALKER, F.C. First ASCE Water Resources Engineering Conference, Omaha, Nebraska, 1962 (no proceedings of this conference were published).

MOFFAT, A.I.B. "*A study of Dry Lean Concrete applied to the construction of gravity dams*". Q. 43-R.16, Xith ICOLD Congress, Vol. 3, Madrid, 1973.

OBERHOLTZER, G.L., LORENZO, A. AND schrader, E.K. Roller-compacted concrete design for Urugua-I dam. "*Roller-compacted concrete II*". ASCE, New York, 1988.

ORTEGA, F. "*Lessons learned and innovations for efficient RCC dams*". Proceedings. Sixth international symposium on roller compacted concrete (RCC) dams. Zaragosa, Spain, October 2012.

ORTEGA, F. AND SPANCOLD. "*Key design and construction aspects of immersion vibrated RCC*". International Journal of Hydropower & Dams. Vol. 21, Issue 3. 2014.

RAPHAEL J.M. "*The optimum gravity dam, construction method for gravity dams in Rapid constriction of concrete dams*". ASCE, New York, 1970.

SCHRADER, E.K. & MCKINNON R. "*Construction of Willow Creek dam*". Construction International, ACI, Chicago, May 1984.

SCHRADER, E.K. "*The Performance of RCC dams*". Proceedings. Sixth international symposium on roller compacted concrete (RCC) dams. Zaragosa, Spain, October 2012.

SHAW Q.H.W. "*The Early Behaviour of RCC in Large Dams*". International Journal of Hydropower & Dams. Vol. 17, Issue 2. 2010.

SHAW Q.H.W. "*The Influence of Low Stress Relaxation Creep on the Design of Large RCC Arch and Gravity Dams*". Proceedings. Sixth international symposium on roller compacted concrete (RCC) dams. Zaragosa, Spain, October 2012.

SIVLEY W.E. "*Zintel Canyon Optimum Gravity Dam*". Journal of American Concrete Institute, Vol. 71, Chicago, October 1974. Q. 44-Discussion, XIIth ICOLD Congress, Vol. 5, Mexico City, 1976.

2. CONCEPTION DES BARRAGES EN BCR

2.1 INTRODUCTION

Ce chapitre aborde les aspects de la conception des barrages qui sont spécifiques aux méthodes de construction des barrages en béton compacté au rouleau. Alors que les généralités de la plupart des normes, manuels et recommandations développées pour les barrages construits avec du béton de masse conventionnel vibré (BCV) s'appliquent également aux barrages BCR, certaines spécificités ne peuvent être appliquées sans apporter des considérations particulières et des modifications. Pour illustrer les différences importantes à prendre en compte dans la conception des barrages, il est fait référence à la méthodologie de construction, aux performances structurelles, au comportement ausculté et aux résultats de recherche sur les prototypes de barrages. Les considérations sur la conception qui sont communes aux barrages en BCR et en BCV ne sont abordées que lorsque des approches différentes ou des facteurs d'influence doivent être mentionnés. D'autres aspects généraux de la conception du barrage, tels que l'hydrologie, l'hydraulique, la géologie, le traitement des fondations, etc. ne sont pas abordés. Ce chapitre présente une description de l'état actuel de la technique pour la conception des barrages en BCR, mais ne doit pas être considérée comme une norme pour la conception d'un barrage en BCR.

La majorité des barrages en BCR construits à ce jour sont des structures gravitaires (ICOLD/CIGB 2003 & Dunstan, 2014). Les premiers barrages de type poids-voûte en BCR ont été construits à la fin des années 1980 en Afrique du Sud, mais c'est en Chine que la technologie a ensuite connu une croissance significative, avec quatre barrages poids-voûtes en BCR achevés au cours des années 1990 (Wang, Ding & Chen, 1991 & Yang & Gao, 1995), dont l'un est une voûte mince, et 15 autres pendant la première décennie du XXIème siècle. Entre 2011 et 2017, des barrages poids-voûtes en BCR ont été également achevés avec succès au Panama, au Pakistan, à Porto Rico, au Laos et en Turquie. En outre, au moment de la publication, un certain nombre de barrages poids-voûtes et de voûtes en BCR atteignant 220 m étaient en cours de conception dans quelques pays.

2.2 CONTEXTE ET ASPECTS CLÉS

L'apparence finale d'un barrage en BCR diffère peu de celle d'un barrage BCV, mis-à-part l'utilisation habituelle de coffrage vertical pour le parement aval qui crée un parement avec marches. Les propriétés du matériau béton à maturité sont similaires qu'il soit compacté au rouleau ou vibré. Cependant, les considérations lors de la conception sont différentes, du fait de la méthode de construction horizontale plutôt que verticale des barrages BCR et de la réalisation des joints de contraction par amorce de fissure plutôt que par coffrage. De plus, en raison des conséquences non-négligeable causées par les interruptions de mise en place du BCR, il est primordial d'employer une conception et une méthodologie de construction simple et appropriée permettant de garantir une mise en œuvre rapide et continue du BCR, tout en reconnaissant dans la conception et l'analyse thermique, les différents phénomènes de relaxation des contraintes par fluage qui sont présent lors de l'hydratation des différents types de BCR.

Avec la mise en œuvre du béton par couche de 300 mm d'épaisseur, le nombre de joints entre couches d'un barrage en BCR est significativement plus grand que celui entre levées dans le cas d'un barrage BCV équivalent. Par conséquent, les barrages BCR sont plus sensibles aux faiblesses qui sont souvent rencontrées à l'interface horizontale entre 2 couches de BCR. La liaison entre les couches mises en place, caractérisée par la résistance au cisaillement horizontal, la perméabilité et la résistance à la traction verticale, est en conséquence un paramètre particulièrement important dans la conception des barrages BCR.

Les critères de conception du barrage relatif au drainage, aux excavations et l'injection des fondations, à l'auscultation et aux autres structures auxiliaires sont essentiellement les mêmes, que le barrage soit construit en BCR ou BCV.

2.   DESIGN OF RCC DAMS

2.1   INTRODUCTION

This Section addresses the aspects of dam design that are particular to the RCC method of concrete placement. While the generalities of most Standards, Manuals and Guidelines developed for dams constructed with Conventional Vibrated mass Concrete (CVC) apply equally to RCC dams, certain specifics cannot be applied without appropriate consideration and modification. To illustrate important differences to be considered in dam design, reference is made in this Section to construction methodology, structural performance, measured behaviour and the findings of research on prototype dams. Design considerations that are common to both RCC and CVC dams are only addressed where different approaches, or factors of influence need to be recognised. Other general aspects of dam design, such as hydrology, hydraulics, geology, foundation treatment, etc, are not considered. This Section presents a description of the current state-of-the-art for the design of RCC dams, but does not attempt to represent a Standard for RCC dam design.

The majority of RCC dams constructed to date are gravity structures (ICOLD/CIGB 2003 & Dunstan, 2014). The first arch-gravity RCC dams were completed in the late 1980s in South Africa, but it was in China that the technology subsequently saw significant growth, with four RCC arch dams completed during the 1990s (Wang, Ding & Chen,1991 & Yang & Gao,1995), one of which was a thin-arch, and a further 15 during the first decade of the 21st century. Between 2011 and 2017, RCC arch/gravity dams were also successfully completed in Panama, Pakistan, Puerto Rico, Lao and Turkey. Furthermore, at the time of publication, a number of RCC arch and arch/gravity dams as high as 220 m were at various stages of design in a number of countries.

2.2   BACKGROUND AND KEY ASPECTS

An RCC dam differs little in final appearance from a CVC dam, except generally for the common characteristic of vertical downstream formwork, which creates a stepped face. The properties of the mature concrete parent material are similar whether compacted using rollers, or consolidated using immersion vibrators. However, different design considerations exist, due to the horizontal, rather than vertical construction of RCC dams and the inducing, rather than forming of contraction joints. Furthermore, as a result of the increased impact of placement interruptions, simple and appropriate design solutions and construction specifications are particularly important to ensure rapid and continuous placement for RCC dams, while the different stress-relaxation creep behaviour of different RCC types during hydration must be recognised in thermal design analysis.

With concrete placement in layers of typically 300 mm thickness, the number of joints between discrete placements in the case of an RCC dam is significantly greater than is the case for an equivalent CVC dam. Consequently, RCC dams are more susceptible to the typical weaknesses that are often observed at the horizontal lift interface between distinct concrete placements. Bond between placement layers, in the form of horizontal shear strength, permeability and vertical tensile strength, is correspondingly a particularly significant design consideration for RCC dams.

The requirements of the dam structure for drainage, foundation excavation and grouting, instrumentation and other appurtenant works are essentially the same whether the dam is constructed in RCC or CVC.

2.3   COMPORTEMENT DU BCR EN BAS ÂGE

Au cours des dernières années, des études sur les relations contrainte-déformation du BCR dans un certain nombre de barrages (Oosthuizen, 1991, Shaw, 2007, Shaw, 2010 & Conrad, Aufleger & Husein Malkawi, 2003) ont permis d'importants développements dans la compréhension des performances et du comportement du matériau, à l'état frais, pendant le processus d'hydratation et à maturité. Selon les connaissances acquises, il peut être considéré de manière sécuritaire que le BCR se comporte de manière similaire au BCV uniquement à l'état mature. Par conséquent, il ne convient pas d'appliquer directement au BCR les règles génériques élaborées pour définir le comportement de fluage du BCV pendant l'hydratation. Il a été démontré que certaines formulations de BCR à faible teneur en liants hydrauliques présentent un fluage nettement plus important, et que certaines formulations de BCR à forte teneur en liants hydrauliques (en particulier avec une teneur élevée en cendres volantes) présentent un fluage substantiellement plus faible (Shaw, 2012 & Shaw, 2012) que ce qui est typiquement observé pour le BCV.

Des mesures sur prototype ont démontré des valeurs de fluage si faibles obtenues pour des formulations de BCR riches en cendres volantes et à maniabilité élevée, qu'un mouvement général vers l'amont a été observé sur un barrage voûte durant sa construction, tandis que des valeurs de fluage élevées ont été mises en évidence pour des BCR à faible teneur en liants hydrauliques par l'augmentation progressive des mesures de compression dans les zones proches des parements (Conrad, Aufleger & Husein Malkawi, 2003).

La conception traditionnelle du béton de masse traite le phénomène de fluage par une augmentation de la température dite « de contrainte nulle » ou « de fermeture » (Nawa & Horita, 2004), en supposant généralement que la température de contrainte nulle est donc équivalente à une température égale ou inférieure de quelques degrés à la température d'hydratation maximale. Une telle approche suppose essentiellement que l'expansion thermique qui se produit sous l'augmentation de la température d'hydratation lors de la prise du béton est perdue par fluage. Alors qu'une augmentation plus faible de la température d'hydratation du BCR en raison de la teneur en ciment inférieure résulte en une température de contrainte nulle également plus faible, des variations beaucoup plus importantes du phénomène de fluage pendant l'hydratation impliquent que les simplifications appliquées à la conception thermique des barrages BCV traditionnels ne devraient pas être appliquées pour les barrages BCR.

Il est considéré que le faible fluage observé pour des formulations de BCR de maniabilité élevée et riche en cendres volantes, par rapport au BCV, est principalement la conséquence de l'importante réduction du retrait autogène de la pâte de ciment associée à des teneurs élevées en cendres volantes. De plus, le squelette structurel substantiellement amélioré des granulats, qui est développé par le compactage au rouleau, réduit encore l'influence du retrait autogène dans le BCR, en particulier lorsque la pâte remonte facilement à la surface, comme dans le cas de BCR de maniabilité élevée (Shaw, 2012).

Alors que le BCR à faible teneur en cendres volantes, ou l'absence de cendres volantes dans le BCRFL, entraînera un retrait autogène de la pâte plus élevé, il apparait également que des formulations de BCR de ce type présentant une maniabilité plus élevée et/ou une proportion plus élevée en granulats auront tendance à développer moins de fluage que des formulations de maniabilité plus faible. La teneur élevée en fines non plastiques dans la pâte du BCRFL de conception récente augmente le risque de retrait de prise, ce qui peut également augmenter le fluage apparent pendant la réaction d'hydratation.

Bien que tous les essais effectués sur des pâtes de BCR contenant du ciment et des cendres volantes présentent un retrait autogène réduit, cette caractéristique ne peut être appliquée à tous les mélanges de liants, car certains matériaux pouzzolaniques, tels que les laitiers de haut fourneau, peuvent augmenter substantiellement le retrait autogène de la pâte (Nawa & Horita, 2004).

Les développements ci-dessus impliquent qu'un paramètre de conception supplémentaire devrait être pris en compte lors de la conception et du développement d'un mélange de BCR pour un barrage spécifique. À cet égard, un fluage faible, ou élevé, peut-être une caractéristique positive dans certains cas, ou négative dans d'autres. Par conséquent, une analyse approfondie, des investigations et des essais en laboratoire sont nécessaires pendant le processus de développement du mélange de BCR lorsque la sensibilité au phénomène de fluage de la réaction d'hydratation est critique.

2.3   EARLY RCC BEHAVIOUR

Over recent years, investigations into the stress and strain behaviour of RCC in a number of dams (Oosthuizen,1991, Shaw, 2007, Shaw, 2010 & Conrad, Aufleger & Husein Malkawi, 2003) has allowed important developments in the understanding of the performance and behaviour of the material, in the fresh state, during the hydration process and in its mature form. With this knowledge, it is apparent that RCC can safely be assumed to behave in a similar manner to CVC only in a mature state. Therefore, it is not appropriate to assume that generic rules developed to define the stress-relaxation creep behaviour of CVC during hydration can be directly applied for RCC. It has been demonstrated that certain low cementitious RCCs indicate substantially higher stress-relaxation creep and certain higher cementitious RCCs (particularly with high flyash content) indicate a substantially lower stress-relaxation creep (Shaw, 2012 & Shaw, 2012) than typically observed in CVC.

Prototype research demonstrated such low levels of stress-relaxation creep in high workability, flyash-rich RCC that an upstream movement on a curved dam was observed during construction, while high levels of stress-relaxation creep have been indicated in low cementitious RCC dams through the measurement of progressively increasing compressive stresses in the surface zones (Conrad, Aufleger & Husein Malkawi, 2003).

Traditional mass concrete design addresses stress-relaxation creep through a raising of the "zero stress", or "closure" temperature (Nawa & Horita, 2004), usually assuming that the zero stress temperature is consequently equivalent to a temperature equal to, or a few degrees below the maximum hydration temperature. Such an approach essentially assumes that the full thermal expansion that would occur under the hydration temperature rise in mature concrete is lost to stress-relaxation creep. While a lower hydration temperature rise in RCC due to lower cement contents accordingly results in a generally lower zero stress temperature, much wider variations in stress-relaxation creep during hydration imply that the simplifications applied for the thermal design of traditional CVC dams should not simply be assumed for RCC dams.

It is considered that the low stress-relaxation creep apparent in high workability, fly-ash rich RCC, compared to CVC, is primarily developed as a consequence of the significant reduction in autogenous cementitious paste shrinkage associated with high flyash contents. Additionally, the substantially improved aggregate skeletal structure developed through roller compaction reduces further the influence of autogenous shrinkage in RCC, particularly when the paste is easily moved up to the surface, as in the case of high-workability RCC (Shaw, 2012).

While RCC with lower flyash content, or the absence of flyash in LCRCC, will result in higher paste autogenous shrinkage, it is also apparent that higher workability and/or higher aggregate content RCCs of this type will tend to exhibit less stress-relaxation creep than low workability mixes. The high content of non-plastic fines in the paste of modern LCRCC will increase the risk of drying shrinkage, which may similarly effectively increase the apparent stress-relaxation creep during the hydration cycle.

Although all tested cement/flyash RCC pastes have indicated reduced autogenous shrinkage, the associated characteristics of different cementitious materials blends cannot be assumed, as certain pozzolanic materials, such as ground granulated blast-furnace slag, can actually substantially increase paste autogenous shrinkage (Nawa & Horita, 2004).

The above developments imply that an additional characteristic, or design parameter, should be considered when designing and developing an RCC mix for a specific dam. In this regard, low, or high stress-relaxation creep can be a positive characteristic in certain circumstances and a negative in others. Consequently, careful consideration, investigation and laboratory testing is necessary during the RCC mix development process for dam structures where a design sensitivity to the actual level of hydration-cycle stress-relaxation creep exists.

2.4   CONSIDÉRATIONS SUR LA CONCEPTION

2.4.1   *Généralités*

La clé pour assurer la concrétisation de tous les avantages de la construction en BCR est la simplicité (Dunstan, 2012) et une contribution significative à la simplicité de la construction est obtenue grâce à une conception du barrage appropriée. À cet égard, le concepteur de barrages en BCR profitera plus avantageusement d'une bonne compréhension des exigences des méthodes de construction que ce n'est le cas pour un barrage BCV. En conséquence, il serait sage pour un concepteur de barrage en BCR inexpérimenté de rechercher de l'assistance, ou d'organiser une revue de constructibilité. En réalité, il est évident que l'efficacité de la construction de barrages en BCR a souvent été compromise par une conception du barrage mauvaise ou inappropriée.

Un critère spécifique pour la conception du barrage devrait être de permettre le maintien d'une cadence maximale de mise en place du BCR, avec le moins d'interruptions possible jusqu'à la fin des travaux. De même, la conFiguration du barrage en BCR devrait être conçue pour le même objectif : minimiser autant que possible les interruptions sur le chemin critique, comme la préparation de joints de reprise chauds et froids, traitement des reprises par épandage de mortier, béton du parement, coffrage complexe (levage et installation), drains réalisées par réservations, galeries coffrées, équipements d'auscultation noyés dans le béton, conduites et éléments incorporés dans le béton et autres éléments qui perturbent la mise en place du BCR.

La conception d'un barrage en BCR est généralement finalisée par la réalisation d'une planche d'essai au début de la phase de construction, au moyen de l'équipement, des matériaux et du personnel qui seront ensuite utilisés pour la construction du barrage principal. Cet exercice et les essais subséquents servent à confirmer la possibilité de respecter les principaux paramètres de conception suivant les conditions réelles de construction. Sur la base des conclusions de la planche d'essai, la méthodologie finale de construction et les processus seront définis (et approuvés) pour garantir lors de la construction du barrage le respect des paramètres-cibles de conception. Les essais pleine grandeur sont essentiels pour tous les barrages en BCR où les paramètres structurels sont importants, où le mélange BCR nécessite une optimisation, où le lien entre les couches est important, où un retardateur de prise doit être utilisé, où de nouveaux systèmes de construction doivent être appliqués, où un entrepreneur inexpérimenté doit démontrer ses capacités ou former du personnel clé. La même opportunité devrait être utilisée pour former le personnel de supervision et d'inspection. En raison du fait que les mesures du temps de prise du BCR réalisés in situ diffèrent de celles effectuées en laboratoire, et que la réalisation d'essais est le seul moyen pour caractériser la qualité de la liaison entre couches en fonction de la maturité du joint ainsi que la méthode de traitement, un essai à pleine grandeur reste une exigence essentielle pour presque tous les barrages de BCR.

Le premier BCR placé dans le barrage sera généralement au point le plus bas de la fondation et par conséquent soumis aux pressions hydrostatiques les plus élevées et aux niveaux de contrainte maximum. Par conséquent, la planche d'essai devrait être entreprise à l'extérieur du corps du barrage ou dans une section moins critique des travaux, tels qu'en partie supérieure des rives, ou dans la fondation du bassin de dissipation. De plus, la planche d'essai devrait être poursuivie jusqu'à ce que les procédures soient perfectionnées, pour assurer une construction pleinement efficace dès la mise en place du premier BCR dans la base du barrage.

L'imperméabilité et la durabilité des barrages en RCD sont assurées par une large section de BCV riche en ciment sur les faces amont et aval, avec seulement la zone centrale contenant une teneur en ciment plus faible qui est compactée au rouleau. Les plots adjacents sont séparés les uns des autres en coupant des joints à travers la section complète tous les 15 m. Par conséquent, les barrages poids RCD sont conçus comme des structures bidimensionnelles selon la même approche de conception appliquée aux barrages BCV et conséquemment les barrages RCD présentent les mêmes caractéristiques de performances que les barrages BCV.

2.4   DESIGN CONSIDERATIONS

2.4.1   General

The key to ensuring the realisation of the full advantages of RCC construction is simplicity (Dunstan, 2012) and a significant contribution to construction simplicity is achieved through appropriate dam design. In this regard, the RCC dam designer will benefit significantly from a greater understanding of construction requirements than is typically the case for a CVC dam. As a consequence, an inexperienced RCC dam designer would be wise to seek assistance, or to commission a review of constructability. In reality, it is evident that the potential efficiencies of RCC dam construction have often been frustrated as a consequence of poor, or inappropriate dam design.

A specific criterion of the dam design should be to allow the maximum rate of RCC production to be maintained, with as few interruptions as possible until completion. Similarly, the RCC construction conFiguration should be designed for the same objective, minimising as far as possible the interruptions on the critical path, such as warm and cold layer joint preparations, bedding layers, facing concrete, complex formwork (setting and lifting), internal formed drains, formed galleries, embedded instrumentation, conduits and inserts and other items that disrupt RCC placement.

The design of a dam constructed in RCC is usually finalised with a Full-Scale Trial (FST) early during the construction phase, using the equipment, materials and labour to be applied for the main dam construction. This exercise and subsequent testing serve to confirm the achievement of the various important design parameters under real construction conditions. On the basis of the findings of the FST, the final construction methodologies and processes will be defined (and approved) to assure the achievement of the target RCC design parameters on the main dam construction. Full-scale trials are essential for all RCC dams where the structural design parameters are important, where the RCC mix requires optimisation, where bond between layers is important, where set retardation is to be used, where new construction systems are to be applied, or where an inexperienced contractor needs to demonstrate his capabilities, or to train key personnel. The same opportunity should be used to train supervision and inspection personnel. In view of differing in-situ and laboratory test RCC setting times and the fact that testing is the only way to establish the variation of layer bond with joint maturity and treatment method, a full-scale trial remains an essential requirement for almost all RCC dams.

The first RCC placed in the dam will typically be at the lowest point of the foundation and consequently subject to the highest hydrostatic pressures and maximum stress levels. Accordingly, the full-scale trial should be undertaken outside the dam body or in a less-critical section of the works, such as high on one abutment, or as part of a stilling basin foundations. Furthermore, the full-scale trial should be continued until all construction procedures are perfected, to ensure fully effective construction during first RCC placement in the base of the dam structure.

Impermeability and durability in RCDs are ensured through a wide section of cementitious rich CVC on the upstream and downstream faces, with only the lower cementitious content core zone compacted by roller. Adjacent monolith blocks are separated from each other by cutting joints through the full section at 15 m centres. Consequently, RCD gravity dams are designed as 2-dimensional structures according to the same design approach applied for CVC dams and correspondingly RCDs demonstrate the same performance characteristics as CVC dams.

2.4.2 Caractéristiques typiques de résistance du BCR

Le Tableau 2.1 donne une indication générale des paramètres de résistance typiques qui peuvent être attendus pour différents types de BCR :

Tableau 2.1
Valeur indicatives de résistance du BCR

Résistance caractéristique à 365 jours (MPa)	Type de BCR			
	BCRFL	BCRML	BCREL	RCD
Résistance à la compression				
Typique	12.5	17	23.5	17.3
Plage de valeurs	7.5–16	7.5–30	11–40	12–25
Résistance à la traction simple dans la masse				
Typique	0.6	0.9	1.5	-
Plage de valeurs	0.3–1.2	0.5–2.0	0.7–2.9	0.8–1.8
Résistance à la traction simple des joints				
Typique	0.4	0.65	1.1	-
Plage de valeurs	0.2–0.7	0.3–1.1	0.6–1.9	-
Cohésion des joints				
Typique	1.1	1.0	1.6	2.4
Plage de valeurs	0.7–1.4	0.6–1.6	0.8–4.0	1.5–4.0

Dans la conception préliminaire d'un barrage en BCR, une valeur de 45° est généralement considérée comme hypothèse pour l'angle de frottement interne pour la résistance au cisaillement des joints de reprise ou joint entre couches. Les tests ont démontré que l'angle de frottement sur tout type de surface de reprise entre couches est généralement égal à plus ou moins 1° à celui du BCR dans la masse (Schrader, 2012) et alors qu'une valeur de 45° est généralement une hypothèse initiale raisonnable pour les granulats de béton typiques, la valeur réelle de l'angle de frottement peut varier entre 30 et 60 selon le type et la nature des granulats utilisés. Il convient donc de préciser que la pratique moderne qui consiste en l'application de facteurs de sécurité inférieurs pour l'analyse de la stabilité au glissement (USACE, 1997) est fondée sur la disponibilité des paramètres de résistance au cisaillement réels et testés.

Comme c'est courant dans le domaine de l'ingénierie des barrages, le concepteur de barrages BCR doit être sûr que les hypothèses de conception sont réalisables avec les matériaux disponibles et avec les conditions de construction prévues sur le site du projet.

2.4.3 Liaison entre les couches

Liaison de couches de BCR

En raison de la méthode de mise en place par couche, la performance d'un barrage en BCR sera en grande partie déterminée par la performance respective de la liaison entre les couches réalisées.

Alors que les caractéristiques importantes de la liaison entre les couches BCR successives sont la résistance au cisaillement horizontal, la perméabilité et la résistance à la traction verticale, l'importance de chacune varie selon le type de BCR, l'approche de conception et les méthodes de construction. Pour les grands barrages soumis à une sollicitation sismique importante par exemple, la résistance à la traction sera souvent le paramètre de conception critique, tandis que pour un barrage-poids plus petit, soumis uniquement à des charges hydrostatiques raisonnables, l'exigence principale concernant les caractéristiques de la liaison sera souvent une valeur de perméabilité faible.

2.4.2 Typical RCC strength characteristics

Table 2.1 provides a broad indication of the typical strength parameters that can be anticipated for different types of RCC:

Table 2.1
Indicative RCC Strength Parameters

Strength Characteristic at 365 days (MPa)	RCC Type			
	LCRCC	MCRCC	HCRCC	RCD
Compressive Strength				
Typical	12.5	17	23.5	17.3
Range	7.5–16	7.5–30	11–40	12–25
Parent Direct Tensile Strength				
Typical	0.6	0.9	1.5	-
Range	0.3–1.2	0.5–2.0	0.7–2.9	0.8–1.8
Joint Direct Tensile Strength				
Typical	0.4	0.65	1.1	-
Range	0.2–0.7	0.3–1.1	0.6–1.9	-
Joint Cohesion				
Typical	1.1	1.0	1.6	2.4
Range	0.7–1.4	0.6–1.6	0.8–4.0	1.5–4.0

In preliminary RCC dam design, a value of 45° is typically assumed for the angle of friction in lift/layer joint shear calculations. Testing has demonstrated that the friction angle on any type of lift joint is usually within 1° of that of the parent RCC (Schrader, 2012) and while a value of 45° is generally a reasonable initial assumption for typical concrete aggregates, the actual friction angle can vary between 30 and 60°, depending on the type and nature of the aggregates used. It should accordingly be acknowledged that the modern practice of applying lower factors of safety for sliding stability analysis (USACE, 1997) is predicated on the availability of actual, tested shear strength parameters.

As is common in all dam engineering, the RCC dam designer must be confident that his design assumptions are achievable with the materials available and under the construction conditions anticipated at the project site.

2.4.3 Bond between layers

RCC Layer Bond

As a result of placement in layers, the performance of an RCC dam will be largely determined by the respective performance of the bond between the placement layers.

While the important characteristics of bonding between successive RCC layers are horizontal shear strength, permeability and vertical tensile strength, the significance of each will vary for different RCC types, design approaches and construction methodologies. For large dams subject to significant seismic loading, for example, tensile strength will often be the critical design parameter, whereas for a smaller gravity dam, subject to only reasonable hydrostatic loadings, the primary bond requirement will often be low permeability.

En principe, les caractéristiques de résistance au cisaillement et à la traction et la perméabilité du BCR observées dans la masse peuvent seulement être reproduites avec confiance à l'interface entre les couches lorsque les couches successives sont placées rapidement et typiquement avant la prise initiale de la couche réceptrice. Par la suite, à mesure que la surface de la couche réceptrice exposée mûrit, la capacité de créer la résistance à la traction et au cisaillement diminue et la perméabilité augmente progressivement. Il convient de noter que c'est l'état de maturité de la surface supérieure de la couche réceptrice qui détermine la liaison ultérieure avec la nouvelle couche placée au-dessus et cela peut différer des conditions de maturité de la majorité des couches inférieures. La perte de résistance au cisaillement et à la traction et d'imperméabilité (en particulier dans le cas du BCRFL) peut ensuite être restaurée par l'application d'un mélange de liaison (coulis, mortier ou béton), mais le niveau de bénéfice récupéré sera réduit selon l'augmentation de la maturité de la surface. Au-delà du temps de prise finale de la couche réceptrice et généralement après une période d'environ 2 jours, la résistance à la traction significative peut seulement être récupérée en venant exposer les granulats en surface (et l'application d'une couche de mortier de liaison si nécessaire, selon la méthodologie habituelle employée pour le béton de masse conventionnel). Il convient de noter qu'il a également été établi que l'application d'une couche de mortier de liaison n'augmentera pas nécessairement les performances du joint pour les formulations de BCREL à haute maniabilité (Dunstan & Ibañez-de-Aldecoa, 2003).

Afin de définir les traitements nécessaires pour respecter les caractéristiques requises des liaisons entre couches, les joints sont généralement différenciés comme suit : "chaud", "tiède" et "froid".

- Un joint est généralement défini comme « chaud » lorsque le BCR de la couche réceptrice est encore maniable (la prise initiale n'a pas démarré) au moment où la couche suivante est épandue;
- Un joint est défini comme « froid » lorsque la surface de la couche réceptrice est jugée de telle sorte que peu ou pas de pénétration des granulats ne se produira pendant le compactage de la couche BCR suivante. En règle générale, cette condition se développera après la prise finale de la surface de la couche réceptrice BCR; et
- Un joint est généralement défini comme « tiède » lorsque son état se situe entre les deux états chaud et froid.

« Il convient de noter que des écarts par rapport à l'expérience ci-dessus se sont produits, avec des cas de liens commençant à se réduire à un moment donné avant et après les temps d'établissement initiaux (Dunstan &Ibañez-de-Aldecoa, 2015). »

En ce qui concerne la liaison et le traitement des joints requis, tout ce qui peut s'appliquer à un ensemble bien particulier de paramètres relatifs à la chimie du ciment, au type et la finesse des pouzzolanes, au type et au dosage en adjuvant, aux conditions de vent et de soleil peut changer lorsque l'une de ces conditions change, ce qui se produira régulièrement. Par conséquent, les définitions de maturité développées pour distinguer les différentes conditions doivent être ajustées si nécessaire lorsque les conditions changent. En outre, les méthodes de pénétration utilisées pour mesurer le temps de prise d'un mortier écrêté (ASTM C403) peuvent donner des résultats substantiellement différents en laboratoire par rapport aux conditions de terrain. Typiquement, les temps de prise réels sur le terrain sont sensiblement inférieurs aux temps mesurés en laboratoire, bien que dans des conditions différentes, des temps de prise plus longs ont également été mesurés. Les spécifications de construction doivent en conséquence être mises au point toujours de manière à prendre en compte les variations attendues des conditions rencontrées sur le terrain. De manière réaliste, les indicateurs développés et spécifiés pour la détermination du traitement des joints de reprise doivent être considérés comme des recommandations, qui prévoient des ajustements appropriés lorsque nécessaire.

Quand il apparait que la surface supérieure de la couche a fait prise, l'application de procédures de nettoyage agressives doit être employée avec prudence, car celles-ci pourraient pénétrer à travers une surface durcie et endommager le BCR moins mature en dessous.

Alors que les propriétés finales de liaison entre les couches dépendront des caractéristiques du BCR, de la cure, de la préparation de la couche réceptrice et des conditions climatiques pendant l'exposition, la conception et la construction du barrage doivent s'appuyer sur une connaissance des exigences spécifiques associées et sur des paramètres atteignables de façon réaliste pour la liaison des couches de BCR. Par exemple, un BCR super-retardé, ou l'application de la méthode des couches inclinées, peut assurer une qualité de liaison entre les couches qui se rapproche des propriétés du matériau de base, seulement si la méthodologie de construction appliquée peut assurer de façon constante la mise en place des couches successives dans le temps de prise initial du béton. Selon le même principe, une section de barrage ne nécessitant aucune résistance à la traction, avec une résistance au cisaillement basée uniquement sur le frottement interne et acceptant une certaine perméabilité permet l'emploi d'une méthodologie de construction beaucoup plus flexible qui ne serait pas dépendante de la maturité des joints de la couche réceptrice, comme c'est le cas généralement pour une conception de barrage en remblai cimenté. Entre ces

In principle, the shear and tensile strengths and the permeability of the parent RCC can only be reproduced with confidence at the joint interface between placement layers when successive layers are placed rapidly and typically before the initial set of the receiving layer. Thereafter, as the surface of the exposed receiving layer matures, tensile and shear strengths reduce and permeability progressively increases. It should be noted that it is the set condition of the surface of the layer that determines subsequent bond with the new layer above and this may differ from the set condition in the majority of the layer beneath. The lost shear strength, impermeability (particularly in the case of LCRCC) and tensile strength can subsequently be restored through the application of a bedding layer (grout, mortar, or concrete), with the measure of benefit regained again reducing with increasing surface maturity. Beyond the age of the final set of the receiving layer and usually after a period of approximately 2 days, significant tensile strength can only be recovered by exposing well-embedded aggregate (and the application of a bedding layer where necessary), as typically applicable for conventional mass concrete. It should be noted that it has also been established that the application of a bedding mix will not necessarily increase joint performance in high-workability HCRCC mixes (Dunstan & Ibañez-de-Aldecoa, 2003).

In order to distinguish between the necessary treatments to be applied to achieve the required inter layer bond characteristics, layer joints are typically differentiated into "Hot", "Warm" and "Cold" conditions as follows:

- A joint is typically defined as Hot when the receiving RCC of the layer below is still workable (initial set has yet to occur) at the time the subsequent layer is spread.
- A joint is defined as Cold when the surface of the receiving layer is judged to be such that little, or no penetration of aggregate will occur during the compaction of the subsequent RCC layer. Typically, this condition will develop after final set of the receiving RCC layer surface.
- A joint is generally defined as Warm when its condition lies between Hot and Cold.

It should be noted that deviations from the above experience have occurred, with cases of bond starting to reduce at some time both before and after the initial setting times (Dunstan & Ibañez-de-Aldecoa, 2015).

In terms of bond and required layer treatments, whatever might be applicable for a particular set of cement chemistry, pozzolan type and fineness, admixture type and dosage, wind, sun and solar conditions may change when any of these change, which will occur regularly. Consequently, the maturity definitions developed to distinguish between joint conditions must be adjusted as necessary when conditions change. Furthermore, penetration methods used to measure setting times in screened mortar (ASTM C403) can give substantially different results in the laboratory, compared to field conditions. Typically, actual RCC setting times in the field are substantially less than the times measured in laboratory testing, although in different conditions, longer setting times have also been experienced. Construction specifications must correspondingly always be developed to recognise actual performance under the range of field conditions anticipated. Realistically, indicators developed and specified for the determination of layer joint treatment should be viewed as no more than guidelines, which anticipate appropriate adjustments as and when necessary.

When an earlier set of the RCC in the top surface of the layer is apparent, caution must be considered in the application of aggressive cleaning procedures, which may cut through a set surface and damage the less mature RCC beneath.

While the final bond properties between layers will depend on the characteristics of the RCC materials, the applicable curing, the receiving-layer preparation and the climatic conditions during exposure, the dam design and construction must adequately take cognisance of the specific associated requirements and the realistically achievable parameters for RCC layer bond. For example, a super-retarded RCC, or the application of sloped layers, can ensure a level of bond between layers that approaches the parent properties only if the applied construction methodology can consistently ensure successive layer placement within the initial concrete setting time. On the same premise, a dam section design requiring no tensile strength, with only friction for shear resistance and allowing permeability implies a significantly more flexible construction methodology that is insensitive to receiving layer joint maturity, as generally applicable for a Hardfill section design. Between these two

deux extrêmes des méthodologies BCR, toutes variations de conception combinant différentes zones avec épandage de mortier de liaison et des niveaux de maturité des joints sont possibles.

Les essais spécifiques au site, y compris les essais de cisaillement et de traction grande échelle ainsi que les essais en cisaillement sur face inclinée, sont le seul moyen d'établir avec certitude les propriétés réelles de cohésion, de frottement et de résistance à la traction pouvant être obtenues pour divers conditions, maturités et traitements de joints de levée ou inter-couches. Les tests doivent être effectués sur des échantillons créés dans des conditions de construction représentatives et à pleine grandeur, en utilisant les matériaux et les méthodes qui seront utilisées dans la construction. Ces essais font partie intégrante de l'approche moderne qui permet de réduire les facteurs de sécurité pour la stabilité au glissement sur les couches de BCR. Pour les petits barrages où la sensibilité est moins élevée, il peut être possible d'extrapoler les données de test provenant d'autres projets construits en utilisant des granulats, des granulométries, des matériaux cimentaires, des dosages de mélange et des méthodes de construction similaires

Les paramètres de résistance à la traction et au cisaillement obtenus in-situ pour les joints de reprise peuvent être obtenus par les essais suivants:

- Des essais de cisaillement direct, sous diverses charges de confinement, peuvent être effectués sur des blocs prélevés sur les planches d'essai réalisées à pleine grandeur;
- Des carottes (minimum 150 mm (6 pouces)) peuvent être forées dans la planche d'essai pour réaliser des essais en laboratoire (y compris cisaillement sur surface inclinée); et
- Les échantillons peuvent être sciés à partir de blocs d'essai en cisaillement à grande échelle puis testés en laboratoire.

Les essais sur des échantillons de BCR fabriqués en laboratoire doivent être utilisés en complément et non en remplacement des essais sur échantillons réalisés in situ.

Pour un ensemble donné de granulats, les essais ont démontré que l'angle de frottement sur la surface du joint est largement indépendant de la formulation du BCR, de la maturité de la couche ou de l'état de la surface. Inversement, l'angle de frottement résiduel peut être plus faible pour un BCREL que pour un BCRFL, tandis que des angles de frottement plus élevés peuvent être attendus pour le BCR et les surfaces de reprise lorsque le BCR est réalisé avec des granulats concassés plutôt qu'avec des matériaux alluviaux.

Les principaux facteurs affectant la résistance à la traction in situ de la liaison entre les couches de BCR peuvent être définis comme (Schrader, 2012) :

- la résistance ultime du BCR et la vitesse de développement de cette résistance;
- les propriétés du BCR frais (consistance, temps de prise, température de mise en place, etc.);
- le degré de ségrégation au point d'épandage;
- la maturité et le traitement de la surface de la couche et la cure appliquée;
- la densité après compactage (devrait être supérieure à 96% et idéalement 99% de la masse volumique théorique sans air); et
- l'épandage d'un mortier de liaison sur la couche (mais pas nécessairement dans les mélanges BCREL) (Dunstan & Ibanẽz-de-Aldecoa, 2015).

2.4.4 Conception pour la construction horizontale

Dans la construction traditionnelle d'un barrage BCV, la construction par plots (monolithes) distincts assure que les charges gravitaires sont transmises directement vers le bas dans la fondation et les concepteurs sont mis en garde contre l'utilisation de clés de cisaillement lorsque le transfert latéral de la charge est particulièrement non-désirable (Dunstan & Ibanẽz-de-Aldecoa, 2015). Avec l'application dans les barrages BCR du système typique de joint réalisé par l'amorce de fissure, les tolérances d'alignement horizontal et vertical des joints réalisables sont de l'ordre de ± 50 mm. Avec une ouverture des joints ainsi créés typiquement inférieure à quelques millimètres, des clés de cisaillement bidimensionnelles entre plots adjacents sont créées de fait. Cette situation est encore plus importante lors de la construction, avant que les joints ne s'ouvrent pour s'adapter à la contraction des plots adjacents. À ce moment-là, la création d'arches internes qui pontent les dépressions de la fondation et le transfert partiel de la charge

extremes in RCC methodologies, any design variation combining different areas of bedding layer coverage and levels of joint maturity is possible.

Site-specific tests, including slant/shear and large-scale shear and tensile tests, are the only way to confidently establish the actual cohesion, friction, and tensile strength properties that can be achieved for various lift joint conditions, maturities and treatments. Testing must be undertaken on samples created under full-scale, representative construction conditions, using the actual materials and methods to be applied. These tests are integral to the modern-day approach of allowing reduced factors of safety for sliding stability on RCC layers. For smaller dams where sensitivities are lower, it may be possible to extrapolate test data from other projects constructed using similar aggregates, aggregate gradings, cementitious materials types/sources, mix designs and construction methods.

The in-situ tensile and shear strength parameters achievable for layer joints can be tested by the following means:

- Direct shear tests, under various confining loads can be undertaken on blocks cut into full-scale trial placements;
- Drilled cores (minimum 150mm (6-inches)) can be recovered from full-scale trials for laboratory testing (including slant/shear); and
- Samples can be sawn out from large-scale shear test pads and tested in a laboratory.

Testing of laboratory-manufactured RCC samples should be used to compliment, but never in place of, the testing of in-situ placed samples.

For a given set of aggregates, testing has demonstrated that the angle of friction on a joint surface is largely independent of the RCC mix, the layer maturity, or the surface condition. Conversely, the residual friction angle can decrease more in HCRCC than LCRCC, while higher joint friction angles can be anticipated for RCCs and bedding layers manufactured with crushed aggregates rather than alluvial materials.

The primary factors affecting in-situ tensile strength between RCC layers can be defined as (Schrader, 2012):

- the ultimate strength of the RCC mix and the rate of strength development;
- the properties of the fresh RCC (consistency, setting time, placing temperature, etc.);
- the degree of segregation at the point of placement;
- the maturity and treatment of the layer surface and the curing applied;
- the compacted density (should exceed 96% and ideally 99% of the theoretical-air-free density); and
- the use of bedding mixes (although not necessarily in HCRCC mixes (Dunstan & Ibanēz-de-Aldecoa, 2015).

2.4.4 Design for horizontal construction

In traditional CVC dam construction, placing in discrete monoliths ensures that gravity loads are carried directly downwards into the foundation and designers are warned against the use of shear keys when the lateral transfer of load is specifically undesirable (Indian Standard, 1998 & Shaw, 2012). Applying the typical system of joint inducing in RCC dams, achievable horizontal and vertical joint alignment tolerances are of the order of ± 50 mm and, with induced joints opening typically no more than a few millimetres, 2-dimensional shear keys between adjacent blocks are effectively created. This situation is even more significant during construction, before induced joints open to accommodate the contraction of adjacent blocks. At this time, bridging over foundation depressions and the partial

gravitaire des plots plus grands aux plots adjacents plus petits peuvent influencer le comportement à court et à long terme de la structure du barrage. Bien qu'un tel report de charges ne se produise pas dans une structure BCV construite en monolithes verticaux séparés, les conséquences négatives peuvent conduire à une réduction des forces normales, et par conséquent de la résistance au cisaillement sur la surface du joint de reprise critique et au contact de la fondation.

Alors que les conséquences de la construction horizontale doivent être considérées comme une différence entre les barrages BCR et BCV, les effets les plus significatifs se rencontrent dans les grands barrages, où les températures peuvent rester élevées pendant une période prolongée, et dans les barrages construits avec une formulation de BCR présentant un fluage faible, dans lesquels les joints ne s'ouvrent pas de manière significative. Le concepteur doit être conscient de ces effets et appliquer des mesures appropriées, comme le façonnage des joints pour garantir l'absence de transfert de cisaillement, ou le coffrage des joints, dans les cas où aucun transfert de charges latéral ou transfert de contrainte entre les plots n'est tolérable. Les sites où les conditions sont particulièrement critiques sont ceux dont la vallée est étroite avec des rives abruptes et ceux dont les fondations ont un module de déformation de la masse rocheuse significativement variable. Bien que les spécificités de chaque situation doivent toujours être prises en compte, le transfert de charges entre les plots adjacents doit généralement être considéré lorsque le rapport longueur de la crête sur hauteur du barrage L/H est inférieur à 6 et/ou le module de déformation de la masse rocheuse de fondation varie d'un facteur de plus de 50% entre plots adjacents.

2.4.5   Barrages-poids

En ce qui concerne les charges, la stabilité et les contraintes admissibles, les barrages-poids en BCR sont conçus selon les mêmes critères et principes applicables aux barrages-poids en BCV; avec exceptions dans certains cas liées aux charges thermiques.

Un barrage-poids en béton est une structure qui est dimensionnée de telle sorte que toutes les charges statiques et les charges dynamiques sont transmises à la fondation par l'action de sa propre masse. Par conséquent, les barrages-poids en béton conventionnel sont généralement conçus comme des structures bidimensionnelles (contrainte plane). Dans la pratique moderne, les analyses par éléments finis sont généralement utilisées pour supporter des calculs simples de stabilité, en particulier pour une évaluation plus précise de la réponse structurelle sous chargement sismique et permettre une analyse plus réaliste du comportement non linéaire. Dans le cas d'un barrage-poids en BCR, des principes similaires s'appliquent, mais il faudrait envisager d'examiner le transfert potentiel de charge latérale entre les plots ainsi que l'impact sur la stabilité interne et globale du barrage.

2.4.6   Barrages voûtes (voir chapitre 9)

Dans l'évaluation de faisabilité économique d'un barrage, le volume de matériaux de construction est un facteur particulièrement important. Un barrage-poids est une structure inefficace en ce qui concerne le volume de béton, dont une grande partie de la masse connaît des niveaux de contraintes qui sont seulement une fraction de la résistance du béton. En conséquence, lorsque la topographie du site et la géologie le permettent, la conception de barrage peut être réalisée en tirant profit du transfert de charge en trois dimensions pour réduire le volume requis de béton. Contrairement au barrage-poids, pour lequel le BCR a maintenant globalement remplacé le BCV comme solution optimale dans toutes les circonstances, pour les barrages voûtes, mis à part certaines exceptions, ce n'est pas tous les sites qui sont mieux adaptés au BCR qu'au BCV. Les facteurs topographiques qui augmentent l'efficacité d'une voûte, à savoir typiquement un faible rapport longueur de crête par rapport à la hauteur du barrage L/H et un fond de vallée étroit, auront tendance à compromettre la pleine concrétisation des gains d'efficacité associés au BCR, favorisant la construction verticale plutôt qu'horizontale. Les exigences additionnelles d'une voûte, telles que les injections de consolidation sur les rives abruptes, le système de refroidissement du béton et le clavage des joints, compromettent davantage les avantages de gains de temps associés à la construction en BCR. En conséquence, une voûte BCR optimale peut souvent être obtenue avec une section plus simple et plus épaisse, qui ne nécessite pas de dispositif spécifique de refroidissement du béton, ni d'injection des joints avant la mise en eau. En conséquence, les voûtes BCR sont généralement des solutions plus efficaces sur les sites les mieux adaptés à un barrage poids-voûte (ou

transfer of gravity load from taller cantilevers to adjacent shorter cantilevers can influence the short-term and long-term behaviour of the dam structure. While such stress transfer does not occur in a CVC structure constructed in separate vertical monoliths, deleterious consequences can include a reduction in the normal forces, and consequently shear resistance, on the critical lift surface joints and at the foundation contact.

While the consequences of horizontal construction must be acknowledged and recognised as a difference between RCC and CVC dams, the most significant effects will be found in large dams, where temperatures can remain elevated for an extended period, and in dams constructed using a low stress-relaxation creep RCC, where induced joints may not open to any significant extent. The designer should be aware of these effects and apply appropriate measures, such as a jointing system that assures no shear transfer, or formed block joints, in instances where no lateral bridging or stress transfer between blocks is tolerable. Particularly critical conditions include narrow, steep-sided dam sites and foundations with significantly variable rock mass deformation moduli. Although the specifics of each situation should always be considered, the transfer of stress between adjacent blocks should generally be taken into account when the crest length/height ratio of a dam is less than 6 and/or the foundation rock mass deformation modulus varies by a factor of more than 50% between adjacent blocks.

2.4.5 Gravity dams

In respect of loadings, stability and allowable stresses, RCC gravity dams are designed in accordance with the same criteria and principles applicable for CVC gravity dams; with exceptions in some cases related to thermal loads.

A concrete gravity dam is a structure that is proportioned such that it transfers all static and dynamic loads into the foundation through the action of its own mass. Consequently, conventional concrete gravity dams are usually designed as 2-dimensional structures (plane stress). In modern practice, finite element analyses are typically used to support simple equilibrium stability calculations, particularly for a more accurate evaluation of structural response under earthquake loading and to enable a more realistic analysis of non-linear behaviour. In the case of an RCC gravity dam, similar principles apply, but additional consideration should be given to reviewing potential lateral load transfer between adjacent blocks and the consequential impact on internal and overall dam stability.

2.4.6 Arch dams (see Chapter 9)

In the economic feasibility evaluation of a dam, the volume of construction materials is a particularly important consideration. A gravity dam is an inefficient structure with respect to concrete volume, with much of the mass experiencing levels of stress at only a fraction of the concrete strength. Accordingly, where the site topography and geology allow, benefit in dam design can be realised in taking advantage of 3-dimensional load transfer to reduce the required volume of concrete. Unlike the gravity dam, for which RCC has now effectively globally replaced CVC as the optimal solution in all but exceptional circumstances, not all arch dam sites will be more suited to an RCC arch than a CVC arch. The topographical factors that increase the efficiency of an arch structure, typically a low crest length/height ratio and a narrow valley bottom, will tend to compromise the full achievement of the efficiencies associated with RCC, favouring vertical, rather than horizontal construction. Additional requirements for an arch, such as consolidation grouting on steep abutments, post-cooling and joint grouting, further compromise the time advantages of RCC construction. Accordingly, an optimum RCC arch can often involve a simpler, heavier section, which does not require post-cooling, or joint grouting before impoundment. As a consequence, RCC arch dams are typically more efficient solutions at sites best suited to an arch-gravity conFiguration (or a "thick arch"), in temperate climates and when

voûte « épaisse »), dans les climats tempérés et lorsqu'il est construit en utilisant un BCR à faible fluage. À ce jour, tous les barrages voûtes BCR ont été construits en utilisant du BCREL.

Trois avantages particuliers des barrages voûtes BCR proviennent de l'atténuation de la sensibilité inhérente du BCR à la résistance au cisaillement des joints de reprise, d'une sensibilité structurelle réduite aux tensions verticales du pied amont sous forte charge sismique et d'une utilisation plus efficace de la résistance du BCREL. Il a été démontré que les barrages voûtes en BCR ont permis des gains de temps et des économies de coût par rapport à des barrages poids BCR pour de nombreux sites potentiels et tous ceux en exploitation à ce jour ont dépassé les attentes quant à leur performance.

Une analyse structurelle tridimensionnelle complète est essentielle pour un barrage-voûte en BCR, en utilisant un logiciel de calculs d'éléments finis, avec des capacités d'analyse non linéaire, dynamique et thermique.

Les différentes technologies appliquées à ce jour pour les barrages voûtes en BCR, leurs avantages et inconvénients ainsi que les considérations importantes de conception sont traitées plus en détail au chapitre 9.

2.5 CONSIDÉRATIONS THERMIQUES

2.5.1 Généralités

La réaction d'hydratation des matériaux cimentaires (liants) est une réaction exothermique qui provoque l'élévation de la température du béton frais. La majorité de la chaleur étant générée au cours des 7 premiers jours après le gâchage, le taux de dissipation de la chaleur dépend de la taille des constituants du béton, de sa surface exposée et de la vitesse de construction et de montée du corps du barrage. Dans le cas d'un grand barrage en béton, il peut s'écouler plusieurs décennies avant la dissipation complète de la chaleur, en raison de l'effet isolant de la section massive. Plus les différences de température et plus les gradients développés au cours de ce cycle sont importants, plus les contraintes résultantes et le fluage qui en découle seront élevés. Avec une élévation inférieure de la température d'hydratation adiabatique et par conséquent moins de contrainte de dilatation thermique dans le cas du BCR, le phénomène de fluage sera généralement inférieur à celui d'une structure BCV équivalente.

Dans le cas du BCV employé dans les barrages en béton de masse, la plage de variation du phénomène de fluage pendant le cycle d'hydratation est relativement étroite, tandis que l'adoption d'une approche conservatrice à l'égard de ce paramètre est universellement bénéfique, en partie en raison de la construction du barrage BCV en monolithes verticaux. Par conséquent, le développement de critères de gradients thermiques typiques et génériques, basés sur la limitation des contraintes de traction, était possible et ceux-ci ont été appliqués avec succès pour les barrages en béton de masse à partir du milieu des années 1930.

Avec une plus grande variabilité du phénomène de fluage et une méthode de construction horizontale continue, des critères génériques similaires ne peuvent pas être appliqués pour les barrages en BCR et des analyses plus détaillées de contraintes thermiques sont souvent requises.

La norme chinoise SL 314–2004 (Chinese Standard, 2004) a été élaborée pour fournir des indications sur les limites de différentiels de température admissibles pour les barrages BCR, en proposant des limites similaires, mais plus strictes que celles généralement applicables pour les barrages BCV (USBR, 1997), en conséquence d'une cadence de mise en place plus rapide, qui implique que moins de chaleur ne soit dissipée pendant la construction.

Tableau 2.2
Norme chinoise SL 314–2004: Différentiels de température admissibles pour les barrages BCR (˚C)

Hauteur au-dessus de la fondation H (m)	Longueur du plot L (m)		
	< 30	30 ~ 70	> 70
(0.0 ~ 0.2) L	18 ~ 15.5	14.5 ~ 12	12 ~ 10
(0.2 ~ 0.4) L	19 ~ 17	16.5 ~ 14.5	14.5 ~ 12

constructed using low stress-relaxation creep RCC. All RCC arch dams to date have been constructed using HCRCC.

Three particular benefits of RCC arch dams are found in a mitigation of the inherent sensitivity of RCC dams to shear strength on the layer joints, a reduced structural sensitivity to vertical heel tensions under high seismic loading and a more efficient utilisation of the inherent strengths of HCRCC. RCC arch dams have been demonstrated to offer time and cost savings over RCC gravity dams on numerous prospective sites and all of those in operation to date have performed above and beyond expectations.

A full 3-dimensional structural analysis is essential for an RCC arch dam, using a finite-element analysis system, with non-linear, dynamic and thermal analysis capabilities.

The various technologies applied to date for RCC arch dams, the associated benefits and draw-backs and the important related design considerations are addressed in greater detail in Chapter 9.

2.5   THERMAL CONSIDERATIONS

2.5.1   General

The hydration of cementitious materials is an exothermal reaction, which causes the temperature of fresh concrete to be raised. With the majority of heat being evolved over the first 7 days after mixing, the rate of heat dissipation is dependent on the size of the concrete element, its respective exposed surface area and the speed of construction/rate of dam raising. In the case of a large concrete dam, it can be several decades before full dissipation of the hydration heat has been achieved, as a consequence of the insulating effect of the massive section. The greater the temperature differentials experienced and the thermal gradients developed during this cycle, the higher the resultant stresses and the consequential stress-relaxation creep. With a lower adiabatic hydration temperature rise and consequently less thermal expansion stress in the case of RCC, stress-relaxation creep will typically be lower than in an equivalent CVC structure.

In the case of CVC in mass concrete dams, a relatively narrow range of stress-relaxation creep behaviour is apparent during the hydration cycle, while the adoption of a conservative approach in respect of this parameter is universally beneficial, partly as a result of CVC dam construction in vertical monoliths. Consequently, the development of typical and generic criteria for thermal gradients, based on the limitation of associated tensile stresses, was possible and these were successfully applied for mass concrete dams from the mid 1930s.

With substantially greater variability in stress-relaxation creep and continuous horizontal construction, however, similar generic criteria cannot realistically be applied for RCC dams and more detailed thermal and associated stress analysis is often consequently required.

Chinese standard SL 314–2004 (Chinese Standard, 2004) was developed to provide guidance on the limits of permissible temperature differentials for RCC dams, proposing limits that are similar, but stricter than those typically applicable for CVC dams (USBR, 1997), as a consequence of the more rapid placement that implies less heat is dissipated during construction.

Table 2.2
Chinese Standard SL 314–2004: Permissible Temperature Differentials for RCC dams (°C)

Height above Foundation H (m)	Block Length L (m)		
	< 30	30 ~ 70	> 70
(0.0 ~ 0.2) L	18 ~ 15.5	14.5 ~ 12	12 ~ 10
(0.2 ~ 0.4) L	19 ~ 17	16.5 ~ 14.5	14.5 ~ 12

La recherche et l'expérience en Chine ont montré que pour une longueur de plot inférieure à 50 ~ 70 m, la contrainte thermique augmente avec la longueur du plot. Cependant pour une longueur de plot supérieure à 50 ~ 70 m, les contraintes thermiques n'augmenteront plus à mesure que la longueur du plot augmente.

2.5.2 Effets de gradient de surface et de gradient de masse

Les problèmes thermiques des coulées de béton de grand volume proviennent d'effets de gradient de surface et de gradient de masse (USACE, 1997). Dans le premier cas, un refroidissement de surface plus rapide et la possible dilatation thermique interne engendre des tensions superficielles et une compression du noyau. Dans le second cas, les températures internes plus élevées génèrent des contraintes de compression plus élevées qui sont ensuite dissipés par fluage, ce qui entraîne un rétrécissement différentiel du noyau par rapport à la surface externe et ultérieurement, lorsque la chaleur d'hydratation est dissipée, des contraintes de compression en surface et de traction au noyau. Les effets de gradient thermique de surface se produisent à court terme et entraînent des fissurations de surface, tandis que les effets thermiques de gradient de masse se produisent à plus long terme et entraînent des fissures internes.

L'impact des effets de gradient de surface et de masse est déterminé par l'amplitude de l'augmentation totale de la température d'hydratation, la température de mise en place, la relaxation des contraintes par fluage lors de la dilatation thermique liée à l'hydratation et les valeurs extrêmes de température ambiante externe applicables. Les effets de gradient de surface sont généralement plus intenses durant l'hiver, tandis que les effets de gradient de masse sont plus intenses dans des climats avec de plus forte variations saisonnières de la température.

L'effet thermique du gradient de masse le plus important provient des tractions générées par des appuis fixes (confinement) sous la charge de retrait thermique qui se produit lorsque la chaleur d'hydratation du béton du barrage se dissipe. Alors que le retrait dans les barrages en BCR est presque toujours accommodé par les joints de contraction transversaux (réalisé par amorce de fissure), l'amplitude de la baisse totale de température à anticiper est fonction de la température dite «zéro contrainte» (ou de fermeture) par rapport à la température d'équilibre finale en saison hivernale. La température «zéro contrainte» est fonction de la température du BCR à la mise en place, de l'augmentation totale de la température d'hydratation et de la relaxation des contraintes par fluage.

Un fluage plus important au cours du processus d'hydratation entraîne une diminution de la sensibilité aux effets de gradient de surface et un impact plus important des effets de gradient de masse. L'inverse est vrai lorsque le fluage est plus faible.

Un BCR présentant un fluage plus élevé est plus sensible au développement et à la propagation à long terme de fissures perpendiculaires et parallèles à l'axe du barrage, mais moins sensible à la fissuration de surface à court terme due aux gradients thermiques. Un BCR présentant un phénomène de fluage faible sera moins sensible aux effets thermiques de gradient de masse et moins susceptible de développer des fissures parallèles à l'axe du barrage, ou des fissures perpendiculaires à l'axe du barrage entre les joints de contraction. En se contractant, ce type de BCR est plus sensible aux effets de gradient de surface et est donc particulièrement sensible au développement de fissures de surface dans des conditions climatiques extrêmes, telles que des fissures horizontales qui peuvent compromettre la résistance verticale à la traction et entraîner des fuites qui pourraient atteindre les galeries.

La réduction de la température maximale observée pendant la réaction d'hydratation réduit à la fois les effets de gradient de surface et de gradient de masse.

Les contraintes de traction thermique dues au gradient de surface sont superficielles et peuvent conduire à des phénomènes accélérés de dégradation et de fuite, tout en compromettant le fonctionnement structurel, en particulier sous sollicitations dynamiques. Les fissures résultant de contraintes de traction dû au gradient de masse peuvent compromettre le fonctionnement structurel et provoquer des fuites. Certaines fissures peuvent souvent être tolérées dans la conception du barrage, tandis que la fissuration de la surface des couches pendant des périodes d'exposition prolongées peut parfois se refermer en raison du réchauffement résultant de l'hydratation du BCR dans les couches placées au-dessus. Dans tous les cas, cependant, une analyse complète du cycle complet d'augmentation de température et de refroidissement lors de l'hydratation est nécessaire pour s'assurer que de telles fissures ne se propageront pas vers le haut ou vers le bas.

Research and practical experience in China have indicated that for a block length of less than 50 to 70 m, thermal stress increases with block length. For a block length greater than 50 to 70 m, however, thermal stresses will not increase further as the block length increases.

2.5.2. Surface and Mass gradient effects

Thermal issues for large-scale concrete pours take the form of Surface Gradient and Mass Gradient effects (USACE, 1997). In the case of the former, more rapid surface cooling and possible internal thermal expansion give rise to surface tensions and core compression. In the case of the latter, higher internal temperatures develop higher compressive stresses that are consequently relieved by stress-relaxation creep, resulting in differential shrinkage of the core in relation to the outer surface, with surface compression and core tension subsequently developing as the hydration heat is dissipated. Surface gradient thermal effects are short-term and result in surface cracking, while mass gradient thermal effects are longer-term and result in internal cracking.

The impact of both surface and mass gradient effects is determined by the magnitude of the total hydration temperature rise, the temperature at placement, the stress-relaxation creep experienced during hydration-related thermal expansion and the extremes of the applicable external ambient temperatures. Surface gradient effects are typically more intense during winter, while mass gradient effects are more intense in more extreme climates.

The most important mass gradient thermal effect relates to tensions caused by physical restraint under the thermal shrinkage that occurs as the concrete of the dam structure dissipates its hydration heat. With the consequential shrinkage in RCC dams almost always accommodated in induced transverse contraction joints, the extent of the total temperature drop to be accommodated is a function of the "zero stress" (or closure) temperature compared to the final winter-season equilibrium temperature. The "zero stress" temperature is a function of the placement temperature, the total hydration temperature rise and the stress-relaxation creep.

Higher levels of stress-relaxation creep during the hydration process result in a lower susceptibility to surface gradient effects and a higher impact of mass gradient effects. The reverse is true for lower levels of stress-relaxation creep.

An RCC with higher stress-relaxation creep is more susceptible to the development and propagation of long-term cracking both perpendicular and parallel to the dam axis, but less sensitive to short-term surface cracking due to thermal gradients. An RCC with low stress-relaxation creep will be less susceptible to mass gradient thermal effects and is less likely to develop cracking parallel to the dam axis, or cracking perpendicular to the dam axis between the induced joints. By contracts, this type of RCC is more susceptible to surface gradient effects and is consequently particularly sensitive to the development of surface cracks in more extreme climatic conditions, such as horizontal cracks that can subsequently compromise vertical tensile strength and/or result in leakage that can reach the galleries.

Reduction of the peak temperature experienced during hydration reduces both surface and mass gradient effects.

Surface gradient thermal tensions are superficial and can lead to accelerated weathering and/ or leakage, while compromising structural function particularly under dynamic loading. Cracking consequential to mass gradient tensions can compromise structural function and can give rise to leakage. Some consequential cracking can often be tolerated as part of the dam design, while cracking in the placement surface during periods of extended exposure can sometimes be demonstrated to close due to consequential re-heating from the hydrating RCC in the layers placed above. In all cases, however, comprehensive analysis over the full hydration heating and cooling cycle is necessary to ensure that any such cracks will not propagate upwards, or downwards.

La relaxation des contraintes par le fluage dépend du type de matériau cimentaire et de leur composition, de la quantité de chaleur dégagée pendant l'hydratation, de la forme des granulats et du degré de fixité des appuis. Un BCR avec un mélange de 70% de cendres volantes et 30% de ciment, des granulats de forme et d'une granulométrie satisfaisante ainsi qu'une faible teneur en vides peut présenter une valeur de fluage comprise entre 0 et 75×10^{-6} microdéformation en fonction du degré de fixité des appuis. En revanche, un BCR avec une faible teneur en ciment, sans pouzzolane, et avec un temps Vebe avec charge élevé, devrait généralement présenter un fluage supérieur à 150×10^{-6} microdéformation.

2.5.3   Analyse thermique et conception

Les principaux paramètres relatifs aux matériaux qui sont nécessaires pour comprendre, modéliser et prédire le comportement thermique et la réponse structurelle associée du BCR sont:

- l'élévation de la température d'hydratation adiabatique;
- le coefficient de dilatation thermique;
- la conductivité thermique;
- la relaxation de contraintes par le fluage, et
- la vitesse de développement de la résistance à la traction.

Pour pouvoir prédire l'impact des effets thermiques des gradients de surface et de masse depuis la mise en place jusqu'à la dissipation complète de la chaleur d'hydratation, une modélisation thermique détaillée est nécessaire. Elle doit inclure à la fois l'évolution temporelle et la dissipation des températures ainsi que le comportement contrainte-déformation (thermomécanique) qui en résulte. Cette modélisation doit refléter le programme de construction et tenir compte de toutes les conditions et paramètres externes, tels que la température du BCR à la mise en place, les variations de température, le rayonnement solaire, la présence d'eau en amont du barrage, la durée d'exposition des surfaces, etc. Pour déterminer les conséquences indirectes de ces effets thermiques, des règles génériques simplifiées peuvent être utilisées dans le cas des petits barrages. Toutefois des précautions particulières doivent être prises quant au choix des paramètres de fluage des différentes formulations BCR si des règles génériques empiriques développées pour BCV sont appliquées. Cependant, pour les grands barrages en BCR et les barrages plus petits pour lesquels les conditions thermiques sont critiques, une analyse thermique par éléments finis (EF) relativement détaillée est essentielle pour développer une compréhension adéquate du comportement structurel résultant de la conception appliquée.

Typiquement, une analyse EF thermique devrait modéliser le cycle complet de développement et de dissipation de la température, afin de prédire l'évolution des contraintes à différents intervalles de temps et les comparer à la résistance du BCR à l'âge correspondant. L'analyse thermique doit identifier la température maximale de mise en place pour laquelle les contraintes de traction résultantes (et éventuellement la fissuration) ne dépassent pas les valeurs tolérables. En modélisant la construction avec un contrôle de la température approprié, l'analyse thermique doit permettre d'identifier l'espacement nécessaire entre les joints de contraction transversaux formé par amorce de fissure afin d'éviter une fissuration intermédiaire incontrôlée.

Il convient de noter qu'une analyse thermomécanique basée sur le développement temporel du module d'élasticité du béton ne reconnaît pas complètement, ou correctement, le comportement réel de relaxation des contraintes par le fluage du BCR.

Une compréhension correcte du phénomène de fluage qui se produit dans une formulation de BCR particulière pendant le cycle d'hydratation est essentiel pour obtenir un niveau significatif de précision de l'étude thermique d'un barrage en BCR. Une hypothèse conservatrice n'est pas possible, car les effets de gradient de surface seront sous-estimés dans le cas d'une hypothèse élevée et les effets de gradient de masse seront sous-estimés dans le cas d'une hypothèse basse. Une attention particulière est nécessaire pour le BCR mis en place près de l'interface avec la fondation, où des contraintes de traction élevées peuvent se développer en raison des conditions d'appui de la fondation, sans relaxation possible des contraintes aux joints de contraction longitudinaux.

Stress-relaxation creep is dependent on cementitious materials types and contents, the amount of heat evolved during hydration, aggregate structure and the applicable level of structural restraint. An RCC with a 70%/30% flyash/OPC blend and well-shaped, well-graded aggregates with a low void content might indicate stress-relaxation creep between 0 and 75 micro strain, dependent on structural restraint. By contrast, an RCC with a low cement content, without pozzolan, and with a high Loaded VeBe time could be expected typically to indicate stress-relaxation creep above 150 micro strain.

2.5.3 Thermal analysis and design

The key materials parameters necessary to understand, model and predict thermal behaviour and associated structural response in RCC are:

- adiabatic hydration temperature rise,
- coefficient of thermal expansion,
- thermal conductivity,
- stress-relaxation creep, and
- the age development of tensile strain capacity.

To predict the impact of both surface and mass gradient thermal effects during the period from placement until the hydration heat is fully dissipated requires detailed thermal modelling, whereby a thermal analysis is considered to include both the temporal evolution and dissipation of temperatures and the consequential stress/strain (thermo-mechanical) behaviour. Such modelling should reflect the construction programme and take into account all external conditions and inputs, such as placement temperature, climatic temperature variations, solar radiation, the presence of water at the upstream face of the dam, the period of surface exposures, etc. To determine the consequential impacts of these thermal effects, simplified generic rules can be used in the case of smaller dams, although particular caution must be applied to take cognisance of the different stress-relaxation characteristics of different RCC materials when applying generic rules of thumb developed for CVC. For large RCC dams and smaller dams under critical thermal conditions, however, a relatively detailed Finite Element (FE) thermal analysis is essential to develop an adequate understanding of the consequential structural performance of the applied design.

Typically, a thermal FE analysis should model the full temperature development and dissipation cycle, predicting the consequential stress evolution and evaluating stresses at various time increments against the stress capacity of the RCC at the corresponding age. The thermal analysis should identify the maximum placement temperature at which consequential tensions (and possibly cracking) do not exceed tolerable levels. Modelling the construction with appropriate temperature controls, as necessary, the thermal analysis should be extended to identify the most appropriate spacing of transverse induced joints to avoid uncontrolled intermediate cracking.

It should be noted that a thermo-mechanical analysis based on the temporal development of concrete modulus of elasticity does not fully, or correctly recognise the actual RCC stress-relaxation creep behaviour.

A realistic understanding of the actual stress-relaxation creep to be experienced in a particular RCC during the hydration cycle is essential to allow a meaningful level of accuracy for a thermal study of an RCC dam. A conservative assumption is not possible, as surface gradient effects will be underestimated for a high assumption and mass gradient effects will be underestimated for a low assumption. Particular attention is necessary in the RCC close to the foundation interface, where high tensions can develop due to structural restraint, without relief from longitudinal contraction joints.

L'analyse thermique revêt une importance particulière dans le cas d'un barrage voûte en BCR, en raison de l'action structurelle tridimensionnelle qui se voit compromise par l'ouverture des joints de contraction à mesure que le béton refroidit et du fait que les conditions de contraintes présentes continueront de changer jusqu'à ce que la chaleur d'hydratation soit entièrement dissipée. L'analyse thermique est tout aussi importante pour établir les exigences et le calendrier concernant le refroidissement du béton et le clavage des joints.

2.5.4   Mesures de contrôle de la température

Avec une température de mise en place maximale, ou avec des températures à différentes parties de la structure, identifiées au moyen de l'analyse thermique, les exigences correspondantes doivent être comparées aux conditions climatiques prévues sur le site du barrage pendant la construction. En fonction de l'écart entre la température maximale non contrôlée et la température de mise en place maximale autorisée, différentes mesures de contrôle de la température de mise en place seront nécessaires.

Dans les barrages en BCV, les effets thermiques des gradients de surface et de masse ont été traditionnellement minimisés en réduisant la température de mise en place du béton, en sélectionnant des mélanges de matériaux cimentaires (liants) avec des chaleurs d'hydratation plus faibles et en réduisant la température d'hydratation maximale par un dispositif de post-refroidissement. Dans des conditions météorologiques plus rigoureuses, la surface du béton peut également être isolée afin de réduire les effets thermiques de gradient de surface. Les mêmes mesures sont appliquées aux barrages BCR, bien que le post-refroidissement ne soit pas favorisé en raison de son impact sur l'efficacité de construction, et que l'isolation superficielle devient moins pratique pour des cadences de mise en place généralement élevées et les grandes surfaces généralement présentes aux barrages BCR. Cependant, le fait de considérer la résistance du béton à un âge plus mature permet des taux de remplacement des pouzzolanes dans les matériaux cimentaires (liants) plus élevés, tandis qu'une quantité d'eau plus faible peut permettre une teneur totale en ciment réduite; ces deux mesures ont pour conséquence une diminution de la température d'hydratation maximale du BCR. Dans un barrage en BCR, les contraintes de traction dues au gradient de masse parallèles à l'axe du barrage sont relaxées par les joints de contraction transversaux, alors que les contraintes de traction perpendiculaires à l'axe du barrage sont généralement limitées à des valeurs accepTables pour éviter les fissures sans avoir recours à des joints de contraction longitudinaux. Le post-refroidissement est de manière générale évité autant que possible.

Les mesures couramment appliquées pour réduire la température de mise en place du BCR sont traitées en détail au chapitre 5, Construction, et peuvent être résumées comme suit (Edwards & Petersen, 1995):

- *Une réduction de la chaleur d'hydratation* – par l'utilisation de ciments à faible chaleur d'hydratation et de pourcentages élevés d'ajouts cimentaires;
- *Pré-refroidissement* des composants du BCR par:

  - *Refroidissement des gros granulats* – De la manière la plus simple, cela peut consister en un stockage à l'ombre, ou la pulvérisation des stocks de granulats pour développer le refroidissement par évaporation. La méthode la plus efficace pour un processus de refroidissement continu a été l'utilisation d'un convoyeur "à courroie humide";
  - *Refroidissement additionnel des gros granulats* en utilisant de l'air refroidi;
  - *Refroidissement des granulats fins* avec de l'air refroidi;
  - *Remplacement de l'eau de gâchage* par de l'eau refroidie ou de la glace en flocons;
  - *Ajout d'azote liquide* dans le malaxeur.

- *Planification de la mise en place* – Pour réduire les coûts de refroidissement dans les climats plus chauds, il peut être avantageux de planifier la mise en place du BCR dans les parties de la structure du barrage les plus critiques vis-à-vis des contraintes thermiques pendant les périodes les plus froides de l'année;
- *Refroidissement par évaporation* – L'élévation de température due au rayonnement solaire peut être réduite grâce au refroidissement par évaporation, en particulier dans des conditions de faible humidité relative. L'utilisation de brumisateurs sur la zone de mise en place peut également être utilisé pour obtenir un effet similaire;

Thermal analysis is of particular importance in the case of an RCC arch dam, as a result of the 3-dimensional structural action being compromised by the opening of contraction joints as the concrete cools and the fact that the associated stress condition will continue to change until the hydration heat is fully dissipated. The thermal analysis is similarly important to establish the consequential requirement and timing for post-cooling and effective joint grouting.

2.5.4 Temperature control measures

With a maximum placement temperature, or temperatures for different parts of the structure, identified by means of the thermal analysis, the related requirements must be compared with the climatic and related conditions anticipated on the dam site during construction. Depending on the magnitude of the difference between the uncontrolled maximum temperature and the maximum allowable placement temperature, different placement temperature control measures will be required.

In CVC dams, traditionally both surface and mass gradient thermal effects have been minimised by reducing the concrete temperature at the time of placement, selecting cementitious materials blends with lower heats of hydration and/or suppressing the maximum hydration temperature experienced through post-cooling. In more extreme weather conditions, the surface of the concrete may also be insulated as a means to reduce surface gradient thermal effects. The same measures are applied for RCC dams, although post-cooling is not preferred due to its greater influence on construction efficiency, while surface insulation becomes less practical at the typically high rates of placement and for the large placement areas consequentially associated with RCC. The application of extended concrete design strength ages, however, allows higher levels of pozzolan replacement in the cementitious materials, while a lower water requirement can allow reduced total cementitious contents, both implying a lower total hydration temperature rise in RCCs. In an RCC dam, mass gradient tensions parallel to the dam axis are released through induced transverse contraction joints, while tensions perpendicular to the dam axis are usually limited to a tolerable level to avoid cracking, without recourse to longitudinal contraction joints. Post-cooling is generally avoided wherever possible.

The measures commonly applied to reduce the placement temperature of RCC are addressed in detail in Chapter 5: Construction and these can be summarised as follows (Edwards & Petersen, 1995):

- *A reduction in the hydration heat* – through the use of low heat cements and high percentages of SCM.
- Pre-cooling of the RCC materials through:

  - *Cooling the coarse aggregates* – In its simplest form, this might involve shading, or spraying the aggregate stockpiles to develop evaporative cooling. The most efficient method for a continuous cooling process has been found to be the use of a "wet belt" conveyor.
  - *Additional coarse aggregate cooling using chilled air.*
  - *Fine aggregate cooling with chilled air.*
  - *Replacement of mixing water with chilled water, or flaked ice.*
  - *Adding liquid nitrogen at the mixer.*

- *Placement scheduling* – To reduce cooling costs in warmer climates, it can be advantageous to schedule RCC placement in thermally critical parts of the dam structure during the cooler periods of the year and by avoiding mixing and placing RCC during the warmer times of the day.
- *Evaporative cooling* – Heat gains due to solar radiation can be reduced using evaporative water cooling, particularly in conditions of low relative humidity. Fogging over the placement area can also be used to similar effect.

- *Post-refroidissement* Le post-refroidissement avec des boucles de tuyaux sur la surface des couches de BCR compactée a été utilisé avec succès sur un certain nombre de barrages en BCR poids-voûte (Du, 2010) afin de réduire le temps nécessaire pour dissiper la chaleur d'hydratation et réduire la température d'hydratation maximale obtenue.

La température du BCR à la sortie du malaxeur est moins importante que la température du même BCR compacté au moment d'être recouvert par la couche suivante. Il faut donc toujours prendre en considération les mesures qui réduisent le gain de température après le gâchage, telles que l'exposition au rayonnement solaire pendant le transport et après l'épandage et le compactage. À cet égard, la construction rapide a pour avantages de réduire les temps d'exposition, etc.

2.5.5 Joints de contraction

Au début du développement du BCR, il a été avancé que les effets thermiques du gradient de masse réduits en raison de la faible teneur en ciment pourraient être accommodés sans joints de contraction. L'expérience sur les prototypes, cependant, a rapidement démontré que ce n'était pas le cas, avec quelques fissures de contraction importantes et non planifiées observées dans un certain nombre de cas. Il est par conséquent courant de prévoir des joints de contraction dans tous les barrages BCR, bien que l'élévation réduite de la température d'hydratation et le fluage plus faible du BCR autoriserait généralement une distance entre joint de contraction supérieure à ce qui est prévu pour les barrages en BCV (dépassant généralement 20 m).

Alors que la construction d'un barrage BCV en une série de monolithes verticaux séparés par des joints coffrés permet de s'adapter à la baisse de température post-hydratation par un rétrécissement des plots et l'ouverture des joints, la gestion de cette contraction pour une méthode de mise en place horizontale typique d'un barrage en BCR nécessite une intervention particulière.

Il existe quatre types de joints de contraction transversaux qui sont utilisés dans les barrages en BCR (présentés plus en détail au chapitre 5).

- Les joints post-formés qui sont formés au moyen d'un dispositif introduit par vibration dans chaque couche de BCR après le compactage (parfois après l'épandage et avant le compactage) pour diviser physiquement le barrage en une série de plots entièrement décollés;
- Les joints réalisés par amorce de fissure (ou de joint) dans lesquels une partie seulement de la surface du joint est découpée. Ce type de joint est formé de la même manière qu'un joint post-formé, sauf que le dispositif d'amorce de fissure n'est introduit (par vibration) que dans chaque seconde, troisième ou quatrième couche, créant ainsi une faiblesse en traction et assurant que les forces de contraction ultérieures développent préférentiellement une fissure dans le plan du joint (plan des amorces) ou la section transversale du barrage;
- Les joints de contraction coffrés d'une manière similaire au béton de masse traditionnel;
- Les joints partiels (« amorcés ») dans lesquels seule une partie de la surface du joint est coffrée, agissant comme une amorce et permettant ainsi aux forces de contraction thermique de développer l'ouverture du reste du joint sur le restant de la section transversale. Les joints partiels ne devraient être amorcés qu'à partir du parement amont.

Les formes les plus courantes de joints de contraction transversaux dans les barrages en BCR modernes sont les joints post-formées et les joints réalisés par amorce de fissure. Dans les deux cas, le découpage est généralement formé par l'insertion d'une feuille de plastique ou de métal pliée. Dans le deuxième cas, la zone découpée est aussi peu que 16% de la surface du joint, mais est généralement supérieure à 25%.

Dans les premières années de construction des barrages en BCR, le dispositif de formation du joint était souvent installé sur la surface de la couche réceptrice immédiatement avant l'épandage de la nouvelle couche BCR. Cette pratique est devenue obsolète en raison de la facilité avec laquelle les joints peuvent être formés par vibration dans le BCR compacté.

- *Post-cooling* – Post-cooling with pipe loops placed on the compacted RCC surface has been successfully implemented on a number of RCC gravity and arch dams (Du, 2010) to reduce the time required to dissipate the hydration heat and to reduce the maximum hydration temperature experienced.

The temperature of RCC as discharged from the mixer is of less importance than the temperature of the same compacted RCC when covered by the subsequent placement layer. Consideration must accordingly always be given to measures that reduce temperature gain after mixing, such as exposure to solar radiation during transportation and after spreading and compaction. In this regard, rapid construction develops benefits in reduced exposure times, etc.

2.5.5   Contraction joints

In early RCC development, it was postulated that the reduced mass gradient thermal effects associated with lower cement content could be accommodated without contraction joints. Prototype experience, however, quickly demonstrated this not to be the case, with some severe unplanned contraction cracking experienced in a number of cases. It is consequently now common practice to include contraction joints in all RCC dams, although the reduced hydration temperature rise and lower stress-relaxation creep typical of RCC generally allows a wider spacing than is the case in CVC dams (typically exceeding 20 m).

Whereas the construction of a CVC dam as a series of separate vertical monoliths allows post-hydration temperature drop to be accommodated through adjacent blocks shrinking away from each other, accommodating the related contraction in the horizontal placement typical of an RCC dam requires specific intervention.

There are four forms of transverse contraction joints that are used in RCC dams (discussed in greater detail in Chapter 5):

- Post-formed joints that are formed by vibrating a de-bonding system into each RCC layer after compaction (sometimes after spreading and before compaction) to effectively divide the dam into a series of fully de-bonded blocks.
- Induced joints in which only part of the surface area of the joint is de-bonded. An induced joint is formed in the same manner as a post-formed joint, except that the crack inducers are only vibrated into every second, third, or fourth layer, effectively creating a tensile weakness and ensuring that subsequent contraction forces preferentially develop a crack on the alignment, or cross section of the joint.
- Formed contraction joints against formwork in a similar manner to traditional mass concrete.
- Partial (induced) joints in which only part of the joint is formed, acting as an initiator and thereby allowing thermal contraction forces to develop the remainder of the joint across the full cross-section. Partial joints should only be initiated from the upstream face.

The most common forms of transverse contraction joints in modern RCC dams are post-formed and induced joints. In both cases, de-bonding is usually achieved through the insertion of a folded plastic, or metal sheet, while in the latter case, the de-bonded area on the alignment of the joint has been as little as 16%, but is generally greater than 25%.

While the practice has largely become obsolete due to the ease with which joints can be vibrated into compacted RCC, in the earlier years of RCC dam construction the de-bonding system was often installed on the surface of the receiving layer immediately prior to spreading of the new RCC layer.

Avec une conception de l'espacement des joints optimisée en conjonction avec la température de mise en place maximale autorisée par analyse thermique, l'emplacement des joints de contraction doit également prendre en compte les conditions spécifiques inéviTables et les conFigurations susceptibles de provoquer des concentrations de contraintes. Plus spécifiquement, ce sont les discontinuités géométriques de la fondation, les changements brusques de pentes des rives, les zones de rocher de rigidité significativement variable, les blocs adjacents de hauteur significativement différente ainsi que les pièces encastrées et les ouvrages auxiliaires incorporés au BCR, tels que les galeries d'accès, les conduits d'évacuation, les vidanges, etc.

Les barrages-poids sont conçus pour la stabilité bidimensionnelle et, par conséquent, l'ouverture des joints transversaux pour s'adapter à la contraction thermique n'a pas de conséquence structurelle. Toutefois, dans le cas de barrage-poids de très grande hauteur (et de section épaisse), il peut s'avérer nécessaire d'inclure un joint de contraction (longitudinal) parallèle à l'axe du barrage pour une certaine hauteur au-dessus du niveau de l'encastrement en fondation. Pour maintenir l'intégrité de la structure dans de tels cas, il est nécessaire d'inclure un dispositif pour revenir injecter (lorsque le béton a refroidi jusqu'à la température d'équilibre), ou pour drainer un tel joint, lorsqu'il est laissé ouvert. De plus, des mesures spécifiques doivent être incluses pour empêcher la propagation d'une fissure vers le haut.

Dans l'alignement d'un joint de contraction, un dispositif d'amorce de fissure et d'étanchéité est généralement prévu dans le parement en amont (BCV/GERCC/GEVR/IVRCC). Un agencement typique comprend une ou deux lames d'étanchéité en PVC (ou similaire) (d'une largeur comprise entre 250 et 500 mm) situées à une distance de 300 à 500 mm de la face amont et séparées l'une de l'autre de 400 à 1500 mm. Un drain est généralement prévu à mi-chemin entre les lames et parfois un second drain est prévu en aval de la 2eme lame. Dans les barrages en BCR plus grands, plus de deux lames d'étanchéité sont souvent incorporées dans le parement amont. Dans les barrages de type RCD, la première lame d'étanchéité est généralement située entre 500 et 1 000 mm de la face amont, une deuxième entre 500 et 1 000 mm plus loin en aval et un drain entre 500 et 1 000 mm encore plus loin en aval.

Les joints de contraction dans les barrages voûtes nécessitent généralement un clavage des joints pour rétablir la continuité structurale tridimensionnelle. Grâce au contrôle de la température de mise en place et à l'utilisation d'un BCR présentant un fluage très faible, sur un certain nombre de barrages poids-voûte, il s'est avéré possible dans des conditions climatiques clémentes de limiter suffisamment la baisse de température effective pour éviter le besoin d'injecter les joints (voir le chapitre 9). La nécessité d'injection des joints de contraction doit être évaluée très soigneusement au cas par cas.

2.6   AUTRE CONSIDÉRATIONS

2.6.1   Galeries

Les galeries servent aux mêmes usages dans les barrages BCR que dans les barrages traditionnels en BCV: i.e. le drainage et la collecte des eaux d'infiltration, le forage du rideau d'injection en fondation, l'accès aux instruments d'auscultation, l'inspection, etc. Pour garantir l'efficacité du rabattement des sous-pressions, un barrage en BCR a besoin d'une galerie de drainage située aussi proche du niveau de la fondation que possible. En outre, pour garantir le drainage interne de la structure, des drains verticaux sont forés depuis des galeries, situées à intervalles verticaux ne dépassant pas normalement environ 35 m (en prenant en considération la précision verticale de forage).

Comme l'efficacité de la construction BCR est compromise par la présence de travaux secondaires sur la surface d'épandage, les galeries interfèrent avec la progression de la mise en place du BCR. En conséquence, il est préférable de minimiser et de rationaliser l'utilisation des galeries dans un barrage en BCR, et même de rechercher d'autres méthodes pour réduire les sous-pressions, en particulier dans les sections étroites de la structure où l'impact sur la cadence de construction est la plus importante (Golick, Juliani & Andriolo, 1995). Lorsque les galeries ne peuvent pas être évitées, la conFiguration doit être développée pour minimiser l'impact sur la cadence de mise en place du BCR. Des mesures telles que la garantie d'un espace suffisant pour la mise en place du BCR entre la galerie et la face amont et les rives sont importants. Par exemple, la construction de galeries dans des sections horizontales combinées avec des puits verticaux crée moins d'interférence globale avec la mise en place du BCR que la réalisation de galeries inclinées suivant l'inclinaison de la pente des rives; ainsi, elles sont bénéfiques pour permettre un accès aisé des deux côtés de la galerie.

With joint spacing design optimised in conjunction with the maximum allowable placement temperature through the thermal analysis, the location of contraction joints should also take into account specific unavoidable conditions and features likely to cause stress concentrations. Particular aspects to be accommodated include foundation discontinuities, abrupt changes in the abutment gradient, rock mass zones of significantly variable stiffness, adjacent blocks of significantly different height and inserts and appurtenant works in the RCC, such as access galleries, discharge conduits, outlets, etc.

Gravity dams are designed for stability in 2-dimensons and consequently, the opening of transverse joints to accommodate thermal contraction is of no structural consequence. In the case of very high (and broad-section) gravity dams, however, it can prove necessary to include a (longitudinal) contraction joint parallel to the dam axis for a certain height above the restraint of the foundation. To maintain structural integrity in such instances, it is necessary either to include a facility to grout (when the concrete has cooled to equilibrium temperatures), or to drain such a joint, when left open. In addition, measures must be included to prevent upward crack propagation.

On the alignment of a contraction joint, an inducing and sealing system is commonly provided in the upstream facing (CVC/GERCC/GEVR/IVRCC). A typical arrangement comprises one or two PVC centrebulb (or similar) waterstops (between 250 and 500 mm in width) located at a distance from the upstream face of 300 to 500 mm and separated from each other by 400 to 1500 mm. A drain hole is usually provided midway between the waterstops and sometimes a second drain is provided downstreasm of the last waterstop. In higher RCC dams, more than two waterstops are often included in the upstream facing. In RCD dams, the first waterstop is usually located between 500 and 1000 mm from the upstream face, with a second a further 500 to 1000 mm downstream and a drain hole another 500 to 1000 mm downstream.

Contraction joints in arch dams typically require grouting to re-establish 3-dimensional structural continuity. Through placement temperature control and the use of very low stress-relaxation creep RCC at a number of RCC arch/gravity dams, however, it has proved possible in mild climatic conditions to limit the total effective temperature drop sufficiently to avoid the need for grouting (see Chapter 9). The structural requirement for grouting of contraction joints should accordingly be evaluated very carefully on a case-by-case basis.

2.6   OTHER CONSIDERATIONS

2.6.1   Galleries

Galleries and adits serve the same purposes in RCC dams as in traditional mass concrete dams, i.e. drainage and seepage collection, drilling the foundation grout curtain, instrumentation access, inspection, etc. To gain the structural efficiency benefit of uplift pressure relief, an RCC dam requires a drainage gallery as close to the foundation elevation as possible, while the requirement for internal drainage of the structure through drilled vertical interceptor holes necessitates galleries at vertical intervals typically not exceeding approximately 35 m (taking cognisance of the achievable accuracy of drilling).

As RCC construction efficiency is compromised by the presence of any secondary works on the placement surface, galleries interfere with RCC placement progress. As a consequence, it is preferable to minimise and rationalise the use of galleries in an RCC dam, even looking to other methods for foundation pressure relief, particularly in narrow sections of the structure, where interference with construction is most significant (Golick, Juliani & Andriolo, 1995). Where galleries cannot be avoided, the conFigurations should be developed to minimise the consequential impact on RCC placement. Measures such as ensuring adequate space between the gallery and the upstream face and/or the abutments (for example stepping the gallery as it ascends the abutments) are beneficial in allowing easy access to both sides for RCC placement. The construction of galleries in horizontal sections combined with vertical shafts tends to create less overall interference with RCC placement than following the inclination of the abutments.

2.6.2   Évacuateurs de crues

Les types d'évacuateur de crues utilisés sur les barrages en béton de masse traditionnels sont généralement appropriés pour les barrages BCR, sauf que les orifices traversant le barrage interfèrent significativement avec la mise en place du BCR et que les aménagements de crêtes complexes peuvent parfois affecter le programme de construction. La forme la plus commune d'évacuateur sur les barrages BCR est un seuil libre de profil Creager ou à crête large, qui déverse sur un coursier à marches d'escalier formé par le parement aval de la structure. Cette disposition assure une dissipation d'énergie très efficace pour des concentrations de débits relativement faibles et nécessite seulement un bassin de dissipation ou une dalle protectrice relativement courte pour restituer les débits dans le cours de la rivière dans les cas où les niveaux d'eau aval sont raisonnables. Des dispositifs d'aération ont récemment été installés sur des évacuateurs en marches d'escalier construits en GERCC pour des débits unitaires très élevés (50 m³/s/m) et où les vitesses d'écoulement dépassent 15 m/s (Ji, Kien & Hing, 2014). Pour des valeurs de débits unitaires élevés, les coursiers à marches d'escalier sont souvent combinés à un système additionnel de dissipation d'énergie.

Pour les évacuateurs de crues conçus pour des débits d'évacuation plus élevés, de bonnes performances ont été obtenues grâce à des coursiers en béton armé avec saut de ski construits sur le parement aval du barrage, et grâce à des séparateurs en crête de type Roberts (Al Harthy, Hieatt & Wheeler, 2011), qui n'interfèrent avec la mise en place du BCR que dans la partie supérieure du barrage. Pour le premier type d'évacuateur, il a été possible de construire le coursier avec un décalage de seulement quelques semaines après la mise en place du BCR, alors que pour le deuxième type, l'impact sur les délais pour la construction du seuil en crête peut être significatif.

2.6.3   Structures auxiliaires et éléments incorporés au BCR

Les structures auxiliaires et éléments incorporés dans le barrage auront un impact négatif sur l'efficacité de la mise en place du BCR, nécessitant parfois la suspension de la mise en place du BCR (Wang & Zhou, 1995). En outre, des ouvrages de prise d'eau et de vidange complexes peuvent même déterminer le chemin critique de la construction dans certains cas. Par conséquent, la pratique préférée est d'implanter tous ces travaux et éléments auxiliaires incorporés de la manière qui aura le moins d'impact possible sur la mise en place du BCR.

Bien qu'il soit rarement possible d'obtenir une surface de mise en place de BCR sans obstacle, les éléments incorporés et les conduits qui doivent passer à travers le barrage devraient être autant que possible situés dans ou le long de la fondation rocheuse et devraient être construits en béton conventionnel avant la mise en place du BCR. La localisation de ces ouvrages à mi-hauteur d'une rive peut permettre une construction simultanée à la mise en place du BCR qui, par la suite, passe simplement sur le conduit terminé préalablement sans aucun impact. Il sera en outre généralement avantageux d'implanter une prise d'eau en amont du barrage et un bâtiment de commande et un dissipateur d'énergie en aval, pour permettre à la construction du BCR de se dérouler sans obstacle. En particulier sur les petits barrages, les ouvrages de prises d'eau devraient être conçus de manière à assurer la compatibilité du programme avec la construction de la structure du barrage.

Comme indiqué à la section 2.4, la clé d'une construction en BCR réussie est la simplicité et ceci est particulièrement vrai en ce qui concerne les structures auxiliaires incorporés dans le corps du barrage. À cet égard, la conception des barrages en BCR nécessite une plus grande attention que pour les barrages BCV.

2.6.2 Spillways

Spillway types used on traditional mass concrete dams are typically appropriate for RCC dams, except that orifices through the dam will significantly interfere with RCC placement and complex crest arrangements can sometimes impact the construction programme. The most common form of spillway on RCC dams is an uncontrolled ogee, or a broad-crested weir, discharging onto a stepped chute formed by the downstream face of the structure. This spillway arrangement provides very effective energy dissipation at relatively low discharge concentrations and only requires a relatively short stilling basin/apron to return discharges into the river course in instances where reasonable tailwater levels exist. Aeration facilities have recently been included on stepped spillways constructed in GERCC for very high unit discharge rates (50 m³/s/m) and where flow velocities exceed 15 m/s (Ji, Kien & Hing, 2014). For high unit discharge rates, stepped spillway chutes are often combined with a secondary system of energy dissipation.

For spillways that require higher flow discharge concentrations, significant success has been achieved with reinforced concrete chutes and flip buckets, constructed as a facing on the RCC dam, and Roberts crest splitter spillways (Al Harthy, Hieatt & Wheeler, 2011), which only interfere with placement at the top of the dam. For the former spillway type, it has been possible to construct the spillway chute to lag the RCC placement by only a few weeks, whilst for the latter type, the time impacts on completion of the dam overflow crest can be significant.

2.6.3 Appurtenant structures and inserts

Appurtenant structures and inserts within the dam will create an impediment to the achievement of full RCC placement efficiency, sometimes requiring the suspension of RCC placement (Wang & Zhou, 1995). Furthermore, complex inlet and outlet works can even determine the construction critical path in certain instances. Consequently, the preferred practice is to locate and conFigure all such appurtenant works and inserts in a manner that will incur the least possible impact on the RCC construction.

Although it will rarely be possible to achieve an obstacle-free RCC placement surface, as far as possible inserts and conduits that must pass through the dam should be located in, or along the rock foundation and should be constructed in traditional concrete in advance of the RCC placement. Locating such features part-way up an abutment can allow construction simultaneously with RCC placement, which subsequently simply passes over the completed conduit without any consequential impact. It will further usually be specifically beneficial to locate an intake structure upstream of the dam and the control house and energy dissipater downstream, to allow RCC construction to proceed unimpeded. Particularly on smaller dams, the design of intake works should be developed to ensure programme compatibility with the construction of the dam structure.

As discussed under Section 2.4, the key to realising successful RCC construction is simplicity and this is particularly true in respect of appurtenant structures and inserts. In this regard, RCC dams require greater design attention than is necessary for CVC dams.

2.6.4   Parement du BCR

Placée directement contre un coffrage, aucune formulation (mélange) de BCR ne peut être compactée avec succès en utilisant un rouleau compacteur, ou une plaque vibrante de manière à obtenir un fini de surface uniforme, ou généralement accepTable. Par conséquent, de nombreux systèmes ont été développés pour réaliser le parement des barrages en BCR, soit : béton conventionnel, béton armé, béton préfabriqué, bordures préfabriquées, GERCC, GEVR, IVRCC etc. (voir Section 5.13). Alors que chacun de ces systèmes a démontré un certain succès, une tendance croissante existe vers des systèmes qui impliquent et permettent un compactage immédiat contre le coffrage en utilisant des vibrateurs par immersion dans le matériau épandu selon la méthodologie du BCR. Le principal avantage de ces systèmes réside dans la facilité de réaliser un compactage de qualité, à la fois contre le coffrage et à l'interface entre le parement et le corps du BCR. Les seuls inconvénients sont un rapport eau/ciment qui est supérieur au ratio idéal pour un BCR à faible teneur en liants et une durabilité qui est inadéquate dans des conditions de cycles gel-dégel ou pour une surface de déversoir fréquemment exposée à des débits élevés.

À propos des parements du BCR, il est utile de mentionner quelques-unes des faiblesses associées à certaines des approches disponibles. Outre un impact inéviTable sur le taux de construction global, le problème principal de tous les systèmes de parement qui ne sont pas placés et compactés simultanément avec le BCR réside dans une liaison réduite et une perméabilité potentiellement plus grande dans la zone de contact entre le BCR et le parement. Dans le cas d'un parement en béton conventionnel, le seul moyen efficace de réaliser une liaison réelle entre le BCR et le BCV et d'obtenir un compactage complet des deux bétons consiste à placer et compacter les deux simultanément. Bien que cette exigence soit difficile à réaliser dans la pratique, une mise en place séparée du BCV et du BCR peut avoir tendance à créer de la ségrégation à l'interface des 2 zones de matériaux car les deux types de béton ne réagissent pas de manière similaire lors du compactage. Lorsque BCR et BCV sont compactées l'un avant l'autre, le compactage complet de l'interface ne peut pas être réalisé sans coffrage, ou compactage spécifique de la face non coffrée.

Si la prise initiale du béton placé en premier, quel qu'il soit, se produit avant la mise en place du second béton adjacent, une zone non compactée à l'interface restera. Si le BCR doit être placé en premier et que le BCV doit être placé avant la prise initiale du BCR, la pénétration nécessaire de la pâte du BCV vers la zone de ségrégation du BCR est peu probable, tandis que le compactage au rouleau ne densifiera pas le BCR affecté par la ségrégation à travers le BCV, et ne permettra pas non plus le compactage complet du BCV.

Si le BCV est placé en premier et que le BCR doit être placé avant la prise initiale du BCV, la ségrégation du BCR devrait être négligeable et un meilleur résultat peut être obtenu, à condition que le BCV soit re-compacté ultérieurement à l'aide de vibrateurs par immersion. Le compactage du BCR lorsqu'il est mis en place sur du BCV plus fluide est cependant difficile à réaliser, alors que la nécessité de double compactage est inefficace quant à la quantité de travail nécessaire.

Dans tous les cas, le mouvement d'un rouleau sur l'interface entre un BCR à faible maniabilité et un BCV de maniabilité élevée aura tendance à déplacer et à soulever le BCV, créant une fissuration dans le BCR. En résumé, dans toutes les circonstances, il est difficile d'obtenir une densité complète à l'interface entre BCV et BCR et la conséquence est souvent une zone perméable de faible résistance, ce qui pourrait entraîner la pénétration d'eau et la rupture du parement en béton à l'amont en cas de vidange rapide du réservoir et/ou en cas de durabilité réduite d'un coursier sur le parement aval, ou dans des climats soumis à des cycles de gel-dégel.

Un autre problème que l'on peut rencontrer avec un parement en béton de masse conventionnel est la fissuration intermédiaire entre les joints réalisés par amorce de fissure, dépendant en partie de la formulation de béton utilisé. Bien qu'une telle fissuration ne soit généralement que superficielle, elle peut pénétrer dans le BCR et il est déjà arrivé que de telles fissures s'étendent jusqu'à la galerie, entraînant des fuites.

Le béton armé a également été utilisé pour le parement des surfaces en amont, en particulier dans le but de réduire l'ouverture maximale des fissures de retrait de surface. L'introduction d'armatures entraîne des impacts non seulement sur la mise en place du BCR en raison de plus grandes difficultés dans la consolidation de béton d'un faible affaissement et d'un faible retrait, mais aussi en raison des difficultés à obtenir une surface raisonnable de laquelle les armatures dépassent et des contraintes additionnelles de nettoyage et de préparation entre couches.

2.6.4   RCC Surfacing

Placed directly against formwork, no RCC variation can be successfully compacted using a roller, or a plate compactor to achieve a uniform, or generally accepTable surface finish. Consequently, numerous systems have been applied to form the external lateral surfacing for RCC in dams, including conventional concrete, reinforced concrete, precast concrete, formed kerbs, GERCC, GEVR, IVRCC, etc. (see Section 5.13). While each of these systems has demonstrated some level of success, a growing trend exists toward systems that involve and/or allow compaction immediately against the formwork using immersion vibrators of material placed and spread as RCC. The primary benefit of these systems lies in the easy achievement of full compaction, both against the formwork and seamlessly across the interface between the surfacing and the body of the RCC. The only disadvantages could be seen in a higher than ideal water/cement ratio when a lower cementitious materials RCC is used and inadequate durability in the case of freeze-thaw conditions, or for a spillway surface frequently exposed to high flow concentrations.

In discussing RCC surfacing, it is considered of value to mention some of the weaknesses associated with certain of the available approaches. Apart from an unavoidable impact on the overall construction rate, the primary issue with all surfacing systems that are not placed and compacted simultaneously with RCC lies in a reduced bond and potential associated permeability in the zone between the RCC and the surfacing. Applying a conventional concrete surfacing, the only effective way to achieve real bond between the RCC and CVC and full compaction of both concretes is to place and compact both simultaneously. While this requirement is difficult to achieve in practice, separate placement of CVC and RCC can tend to create an interface zone of segregated material, while the two concrete types do not react particularly similarly under compaction. When RCC and CVC facings are compacted one before the other, complete compaction of the interface cannot be achieved without formwork, or specific compaction of the unformed face.

Should the initial set occur in whichever concrete is placed first before the adjacent placement of whichever concrete is placed second, an uncompacted zone at the interface will remain. Should RCC be placed first and CVC be subsequently placed before the initial set of the RCC, the necessary downward penetration of paste from the CVC into the segregated edge of RCC is unlikely to be achieved, while roller compaction at the interface will not densify segregated RCC through CVC, nor will it achieve full compaction of CVC.

Should CVC be placed first and RCC be subsequently placed before the initial set of the CVC, segregation of the RCC should be negligible and a better result can be achieved, as long as the CVC is subsequently re-compacted using immersion vibrators at the interface. The full compaction of the RCC where on top of more mobile CVC, however, is difficult to achieve, while the related requirement for double-working is inefficient and labour-intensive.

In all instances, the movement of a roller over the interface between a low workability RCC and a high workability CVC will tend to move and lift the CVC, creating cracking in the RCC. In summary, under all circumstances, it is difficult to achieve full density at the interface between CVC and RCC and the consequence is often a low strength and permeable zone, which could result in water penetration and the failure of the upstream concrete surfacing under rapid reservoir drawdown and/or reduced durability in the case of downstream spillway surfacing, or in climates subject to freeze-thaw conditions.

A further problem that can be experienced with a conventional mass concrete surfacing is intermediate cracking between the induced joints, depending partly on the concrete mix used. While such cracking will generally only be superficial, it can penetrate into the RCC and has been known to reach through to the gallery, resulting in leakage.

Reinforced concrete has also been used for upstream face surfacing, specifically with the objective of reducing the maximum size of surface shrinkage cracks. The inclusion of steel reinforcement incurs impacts not only on the RCC placement through increased difficulties in consolidating low slump, low shrinkage facing concrete, but also due to the difficulties in achieving a reasonable surface through which the bars project and the increased cleaning and preparation requirements between placement layers.

En revanche, tous les systèmes de parement placés avec le BCR (GERCC, GEVR, IVRCC), lorsqu'ils sont correctement conçus et appliqués, permettent une interface « non différenciée » et correctement compactée. Avec une application plus simple et de meilleurs résultats, l'adoption croissante de ces systèmes n'est pas surprenante. L'ajout de l'air entrainé dans le GERCC et le GEVR a connu un succès limité. Il est donc suggéré de faire preuve de prudence en proposant ces systèmes de parement dans des régions où la résistance aux cycles de gel-dégel est importante. Il faut cependant mentionner qu'une partie de la simplicité et de l'efficacité du GERCC/GEVR peut être perdue dans certains cas de BCRFL, où la maniabilité significativement différente entre les deux matériaux et la nécessité associée d'augmenter considérablement la teneur en pâte pour permettre la consolidation par vibrateur interne peuvent devoir nécessiter une plus grande attention lors la conception, de la construction et du contrôle qualité.

Des interfaces entre BCR et BCV, que ce soit pour le parement ou autres, seront presque toujours nécessaires à divers endroits dans un barrage et, dans de tels cas, une réflexion appropriée en tenant compte des problèmes exposés ci-dessus sera nécessaire

2.7   INSTRUMENTATION

2.7.1   Généralités

En ce qui concerne la sécurité des barrages en général, i.e. les infiltrations, les sous-pressions dans le barrage et la fondation, le comportement structurel, la capacité portante de la fondation, les niveaux d'eau du réservoir, les déplacements du sol, la température de l'air et de l'eau, les exigences de surveillance pour un barrage en BCR ne diffèrent pas de celles généralement applicables pour un barrage en BCV. Deux différences de surveillance spécifiques, cependant, concernent les joints de contraction formés par amorce de fissure et le développement et la dissipation des températures, qui nécessitent généralement plus d'instrumentation dans un barrage en BCR. En raison de la construction plus rapide des barrages en BCR et de l'utilisation générale des joints réalisés par amorce de fissure plutôt que coffrés, l'accent est mis sur la surveillance des températures et des gradients thermiques ainsi que sur la réponse qui résulte de ces joints. À cet effet, plus de thermistances ou thermocouples seront généralement installés dans un barrage en BCR que dans un barrage BCV comparable, tandis que la mesure des ouvertures des joints réalisés par amorce de fissure nécessite généralement des instruments plus longs afin de s'adapter aux tolérances plus élevées des variations de l'alignement pour un joint réalisé par amorce de fissure que pour un joint coffré.

La perméabilité du BCR et en particulier des joints entre les couches reste un point d'attention particulier et nécessite la conception de systèmes spécifiques d'auscultation et de mesure des débits d'infiltration.

Les données d'auscultation relatives au comportement thermique et au fluage du BCR frais restent particulièrement intéressantes et importantes pour le développement continu de la technologie et, par conséquent, la conception du système d'auscultation et d'instrumentation doit faire l'objet d'une attention particulière pour tous les barrages.

L'installation des instruments dans un barrage en BCR est généralement plus délicate que dans un barrage BCV, en raison des interférences causées avec la mise en place du BCR. De plus les instruments et le câblage sont généralement susceptibles d'être endommagés par les équipements utilisés pour l'épandage du BCR. Pour cette raison, la duplication et un niveau adéquat de redondance des équipements doivent être intégrés dans le développement d'un système d'auscultation approprié.

2.7.2   Instruments appropriés et conFigurations d'instrumentation

Pour limiter les interférences avec la mise en place du BCR, un avantage évident existe pour les instruments pouvant être installés après la construction, tels que les cibles géodésiques, les extensomètres et les pendules forés à partir de et entre les galeries et les fissuromètres tridimensionnels (type Vinchon) installés dans les galeries. Certains instruments, cependant, sont nécessaires pour surveiller le comportement du matériau BCR lui-même et ceux-ci doivent être installés pendant la mise en place du BCR.

All of the facing systems placed with RCC (GERCC, GEVR & IVRCC), by contrast, when correctly designed and applied will allow a seamless and densely compacted interface and, with simpler application and better results, the increasing acceptance of these systems is accordingly unsurprising. Limited success has been achieved in the entrainment of air in GEVR and IVRCC and consequently careful consideration is required in proposing these surfacing systems in climates subject to freeze-thaw conditions. Mention must, however, be made that some of the simplicity and effectiveness of GERCC/ GEVR can be lost in some cases of LCRCC, where significantly contrasting workability and an associated requirement for a considerable increase in paste content to allow consolidation by immersion vibrator can imply greater design attention and additional construction effort and control.

Interfacing RCC and CVC, whether as a facing, or for other purposes, will almost always be necessary in various locations on a dam and in such instances intelligent application with due consideration of the above issues will be required.

2.7   INSTRUMENTATION

2.7.1   General

In terms of general dam safety, seepage, pressures in the dam and foundation, structural behaviour/response, foundation bearing loads, water levels, ground motions and water and air temperatures, the monitoring requirements for an RCC dam do not differ from those typically applicable for a CVC dam. Two specific monitoring differences, however, relate to the induced contraction joints and the development and dissipation of temperatures, which typically require more instrumentation in an RCC dam. Due to the more rapid construction of RCC dams and the general use of induced, rather than formed joints, more emphasis is placed on monitoring temperatures and thermal gradients and the consequential response of the induced joints. For this purpose, more thermistors/thermocouples will typically be installed in an RCC dam than in a comparable CVC dam, while strain measurement on the induced joints generally requires a longer instrument to accommodate the greater alignment tolerance variations of an induced joint, compared to a formed joint.

Permeability of RCC and particularly the joints between lifts and layers remains a particular sensitivity and requires the design of specific seepage monitoring and measurement systems.

Instrumentation data relating to the early thermal and creep behaviour of fresh RCC remains of particular interest and importance in respect of the continuing development of the technology and consequently, instrumentation and monitoring system design should be given particular attention in the case of all RCC dams.

The installation of instrumentation in an RCC dam is generally more difficult than is the case in a CVC dam, due to a higher level of interference with the RCC placement process, while instruments and cabling are typically quite susceptible to damage by the heavy equipment used on the placement surface of an RCC dam. For this reason, duplication and an adequate level of redundancy are important considerations in the development of an appropriate monitoring system.

2.7.2   Appropriate instruments and instrumentation conFigurations

To limit interference with RCC placement, an obvious advantage exists for instruments that can be installed after construction, such as geodetic survey targets, extensometers and pendulums drilled from and between the galleries and 3-dimensional crack meters installed in the galleries. Certain instruments, however, are required to monitor the behaviour of the RCC material itself and these must be installed during the process of RCC placement.

En raison des déplacements des équipements lourds sur la surface d'épandage du BCR, la robustesse est une exigence clé de l'instrumentation de surveillance et du câblage à incorporer dans le BCR.

Pour tenir compte des déviations d'alignement causées par le déplacement des équipements lourds et le compactage du BCR à proximité des puits de pendules coffrés (plutôt que forés), des éléments préfabriqués circulaires en béton d'un diamètre intérieur d'au moins 800 mm sont généralement requis.

Les jauges de déformation longue base mesurant la température (LBSGTM) se sont révélées particulièrement efficaces pour la mesure des déformations et de l'ouverture des joints réalisés par amorce de fissure dans le BCR, avec des jauges de 1 m de long pour la prise en compte des tolérances habituelles d'alignement de ces joints et la réalité du phénomène de propagation des fissures amorcées. Dans la pratique actuelle, on considère qu'une longueur de jauge de déformation de 500 à 600 mm est généralement tout à fait adéquate. Les thermocouples et les thermistances sont couramment utilisés pour mesurer les distributions de température et les gradients sur un certain nombre de sections d'un barrage en BCR. Bien que ces instruments ne soient pas toujours fiables, ils sont simples et relativement peu coûteux, ce qui permet généralement de fournir un degré de redondance suffisant. Bien que leur coût soit nettement plus élevé, les câbles à fibres optiques ont été utilisés avec succès pour les mesures de température et de contraintes dans les barrages BCR.

Un arrangement standard d'instruments d'auscultation encastrés pour les mesures de contraintes-déformations dans les barrages BCR a été proposé, afin de développer la compréhension du comportement à jeune âge et en particulier la relaxation des contraintes par fluage dans différents types de BCR (Conrad, Shaw & Dunstan, 2012). Le système proposé comprend un arrangement spécifique de jauges de déformation longue base mesurant la température (LBSGTM) et de jauges de contrainte conçus pour fournir des données homogènes pour la recherche sur le comportement contrainte-déformation du BCR au début du cycle de développement et de dissipation de la chaleur d'hydratation.

2.7.3 Installation des instruments

Pour minimiser les interférences avec la mise en place du BCR, l'installation d'instruments incorporés au BCR tels que des jauges de contrainte, des thermocouples et des piézomètres est souvent prévue pour un niveau spécifique auquel une interruption de la mise en place du BCR ou une interruption de construction est prévue. Bien que cette approche permette un bon contrôle pendant l'installation, elle exige généralement que les instruments soient incorporés dans un mélange de béton BCV avec une dimension maximale des granulats plus petite et installés dans une tranchée creusée dans le BCR dont les parois sont souvent constituées par un BCR mal compacté. De plus, les premières mesures de l'instrument sont réalisées de manière réaliste lorsque le BCR frais est mis en place dans la couche supérieure. Dans le cas de mesure de la température, cette situation a peu d'importance, mais dans le cas de mesure de contraintes, les problèmes qui en découlent compromettent souvent la valeur des mesures importantes en bas âge du béton.

Bien que l'instrumentation et le câblage puissent être intégrés dans la surface du BCR à maniabilité élevée et super-retardé avant la prise initiale (Shaw, 2010), les instruments installés de cette manière dans ce type de BCR sont susceptibles de subir des dommages ultérieurement lors du passage des camions, en particulier dans les zones d'espace restreint où les camions doivent suivre à plusieurs reprises le même chemin. Un avantage significatif est obtenu par l'installation d'instruments de mesure de contrainte et de déformation incorporés dans le BCR avant la prise initiale et pendant le processus de mise en place ininterrompu, car ces instruments peuvent alors mesurer le comportement réel du BCR dans lequel ils sont placés, sans les distorsions associées à une interruption de la mise en place significative, etc. La valeur des données recueillies justifie généralement les soins supplémentaires requis dans l'organisation des transports et la mise en place des couches suivantes de BCR.

As a consequence of the movement of heavy equipment on an RCC placement surface, robustness is a key requirement of monitoring instrumentation and cabling to be embedded in RCC.

To allow for alignment deviations caused by the movement of heavy equipment and RCC compaction close to formed (rather than drilled) pendulum shafts, precast circular concrete elements with an inner diameter of not less than 800 mm are generally required.

Long-base-strain-gauge-temperature-meters (LBSGTMs) have proved particularly successful for the measurement of strain and induced joint openings in RCC, with gauge lengths as long as 1 m taking cognisance of the typical induced joint alignment tolerances and the realities of induced crack propagation. In modern practice, it is considered that a gauge length of 500 to 600 mm is generally quite adequate for a LBSGTM. Thermocouples and thermistors are commonly used to measure temperature distributions and gradients on a number of sections within an RCC dam. Although these instruments are not always consistently reliable, they are simple and relatively low cost, which usually allows an adequate degree of redundancy to be provided. Although significantly higher cost, fibre optic cables have successfully been used for temperature and strain measurement in RCC dams.

A standard arrangement of embedded stress-strain measurement instrumentation for RCC dams has been proposed, as a means to develop the understanding of early behaviour and particularly stress-relaxation creep in different RCC types (Conrad, Shaw & Dunstan, 2012). The proposed system comprises a specific arrangement of LBSGTMs and effective concrete stress meters designed to provide consistent data in the research of RCC stress-strain behaviour during the early part of the hydration heat development and dissipation cycle.

2.7.3   Instrument installation

To minimise interference with RCC placement, the installation of embedded instruments such as strain gauges, thermocouples and piezometers is often planned for a specific elevation at which an interruption in RCC placement or a construction break is scheduled. While this approach allows for good control during installation, it generally requires that instruments are actually embedded in a CVC concrete mix with a smaller maximum aggregate size and installed in a trench excavated in the RCC, the sides of which will often comprise poorly compacted RCC. Furthermore, the embedded instrument's first measurements realistically occur when the fresh RCC is placed for the layer above. In the case of temperature measurement, this situation is of little importance, but in the case of strain measurement, consequential issues often compromise the value of the important early measurements.

While success has been achieved embedding instrumentation and cabling into the surface of super-retarded high-workability RCC before initial set (Shaw, 2010), instruments installed into this RCC type in this manner are susceptible to subsequent damage during the setting period through the passage of trucks, particularly in areas of restricted space where the trucks must repeatedly follow the same path. Significant advantage is perceived in installing embedded stress and strain measurement instruments into RCC before first set and during the uninterrupted placement process, as these instruments measure the actual behaviour of the RCC into which they are placed, without the distortions associated with a significant placement interruption, etc. The value of the associated data is generally considered worth the additional care required in the management of the transportation and the placement processes for the subsequent RCC layer.

RÉFÉRENCES / REFERENCES

AL HARTHY, S.A., HIEATT, M.J. & WHEELER M. *"The day Wadi Dayqah roared"*. International Water Power and Dam Construction. 26 January 2011.

CHINESE STANDARD SL 314–2004. *"Design specification for roller compacted concrete dams"*. Shanghai Investigation, Design and Research Institute. Ministry of water Resources and Hydropower Planning and Design. Shanghai. 2004.

CONRAD M., AUFLEGER M.G. AND HUSEIN MALKAWI A.L. *"Investigations on the Modulus of Elasticity of Young RCC Dams"*. Proceedings. 4th International Symposium on RCC Dams. Madrid, Spain. November 2003.

CONRAD, M., SHAW, Q.H.W. & DUNSTAN, M.R.H. *"Proposing a Standardized Approach to Stress/Strain Instrumentation for RCC Dams"*. Proceedings of 6th Symposium on Roller Compacted Concrete Dams. Zaragosa, Spain. October 2012.

DU, C. *"Post-cooling of RCC dams with embedded cooling pipe systems"*. International Journal of Hydropower & Dams. Vol. 17, Issue 2, 2010. Pp 93–99.

DUNSTAN, M.R.H. & IBÁÑEZ-DE-ALDECOA, R. *"Quality Control in RCC Dams Using the Direct Tensile Test on Jointed Cores"*. Proceedings. 4th International Symposium on RCC Dams. Madrid, Spain. November 2003.

DUNSTAN, M.R.H. *"New Developments in RCC Dams"*. 6th Symposium on Roller Compacted Concrete Dams. Zaragosa, Spain. October 2012.

DUNSTAN, M.R.H. *"World Developments in RCC Dams – Part 1"*. Proceedings of HYDRO2014. International Conference & Exhibition. Cernobbio, Italy. October 2014.

DUNSTAN, M. & CONRAD M. *"The relationship between the in-situ tensile strength across joints of an RCC dam and the maturity factor and age of test"*. 7th International Symposium on RCC Dams. Chengdu, China. October 2015.

EDWARDS, R.G. and PETERSEN, J.C. *"Cooling of RCC concrete"*. Proceedings of 2nd Symposium on Roller Compacted Concrete Dams. Santander, Spain. October 1995.

FORBES, B.A., GILLON, B.R. AND DUNSTAN, T.G. *"Cooling of RCC and construction techniques adopted for Victoria Dam, Australia"*. Proceedings of 1st Symposium on Roller Compacted Concrete Dams. Bejing, China. November 1991.

GOLICK, M.A., JULIANI, M.A.C. and ANDRIOLO, F.R. *"Inspection gallery and drainage in small dams"*. Proceedings of 2nd Symposium on Roller Compacted Concrete Dams. Santander, Spain. October 1995.

JI, J.W.K., KIEN, T.K. AND HING, S.H. *"1:40 scale model study of the 120 m-high stepped spillway design for Murum hydroelectric project in Sarawak, Malaysia"*. Proceedings of Hydro 2014. International Conference and Exhibition. October 2014. Cernobbio, Italy.

ICOLD/CIGB. *"Roller-compacted concrete dams. State of the art and case histories"* (Barrages en béton compacté au rouleau. Technique actuelle et exemples). Bulletin N° 126, ICOLD/CIGB, Paris, 2003.

INDIAN STANDARD Is 6512–1984. *"Criteria for the Design of Solid Gravity Dams"*. First Revision. Bureau of Indian Standards. New Delhi. 1984 (reaffirmed 1998).

NAWA, T & HORITA, T. *"Autogenous Shrinkage of High-Performance Concrete"*. Proceedings of the International Workshop on Microstructure and Durability to Predict Service Life of Concrete Structures. Sapporo, Japan. 2004.

OOSTHUIZEN C. *"The use of field instrumentation as an aid to determine the behavior of roller compacted concrete in an arch-gravity dam"*. Proceedings of Conference "Field Measurements in Geotechnics", Balkema, Rotterdam, The Netherlands, September 1991.

SCHRADER, E.K. *"Performance of RCC Dams. Proceedings 6th Symposium on Roller Compacted Concrete Dams"*. Zaragosa, Spain. October 2012.

SHAW Q.H.W. *"An Investigation into the Thermal Behaviour of Roller Compacted Concrete in Large Dams"*. 5th Symposium on Roller Compacted Concrete Dams. Guiyang, China. November 2007.

SHAW Q.H.W. *"A New Understanding of the Early Behaviour of Roller Compacted Concrete in Large Dams"*. PhD Thesis. University of Pretoria, South Africa. 2010.

SHAW Q.H.W. *"The Beneficial Behavioural Characteristics of Flyash-Rich RCC Illustrated Through Changuinola 1 Arch/Gravity Dam. Proceedings"*. USSD Conference. Innovative Dam & Levee Design & Construction for Sustainable Water Management. New Orleans, USA. April 2012.

SHAW Q.H.W. & DUNSTAN, M.R.H. *"The Low Stress-relaxation Creep Characteristics of Flyash-Rich Roller Compacted Concrete"*. 6th Symposium on Roller Compacted Concrete Dams. Zaragosa, Spain. October 2012.

SHAW, Q.H.W. *"The Influence of Low Stress-relaxation Creep on the Design of Large RCC Arch and Gravity Dams"*. 6th Symposium on Roller Compacted Concrete Dams. Zaragosa, Spain. October 2012.

USACE. EM 1110–2-2201. *"Engineering Manual. Engineering and Design. Arch Dam Design"*. Department of the Army. U.S. Army Corps of Engineers. Washington, DC, USA. May 1994.

USACE. EM 1110–2-542. Engineering Manual. *"Thermal Studies of Mass Concrete Structures"*. Department of the Army. U.S. Army Corps of Engineers. Washington, DC, USA. May 1997.

UNITED STATES DEPARTMENT OF THE INTERIOR, BUREAU OF RECLAMATION. *"Design of Arch Dams"*. Design manual for concrete arch dams. A water resources technical publication. Denver, Colorado. 1977.

WANG, S. AND ZHOU, J. *"Special consideration in design of RCC gravity dam of Longtan"*. Proceedings of 2nd Symposium on Roller Compacted Concrete Dams. Santander, Spain. October 1995.

WANG B. DING B. AND CHEN Z. *"Structure design of Puding RCC arch dam and its temperature control"*. Proceedings of 1st Symposium on Roller Compacted Concrete Dams. Bejing, China. November 1991.

YANG F.C. AND GAO T.Z. *"Brief introduction of design and construction of Wenquanpu RCC arch dam."* Hebei Research Institute of Investigation and Design of Water Conservancy and Hydropower, March 1995.

3.   MATÉRIAUX

3.1   GÉNÉRALITÉS

Le Bulletin No 165 de la CIGB, « Choix des Matériaux pour les Barrages en Béton » (ICOLD/ CIGB, 2013) traite des exigences principales pour le choix des matériaux pour tous les types de barrage en béton, y compris les barrages en béton compacté au rouleau (BCR). Seulement les aspects ayant une importance particulière en regard à la pratique courante du BCR sont donc traités dans le présent bulletin.

3.2   MATÉRIAUX CIMENTAIRES

3.2.1   Généralités

Les BCR peuvent être fabriqués avec n'importe quel type de ciment, mais ils sont le plus souvent fabriqués à partir d'une combinaison de ciment et d'ajouts cimentaires. De fait, la grande majorité des BCR utilisés pour la construction de barrages contiennent des ajouts cimentaires, notamment la cendre volante à faible teneur en chaux (ASTM, norme C618). Il convient toutefois de souligner que l'usage de pouzzolanes naturelles est en forte croissance.

La fiabilité de l'approvisionnement ainsi que l'uniformité des caractéristiques physique et chimique sont des aspects particulièrement importants dans le choix de fournisseurs de ciment et d'ajouts cimentaires lors de la construction d'un ouvrage en béton compacté au rouleau (BCR). Puisque les bétons compactés au rouleau contiennent généralement un fort dosage en ajouts cimentaires, les caractéristiques mécaniques peuvent varier considérablement d'un mélange à l'autre en fonction du ratio ciment/ajouts cimentaires/adjuvants chimiques (retardateur de prise). Il est par conséquent de bonne pratique que soit initié un programme d'essais en laboratoire afin d'optimiser le dosage des constituants (formulation) des bétons compactés au rouleau avant que ne débute la phase de construction. Il est généralement suggéré que ces essais soient effectués par le concepteur, et non par l'entrepreneur, afin de s'assurer de la conformité aux exigences de conception et de performance des bétons.

3.2.2   Ciment

Bien que l'usage de ciment à faible chaleur d'hydratation ait été utilisé avec succès pour la fabrication de BCR, l'usage de ciment Portland ordinaire (ASTM C150 Type 1 ou EN 197 CEM 1), (Spécification des normes ASTM C150 et BS EN 197–1 2011) est souvent privilégié en raison des exigences de composition plus stricte et de l'uniformité généralement observée pour ce type de ciment.

3.2.3   Ajouts cimentaires

Certains ajouts cimentaires (AC) peuvent réagir avec les produits d'hydratation du ciment pour former des composés solides alors que d'autres, constitués de filler non réactif, sont plutôt utilisés afin d'augmenter la quantité totale de pâte dans le mélange. L'usage d'ajouts cimentaires peut être proposé pour des raisons économiques, pour améliorer les propriétés du béton aux états plastiques et durcis ou les deux.

Les pouzzolanes sont des matériaux synthétiques ou naturels qui, bien que non cimentaire en eux-mêmes, contiennent des constituants (quartz amorphe, aluminium et silicates de calcium par exemple) qui peuvent, à température normale, se combiner à la chaux en présence d'eau pour former des composés ayant des propriétés cimentaires. La chaux (hydroxyde de calcium) résulte de l'hydratation du ciment.

3.   MATERIALS

3.1   GENERAL

The 2013 ICOLD Bulletin 165 on the Selection of Materials for Concrete Dams (ICOLD/CIGB, 2013) addresses the primary selection requirements for materials for all mass concrete dam types, including roller-compacted concrete (RCC) dams. Only issues of particular importance in respect of current RCC practice are further addressed and clarified in this Bulletin.

3.2   CEMENTITIOUS MATERIALS

3.2.1   General

RCC can be manufactured with any of the basic types of cement or, more typically, a combination of cement and a supplementary cementitious material. The great majority of RCC mixtures for dams contain supplementary cementitious materials, with the most common type being a low-lime flyash (ASTM, Standard Specification C618), although an increasing trend in the use of natural pozzolans is apparent.

Physical and chemical consistency and reliability of delivery are particularly important aspects to be considered in selecting the sources of cementitious materials for an RCC dam. At the high percentage supplementary cementitious materials contents often used in RCC, the strength development characteristics of the mix can vary significantly from one particular cement/supplementary cementitious materials/ chemical admixture (retarder) blend to another. Consequently, it is usually necessary to perform laboratory testing to optimise the cementitious materials types, sources and blend combinations for RCC mix design before construction is initiated. This should be done by the design engineer and not the contractor, to ensure that the concrete performance meets the structural design criteria.

3.2.2   Cement

While lower-heat cements have been used successfully for RCC dams, some preference exists for using an Ordinary Portland Cement (ASTM C150 Type 1, or EN 197 CEM 1), (ASTM Standard Specification C150 & BS EN 197–1 2011) due to the more restrictive and consistent composition of this cement type.

3.2.3   Supplementary cementitious materials

Supplementary cementitious materials (SCM) may be cementitious and react with the hydration products of the cement to form strong compounds or they may be inert fillers designed to increase the amount of total paste in the concrete mix. These admixtures may be included for reasons of economy and/or to enhance the fresh and hardened properties of the concrete.

Pozzolans are man-made or natural materials, which though not cementitious in themselves, contain constituents (e.g. amorphous quartz, aluminium and calcium silicates), which will combine with lime at ordinary temperatures in the presence of water to form compounds possessing cementitious properties. The lime, calcium hydroxide, results from hydration of cement.

L'usage d'ajouts cimentaire permet, tout en augmentant le volume de pâte, de réduire : la teneur en ciment Portland, la chaleur d'hydratation et les coûts de fabrication puisqu'ils sont souvent moins coûteux que le ciment Portland. En contrepartie, le gain de résistance dans le temps est moins prononcé.

Il est, à titre d'exemple, de pratique courante d'utiliser des cendres volantes en Chine pour la fabrication de béton compacté au rouleau et de privilégier l'usage des matériaux de la meilleure qualité disponible sur le marché. Il convient de souligner que des méthodes de traitement des cendres volantes de qualité moindre, en raison d'une teneur excessive en carbone libre, sont disponibles pour réduire la perte au feu à un niveau accepTable. Enfin, au Japon, les cendres volantes sont presque toujours utilisées comme pouzzolane dans la fabrication du béton des barrages RCD.

3.3   GRANULATS

3.3.1   Généralités

Puisqu'il doit supporter les charges imposées par les équipements de terrassement pendant la mise en place et le compactage, le béton compacté au rouleau (BCR) doit en principe posséder une maniabilité moindre qu'un béton conventionnel (BCV) équivalent. Par conséquent, un BCR contient généralement un volume de pâte plus faible et une teneur en gros granulats plus importante. Du filler (<75 microns) est souvent utilisé pour augmenter le volume total de pâte des mélanges de BCR lorsque la teneur en pâte de ciment requise pour atteindre un certain niveau de résistance est insuffisante pour combler les vides intergranulaires. Une teneur en fines de 15% et plus n'est pas rare dans les granulats fins utilisés pour la fabrication de BCR. En raison d'un volume de pâte généralement faible, les granulats utilisés pour la fabrication de BCR moderne est généralement visé par des exigences plus sévères que celles prescrites pour un BCV, de façon à assurer la teneur en vide la plus faible possible dans la matrice granulaire compactée. Des exigences plus sévères relatives à la forme des particules et à la distribution granulométrique sont également souhaiTables afin d'améliorer la maniabilité des BCR sans qu'il ne soit pour autant nécessaire d'augmenter la teneur en pâte.

Dans la phase de consolidation des BCR, l'énergie de compactage déployé par les équipements permet de densifier adéquatement la matrice granulaire jusqu'à ce que tout excès de pâte soit remonté à la surface. Les opérations de compactage permettent ainsi d'obtenir un squelette granulaire dense dans lequel les particules présentent un niveau de contact élevé.

Pour permettre le gâchage des BCR avec des malaxeurs à haute énergie et limiter la ségrégation pendant le transport et la manutention, la dimension nominale maximale des gros granulats est généralement limitée à 40 à 60 mm, mais peut parfois atteindre 75 mm à l'intérieur de l'ouvrage, là où la maniabilité et la ségrégation sont de moindre importance. Pour augmenter l'uniformité et réduire la ségrégation, il est fréquent que la teneur en granulats fins des BCR soit plus élevée que celle des BCV. La dimension nominale maximale des gros granulats utilisés au Japon pour la fabrication de béton compacté au rouleau pour barrages (RCD) est de 80 ou 150 mm, cette dernière valeur représentant environ 30 à 40% de tous les cas.

Des granulats qui auraient normalement été jugés inappropriés pour la fabrication de béton ont été utilisés avec succès pour la construction d'un certain nombre de barrages en BCR. Dans de tels cas, la conception des ouvrages doit être ajustée en tenant compte de l'usage de granulats de qualité moindre et ces derniers sont réservés pour la fabrication du BCR des zones intérieures du barrage, de façon à permettre de l'enrober par du béton de parement de qualité supérieure. Ceci vaut particulièrement en région présentant un climat plus rigoureux. (Oliverson & Richardson, 1984) Un BCR fabriqué avec des gros granulats déficients (présence de particules allongées) est affecté de façon fort différente qu'un BCV fabriqué avec ces mêmes granulats en raison du niveau élevé d'énergie déployé durant la consolidation du BCR. Il convient également de souligner qu'une déficience au niveau de la forme des particules a un effet particulièrement négatif sur les BCR qui ont une maniabilité élevée.

Supplementary cementitious materials, which are often less expensive than cement, are beneficial in reducing the necessary cement content and consequently usually reducing cost and hydration heat, while increasing the paste volume of the fresh RCC and giving rise to a slower strength development.

For example, in Chinese practice, flyash is almost always used as a pozzolan in RCC and the normal approach is to select the best quality material available. Should excessive free carbon content (loss on ignition, LoI) result in an inferior flyash quality, treatment methods are available to reduce the LoI to an accepTable level. In Japanese practice, fly ash is almost always used as a pozzolan in RCD concrete.

3.3   AGGREGATES

3.3.1   General

Supporting heavy earthmoving trucks during placement and compaction, RCC is necessarily less workable than an equivalent CVC. Accordingly, an RCC mix generally contains a lower paste volume and more aggregate than a CVC mix. In addition, aggregate fines (< 75 microns) are often used to enhance the total paste volume of RCC mixes when the cementitious paste required for concrete strength is inadequate to fill all voids within the compacted aggregate structure. Fines contents of 15% and higher are not uncommon in the fine aggregates for RCC mixes. As a consequence of the typically low paste volumes, more stringent aggregate specifications than typical for CVC are often applied to ensure a minimum possible compacted aggregate void content in modern RCC. Increased aggregate particle shape and grading requirements are similarly beneficial in enhancing RCC workability without an otherwise necessary increase in total paste content.

In the process of consolidation, the application of external energy in the case of RCC causes the aggregates to be compacted until all excess paste is brought to the surface, resulting in a densely packed aggregate skeletal structure, in which a high level of friction exists between the composite granular materials.

To allow mixing with rapid, compulsory mixers and to limit segregation during transportation and handling, the maximum aggregate size typically applied for RCC is limited to 40 to 60 mm, although this is sometimes increased to 75 mm in the interior of the dam where workability and segregation are of lesser importance. To increase consistency and to reduce segregation, a higher fine aggregate content than for CVC is commonly applied for RCC mixes. The maximum aggregate size used in RCD concrete in Japan is either 80, or 150 mm, with the latter Figure accounting for approximately 30 to 40% of all cases.

Aggregates that may once have been considered unsuiTable for use in concrete have been successfully used for a number of RCC dams. In such instances, the design of the dam structure must obviously accommodate the specific reduction in performance of the aggregates used and lower quality aggregates are typically applied in interior zones, where they can be encapsulated within higher quality concrete, especially in severe, or moderately-severe climates (Oliverson & Richardson, 1984). While poor aggregate particle shape is particularly unfavourable in the case of higher workability RCC, RCC mixes in general are impacted in a quite different way to CVC mixes by the presence of elongated particles, due to the higher energy applied during compaction.

Lorsque plusieurs sources de matériaux sont disponibles, les matériaux présentant les meilleures propriétés physiques doivent être choisis. En raison du taux élevé de mise en place des bétons compacté au rouleau, des aires de stockage de grande dimension sont avantageuses en permettant l'utilisation d'équipements de moindre capacité. L'usage d'aire de stockage de grande dimension a également l'avantage de permettre la poursuite des travaux de bétonnage même en cas de bri des équipements de concassage et criblage. Le volume initial de granulats qui doit être disponible avant le début des travaux est souvent spécifié par le concepteur. La capacité des équipements de concassage et de criblage et la dimension des aires de stockage requis à la construction en continu d'un barrage en BCR (sans arrêt saisonnier) doivent être au moins équivalentes au taux de fabrication et de mise en œuvre moyenne du BCR.

Enfin, pour permettre la fabrication de béton de qualité, il est requis de pouvoir disposer d'un approvisionnement en granulats qui soient uniformes dans le temps, et ce, autant en termes de granulométrie, de qualité et de composition minéralogique. Dans ce contexte, il est impératif de mettre sur pied et de maintenir un programme rigoureux de contrôle de la qualité des matériaux tout au long des travaux.

3.3.2 Gros granulats

En plus des facteurs à considérer lors du choix de la source, de la forme et de la granulométrie des gros granulats, le facteur le plus important à considérer est la mise sur pied d'un plan d'action visant à réduire la ségrégation. La présence de ségrégation peut compromettre de manière importante la performance in situ du BCR. L'usage de gros granulats concassés aux arêtes vives et bien gradués, plutôt que des granulats de rivière présentant des arêtes arrondies, s'est souvent révélé avantageux pour réduire la ségrégation. Lorsque spécifiée, l'exigence relative à la teneur en particules plates et allongées (BS 812 Part 105) de BCR à maniabilité élevée est souvent limitée à 25%, et parfois même à 20%.

Enfin, rappelons que même si la réduction de la dimension nominale maximale des gros granulats permet de réduire la ségrégation, le choix de cette dimension doit être optimisé en tenant compte de l'impact financier sur les coûts de fabrication des granulats.

3.3.3 Granulats fins

La distribution granulométrique des granulats fins a une influence prépondérante sur l'aptitude au compactage et sur la teneur en pâte requise dans le BCR (Japanese Ministry of Construction, 1981 and Hollingworth & Druyts, 1986). Il est reconnu qu'une augmentation de la teneur en granulats fins permet de réduire la ségrégation durant la mise en œuvre d'un BCR. Enfin, l'usage de filler pour augmenter la teneur en particules fines (< 75 microns) des granulats fins est généralement bénéfique pour tous les types de BCR, en augmentant la teneur en pâte dans le mélange. Compte tenu de ce qui précède, il est possible de produire un BCR à faible perméabilité en utilisant un rapport eau-liants relativement faible. L'usage de gros granulats bien gradués conformes aux exigences relatives à la forme des particules permet également d'optimiser la teneur en vide du squelette granulaire.

L'usage de fines d'origine minérale provenant d'un site de concassage et criblage est généralement bénéfique dans les mélanges de BCR. L'usage de fines d'origines naturelles est souvent responsable d'une plus grande variation de la demande en eau en raison de variation de plasticité.

Afin de réduire la teneur en pâte d'origine cimentaire requise dans les BCR à maniabilité élevée, la teneur en vide des granulats fins après compactage est généralement limitée de 30 à 32%, et parfois moins ce qui offre des avantages supplémentaires.

L'ajout de fines non plastiques au-delà de ce qui est nécessaire pour obtenir la quantité de pâte permettant de combler les vides intergranulaires peut diminuer la maniabilité et augmenter la demande en eau, avec pour conséquence une réduction de la résistance à la compression. L'utilisation de fines plastiques peut modifier sensiblement les propriétés aux états plastiques et durcis du BCR.

Where there is a choice of available materials, the materials with the best combination of physical properties should be selected. RCC placing rates are generally high and large aggregate stockpiles are often advantageous in allowing reduced aggregate crushing plant capacity, or to create an adequate buffer in case of plant breakdowns, etc. In such circumstances, the development of an appropriate quantity of stockpiled aggregate prior to the start of RCC placement must be assured and is often specified by the design engineer. For large RCC dams without seasonal shutdowns, the aggregate crushing and stockpiling operations should at least match the average RCC production rate.

For good quality concrete, aggregates, in terms of materials composition, quality and gradations, must be consistent over the duration of construction, which requires that a stringent quality control programme is maintained.

3.3.2 Coarse aggregates

The most important factor to consider when selecting the source, shape and grading of a coarse aggregate is the avoidance of segregation, which can substantially compromise the in-situ performance of compacted RCC. Continuous aggregate gradations and the use of crushed, rather than natural, rounded coarse aggregates have been demonstrated to be advantageous in reducing segregation. In high-workability RCC, the maximum combined flakiness and elongation of coarse aggregate particles, when specified to (BS 812 Part 105), is often limited to 25%, and sometimes as low as 20%.

Using a smaller maximum aggregate size in RCC, the associated beneficial reduction, or elimination of segregation must be balanced against the consequential increase in aggregate production costs.

3.3.3 Fine aggregates

The grading of fine aggregates strongly influences the paste requirement and compactibility of RCC (Japanese Ministry of Construction, 1981 and Hollingworth & Druyts, 1986). An increase in the fine aggregate content has been found to reduce the tendency of RCC to segregate during handling and a higher percentage of non-plastic fines (<75 microns) within the fine aggregate grading is commonly perceived as beneficial in increasing paste for all RCC types. With aggregate fines contributing to the total paste content, impermeable RCC can be designed for lower water and cementitious materials contents, particularly when well-graded aggregates, with good particle shape, allow a low aggregate compacted void content.

Quarry crusher fines are particularly beneficial to RCC mixtures. Natural fines are more susceptible to fluctuations in water demand, due to plasticity variations.

In order to reduce the required cementitious paste in a high-workability RCC, the compacted void content of the fine aggregates is generally limited to between 30 and 32%, with even lower values offering additional benefit.

The addition of non-plastic aggregate fines beyond that required to achieve sufficient total paste to fill the aggregate voids can decrease workability and increase water demand, with a consequential reduction in RCC strength. The use of plastic fines can substantially change the properties of both the fresh and mature RCC.

3.3.4 *Distribution granulométrique combinée*

En général, les mélanges de BCR maigres, c'est-à-dire les mélanges contenant une teneur en liants réduite contiennent généralement des teneurs en fines plus élevées que les mélanges riches. De façon générale, la teneur en granulats fins varie de 30% à 45%, les mélanges les plus maigres contenant les teneurs les plus élevées.

Le nombre de classes granulaires requises lors de la fabrication de BCR dépend du niveau de contrôle exigé. Bien que les avantages en termes de coûts favorisent l'usage d'un nombre limité de classes granulaires, plus les classes granulaires sont étalées, plus les risques de ségrégation sont élevés. Il est généralement reconnu que le nombre optimal de classes granulaires à utiliser est de quatre (ou cinq lorsque deux sources de granulats fins sont utilisées). Ce nombre peut cependant être réduit à 3, notamment lorsque la dimension nominale maximale des gros granulats est plus petite. Enfin, un contrôle rigoureux de la granulométrie des matériaux de chaque classe granulaire et de la distribution granulométrique combinée des gros granulats doit être exercé.

3.4 ADJUVANTS

Depuis la publication du Bulletin No 126 en 2003, la pratique qui s'est le plus illustrée pour la construction de barrages en BCR est l'usage de plus en plus répandu des adjuvants retardateurs de prise. Le temps de prise initiale des BCR a ainsi été reporté jusqu'à 20 ou 24 heures pour un temps de prise finale d'environ 30 heures. L'usage d'un fort dosage en retardateur de prise a permis d'améliorer de façon substantielle la qualité du liaisonnement entre les couches en obtenant près de 90 % de « joints chauds » ce qui implique la mise en place des couches avant la prise initiale de la couche sous-jacente (mise en œuvre parfois appelée «frais» sur «frais»). Il convient toutefois de mentionner que le Japon n'a pas adopté, pour les RCD, ce concept de mise en œuvre en couches successives dit «frais» sur «frais» décrit précédemment (Japanese Ministry of Construction, 1981).

Les retardateurs de prise peuvent réagir différemment en fonction du type de liants et d'ajouts cimentaires. Il est par conséquent essentiel de déterminer le type de produit qui offre les meilleures performances et d'en établir le dosage avant que ne soit initiée la phase de construction proprement dite. Il a été constaté que les essais de détermination du temps de prise réalisé en laboratoire (ASTM C403) surestiment presque toujours le temps de prise réellement observé en chantier dans les zones climatiques dites modérées ou chaudes, alors qu'au contraire, ils ont tendance à le sous-estimer dans les climats plus froids. Il est donc recommandé que soit également effectué des essais de temps de prises in situ afin d'optimiser le dosage en adjuvant retardateur dans les BCR et ce, en réalisant des essais qui vont simuler les différentes conditions climatiques anticipées lors des travaux de construction en tenant également compte de la période de la journée (jour/nuit).

Enfin, des adjuvants réducteurs d'eau et entraîneur d'air ont été utilisés avec succès pour la construction de plusieurs barrages. L'ajout d'agent entraîneur d'air a permis d'améliorer la maniabilité des BCR tout en offrant une durabilité accrue au gel-dégel.

RÉFÉRENCES / REFERENCES

AMERICAN SOCIETY FOR TESTING AND MATERIALS. *"Flyash and raw or calcined natural material admixtures for use as a mineral admixture in Portland cement concrete"*. Standard Specification C618, ASTM, Philadelphia, USA.

AMERICAN SOCIETY FOR TESTING AND MATERIALS. *"Portland cement. Standard Specification C150"*. ASTM Philadelphia, USA.

3.3.4 Overall grading

In general, lower cementitious material content RCC mixes usually include higher fines contents than higher cementitious content RCC mixes. Fine aggregate contents generally vary between 30% and 45% across all RCC types, with lower cementitious material RCC mixes tending towards higher fine aggregate contents.

The number of grading bands into which RCC aggregates are separated for batching depends on the level of grading control desired. While cost benefits are obviously developed through minimising the number of aggregate grading bands to be handled and batched, the broader the grading stored in a single stockpile the more likely segregation will develop during aggregate handling. The favoured balance in this regard is a total of four aggregate grading bands, with five generally selected when fine aggregates must be blended from two sources and three selected when a smaller maximum size aggregate is used. Effective control of undersize and oversize particles in each size group must be maintained.

3.4   ADMIXTURES

One of the most significant developments in RCC technology since the publication of ICOLD Bulletin 126 in 2003 has been the increasingly widespread use of set retarder admixtures in RCC for dams. With the initial setting time of RCC mixes often retarded to between 20 and 24 hours and final set to approximately 30 hours, better bonding between placement layers has been achieved through the realisation of as much as 90% hot joints, which typically (but not always) involves placing successive RCC layers before the initial set of the receiving layer beneath (sometimes termed "fresh" on "fresh"). In RCD dams, successive placement of RCD concrete layers based on the concept of hot joints mentioned above is not adopted (Japanese Ministry of Construction, 1981).

Different set retarders react differently with different cementitious materials and cementitious materials blends. It is consequently essential to identify the optimal retarder product and the proper dosages before placement of RCC for the dam is initiated. Furthermore, it is noted that laboratory (ASTM C403) set time measurements almost always over-estimates the retardation achieved in the field in moderate or warm environments, and can under-estimates the retardation in cold environments. In situ initial and final set testing is accordingly essential to optimise the retarder dosages to be applied under the range of climate and day/night conditions to be experienced at the dam site.

In addition, water-reducing and air-entraining admixtures (used in all RCD) have been successfully used in RCC dams, with air-entrained RCC providing improved freeze-thaw durability and improved workability.

BRITISH STANDARDS INSTITUTION. *"Testing aggregates – Part 105: Methods for determination of particle shape"*. BS 812–105. 1990. London, UK.

BRITISH STANDARDS INSTITUTION. *"Cement. Composition, specifications and conformity criteria for common cements"*. BS EN 197–1. 2011. London, UK.

HOLLINGWORTH, F. AND DRUYTS, F.H.W.M. *"Rollcrete: some applications to dams in South Africa"*. Water Power and Dam Construction. London, January 1986.

ICOLD/CIGB. *"Selection of Materials for Concrete Dams"*. Bulletin N° 165, ICOLD/CIGB, Paris, 2013.

JAPANESE MINISTRY OF CONSTRUCTION. *"Design and Construction Manual for RCD concrete"*. Technology Centre for National Land Development, Tokyo, 1981.

OLIVERSON, J.E. AND RICHARDSON, A.T. *"Upper Stillwater Dam: design and construction concepts"*. Concrete International. ACI, Chicago, May 1984.

4.   DOSAGE DES CONSTITUANTS DU BCR

4.1   GÉNÉRALITÉS

Le BCR est généralement conçu comme un «béton ayant une résistance» et, en tant que tel, est soumis à la même approche de conception que tout béton, en termes de rapport eau/ciment maximal autorisé et de teneur minimale en matériaux cimentaires afin de rencontrer les exigences de durabilité et de résistance. En tant que béton de barrage, cependant, le BCR est rarement conçu pour la résistance à la compression, bien que ce soit généralement le paramètre utilisé pour le contrôle de la qualité du béton durci. En réalité, ce sont la perméabilité, la résistance à la traction et au cisaillement entre les couches et le module d'élasticité qui sont les propriétés cibles du béton.

La méthode utilisée pour déterminer la teneur en matériaux cimentaires de chaque type de BCR varie de manière très significative, parfois en fonction de la disponibilité locale de matériaux particuliers. Par conséquent, le dosage correspondant des matériaux cimentaires dans le processus de développement du mélange de BCR n'est pas détaillé dans ce chapitre.

Les mélanges de BCR sont traditionnellement regroupés en trois catégories en fonction de leur teneur en liants (ciment Portland et ajouts cimentaires). Les mélanges de BCR à faible teneur en liants (BCRFL) contiennent généralement moins de 100 kg/m³, les mélanges à haute teneur en liants (BCREL) plus de 150 kg/m³ et les mélanges à teneur moyenne en liants (BCRML) de 100 à 150 kg/m³. Tel qu'indiqué à la section 1.8, la méthode de construction des barrages en BCR utilisée au Japon, prévoit l'usage de BCR à teneur moyenne en liants.

Il y a actuellement 2 grandes écoles de pensées en ce qui a trait à la conception des barrages en BCR, soit le barrage en BCR assure seul l'étanchéité et celle où le barrage en BCR possède un élément imperméable amont pour assurer l'étanchéité. Le dosage des constituants des différents types de béton et de BCR utilisés pour la construction du corps du barrage va par conséquent se distinguer en fonction de l'approche de conception retenue.

Compte tenu de ce qui précède, les mélanges de BCR à haute teneur en liants (BCREL) sont principalement utilisés pour la construction de structure imperméable alors que les BCR à faible teneur en liants sont principalement utilisés pour la construction d'ouvrages comportant un élément amont imperméable. Il convient cependant de souligner qu'au cours des dernières années, une tendance se dessine à concevoir des BCR à teneur moyenne en liants et, dans certains cas, des BCR maigres pour la construction de barrage imperméable. L'étanchéité des barrages construits avec du BCR à faible teneur en liants est assurée par l'usage de mortier de liaisonnement entre les couches. Les mélanges pour BCR à teneur moyenne en liants et pour RCD (pratique japonaise) sont conçus généralement en incorporant un élément imperméable à la face amont, même si en pratique le RCD offre généralement une bonne imperméabilité in situ.

Au cours des dernières années, du BCR à teneur moyenne en liants a été conçu pour être imperméable grâce à l'ajout de filler (fines non plastiques) dans les granulats fins. Bien que cette approche nécessite une expertise plus pointue dans la conception des mélanges, cela ouvre la porte, dans certaines circonstances, à la conception de structure imperméable construite avec du BCR à teneur moyenne en liants ou une combinaison de BCR à haute teneur en liants (BCREL) et de BCR à teneur moyenne en liants (BCRML) dans le même ouvrage.

L'approche de conception des mélanges de BCR la plus novatrice qui s'est imposée au cours des dernières années est sans doute celle des BCR super-retardés à maniabilité élevée. Il s'agit en fait d'une variante de BCR à haute teneur en liants (BCREL) avec un temps VeBe très bas (8 à 12 secondes, voire moins) et un temps de prise initiale très long (environ 20 à 24 heures). Les caractéristiques uniques de conception de ces mélanges et leurs influences sur la conception et la construction des barrages en BCR sont décrites dans les sections suivantes, ainsi que dans d'autres chapitres de ce document.

De façon générale, la teneur en air moyenne des mélanges moderne de BCR super-retardés à maniabilité élevée est d'environ de 1% (voir section 4.10.5). L'examen des résultats d'essais obtenus à partir d'échantillons de BCR, fabriqués avec différents types de liants et de granulats, a démontré que pour des BCR densifiés au-delà de 96 % de la masse volumique théorique sans air (t.a.f.d.), le niveau de résistance est peu ou pas affecté (López & Schrader, 2012).

4.   MIXTURE PROPORTIONS

4.1   GENERAL

RCC is generally designed as a "strength concrete" and as such is subject to the same design approach as all concrete, in terms of maximum allowable water/cement ratio and minimum allowable cementitious materials content to meet durability and strength requirements. As a dam concrete, however, RCC is rarely designed for compressive strength, although this is typically the parameter used for hardened concrete quality control, and permeability, tensile and shear strength between layers and elastic modulus are realistically the most important target properties for the hardened concrete.

The approach to establishing the cementitious materials content of each RCC type varies quite significantly, sometimes depending on the local availability of particular materials and the related proportioning of the cementitious materials in the RCC mix development process is accordingly not addressed in detail in this chapter.

RCC mix composition has traditionally been divided into three categories based on the content of cementitious materials (Portland cement and supplementary cementitious materials), with 100 kg/m³ representing the transition between low-cementitious (LCRCC) and medium-cementitious (MCRCC) and 150 kg/m³ representing the limit above which RCC is categorised as high-cementitious (HCRCC). As discussed in Section 1.8, the RCD method, as used in Japan, is a medium-cementitious RCC approach.

With regard to dam design, two primary approaches are presently considered, depending whether the RCC mass forms the impermeable structure or whether there is a supplementary upstream impermeable element of some form. The mixture proportions of the RCC and other mixes used in the dam body will differ depending upon which approach is followed.

Logically, high-cementitious RCC mixes (HCRCC) have been designed as an impermeable structure and low-cementitious (LCRCC) with the requirement for a separate upstream impermeable element. However, over recent years there has been an increasing trend towards designing MCRCC, and in some cases LCRCC, for impermeability. Designing LCRCC for impermeability requires the inclusion of bedding mixes between layers.

Medium-cementitious RCC mixes (MCRCC) and RCD mixes have been frequently designed with an upstream impermeable element, even though the RCD method (Japanese practice) does typically produce good in-situ impermeability. Recently, MCRCC mixes have been designed for impermeability through the incorporation of increased quantities of non-plastic fines in the fine aggregate, although this approach requires considerable expertise in the design of the RCC. Given this expertise, this opens the possibility, in certain circumstances, of creating an impermeable structure with a MCRCC mix, or, a combination of HCRCC and MCRCC mixes in the same dam.

Probably the most important development in RCC mix design in recent years is the introduction of high-workability, super-retarded RCC. This is a variation of a HCRCC mix that combines very low VeBe times (8 to 12 seconds, or even less) with a very long initial setting time (circa 20 to 24 hours). The design features of these mixes and their implications in the design and construction of RCC dams are described in the following sections, as well as in other chapters of this document.

Typically, average air void contents of 1% are applicable for modern high-workability RCC mixes (see Section 4.10.5). Testing of other RCC types, with different aggregates and cementitious materials contents has demonstrated that strength is essentially unaffected for compacted densities above 96% of the theoretical air-free density (t.a.f.d.) (López & Schrader, 2012).

4.2   LA CONSISTANCE DES BCR – ESSAI VEBE AVEC CHARGE

Un BCR est essentiellement un béton de masse à affaissement nul. À ce jour, la consistance de la plupart des mélanges de BCR a été mesurée avec succès à partir de l'essai Vebe avec charge. Il a cependant été constaté que certains mélanges avec une très faible maniabilité (de vieille génération) se situaient en dehors de la plage de mesure de l'essai.

Le temps VeBe doit être établi avec précision, et ce particulièrement dans le cas des mélanges possédant une maniabilité élevée, c'est-à-dire qui possède un temps VeBe faible. Ces mélanges ont généralement une plage de consistance VeBe spécifiée (temps VeBe) réduite par rapport à celle des mélanges dont la consistance est de faible à moyenne.

L'essai Vebe avec charge utilise deux différentes masses selon la méthode applicable. Lorsque la consistance VeBe spécifiée est supérieure à 20 secondes, l'essai est effectué à l'aide d'une masse (surcharge) de 22,7 kg (méthode A de l'ASTM C1170), alors que la masse (surcharge) est plutôt de 12,5 kg (méthode B) lorsque l'exigence de consistance VeBe spécifiée est moins de 30 secondes. Il convient de noter que ces masses incluent le poids du pilon et de la surcharge.

Le temps VeBe obtenu en suivant le mode opératoire de la norme ASTM correspond au temps nécessaire pour que soit apparent un anneau de mortier sur toute la circonférence de la plaque acrylique. Avec des mélanges de BCR à teneur réduite en pâte, il est possible que les mesures obtenues varient sensiblement d'un technicien à l'autre, une dispersion élevée des résultats ayant été notée pour ce type de mélange. Dans certains cas, le temps VeBe est enregistré lorsque la pâte est visible sous toute la surface de la plaque acrylique alors que pour d'autres, le temps VeBe est enregistré lorsque la pâte est visible sous la majorité de la surface de la plaque acrylique (en faisant abstraction de petites zones ou il y a concentration de pierre (nids de cailloux) difficile à combler par la pâte). Dans certains cas, les trois temps sont notés.

La tendance vers la réduction des temps Vebe avec charge observée au cours des 30 dernières années a eu pour effet d'aller à une préférence pour la méthode B de l'ASTM C1170. D'autres méthodes que la méthode B de l'ASTM C1170 ont été utilisées dans le cas des BCR à maniabilité élevée (consistance VeBe entre 8 et 12 secondes). Les modifications à la méthode B consistent à: (1) remplir complètement le moule de béton au lieu d'utiliser une quantité de béton (masse) normalisée et (2), éviter tout précompactage de l'échantillon en plaçant la surcharge sur la surface en même temps que la Table vibrante est mise en fonction. Les temps VeBe cités dans ce chapitre sont relatifs à ceux obtenus en utilisant les méthodes d'essais normalisées proposées par ASTM et la méthode B modifiée pour les mélanges de BCR à maniabilité élevée.

4.3   DOSAGE TYPIQUE DES MATÉRIAUX CIMENTAIRES

Tel qu'indiqué à la section 1.8, lorsqu'il est fait référence à la teneur en pâte d'un BCR, il est important de faire la distinction entre la quantité totale de pâte et la pâte d'origine cimentaire (liants). La différence entre les deux est l'inclusion ou non des granulats fins de dimension inférieure à 75 microns qui peuvent ou non avoir une capacité cimentaire ou pouzzolanique. Les teneurs moyennes en liants de différent type de béton compactés au rouleau couramment utilisées pour la construction de barrages en BCR sont présentées au Tableau 4.1 ci-dessous (Dunstan, 2015).

L'examen des résultats présentés au Tableau 4.1 indique que les teneurs moyennes en ciment et en eau proposés pour les différents types de BCR ne varient pas de manière significative d'un mélange à l'autre. Une différence noTable existe cependant pour la teneur en ajouts cimentaires, et conséquemment de la teneur en liants. Il convient toutefois de souligner que dans certains cas, les fines (< 75µm) peuvent présenter une certaine capacité cimentaire, et à ce titre, elles doivent être considérées en partie ou en totalité comme des ajouts cimentaires. Enfin, même si à première vue il peut sembler surprenant que la teneur moyenne en eau de gâchage d'un mélange de BCR à haute teneur en liants (BCREL) puisse être inférieure à celle d'un mélange de BCR à faible teneur en liants (BCRFL) dont la maniabilité est plus faible, cette situation s'explique d'une part par le contenu élevé en ajouts cimentaires qui contribue à améliorer la maniabilité et d'autres parts, à la plus grande attention accordée à la qualité des granulats fins et grossiers.

4.2   RCC CONSISTENCY – LOADED VEBE TEST

RCC is a mass concrete with zero slump consistency. The Loaded VeBe procedure has been used successfully to date to measure the consistency of most RCC mixes. However, some early mixes, with very low workability, were found to fall outside of the working range of the test.

The vibration time defined as the Loaded VeBe time of the mix should be established accurately. This is especially important for mixes with high-workability, i.e. low Loaded VeBe times. These mixes usually have a specified range of consistency that is narrower than applicable for medium- and low-workability mixes.

The Loaded VeBe test uses two different total masses; 22.7 kg (ASTM C1170 Procedure A) for Loaded VeBe times greater than 20 seconds, and 12.5 kg (Procedure B) for Loaded VeBe times less than 30 seconds. It should be noted that the total mass includes that of the surcharge and the plunger.

The correct ASTM VeBe procedure reflects the time to achieve the development of a mortar ring around the full circumference of the acrylic plate. In view of the fact that lower paste and lower mortar-content RCC mixes do not necessarily provide consistent and reasonable times when tested using the correct VeBe procedure, however, different technicians sometimes report different times. In some instances, times are recorded for the appearance of paste beneath the entire area of the acrylic plate and in others for the appearance of paste beneath the majority of the area of the acrylic plate (allowing for small areas where nested stones prevent paste reaching the plate). In some cases, all three times are reported.

The trend in decreasing Loaded VeBe time over the past 30 years has resulted in a trend from Procedure A to B. Alternative procedures to ASTM Procedure B have been used specifically with high-workability mixes (i.e. Loaded Vebe times between 8–12 s). The modifications consist on (1) filling the mould completely instead of using a fixed weight of the concrete sample and (2) avoiding any pre-compaction of the sample prior to starting the vibration by placing the disc on the concrete surface at the same time than the vibration starts. The times cited in this chapter refer to the correct ASTM procedure and the alternative procedure for high-workability mixes.

4.3   TYPICAL CEMENTITIOUS MATERIALS MIXTURE PROPORTIONS

As mentioned in Section 1.8, when referring to the paste of an RCC mix it is important to distinguish between "Total Paste" and "Cementitious Paste". The difference between the two is the inclusion or not of the aggregate fines with a size of less than 75 microns that may, or may not, have some cementitious or pozzolanic benefit. The following Table is an update of average mixture proportions of the cementitious paste of the various forms of RCC dams (Dunstan, 2015).

It can be seen from Table 4.1 that the average Portland Cement content and the water content of the different design philosophies does not vary significantly. The differences in the total cementitious contents are mainly due to the differences in the amount of supplementary cementitious materials. However, caution is needed with this simplification because fines can have some degree of cementing benefit, in which case they would also be considered as a partial SCM. It may seem surprising that the average water content of an HCRCC mix can be lower than that of an LCRCC mix despite its much higher workability. This is a result of the fact that the higher content of supplementary cementitious material enhances workability and the higher attention paid to improve the quality of the coarse and fine aggregates.

Tableau 4.1
Teneur moyenne en liants (kg/m³) de différent type de béton compacté au rouleau (BCR)

Constituants		Types de BCR			
		BCRFL	BCRML	RCD	BCREL
Ciment Portland	[C]	72	80	87	87
Ajouts cimentaires	[AC]	9	37	35	108
Eau	[E]	122	116	96	111
Paramètre					
Liants	[L]=[C+AC]	81	117	122	195
Rapport Eau-liants	[E/L]=[E/C+AC]	1.51	0.99	0.79	0.57

4.4   ÉVOLUTION RELATIVE AU DOSAGE DES CONSTITUANTS

Une des caractéristiques communes à l'évolution des différents types de mélanges de BCR utilisés pour la construction des barrages est l'augmentation de la maniabilité du béton frais. Dans le passé, la plage de consistance mesurée par l'essai Vebe avec charge (temps VeBe) des différents types de BCR (BCRFL à BCREL) variait généralement de 10 à un peu plus de 30 secondes. Toutefois, il est devenu habituel que la consistance Vebe avec charge d'un BCR à faible teneur en liants (BCRFL) soit inférieure à 30 secondes alors que la plage de consistance VeBe pour les BCREL moderne varie généralement de 8 à 15 secondes (8 à 12 secondes pour les BCR à maniabilité élevée). Cette évolution permet un meilleur contrôle de la ségrégation et d'assurer une meilleure cohésion du squelette granulaire lors des opérations de compactage en raison d'un meilleur enrobage des granulats. Rappelons que dans certains cas, la ségrégation est à l'origine d'une réduction sensible de la qualité in situ des BCR, notamment en termes de densité, de perméabilité, de résistance et de durabilité. La prévalence de cette réduction de qualité est observée plus fréquemment avec les BCRFL, ces derniers étant plus sensibles à la ségrégation que les BCREL.

L'amélioration de la maniabilité et la réduction de la ségrégation des BCR ont été rendues possibles en réduisant la dimension nominale maximale du gros granulat, en augmentant la teneur en pâte et grâce à l'utilisation de pierre concassée présentant des caractéristiques de forme et une distribution granulométrique améliorée. La légère augmentation théorique de la teneur en liants nécessaire au maintien du niveau de résistance d'un béton de masse conventionnel dosé en réduisant la dimension nominale maximale du gros granulat est minime dans un BCR et est généralement largement compensée par les avantages représentés par la réduction de l'usure des équipements de malaxage, de la ségrégation et de l'amélioration de la qualité des joints entre les couches. L'usage d'une teneur élevée en fines <75 microns (filler) dans les granulats utilisés pour la fabrication de BCR comparativement à celle des granulats utilisés pour la fabrication de BCV est une caractéristique commune, non seulement aux BCR à faible teneur en liants (BCRFL), mais maintenant aussi au BCRML et au BCREL. L'usage de fines non plastiques (filler) peut jouer un rôle majeur dans la réduction des vides dans les granulats fins compactés des BCREL moderne tout en permettant d'augmenter le volume de pâte totale des mélanges de BCREL et BCRML.

Table 4.1
Average mixture proportions (kg/m³) of the cementitious paste of the various RCC types

Material		RCC type			
		LCRCC	MCRCC	RCD	HCRCC
Portland Cement	[C]	72	80	87	87
Supplementary cementitious material	[SCM]	9	37	35	108
Water	[W]	122	116	96	111
Parameter					
Cementitious materials	[CM]=[C+SCM]	81	117	122	195
Water/cementitious ratio	[W/C]=[W/CM]	1.51	0.99	0.79	0.57

4.4   DEVELOPMENTS IN MIX DESIGN

A common development for all types of RCC mixes and dam concepts is an increase in workability of the fresh concrete. In the past, the range of the workability, as measured using the Loaded VeBe test, generally ranged from 10 to more than 30 seconds across the spectrum from HCRCC to LCRCC. However, it is now usual to work with Loaded VeBe times in LCRCC mixes lower than 30 seconds, while typical times for HCRCC mixes lie between 8 to 15 seconds (8 to 12 seconds for high-workability RCC). This development allows greater segregation control, ensuring that all the aggregates are held within a matrix of paste whilst also improving the consolidation of the aggregate skeletal structure under compaction. In some cases, segregation of the RCC has caused relatively poor in-situ quality, i.e. low density, low strength, high permeability and low durability. This situation is typically more problematic in LCRCC than HCRCC.

Improved workability and reduced segregation are achieved through a reduction of the maximum size of aggregate, the use of crushed materials, improved aggregate shaping and grading and an increased volume of paste in the mix. The slight theoretical increase in the cementitious content typically necessary to maintain the same strength in a CVC with smaller MSA is minimal in RCC and usually more than offset by the benefits of reduced segregation, less wear on mixing equipment and better interfaces between layers. The use of a large proportion of fines (<75 microns) in the RCC aggregates compared with CVC aggregates is a common feature not only of LCRCC mixes but also now frequently in MCRCC and HCRCC. Non-plastic fines can play a major role in the reduction of the voids in the compacted fine aggregate of modern HCRCC and in the increased volume of total paste of HCRCC and MCRCC mixes.

L'approche actuellement utilisée en matière de conception de mélanges de BCR super-retardés à maniabilité élevée est présentée aux sections 4.5 et 4.6. Cette approche constitue une avancée par rapport à la pratique utilisée pour établir le dosage des constituants d'un BCR, l'approche « béton » décrite au bulletin N ° 126. Une méthodologie similaire pourrait être applicable à d'autres types de mélanges comme les BCREL (ou même les BCRML).

Au Japon, la consistance des mélanges RCD est mesurée à l'aide d'une variante de l'essai VeBe, l'essai VC test (Nagayama, 1991). La maniabilité des mélanges RCD n'a cependant pas évolué au fil des ans. Pratiquement tous les mélanges ont une consistance dont la plage de consistance VC varie de 10 à 30 secondes. Enfin, certains aspects spécifiques à l'optimisation du dosage des constituants des RCD sont présentés à la section 4.7.

4.5   MÉTHODOLOGIE RELATIVE AU DOSAGE DES CONSTITUANTS

Il est recommandé que soit initié un programme de mélange d'essai en laboratoire concurremment aux premières phases de conception, à moins que le barrage ne soit trop petit ou que le temps disponible soit insuffisant. Ces essais préliminaires sont essentiels dans le cadre de la construction de grand barrage ou lorsqu'il s'agit d'une première expérience dans la région ou l'ouvrage sera construit. La portée du programme d'essais doit être défini en fonction du temps, des budgets disponibles, de la disponibilité à court terme des matériaux qui seront potentiellement utilisés, de l'expérience des concepteurs et à la connaissance et à la maîtrise des enjeux particuliers inhérents à chaque projet. Certaines étapes du programme d'essais décrites dans cette section pourraient, si déployées à échelle réduite, affecter de façon sensible l'efficacité du programme de développement des mélanges.

Différents ciments réagissent différemment avec différents ajouts cimentaires (AC) et différents adjuvants. Par conséquent, ce n'est que lorsque des matériaux cimentaires déjà utilisés dans le BCR dans des proportions similaires peuvent être réutilisés pour un autre projet que le processus de développement du mélange de BCR ne commencera pas par un programme d'essais et de comparaison des différentes combinaisons de matériaux cimentaires disponibles. Le programme d'analyse préliminaire des matériaux cimentaires, dont les coûts et l'assurance de l'approvisionnement sont les principaux facteurs d'influence, cherchera à identifier les combinaisons de matériaux les plus efficaces, en fonction d'un critère de résistance de base et en prenant en compte les matériaux à faible densité relative pour augmenter le volume de pâte. Identifiant de préférence une source principale et une source de réserve pour le ciment et les éventuels ajouts cimentaires à utiliser, cette étude conclura en proposant les matériaux cimentaires et les teneurs en eau à prendre en compte dans les études et essais de dosage du mélange BCR principal.

Dès le début de la phase de construction, les formules de dosages préliminaires de BCR établies durant la phase de conception doivent être validées et ajustées en chantier dans le cadre d'un programme de mélange en laboratoire complémentaire. La réalisation de ce programme d'essais complémentaire est généralement effectuée au laboratoire érigé sur le site, en utilisant les granulats qui seront réellement utilisés lors des travaux de construction. Les propriétés physiques et mécaniques des différents mélanges sont par la suite validées et confirmées lors de la planche d'essai pleine grandeur. Les différentes étapes inhérentes à la conception et à la détermination du dosage des constituants d'un BCR super-retardés à maniabilité élevée sont:

- Étape 1 : Étude des propriétés des matériaux et confirmation de leurs conformités aux exigences pour usage en béton de ciment (granulats, ciment, ajouts cimentaires, adjuvants et eau);
- Étape 2 : Optimisation de la distribution granulométrique des gros granulats (voir section 4.6.1);
- Étape 3 : Optimisation de la distribution granulométrique et de la teneur en vides des granulats fins (voir section 4.6.2);
- Étape 4 : Optimisation de la distribution granulométrique combinée des granulats fins et grossiers (voir section 4.6.3);
- Étape 5 : Sélection du dosage en ciment et ajouts cimentaires pour la réalisation des mélanges préliminaires (voir Tableau 4.1);
- Étape 6 : Détermination du dosage en eau de gâchage approprié pour une maniabilité donnée et détermination de la plage de consistance VeBe cible;

Specific methodology and design parameters for high-workability, super-retarded RCC mixes are presented in Sections 4.5 and 4.6. This concept is a further development of the 'concrete' approach to the selection of mixture proportions described in Bulletin N°126. A similar methodology might be applicable for other HCRCC (or even MCRCC) mixes.

In Japan, the workability of RCD concrete mixes is measured using the VC test (Nagayama, 1991). The workability of RCD mixes has not changed over the years. Practically all mixes have a workability within a range of VC times of 10 to 30 seconds. Some details of the optimisation of the RCD mixture proportions are included in Section 4.7.

4.5   GENERAL MIXTURE PROPORTIONING METHODOLOGY

Unless the dam is very small or there simply is not enough time available, a preliminary laboratory trial mix programme is recommended during the initial stage of the dam design. Such preliminary trials are essential for large dams or for first RCC experience in the area. The scope of these trials will depend on the project budget, the time available, the early availability of the potential materials and the experience of the designers in the particular local conditions for each project. Some of the steps described in this section could be implemented at a reduced level during these preliminary trials, but with the consequence of a reduced effectiveness of the mix development programme.

Different cements react differently with different SCMs and different admixtures. Consequently, it is only when cementitious materials previously used in RCC in similar proportions are to be used again for another project that the RCC mix development process will not commence with a programme of testing and comparing different combinations of available cementitious materials. With cost and supply assurance as key influencing factors, the early cementitious material analysis programme will seek to identify the most efficient combinations of materials, against a basic strength criteria and with consideration of materials with low relative density being beneficial in increasing paste volume. Preferably identifying a main source and a back up source for the cement and any SCMs to be used, this study will conclude in proposing basic cementitious materials and water contents to be taken forward into the main RCC mixture proportioning studies and trials.

Early during the construction stage, the initial RCC laboratory mixture proportions are refined in the site laboratory using the actual construction aggregates and subsequently the in-situ properties are confirmed at real scale through the construction and testing of the full-scale trial (FST). The general procedure for the laboratory design of high-workability, super-retarded RCC mixes is as follows:

- Step 1. Investigation of general material properties and confirmation of suitability as concrete materials (aggregate, cementitious materials, admixture, water);
- Step 2. Optimise the gradation of the coarse aggregate (see 4.6.1);
- Step 3. Optimise the gradation and void content of fine aggregate (see 4.6.2);
- Step 4. Optimise the overall aggregate gradation (see 4.6.3);
- Step 5. Select a typical proportion of cementitious materials as a basis for the preliminary mixes (see Table 4.1);
- Step 6. Determine the water content for the appropriate workability for the particular materials, as measured using the Loaded VeBe apparatus, and define a target range of Loaded VeBe times;

- Étape 7 : Détermination du dosage en adjuvants retardateurs de prise requis pour se conformer aux exigences (temps de prise initiale et finale) et ajuster la teneur en eau de gâchage afin de maintenir le degré de maniabilité à l'intérieur de la plage ciblée de l'essai VeBe (voir sections 4.9 & 4.10.4);

- Étape 8 : Évaluer la quantité et la qualité de la pâte pendant la consolidation à la Table vibrante lors de l'essai VeBe et effectuer les ajustements requis, notamment de la teneur en fines (filler) et de la quantité d'eau de gâchage. Dans le cas d'un mélange de BCR capable d'être consolidé à l'aide d'un vibrateur interne (IVRCC), confirmez la capacité du mélange à être adéquatement consolidé et déterminer la valeur de la limite supérieure de consistance (temps VeBe) pour permettre la consolidation à l'aide d'un vibrateur;

- Étape 9 : Établir le dosage des constituants d'une série de mélanges de BCR de même consistance (conforme à l'exigence) en faisant varier la teneur en liants et en modulant au besoin la quantité d'eau de gâchage;

- Étape 10 : Vérifier le rapport pâte/mortier de chaque mélange en fonction de la teneur en vides des granulats fins compactés (en tenant compte des fines dans les granulats fins (filler)) et autres paramètres des mélanges (voir 4.10);

- Étape 11 : Établir les propriétés mécaniques (cylindres ou cubes) ainsi que la courbe de gain de résistance dans le temps pour les différents mélanges. Ces essais peuvent inclure, outre les résultats obtenus à la suite d'une cure normalisée, des résultats obtenus à la suite d'une cure accélérée;

- Étape 12 : Sélectionner des échantillons de deux (2) ou trois (3) mélanges pour lesquels les résultats de résistances à la compression obtenues en laboratoire sont conformes aux exigences de conception in situ pour détermination de la résistance à la traction et à la cohésion. Il est de bonne pratique d'établir la relation entre la résistance à la traction directe et indirecte (essai brésilien);

- Étape 13 : Établir le gain de résistance à la traction dans le temps des différents mélanges (s'il s'agit d'un paramètre de conception); et

- Étape 14 : Déterminer en laboratoire toutes autres propriétés prescrites par le concepteur. Pour l'ajustement final du dosage des constituants, des essais spécialisés peuvent être requis à certains âges, notamment: détermination de l'augmentation de température adiabatique, du coefficient de dilatation thermique, de la chaleur spécifique, de la diffusivité, du module d'élasticité, du coefficient de Poisson, du fluage, de la capacité de déformation, de la résistance au cisaillement, de la teneur en air, etc. Jusqu'à ce stade, ces propriétés peuvent également être estimées à partir de données publiées dans la littérature scientifique ou de l'expérience.

Au stade final du programme d'essai de laboratoire complémentaire effectué sur le site, idéalement, un seul mélange devrait être sélectionné pour la réalisation d'une planche d'essais pleine grandeur. Dans le cas où la conception de l'ouvrage prévoit l'usage de différents mélanges de BCR (conception de barrage par zone), il est recommandé de ne sélectionner qu'un seul mélange par zone lors de la planche d'essai. Afin de permettre de porter un jugement cohérent et d'établir des conclusions, la planche d'essai ne doit pas être interprétée comme une opportunité pour revoir la conception des mélanges, mais plutôt une occasion permettant d'apporter des modifications mineures et d'optimiser les mélanges à la lumière d'élément singulier observé lors des essais pleine grandeur. L'embauche de personnel compétent et expérimenté pour la réalisation des essais de laboratoire est importante afin de prédire correctement le comportement des mélanges de BCR durant la planche d'essai. Les éléments importants à considérer lors de la réalisation de la planche d'essai et du programme d'essais sont décrits à la section 4.12 et au chapitre 5.

- Step 7. Investigate the dosage of different set-retarding admixtures to meet the initial and final setting time criteria under laboratory conditions and modify the water content in each case as necessary to keep the consistency within the target range of Loaded VeBe times (see 4.9 & 4.10.4);
- Step 8. Evaluate the quantity and quality of paste during vibration. Make adjustments and fine tune the amount of fines and the water content. When designing IVRCC mixes, confirm the capacity for immersion vibration of the mix and investigate the upper limit of Loaded VeBe times allowing immersion vibration;
- Step 9. Design a matrix of mixes with variations in the proportion and content of cementitious materials and modify the water content as required, keeping the Loaded VeBe times within desired limits;
- Step 10. Check the cementitious paste/mortar ratio of each mix against the void content of compacted fine aggregate (including the 'fines' in the fine aggregate) and other mix parameters (see 4.10);
- Step 11. Investigate the development with the time of the compressive strength (cylinders or cubes) of the different mixes. This may include specimens subject to both normal and accelerated curing;
- Step 12. Select two (2) or three (3) mixes in the range of laboratory compressive strengths required to meet the in-situ design criteria for direct tensile, cohesion and compressive strength. The relationship between indirect split tensile and direct tensile strength is often also established;
- Step 13. Investigate the development with the time of the laboratory tensile strength of the selected mixes (if this is the critical design parameter); and
- Step 14. Laboratory test other specific mix properties as required by the dam Designer. For final design adjustments specialised tests might be required at selected ages including the following: adiabatic temperature rise, coefficient of thermal expansion, specific heat, diffusivity, modulus of elasticity, Poisson's ratio, creep, strain capacity, shear strength, air content, etc. Up to this stage, these properties could have been estimated from published data or experience.

On finalisation of the site laboratory tests, ideally only a single mix should be selected to be used in the construction of the FST. In case that several RCC mixes are specified in a zoned-dam design, then a single mix for each design requirement or dam zone should be considered when building the FST. In order to be able to reach conclusions, the trial placement should not be used to redesign the mixes but simply to make minor modifications and optimisations to the laboratory mix, if found to be necessary through real-scale observation. The involvement of experienced personnel during the laboratory tests is important to correctly predict the behaviour of the mix at real scale. General considerations for the construction and testing of the FST are described in Section 4.12 and in Chapter 5.

4.6   OPTIMISATION DU SQUELETTE GRANULAIRE

Pour une combinaison particulière de ciment et d'ajouts cimentaires, l'optimisation d'un mélange de BCR dépend principalement de la qualité des granulats pouvant être fabriquée à coût raisonnable. L'usage de granulats de qualité supérieure peut se justifier par le fait qu'ils permettent de fabriquer un BCR avec une teneur réduite en liants et une meilleure cohésion, ce qui permet potentiellement un plus grand taux horaire de mise en œuvre. En tenant compte de la nature des matières premières, des conditions du site et de la dimension de l'ouvrage à construire, l'usage de granulats de qualité supérieure est dans la plupart des cas avantageux en termes de coût. Il a été constaté à l'usage que les efforts et les coûts additionnels requis pour fabriquer des granulats présentant des caractéristiques de forme et une distribution granulométrique optimisées sont presque toujours justifiés.

Les granulats fins et grossiers utilisés pour la fabrication de BCR à maniabilité élevée sont généralement conformes aux exigences des normes internationales qui s'appliquent aux granulats pour la fabrication du béton (ICOLD/CIGB 2013). Les exigences et spécifications incluses dans les sous-sections suivantes sont ainsi proposées en complément.

4.6.1   Gros granulats

Le choix de la dimension nominale maximale des gros granulats (DNMG) dépend de plusieurs facteurs, notamment : la taille du projet, le niveau d'expérience de l'entrepreneur dans la construction d'ouvrages en BCR et la source des gros granulats (carrière vs gravière). Un plus petit DNMG sera privilégié avec des granulats naturels (gravières). En dehors de la Chine et du Japon, où la dimension nominale maximale des gros granulats généralement spécifiée est de 80 mm (occasionnellement 150 mm), pratiquement tous les types de BCR prévoient l'usage d'un DNMG comprise entre 40 et 60 mm (voir Figure 5.2).

La quantité de particules fines passant le tamis de 75 µm dans les gros granulats doit être limitée à 1% (en masse) au moment du gâchage. La présence de particules fines adhérentes (farine de pierre) est, dans la majorité des cas, le résultat des opérations de concassage, du transport et de la mise en pile, mais aussi d'une contamination des piles de réserves par de la poussière. Si ces particules sont plastiques ou argileuses plutôt que constituées de limon non plastique comme la farine de pierre, elles sont jugées délétères et les gros granulats doivent être lavés ou faire l'objet d'exigences spécifiques plus strictes quant à la teneur en contaminants admissible. La présence de particules fines adhérentes sur les gros granulats est particulièrement délétère lorsqu'une résistance à la traction élevée est requise, puisqu'elles réduisent de façon sensible l'adhérence pâte-granulats.

Pour améliorer la maniabilité et réduire la demande en eau des mélanges, il est fortement recommandé que les gros granulats soient cubiques plutôt que plats et allongés. La teneur en particules plate et allongée de chaque classe granulaire devrait idéalement être inférieure à 25%. Toutefois, pour certains projets, une teneur plus élevée en particules plate et allongée a été jugée accepTable en augmentant la quantité de mortier dans les mélanges. Il convient de souligner que différentes normes utilisent des ratios et des méthodes d'essai différentes pour juger de la conformité aux exigences de forme. La norme ASTM D4791 utilise un ratio de 1:3 (bien que 1:2 puisse être spécifiquement exigé), alors que la norme BS 812–105 (parties 1 et 2) utilise un ratio de 1: 1,8. Cette dernière norme est plus restrictive et devrait donc être utilisée (ou ASTM D4791 avec un ratio de 1:2, auquel cas la limite de la somme des particules plate et allongée devrait être réduite à 15%).

La distribution granulométrique combinée optimale des gros granulats est obtenue en combinant les différentes classes granulaires de façon à obtenir une masse volumique maximale (donc un faible indice de vide), ce qui se traduit par une meilleure aptitude au compactage. L'optimisation du squelette granulaire inclut parfois, outre les différentes classes granulaires de gros granulats, le sable et la charge minérale (filler). Cette étape ne doit pas être effectuée à partir de résultats théoriques, mais plutôt à partir de résultats obtenus avec les granulats réellement fabriqués.

4.6.   OPTIMISATION OF THE AGGREGATE

For a given set of cementitious materials, the optimisation of a concrete mix is mostly dependent on the quality of the aggregate that can be produced at a reasonable cost. The cost of improving the aggregates is frequently motivated through the consequential reduction in the cementitious materials content and the improved cohesiveness of the RCC (potentially allowing an increased rate of RCC placement). In most cases, and depending on the nature of the raw material, the site conditions and the size of the RCC placement, improvement in the quality of the aggregate will demonstrate a cost benefit. It has been found that the effort and cost of producing a good aggregate shape and an optimised gradation are almost always justified.

Coarse and fine aggregate used in high-workability RCC mixes typically meet the common international standards for concrete aggregates (ICOLD/CIGB, 2013). In addition, the specifications included in the following sub-sections are recommended.

4.6.1   Coarse aggregate

The maximum size of aggregate (MSA) will depend upon several factors; whether the aggregate is crushed or natural (a smaller MSA will be required with the latter), the size of the Project and whether the Contractor is experienced in RCC construction. Outside of China and Japan, where 80 mm is usually specified (or occasionally 150 mm), practically all RCC mixes have used an MSA of between 40 and 60 mm (see Figure 5.2).

Dust coating the coarse aggregate should be limited to a maximum of 1% (by weight) at the time of entering the mixer. The origin of these fine particles could be the aggregate itself, or more frequently the rock flour produced during crushing, transportation and dumping of the aggregate, or dust contaminating the stockpiles. If coatings are clayey or plastic rather than non-plastic silts or rock flour, they can be more deleterious and the aggregates may consequently require washing, or more stringent limitations on the permissible contaminant content. Coating of the coarse aggregate is especially critical when a high tensile strength is required, as it negatively impacts the paste-aggregate bonding.

A cubical shape of the crushed coarse aggregate is strongly preferred to improve workability and reduce the water demand of the mixes. Ideally the sum of the flakiness (flat) and elongation indices (FI+EI) should be below 25% in each coarse aggregate size. However, when necessary, some projects have allowed a higher FI+EI value through increasing the amount of mortar in the mix. It should be noted that different Standards use different ratios and testing methods to define badly-shaped aggregate; ASTM D4791 uses a ratio of 1:3 (although 1:2 can be specifically specified), whereas BS 812–105 (Parts 1 & 2) uses a ratio of 1:1.8. The latter is thus more stringent and consequently should be used (or ASTM D4791 with a ratio of 1:2, in which case the limit of the sum of the FI and EI should be reduced to 15%).

The optimum gradation of the coarse aggregate should be found by combining the various sizes of aggregate to achieve the maximum density and thus minimum voids and the best packing of the particles. Optimisation sometimes includes the full gradation of all size groups, including sand and filler. This process should always use the actual aggregates rather than a theoretical approach.

4.6.2 Granulats fins

Les granulats fins utilisés pour la fabrication des différents types de BCR moderne, y compris les BCR à maniabilité élevée, diffèrent de ceux spécifiés pour la fabrication de béton de masse, notamment quant à la plus grande teneur en particules (non plastiques) de dimension inférieure à 0,075mm (ASTM # 200). Dans un BCR à maniabilité élevée, la teneur en fines devrait représenter en moyenne 12%. Le fuseau granulométrique de spécification généralement utilisé pour la fabrication de ces BCR est indiqué au Tableau 4.2 (SPANCOLD 2012). Ces exigences peuvent toutefois être légèrement différentes pour tenir compte des caractéristiques des matériaux qui seront réellement utilisés et minimiser la teneur en vides des granulats fins. Enfin, il faut demeurer pragmatique et être conscient qu'en condition de chantier, il sera toujours difficile d'obtenir une distribution granulométrique parfaite.

Tableau 4.2
Fuseau granulométrique typique des granulats fins pour la fabrication de BCR à maniabilité élevée

Tamis (mm)	10	5	2.5	1.25	0.60	0.30	0.15	0.075
Tamis (ASTM)	#3/8"	#4	#8	#16	#30	#50	#100	#200
Exigences	100	90–100	65–85	42–68	25–52	15–35	10–25	5–18

La forme des particules dans les granulats fins est évaluée à partir de la masse volumique brute compactée (procédé par pilonnage) à partir de laquelle il est possible de déterminer la teneur en vides. Il est préférable de réaliser l'essai avec des granulats fins saturés superficiellement sec (SSS) ou humide, plutôt qu'à l'état sec. L'échantillon soumis à l'essai doit inclure toutes les fines passant le tamis n° 200 (0,075 mm), y compris la charge minérale (filler). Pour une maniabilité donnée (consistance VeBe), plus la teneur en vides sera faible plus la quantité de pâte dans le mélange le sera aussi (voir section 4.10.2). Une faible teneur en vide dans les granulats fins compactés permet d'obtenir un mélange de BCR robuste, c'est-à-dire plus cohésif, moins sujet à la ségrégation et relativement facile à compacter.

La teneur en vide des granulats fins utilisés pour la fabrication de BCR à maniabilité élevée optimisé ne devrait pas excéder 0,30. Au stade de conception et du choix des équipements de fabrication des granulats, il est important de sélectionner le type de concasseur approprié pour atteindre cet objectif. L'expérience a montré que les granulats fins qui possèdent une forme optimale sont obtenus avec des concasseurs secondaires à chocs (à axe horizontal (CCAH) ou à arbre vertical(CCAV)) et tertiaire à arbre vertical. En fonction de la nature et de la dureté des matériaux brutes, différents types de concasseurs à chocs («rock on rock» ou «rock on steel» avec réglages ajusTables) peuvent être requis.

La distribution granulométrique et la teneur en vide des granulats fins sont des caractéristiques interreliées. Tel que démontré lors de la réalisation de certains projets (Allende, Cruz & Ortega, 2012), la courbe médiane du fuseau granulométrique de spécification présenté au Tableau 4.2, produit avec des concasseurs secondaires à chocs à arbre vertical, a donné l'indice de vide minimal.

Si les granulats fins utilisés sont constitués de deux classes granulaires, celles-ci devraient être combinées de la même manière que les gros granulats de façon à obtenir une teneur en vide minimale et une masse volumique maximale.

4.6.3 Distribution granulométrique combinée

Une distribution granulométrique combinée optimisée (de granulats fins et grossiers) possédant une teneur en vide minimale est requise pour fabriquer un BCR. Le fuseau granulométrique de spécification combinée usuelle utilisé pour la fabrication de BCR à maniabilité élevée est indiqué au Tableau 4.3.

4.6.2 Fine aggregate

Fine aggregate used in high-workability and other modern RCC mixes differs from that typically specified for vibrated mass concrete. The main difference is the higher amount of non-plastic fines passing the ASTM #200 sieve (0.075mm), which should be on average around 12% of the fine aggregate for high-workability RCC mixes. Typical gradations could fall within the range indicated in Table 4.2 (SPANCOLD, 2012), but the final limits will depend upon the actual materials and should be developed to minimize the void ratio of the fine aggregate, while being sensitive to the difficulty in achieving a perfect gradation in the field.

Table 4.2
Typical gradations of a fine aggregate for high-workability RCC

Sieve (mm)	10	5	2.5	1.25	0.60	0.30	0.15	0.075
Sieve (ASTM)	#3/8"	#4	#8	#16	#30	#50	#100	#200
Range	100	90–100	65–85	42–68	25–52	15–35	10–25	5–18

The shape of a fine aggregate is evaluated using the compacted bulk density test (rodded density) from which the void ratio of the compacted fine aggregate can be calculated. This test is best done at a saturated-surface-dry (SSD) or wetter condition rather than at an oven dry condition. The test is carried out with samples of fine aggregate (sizes below 5mm), including all aggregate fines passing the #200 (0.075mm) sieve. For a given workability (target Loaded VeBe time), the lower the void ratio, the lower will be the demand for cementitious paste in the mix (see Section 4.10.2). A low void ratio of the compacted fine aggregate leads to a more cohesive RCC mix that is less prone to segregation and that is relatively easy to compact.

Fine aggregate used in optimised high-workability RCC should ideally have a void ratio below 0.30. When designing the aggregate production plant, it is important to select the appropriate type of crushers to meet this objective. Experience has shown that the best fine aggregate shape is achieved with impactors (secondary horizontal-shaft impactors (HSIs) or Vertical Shaft Impactors (VSI)) and tertiary vertical-shaft impactors (VSIs). Depending upon the nature and hardness of the material, different types of VSI ('rock on rock' or 'rock on steel' with adjusTable settings) will be required, with different crushing efforts.

The gradation and void ratio of the fine aggregate are interrelated. As has been shown in some projects (Allende, Cruz & Ortega, 2012), the middle curve of the typical gradation range in Table 4.2 produced using a tertiary VSI resulted in the lowest void ratio.

If two fine aggregates are to be used, these should be combined in the same way as the coarse aggregates to find the optimum proportions that give the maximum density and minimum void content.

4.6.3 Overall gradation

A continuous overall gradation is required for an RCC with the minimum of voids. Table 4.3 illustrates typical gradation limits for high-workability RCC aggregate.

Tableau 4.3
Fuseau granulométrique typique des granulats fins et grossiers combiné pour la fabrication de BCR à maniabilité élevée

Tamis (mm)	50	40	25	20	12.5	10	5	2.5	1.25	0.60	0.30	0.15	0.075
Tamis (ASTM)	#2"	#1 ½"	#1"	#3/4"	#1/2"	#3/8"	#4	#8	#16	#30	#50	#100	#200
Exigences	100	86–100	69–85	60–76	48–64	41–57	28–43	19–33	13–25	9–19	6–14	4–11	3–8*

* - fines non plastiques

Une distribution granulométrique combinée bien graduée est nécessaire pour fabriquer un mélange robuste et uniforme dans le temps. Le contrôle de la granulométrie des différentes classes granulaires et de la mise en piles ainsi que le contrôle exercé à la centrale de dosage sont des aspects importants qui ne sauraient être négligés lors de la construction d'un barrage en BCR.

4.7   MÉTHODE RCD

La méthode d'optimisation du dosage des constituants des mélanges de béton pour les barrages en béton compacté au rouleau utilisés au Japon (RCD) s'appuie principalement sur l'expérience acquise lors de la construction de nombreux ouvrages. Cette méthode est similaire à celle mentionnée au bulletin n° 126 pour le dosage des constituants du béton, en tenant compte toutefois, des résultats de mesure de consistance obtenus à l'aide de l'appareil de consistance VC (NAGAYAMA, 1991). Il existe deux types d'appareils, soit : l'appareil normalisé (standard) et l'appareil de grand format. Il est cependant d'usage d'utiliser l'appareil standard.

Les différentes étapes requises pour établir le dosage des constituants d'un RCD sont :

1. Établir la teneur en liants. Pour tous les ouvrages, la teneur suggérée est généralement de 120 kg/m³, à l'exception toutefois de celles des barrages > 90 m et de ceux nécessitant des résistances plus élevées ou la teneur en liants utilisés est plutôt de 130 kg/m³. Bien que des laitiers de haut fourneau granulé aient été utilisés pour la construction de certains barrages récents, de façon générale, des cendres volantes sont utilisées à un taux de remplacement de 30% (Nakamura & Harada, 1991);
2. Déterminer le rapport granulats fins/gros granulats en tenant compte de la valeur de consistance VC minimale;
3. Déterminer la quantité d'eau de gâchage correspondant à un temps VC (appareil standard) de 20 secondes;
4. Examiner la densité, la résistance à la compression et l'état de surface du béton;
5. Établir le dosage final des constituants du mélange;
6. Effectuer des essais d'aptitude au compactage à l'aide de l'appareil VC de grande taille (Shimizu & Yanagida, 1988).

Enfin, soulignons que l'utilisation de filler calcaire comme charge minérale dans les granulats fins des mélanges de béton pour RCD a montré des avantages significatifs en termes de consistance et de résistance (Matsushima, Yasumoto & Tetsuya, 1991).

4.8   DOSAGE DES CONSTITUANTS DES BCR À FAIBLE ET MOYENNE   TENEUR EN LIANTS (BCRML ET BCRFL)

4.8.1   Généralités

Les exigences et options pour le dosage des constituants de BCR à faible et à moyenne teneur en liants (BCRFL et BCRML) doivent prendre en compte: le niveau de contrainte et le besoin en étanchéité établi à la conception, de l'exigence de qualité des joints entre les couches ainsi que de la taille et de la hauteur de chaque ouvrage. À plus petite échelle, notamment dans les zones de faible sismicité, les exigences et les critères de performance en service des joints (entre les couches) et des mélanges de BCR peuvent souvent être atteints avec l'usage de BCRFL ou BCRML.

Deux approches principales peuvent être utilisées pour effectuer le dosage des constituants.

Table 4.3
Typical overall gradations of the aggregate for high-workability RCC

Sieve (mm)	50	40	25	20	12.5	10	5	2.5	1.25	0.60	0.30	0.15	0.075
Sieve (ASTM)	#2"	#1 ½"	#1"	#3/4"	#1/2"	#3/8"	#4	#8	#16	#30	#50	#100	#200
Range	100	86–100	69–85	60–76	48–64	41–57	28–43	19–33	13–25	9–19	6–14	4–11	3–8*

* - non-plastic fines

A continuous and smooth aggregate gradation is required to obtain a cohesive and uniform mix during the dam construction. Control of the gradation of each individual size, well-organised stockpiles and well-controlled batching are important requirements in order to achieve this objective.

4.7 RCD METHOD

The RCD method of optimizing the mixture proportions is based on considerable experience acquired during the construction of many RCD dams in Japan. It is similar to the "concrete" approach of selection of mixture proportion mentioned in Bulletin No.126, but makes greater use of the VC consistency apparatus (Nagayama, 1991). There are two different types of apparatus; the standard apparatus and a larger apparatus. The VC testing device with the standard container is in general use.

The procedure for the design of the mixture proportions of the RCD is as follows:

1. Select the cementitious material content. 120 kg/m³ is used for most dams although 130 kg/m³ is used for high dams (> 90 m) and for those requiring higher strengths. Thirty percent of the cementitious material is usually flyash, although ground-granulated blast-furnace slag has been used in some recent dams (Nakamura & Harada, 1991);
2. Select the fine aggregate/coarse aggregate ratio giving the minimum VC value;
3. Select the water content that corresponds to a VC time (standard apparatus) of 20 seconds;
4. Review the density, compressive strength and surface finish of the concrete;
5. Choose the final mixture proportions;
6. Undertake trial compaction of large-sized specimens in the larger VC apparatus (Shimizu & Yanagida, 1988).

In addition to the above procedures, the use of limestone dust as mineral fines in the fine aggregate in RCD mixtures has shown significant benefits in terms of consistency and strength (Matsushima, Yasumoto & Tetsuya, 1991).

4.8 MIXTURE PROPORTIONING FOR MEDIUM AND LOW-CEMENTITIOUS RCC (MCRCC & LCRCC)

4.8.1 General

The requirements and options for medium (MCRCC) and low (LCRCC) cementitious RCC mixes will depend on the applicable design stresses, the necessary impermeability, the required layer bond and the size and height of each particular dam. On a smaller scale and in a location not subject to significant dynamic loading, the RCC mix and layer joint performance requirements and criteria can often be easily achieved with MCRCC, or LCRCC.

Two primary approaches can be used to proportion the materials mixture.

4.8.2   Approches alternatives

En principe, l'approche préconisée pour établir le dosage des constituants des BCR à haute teneur en liants (BCREL) peut être utilisée avec succès pour les mélanges de BCRFL et BCRM, en tenant toutefois compte des caractéristiques des matériaux et d'exigences particulières aux états plastique et durci. Puisque les BCRFL et les BCRML contiennent une teneur réduite en liants, il est nécessaire d'ajouter des fines dans les granulats fins afin d'améliorer la maniabilité des mélanges. Ces fines peuvent être constituées de fines non plastiques obtenues lors des opérations de concassage et criblage ou de filler minéral.

Lors de la construction des premiers barrages en BCR, la teneur optimale en pâte des BCRFL mis en œuvre (190 et 210 litres/m³) avait été établie de façon à maximiser le ratio (MPa/kg de ciment). De nos jours, la plage usuelle est plutôt de 210 à 240 litres/m³ (SCHRADER 2012). La légère diminution du ratio MPa/kg de ciment qui en résulte est plus que compensée par la meilleure robustesse des mélanges (ségrégation réduite) et par la qualité des joints entre les couches qui offre de meilleures caractéristiques (cisaillement, traction et étanchéité).

En supposant qu'il soit possible de fabriquer à coût raisonnable des granulats conformes aux exigences prescrites pour la fabrication de BCR à maniabilité élevée et de s'approvisionner en filler minéral, les étapes à suivre pour effectuer le dosage des constituants d'un BCR sont:

- Déterminer la quantité d'eau (libre) de gâchage. La plage typique est généralement comprise entre 115 à 125 l/m³ avec une limite supérieure d'environ 130 litres/m³;
- Eu égard à la teneur en liants, la demande en eau des mélanges demeure essentiellement constante et légèrement supérieure à celle requise pour obtenir la masse volumique humide maximale. Pour une quantité donnée d'eau de gâchage, le rapport eau-liants peut être modulé, parfois jusqu'à une valeur de 2,0, uniquement en diminuant la quantité de liants. Si la résistance à la compression spécifiée et les autres propriétés exigées sont atteintes, on doit s'abstenir de réduire le rapport eau-liants (en augmentant la quantité de liants) pour qu'il soit plus proche de celui généralement proposé pour un BCV ou encore un BCREL;
- Déterminer la quantité totale de pâte. La plage typique est généralement comprise entre 210 et 240 litres/m³;
- Le ratio pâte/mortier doit être ≥ à la teneur en vide des granulats fins compactés plus environ 5%;
- En fonction du mélange, du taux de mise en œuvre et des exigences aux joints entre les couches, établir la consistance du BCR (temps VeBe). Les plages typiques varient de 13 à 22 secondes et peuvent atteindre des valeurs de 18 à 30 secondes.

Cette méthode de dosage devrait toujours s'appliquer lorsqu'il n'est pas économiquement ou raisonnablement possible de s'approvisionner en ajouts cimentaires.

Une deuxième méthode peut être envisagée pour effectuer le dosage des constituants de tous les mélanges de BCRFL et de BCRML. Il s'agit d'une méthode dont le point de départ consiste à s'assurer que la résistance et la masse volumique prescrites soient atteintes. Au stade actuel des connaissances, les mélanges de BCRFL et de BCRML ne sont généralement pas conçus pour être étanches, l'imperméabilité de l'ouvrage reposant plutôt sur l'utilisation d'un élément imperméable distinct. Avec cette approche de conception de mélange, il n'est pas requis d'avoir un excès de pâte et le volume de pâte est soit égal à la teneur en vide dans les granulats ou légèrement inférieur au volume des vides compris dans le squelette granulaire compacté.

Comme pour tous les types de mélanges de BCR, le rapport eau/ciment d'un BCRFL est un paramètre important. Toutefois puisqu'il n'est soumis à aucune restriction, le rapport eau/ciment choisi sera celui qui permettra de fabriquer le mélange le plus économique, capable de se conformer aux exigences relatives à la densité, la résistance à la compression et la friction aux joints (entre les couches). Avec des exigences de forme, de granulométrie et de teneur en vide équivalentes ou moins strictes que celles qui s'appliquent aux granulats utilisés pour la fabrication d'un BCV, un programme d'essais en laboratoire est nécessaire pour déterminer la teneur en eau de gâchage requise. Enfin, il convient de signaler qu'en utilisant cette méthode de dosage, un certain risque existe que surviennent en condition réelle de chantier des problèmes de mise en œuvre, de ségrégation et de compactage.

4.8.2 Alternative approaches

In principle, the same approach as applied for HCRCC can be successfully applied for MCRCC and LCRCC, except that different materials parameters and performance criteria for fresh and hardened concrete may apply. To increase levels of workability with lower cementitious materials contents, higher percentages of non-plastic fines will be necessary in MCRCC and LCRCC mixes, with the addition of crushed aggregate fines, or milled rock powder.

In the early days of RCC dams, the optimum total paste content for LCRCC was considered to be 190–210 litres/m^3, which provided maximum cement efficiency (MPa/kg of cement). However, this has now evolved to a typical range of 210 to 240 litres/m^3 (Schrader, 2012). The resulting slight decrease in cement efficiency is more than offset by reduced segregation and better layer joint interface properties (shear, tension, and watertightness).

Assuming that aggregates complying with the typical requirements of high-workability RCC are available and can be practically produced, together with sufficient quantities of non-plastic fines, the RCC mix proportioning process will typically comply with the following:

- A maximum free water content of approximately 130 litres/m^3 RCC with a preferred range of approximately 115 to 125;
- The water content will remain essentially constant, at some amount above that required for maximum compacted wet density, regardless of cement content. If the cement content is decreased at constant water content, the w/c ratio will increase, at times to as high as 2.0. If the strength and other design properties are achieved, the cement content should not be increased just to attain a lower w/c ratio, closer to that typical for CVC or HCRCC.
- A total paste content of 210 to 240 litres/m^3.
- A cementitious paste p/m ratio ≥ the fine aggregate CBD void content plus approximately 5%;
- Depending on the mix, speed of placement and lift joint requirements, typical Loaded VeBe times will range from approximately 13–22 seconds to approximately 18–30 seconds.

This mixture proportioning approach should always be considered in a situation when no supplementary cementitious materials are realistically, or economically available.

For all LCRCC and MCRCC mixes, a second mixture proportioning approach can be considered, whereby straightforward concrete strength and density criteria represent the starting point. In current practice, this type of RCC will not typically be designed for impermeability, with the dam relying on the use of a separate impermeable element. For this mix design approach, excess paste is not required; the applied paste volume either being insufficient to fill the voids in the compacted aggregate skeletal structure, or equal to the aggregate void content.

As for all RCC mix types, the water/cement ratio is of interest in the case of LCRCC, but there are no specific limitations and the w/c ratio will be that required for the most economical mix that meets the basic physical design property requirements, such as density, compressive strength and lift joint friction. With aggregate shaping, grading and void content requirements for this RCC design method equivalent, or less stringent than CVC, laboratory testing is necessary to identify the required water content, which must be demonstrated to achieve the specified strengths and density. Applying this mix proportioning approach, more risk exists of placement, segregation and compaction problems under real construction conditions.

4.8.3   Exigences et caractéristiques usuelles des BCRFL

Au vu des données actuellement disponibles, la teneur moyenne en liants (voir Tableau 4.1 à la section 4.3) des BCRFL est de 81 kg/m³, soit 72 kg/m³ de ciment et 9 kg/m³ d'ajouts cimentaires (cendres volantes, pouzzolanes naturelles, laitier de haut-fourneau ou autres). Dans la construction de barrage en BCRFL de hauteur moyenne à grande, il est cependant généralement requis de mettre en œuvre un mortier de liaisonnement entre les couches afin de se conformer aux exigences structurelles et d'étanchéité.

Historiquement, la difficulté avec les BCRFL est la ségrégation qui peut être à l'origine d'une réduction significative des performances mesurées *in situ* par rapport aux propriétés obtenues en laboratoire. Tel que discuté précédemment, en plus d'augmenter la teneur en fines et en pâte et de réduire le temps Vebe avec charge dans les mélanges modernes de BCRFL, la propension à la ségrégation et les problèmes associés ont été atténués en réduisant la dimension nominale maximale des gros granulats à 50 mm ou moins.

Le niveau de maniabilité qu'il est possible d'atteindre dans un BCRFL est proportionnel à la quantité de pâte et il sera affectée de façon conséquente si la teneur en pâte est réduite. Par contre, aux plus faibles teneurs en matériaux cimentaires du BCRFL, c'est plutôt la teneur en eau qui gouvernera le niveau de maniabilité qu'il est possible d'atteindre.

Le fuseau granulométrique de spécification combinée typique utilisé pour la fabrication de BCRFL est présenté au Tableau 4.4

Tableau 4.4
Fuseau granulométrique typique des granulats fins et grossiers combiné pour la fabrication de BCRFL

Tamis (mm)	50	38	25	20	12.5	10	5	2.5	1.25	0.60	0.30	0.15	0.075
Tamis (ASTM)	#2"	#1 ½"	#1"	#3/4"	#1/2"	#3/8"	#4	#8	#16	#30	#50	#100	#200
Exigences	100	92–100	76–88	65–79	56–68	47–59	36–47	28–38	20–30	15–23	10–16	7–12	3–7*

* La teneur admissible en particules de dimension inférieure à 0,075 peut, en fonction de sa plasticité, devoir être réduite. Les argiles très plastiques ne devraient pas être autorisées (SCHRADER & BALLI 2003).

4.9   ADJUVANTS CHIMIQUES

L'un des aspects distinctifs de la plupart des mélanges de BCR super-retardé moderne est l'usage d'un fort dosage en adjuvant retardateur de prise. Le report du temps de prise initiale jusqu'à 20 ou 24 heures est une des caractéristiques singulières des BCR à maniabilité élevée, ainsi qu'à de nombreux mélanges de BCR qui ont permis d'améliorer de façon sensible les performances des joints non traités, comparativement à l'époque ou ces mélanges n'étaient pas disponibles. Dans ce scénario, une approche alternative à celle qui définit les 3 conditions de joint (ICOLD/CIGB, 2003) a été développée selon le concept de maturité. Cette approche alternative, basée sur des critères relatifs au temps de prise initiale et finale (voir chapitre 5), doit toutefois être appliquée avec prudence, car l'expérience a démontré des exemples où la qualité de l'adhérence était inférieure aux attentes parfois beaucoup plus tôt ou plus tard que le temps de prise initiale.

4.8.3   Typical LCRCC mix characteristics and requirements

The average cementitious materials contents (see Table 4.1 in Section 4.3) of LCRCC to date are 72 kg/m^3 of cement and 9 kg/m^3 of supplementary cementitious materials (flyash, natural pozzolan, ground slag or others). For impermeability and structural requirements in medium and higher dams, bedding mixes are typically required for LCRCC.

Historically, one of the most critical characteristics of LCRCC mixes has been a tendency to segregate, which can reduce significantly the actual in-situ performance of the compacted concrete, compared with the properties achieved in the laboratory. In addition to increasing the fines and paste content and by reducing the Loaded VeBe time, as previously discussed, segregation and the consequential problems have been mitigated in modern LCRCC mixes by reducing the maximum size of the aggregate, to 50 mm and below.

Achievable workability will effectively decrease with progressively lower total paste contents and realistically, water content will start to control mix design options at the lower cementitious content extreme of LCRCC.

A typical overall aggregate gradation for LCRCC mixes is shown in Table 4.4.

Table 4.4
Typical overall gradation of the aggregate for low-cementitious RCC

Sieve (mm)	50	38	25	20	12.5	10	5	2.5	1.25	0.60	0.30	0.15	0.075
Sieve (ASTM)	#2"	#1 ½"	#1"	#3/4"	#1/2"	#3/8"	#4	#8	#16	#30	#50	#100	#200
Range	100	92–100	76–88	65–79	56–68	47–59	36–47	28–38	20–30	15–23	10–16	7–12	3–7*

* The permissible amount of 0.075 material may need to be decreased based on its plasticity. Highly plastic clays should not be allowed (Schrader & Balli, 2003).

4.9.   CHEMICAL ADMIXTURES

The inclusion of a significant quantity of a retarding admixture to achieve a super-retarded mix is one of the key aspects of most modern RCC mixes. The extension of the initial setting time up to 20 to 24 hours is a typical feature of high-workability RCC, as well as many other RCC mixes that has improved the performance of the untreated lift joints compared with earlier RCC mixes. In this scenario, an alternative approach to the limits between the three conditions of the lift joints (ICOLD/CIGB, 2003), defined on the basis of the 'maturity factor' concept, has been developed. This approach distinguishes between layer joint conditions on the basis of initial and final setting time criteria (see Section 5). This approach, however, must be applied with caution, as experience has demonstrated examples of bond reducing at times substantially earlier and later than the initial setting time.

L'utilisation de mélange de BCR super-retardé a essentiellement comme objectif de permettre la mise en œuvre d'une nouvelle couche avant que le béton de la couche sous-jacente n'ait fait prise. Le temps de prise est généralement déterminé sur mortier (BCR tamisé) en respect du mode opératoire indiqué à la norme ASTM C403 et conditionné de façon à reproduire les conditions de chantier. L'utilisation de ce mélange est particulièrement justifiée pour les ouvrages de grande dimension qui présentent de grandes surfaces de mise en place et le besoin de construction monolithique dans la direction verticale (ORTEGA 2012). En tenant compte de ce retard de prise, il est possible dans les zones où le béton est compacté par vibrateur interne (IVRCC et dans une certaine mesure du GEVR et du GERCC) de faire pénétrer les aiguilles vibrantes jusque dans la couche inférieure (Ortega, 2014). Une telle procédure permet une vibration combinée efficace de deux couches et élimine complètement la présence de zone de faible adhérence entre les couches. De nombreuses carottes extraites de structures ont été examinées et testées en laboratoire et confirme cette condition. Une liaison semblable est réalisée dans les zones où ces bétons ont été compactés au rouleau.

Différents adjuvants retardateurs de prise ont été utilisés pour la fabrication de BCR super-retardé à maniabilité élevée. L'efficacité de ces adjuvants peut varier d'un projet à l'autre, en fonction de différents paramètres, notamment la nature et la teneur en liants, la qualité et la quantité des fines passant le tamis #200 dans les granulats fins (filler), les conditions climatiques et environnementales, la composition chimique de l'eau de gâchage, etc. Le dosage requis pour répondre à l'exigence de temps de prise initiale (20 à 24 heures) généralement proposée dans les grands barrages varie dans la plupart des cas entre 0,6 et 1,5% en masse de matériaux cimentaires (ciment et ajouts cimentaires). Enfin, pour chaque projet et chaque adjuvant retardateur de prise qui est prévu être utilisé, un programme de contrôle et d'essais doit être mis sur pied afin d'évaluer l'effet de différentes doses en fonction des températures ambiantes attendues pendant la construction du barrage. L'efficacité d'un adjuvant mesuré dans le cadre d'un programme de mélange en laboratoire est influencée non seulement par les conditions ambiantes et la température du mélange, mais aussi par la composition chimique des liants et de l'adjuvant (lot de fabrication). Ces conditions peuvent, dans certains cas, ne pas refléter fidèlement celles qui vont prévaloir lors des travaux. Une procédure pour adapter le dosage et le mélange aux conditions réelles de chantier doit donc être prévue.

Au stade de conception, il est important de porter une attention particulière aux effets du type d'adjuvants retardateur de prise sur le mélange. Des propriétés telles que la qualité de la pâte, la ségrégation, le ressuage, la robustesse ou la demande en eau peuvent être modifiées en utilisant un dosage élevé en retardateur.

Un des avantages communs à la plupart des adjuvants retardateurs utilisés dans les BCR est la réduction de la demande en eau (effet plastifiant ou réducteur d'eau). Par conséquent, la teneur en eau doit être revérifiée et généralement réduite lors de l'introduction de l'adjuvant sélectionné. Un autre avantage commun au retardateur de prise est le prolongement de la période de maniabilité, ce qui permet de faciliter les opérations de compactage, et ce, sur une période de temps plus longue.

Le temps de prise initiale doit non seulement être vérifié lors de la sélection du type et du dosage de l'adjuvant retardateur de prise, mais le temps de prise finale doit également être déterminé, car il représente un paramètre important utilisé lors de la conception des coffrages (voir section 5.13.5). Certains mélanges de BCR super-retardés ont parfois pris jusqu'à deux jours avant que soit atteinte la prise finale et que le niveau de résistance soit suffisant pour permettre l'installation des coffrages.

L'adjuvant réducteur d'eau retardateur de prise est de loin l'adjuvant le plus populaire dans la fabrication de BCR à haute teneur en liants (BCREL). D'autres adjuvants, tels que les agents entraîneurs d'air et les adjuvants réducteurs d'eau à grande portée (superplastifiant) ont aussi été testés et utilisés avec succès pour la fabrication de BCR.

Dans des régions froides où le béton est exposé aux cycles de gel-dégel, des adjuvants entraîneur d'air ont été utilisés pour la fabrication de BCR, GEVR et IVRCC Du IVRCC a été conçu et testé avec succès avec des teneurs en air aussi élevées que 7%, résultat conforme à l'exigence prescrite pour le béton conventionnel et prévu pour protéger les structures en BCR soumises aux mêmes conditions. Des essais ont également démontré une bonne résistance au gel-dégel de BCR à des teneurs en air aussi faibles que 3% à 4%. Des adjuvants entraîneur d'air ont également été utilisés dans le BCR à des dosages variant entre 0,4 et 0,8% en masse de liants en conjonction avec des adjuvants retardateur de prise. L'usage d'adjuvant entraîneur d'air améliore également la maniabilité des bétons.

Enfin, il est conseillé d'optimiser l'usage des adjuvants chimique pour chaque projet, en gardant à l'esprit que l'efficacité rime souvent avec simplicité, ce qui favorise l'utilisation d'un seul adjuvant.

The aim of using super-retarded RCC mixes is to extend the setting time so that successive layers can be placed before the initial setting time of the surface of the receiving layer beneath. Setting time is typically determined (in screened RCC mortar) with mortar samples cured in field conditions as indicated in ASTM C403. The use of super-retarded mixes is associated with the availability of large areas for concrete placement and a monolithic construction in the vertical direction (Ortega, 2012). With this extent of set retardation, in areas where the mix is immersion vibrated (IVRCC, and to a certain extent with GEVR/GE-RCC), it is possible to penetrate with the pokers down into the layer beneath (Ortega, 2014). Such a procedure allows an effective combined vibration of two layers and completely eliminates the potential for a weak plane at the joint. Cores taken from these structures have been inspected and tested to confirm this condition. A similar bonding is achieved in the areas where the same concrete has been consolidated by roller compaction.

Different chemical retarder admixtures have been used in high-workability, super-retarded RCC. The efficiency of each particular retarder varies from project to project, depending on various aspects such as the nature and proportions of the cementitious materials, the quality and quantity of fines passing #200 sieve in the fine aggregate, the general environmental conditions, the chemistry of the mix water, etc. The required dosage to meet typical criteria in large dams of 20 to 24 hours initial setting time has varied in most cases between 0.6 and 1.5% (by weight) of the cementitious materials (cement + supplementary cementitious material). In addition, for each particular project and chemical admixture, different dosages need to be investigated in advance for the range of ambient temperatures expected during the construction of the dam. The effectiveness of an admixture in laboratory trials may or may not represent the situation that occurs in the field, which may further be influenced by ambient conditions, mix temperature, shipment of cement, and shipment of admixture. Provision for adapting the dosage and admixture to changes in the real field conditions is essential.

At the mix design stage, it is important to pay special attention to secondary effects of the retarder admixture. Properties such as the quality of the paste, segregation of the mix, bleeding, cohesiveness or water demand may be altered by using large proportions of retarder.

Among the positive secondary aspects, a reduction in the water demand (a secondary effect as plasticizer or water reducer) is a common benefit of most of the retarder admixtures used in RCC. Consequently, the water content usually needs to be re-checked and typically lowered when incorporating the selected chemical admixture. Another common positive benefit of a set retarder is an extended workability period, facilitating the achievement of full compaction for a longer period of time.

Not only must the initial setting time be checked during the selection of the dosage and type of retarder admixture, but also the final setting time must be established, as this represents an important factor in the design of the formwork (see Section 5.13.5). Some highly retarded RCC mixes have taken one or two days to reach final set and attain sufficient strength to support forms.

Retarding admixtures with a secondary effect as a water reducer are by far the most popular admixtures used in HCRCC. Other admixtures, such as air-entraining agents or high-range water-reducing admixtures (superplasticizers) have been tested and used in RCC mixes with different results.

In cold regions where the concrete surface is exposed to freeze-thaw cycles, air-entraining admixtures have been used in RCC, GEVR and IVRCC. IVRCC has been designed and tested successfully, with air contents as high as 7%, meeting the design requirements previously applied in conventional concrete to protect RCC structures under similar conditions. Tests on RCC have also demonstrated effective freeze-thaw resistance at air contents as low as about 3% - 4%. Air-entraining admixtures have been used in RCC at dosages varying between 0.4 and 0.8% of the cementitious materials (by weight), when applied with a retarder admixture. Air-entraining admixtures also enhance workability.

In respect of the use of chemical admixtures, it is advisable that an optimisation study is made for each project, bearing in mind that the overall efficiency of RCC construction is achieved with simplicity, which will favour the use of only a single admixture.

4.10 PARAMÈTRES DE CONCEPTION DES BCREL

Cette section comprend des paramètres de conception usuels utilisés pour le dosage des constituants de BCR super-retardés à maniabilité élevée. D'autres types de mélanges de BCR (RCD et BCRFL) sont définis par différents paramètres, tel que discuté aux sections 4.7 et 4.8.

4.10.1 Consistance

Tel que mentionné à la section 4.1, la plage de consistance VeBe des mélanges modernes de BCR super-retardés à maniabilité élevée est généralement comprise entre 8 et 12 secondes. Une plage encore plus étroite (par exemple 7 à 10 secondes) est fréquemment utilisée pour les mélanges de BCR capable d'être consolidé à l'aide d'une aiguille vibrante (IVRCC). Néanmoins, chaque mélange de BCR est unique et la plage de consistance VeBe spécifiée peut varier en fonction des conditions ambiantes anticipées lors des travaux, soit : travaux de jour/nuit, température élevée/température basse, vent fort/ pas de vent et lors de faibles pluies, etc. Puisque la plage de consistance Vebe avec charge exigée pour les mélanges de BCR à maniabilité élevée peut être très étroite, il convient d'effectuer l'essai en respect du mode opératoire prescrit à la norme ASTM C1170 procédure B modifiée (masse totale de 12,5 kg), c'est-à-dire en utilisant un moule entièrement rempli (au lieu d'une quantité fixe normalisé) et en évitant tout précompactage de l'échantillon tel que décrit à la section 4.2.

4.10.2 Pâte de ciment vs teneur en vides des granulats fins compactés

L'expérience a montré que le rapport volumique pâte-mortier (ciment + ajouts cimentaires + eau + adjuvants chimiques + air entraîné/pâte + granulats fins + filler) doit normalement excéder de 6 à 10 points de pourcentage la teneur en vides contenue dans les granulats fins compactés. Une certaine proportion du volume de pâte qui comble les vides dans les granulats fins compactés remonte en surface durant les opérations de compactage de façon à créer une surface riche en mortier. La couche de BCR suivante peut ainsi se marier plus facilement avec la couche sous-jacente, la présence de cette surface riche en pâte favorisant la qualité de l'adhésion entre les couches. La mise en œuvre de la couche suivante doit cependant être effectuée avant la prise initiale (de la couche sous-jacente) ou avant la fin de toute autre période déterminée lors d'essai de convenance réalisé en chantier et qui permet d'obtenir un bon liaisonnement des couches.

Ainsi, avec des granulats fins de bonne qualité ayant une teneur en vides comprise entre 0,28 et 0,30, la quantité de pâte doit être établie de façon à obtenir un rapport volumique pâte-mortier compris entre 0,34 à 0,40. Si les granulats possèdent une teneur en vides supérieure à 0,30, il peut être nécessaire d'augmenter le volume de pâte de ciment pour obtenir un rapport volumique pâte-mortier supérieur à 0,40.

4.10.3 Volume de la pâte de ciment et volume total en pâte

La valeur du rapport volumique pâte-mortier est un paramètre qui permet d'établir le volume minimal en pâte de ciment d'un BCR à maniabilité élevée. Le volume de pâte des BCR à maniabilité élevée est généralement compris entre 170 et 210 l/m³.

Le volume total de pâte (c'est-à-dire la pâte de ciment et les fines provenant des granulats fins <75 microns) de ces mélanges peut varier considérablement en fonction de la qualité des granulats et en particulier de celle des fines. Le volume total de pâte usuel est généralement compris entre 200 et 240 l/m³.

4.10   MIX PARAMETERS FOR HCRCC

This section includes some typical design parameters for high-workability, super-retarded RCC mixes. Other types of RCC mixes (RCD & LCRCC) are defined by different parameters, as discussed in sub-Sections 4.7 and 4.8.

4.10.1   Consistency

As has been mentioned in Section 4.1, the Loaded VeBe times of modern high-workability RCC mixes are typically in the range between 8 and 12 seconds. An even lower range (say 7 to 10 seconds) is frequently used for IVRCC mixes. Nevertheless, each RCC is unique and the range of accepTable Loaded VeBe times can be different and will vary depending upon the conditions, e.g. day and night, high and low temperatures, high winds and no winds and during light rain, etc. With very narrow ranges of Loaded VeBe times often specified, it is important only to use the ASTM C1170 Procedure B (12.5 kg total mass) test for high-workability RCC mixes, modified for very-high workability as mentioned in Section 4.2 with a fully filled mold (instead of a given weight) and avoiding any pre-compaction of the sample

4.10.2   Cementitious paste vs. void ratio of compacted fine aggregate

Experience has shown that the ratio (by volume) of the cementitious paste (cement + supplementary cementitious materials + water + chemical admixtures + entrained air) to mortar (cementitious paste + fine aggregate - including all fines) should be typically 8 ±2 percentage points higher than the void ratio of the compacted fine aggregate. A certain proportion of this additional volume of cementitious paste that overfills the voids in the compacted aggregates flows up to the surface during compaction. The successive layer of RCC can easily penetrate this rich-in-paste surface (as long as it is adequately cured) before the concrete reaches its initial setting time (or whatever exposure time that has been determined during the full-scale trial) producing the desired bonding.

For example, with a good-quality fine aggregate having a void ratio of 0.28 to 0.30, the cementitious paste should be designed to achieve a paste/mortar ratio of at least 0.34 to 0.40. In the case of a less-optimised fine aggregate with void ratio above 0.30, the volume of cementitious paste may need to be increased to obtain a paste/mortar ratio above 0.40.

4.10.3   Volume of cementitious paste and volume of total paste

The paste/mortar ratio defines a minimum volume of cementitious paste for high-workability RCC mixes. A typical range of the volume of the cementitious paste of high-workability RCC is between 170 and 210 l/m^3.

The volume of total paste (i.e. cementitious paste and aggregate fines <75 microns) of these mixes may vary widely, depending on the quality of the aggregate and especially that of the fines. A typical range could be between 200 and 240 l/m^3

Certains mélanges de BCR à maniabilité élevée ont nécessité un volume de pâte plutôt faible lorsque fabriqué avec des granulats fins de bonne qualité ayant une teneur en fines non plastiques suffisante et une teneur en vides minimale dans le mélange. Il a par exemple été possible de concevoir un BCR capable d'être consolidé à l'aide d'une aiguille vibrante (IVRCC) possédant une bonne maniabilité avec une teneur totale en pâte aussi faible que 176 l/m³ (Ortega, 2014).

4.10.4 Temps de prise

Le temps de prise initiale est un paramètre qui joue un rôle important pour assurer la mise en place continue de BCR super-retardé à maniabilité élevée. Des plages cibles de temps de prise initiale devraient être établies à l'avance basé sur la connaissance du volume des couches de BCR de l'ouvrage et des taux de placement minimum effectifs (non nominaux) pouvant être garantis pendant toute la période de construction du barrage, ces deux facteurs variant en fonction du niveau dans le barrage. Afin de garantir la continuité des opérations de mise en œuvre du BCR, il est recommandé que les plages cibles de temps de prise initiale soient établies avec une bonne marge de sécurité. Des valeurs de temps de prise initiale dans la plage de 20 à 24 heures ont, par exemple, été utilisées pour les barrages de BCR ayant des couches d'un volume maximum compris entre 3 000 et 5 000 m³ et une capacité de production horaire supérieure à 500 m³/heure. Bien que chaque couche puisse théoriquement être placée en moins de dix heures, un facteur de sécurité de 2,0 pour le choix du temps de prise initiale a, sur de nombreux projets, été jugé nécessaire. Ce facteur de sécurité peut varier considérablement en fonction des conditions du site, de la taille du projet et de l'expérience de l'entrepreneur.

Le contrôle du temps de prise finale du mélange est également important pour garantir l'obtention d'un niveau de résistance suffisant à bas âge de façon à assurer la sécurité des coffrages (chapitre 5). Les valeurs maximales de temps de prise finale des BCR super-retardés sont généralement comprises entre 40 et 50 heures.

4.10.5 Masse volumique

Il est de bonne pratique d'utiliser la masse volumique théorique sans air (m.v.t.s.a) comme masse volumique de référence pour contrôler le béton, et ce autant durant la phase de conception du mélange que durant la construction. Des variations de la masse volumique théorique sans air sont à anticiper durant les travaux en fonction des variations de la densité des matériaux et de la teneur en eau.

Il a été démontré par des essais réalisés in situ et par des essais effectués sur carottes prélevées dans les ouvrages que la masse volumique in situ des mélanges de BCR à maniabilité élevée consolidée par compactage au rouleau est généralement supérieure d'environ 1,0% à celles obtenues lorsque le même mélange de BCR est consolidé au moyen d'une aiguille vibrante. Les masses volumiques in situ des mélanges de BCR à maniabilité élevée varient généralement de 98% à 100% de la masse volumique théorique sans air. Enfin, rappelons qu'à la phase de conception du BCR à maniabilité élevée, une teneur en air de 1% est généralement utilisée lors du dosage des constituants.

However, with good-quality aggregates having sufficient non-plastic fines and a fine aggregate with a low-void ratio, some high-workability RCC mixes can require a rather lower volume of paste in the mix. For example, it has been found to be possible to design a very workable IVRCC with a total paste content as low as 176 l/m^3 (Ortega, 2014).

4.10.4 Setting time

The initial setting time of the compacted RCC is an important parameter in achieving continuous placement of high-workability, super-retarded RCC mixes. The required typical minimum values of the initial setting time should be established in advance, on the basis of the volume of the RCC layers in the dam structure and the effective (not nominal) minimum placement rates that can be guaranteed throughout the dam construction period; both factors varying with the dam level. A large margin of safety is advisable in the selection of the initial setting time to guarantee the desired continuity of the RCC placement. For example, values of the initial setting time in the range of 20–24 hours have been used for RCC dams with maximum layer volumes between 3000 and 5000 m^3 and a production capacity above 500 m^3/hour. While each layer could theoretically be placed in less than ten hours, a factor of safety of 2.0 was considered to have been necessary in the selection of the initial setting time. This factor of safety will vary greatly depending upon the site conditions, the size of the project and the experience of the contractor.

Control of the final setting time of the mix is also important to guarantee some early strength of the concrete and the stability of the formwork (Chapter 5). Maximum values of the final setting time between 40 to 50 hours are typical of super-retarded RCC mixes.

4.10.5 Density

The theoretical-air-free density (t.a.f.d.) should be used as a reference density to control the concrete during mix design and construction. Changes in the t.a.f.d. might occur and should be anticipated with the variations of the specific gravity of the materials and with changes in water content.

Both cores and in-situ tests indicate that the in-situ density of high-workability concrete mixes consolidated by roller compaction is generally higher by approximately 1.0% than the density achieved by immersion vibration of the same mix. Typical in-situ densities of roller-compacted, high-workability RCC mixes range between 98% and 100% of the t.a.f.d. When designing these concrete mixes, an average content of 1% of air voids is typically estimated in the mixture proportions.

4.11 BCR À AIR ENTRAÎNÉ

Des mélanges de BCR avec air entraîné (BCRAE) allant jusqu'à 6% ont été utilisés depuis le début des années 1990, avec une utilisation de plus en plus répandue au cours de la dernière décennie pour la construction d'ouvrages soumis à des conditions d'expositions rigoureuses de gel-dégel. La réduction du temps VeBe a permis d'améliorer de façon sensible l'efficacité des adjuvants entraîneur d'air des BCRAE, ainsi que des GEVR et GERCC. Certaines pratiques couramment utilisées avec du BCR sans air entraîné doivent être modifiées lorsque du BCR à air entraîné est utilisé, notamment les exigences de construction basées sur la masse volumique théorique sans air et lors de la phase de conception du mélange. Enfin, le dosage en adjuvant entraîneur d'air établi durant la phase de conception du mélange doit être confirmé en chantier. La détermination de la teneur en air est effectuée en respect du mode opératoire de la norme ASTM C1170 ou ASTM C1849.

4.12 ESSAIS PLEINE GRANDEUR

Tel qu'indiqué à la section 2.4.1, la construction d'au moins une planche d'essai pleine grandeur est exigée lors de la construction d'un nouveau barrage en BCR. Les éléments de conception et les méthodes de construction qui doivent être vérifiées lors de sa réalisation doivent faire l'objet d'une section distincte de la spécification technique. Les principaux objectifs de la planche d'essai pleine grandeur, sont décrits à la section 5.3.

En ce qui concerne la conception et le dosage des constituants des mélanges de BCR, les aspects les plus importants qui doivent être évalués et confirmés au cours de ces essais comprennent notamment l'évaluation des aspects suivants :

- La constructibilité;
- Le degré de ségrégation, de la robustesse (cohésion) et du volume de pâte du mélange;
- La capacité du mélange à maintenir sa consistance dans le temps (maniabilité) afin de permettre une consolidation adéquate lors des travaux de mise en œuvre;
- Le retard réel dans la prise et de la qualité de la liaison au joint (pour différents temps d'exposition) lors de la mise en œuvre de la couche suivante;
- La qualité du fini des faces coffrées; et.
- Les propriétés in situ du béton durci aux joints et dans la masse par le biais d'un programme de carottage et d'essais en laboratoire.

4.13 DOSAGE DES CONSTITUANTS DU COULIS POUR GEVR ET GERCC ET DES MÉLANGES DE LIAISONNEMENT ENTRE LES COUCHES

La plupart des barrages en BCR requièrent l'usage d'autres types de mélanges à être incorporés dans le BCR lors de la construction du barrage. Du coulis peut être utilisé comme additif au BCR des surfaces exposées (béton de parement en GEVR et GERCC), ou en tant que coulis de liaisonnement aux joints (tièdes et froids). Le coulis de ciment (ciment et eau) est dosé avec un rapport eau/ciment (E/C) approximativement équivalent à celui du BCR dont la consistance est contrôlée au cône Marsh.

Du mortier de liaisonnement (reprise) peut aussi être utilisé entre les couches de BCR. Le mortier possède généralement le même rapport ciment : pouzzolanes que le BCR et contient en plus un adjuvant retardateur de prise. Dans certains cas, il s'agit plutôt de béton conventionnel à affaissement élevé et fort dosage en adjuvant réducteur d'eau, retardant et en granulats fins (sable); le diamètre nominal maximal des gros granulats est généralement de 9.5 ou 20mm. Le mélange de liaisonnement doit permettre de réaliser les performances spécifiées pour les joints en fonction de la nature et du mélange de BCR utilisés.

4.11   AIR-ENTRAINED RCC

RCC mixtures with entrained air (AERCC) of up to 6% have been used since the early 1990s. However, the past decade has seen a more widespread use of this RCC type for dams in severe freeze-thaw environments, while decreasing Loaded VeBe times have allowed more successful incorporation of air-entraining admixtures in RCC, as well as in GEVR and IVRCC. Some practices commonly applied for non air-entrained RCC must be changed to incorporate the entrained air content; such as mix design and construction specifications based on the t.a.f.d. Developing AERCC mixtures requires testing for air content using either ASTM C1170, or ASTM C1849. The air entraining admixture dosage and the associated entrained air content of an RCC must be determined during the mix design phase and confirmed in the field.

4.12   FULL-SCALE TRIAL

As mentioned in Section 2.4.1, the construction of at least one full-scale trial (FST) in each new RCC dam is typically an essential requirement. Details of the design and objectives of the construction and testing of the FST should be included in the technical specifications for construction. The main objectives of the construction of a FST are described in Section 5.3.

In terms of the design and proportioning of the RCC mixes, the most important aspects that should be evaluated and confirmed during the FST include at least the following:

- Constructability;
- Amount of segregation, cohesiveness and volume of paste;
- Ability of the mix to maintain its consistency over time to allow full consolidation at the time of placement;
- Actual level of retardation when placing the next layer with different joint 'exposure' times;
- Quality of the finished formed faces; and
- Evaluation of the in-situ properties of the hardened concrete (matrix and joints) through coring and testing of samples.

4.13   MIXTURE PROPORTIONS OF GROUT FOR GEVR/GERCC AND BEDDING MIXES FOR LIFT JOINT SURFACES

Most RCC dams require the inclusion of other types of mixtures within the dam body, to be integrated into the RCC. Grout mixtures can be used as additive to the RCC dam facing, with the GEVR and GERCC methodologies, or as a bedding mix for warm and cold joints. Typically, neat cement grouts (cement and water) are used and are proportioned for placement at a consistency measured with the Marsh Flow Cone. Grout mixtures should be proportioned with a water/cement (W/C) ratio approximately equivalent to the RCC.

Bedding mortar may also be placed between RCC layers. The mortar mixture should be proportioned with a similar cement:pozzolan ratio to that of the RCC and usually incorporating a set-retarding admixture. Occasionally, a bedding mix may comprise a highly sanded CVC with 9.5 or 20 mm MSA, a high slump and a high dosage of WRA and set retarder. The bedding mix must be designed to achieve the specified layer joint performance and for the nature and workability of the particular RCC mix used.

4.14 DOSAGE DES CONSTITUANTS DES BCR POUR LES BARRAGES VOÛTE

Les matériaux et mélanges utilisés à ce jour pour la construction de barrage voûte en BCR sont discutés au chapitre 9. Le dosage des constituants des mélanges de BCR suit en principe la même approche que celle décrite dans ce chapitre et tous les barrages voûtes en BCR construits à ce jour ont été réalisés avec des BCR à haute teneur en liants (BCREL). Un BCR à teneur moyenne en liants (BCRML) a cependant été utilisé pour la construction du barrage de Tabellout en Algérie, qui est un barrage-voûte gravité, dont la fonction structurelle « arche » n'est mobilisée, conceptuellement, que pour résister aux charges sismiques critiques.

RÉFÉRENCES / REFERENCES

ALLENDE, M., CRUZ, D. AND ORTEGA, F. *"RCC mix design development for Enciso dam"*. Proceedings of the 6th International Symposium on Roller-compacted concrete dams, Zaragoza, Spain, October 2012.

DUNSTAN, M.R.H. *"The first 30 years of RCC dams"*. Proceedings. Seventh international symposium on roller compacted concrete (RCC) dams. Chengdu, China, September 2015.

ICOLD/CIGB. *"Roller-compacted concrete dams. State of the art and case histories/Barrages en béton compacté au rouleau. Technique actuelle et examples"*. Bulletin N°126, ICOLD/CIGB, Paris, 2003.

ICOLD/CIGB *"Selection of materials for concrete dams"*. Bulletin N°165, ICOLD/CIGB, Paris, 2013.

LÓPEZ, M. & SCHRADER, E. *"RCC dam construction quality control – nuclear gauge densimeter calibration"*. Sixth international symposium on roller compacted concrete (RCC) dams. Zaragosa, Spain. October 2012.

MATSUSHIMA, T., YASUMOTO, T. AND TETSUYA, O. *"Improvement of RCD properties by fine particles of limestone"*. Engineering for Dams, Extra issue, 1991 (in Japanese).

NAGAYAMA, I. *"A study on mixture design of RCD by large-sized specimen compaction device"*. Engineering for Dams, No.62, 1991 (in Japanese).

NAKAMURA, E. AND HARADA, T. *"The properties of RCD with blast-furnace cement"*. Engineering for Dams, Extra issue, 1991 (in Japanese).

ORTEGA, F. *"Lessons learned and innovations for efficient RCC dams"*. Proceedings of the 6th International Symposium on Roller-compacted concrete dams, Zaragoza, Spain, October 2012.

ORTEGA, F. *"Key design and construction aspects of immersion vibrated RCC"*. International Journal of Hydropower & Dams. Vol.21, Issue 3. 2014.

SCHRADER, E. *"Performance of RCC dams"*. Proceedings of the 6th International Symposium on Roller-compacted concrete dams, Zaragoza, Spain, October 2012.

SCHRADER, E. AND BALLI, J.A. *"Presa Rompepicos - A 109 meter high RCC dam at Corral Des Palmas with final design during construction"*. Proceedings of the 4th International Symposium on Roller-compacted concrete dams, Madrid, Spain, November 2003.

SHIMIZU, S. AND YANAGIDA, T. *"Large-sized specimen compaction device in RCD construction method"*. Engineering for Dams, No.26, 1988 (in Japanese).

SPANCOLD *"Technical guidelines for dam safety, N°2, Volume I (up-date on RCC)"*. Spanish National Committee on Large Dams, Madrid, Spain, 2012.

4.14   MIXTURE PROPORTIONS FOR RCC ARCH DAMS

The materials and mixes used to date for RCC arch dams are discussed in Chapter 9. In principle, however, the mixture proportioning follows the same approach described in this Chapter and all arches to date have been constructed using HCRCC. A MCRCC was used for Tabellout Dam in Algeria, which is a curved-gravity structure that relies on arch function only to resist critical earthquake loads.

5. CONSTRUCTION

5.1 INTRODUCTION

Le présent chapitre aborde les avancées récentes les plus importantes depuis la publication du Bulletin N° 126 (ICOLD/CIGB, 2003) ainsi que l'état actuel des connaissances en rapport avec la construction de barrages en BCR.

La première considération pour la construction de barrages en BCR est illustrée par la déclaration suivante : « Toutes autres choses étant égales, plus rapidement un barrage en BCR est construit, meilleures seront les propriétés in-situ et plus économique sera l'ouvrage » (Dolen, Ibañez-de-Aldecoa, Eharz & Dunstan, 2003). Pour faciliter une construction rapide, il est essentiel d'avoir une conception de barrage adaptée au BCR ainsi qu'un mélange de BCR « convivial ».

Lorsque des statistiques sont rapportées dans les pages qui suivent, elles sont basées sur les informations obtenues en rapport avec un peu plus de 40% de tous les barrages en BCR en service en date de fin 2017.

5.2 GÉNÉRALITÉS

5.2.1 Exigences de construction en BCR

Comme conséquence de l'importance de la constructibilité, l'examen, tôt dans le processus de planification, de la logistique et des méthodes de construction est une exigence particulière d'un barrage en BCR. À cet égard, les méthodes d'exécution de projet qui incluent l'implication de l'entrepreneur dès le début du projet, tel que le modèle conception-construction « Design-Build » ou le modèle « Early Contractor Involvement », sont avantageuses afin de réaliser des bénéfices dans la qualité, les coûts et la cédule.

Pour bénéficier de tous les avantages de la méthode de construction en BCR pour les barrages, la conception du barrage et du mélange de BCR doivent être élaborés afin de maximiser l'efficacité de la construction. Aussi, tous les aspects les plus importants de la construction doivent être étudiés soigneusement en rapport avec la planification, la conception et les spécifications. Par-dessus tout, les méthodes de construction doivent être aussi simples que possible car la simplicité engendre la rapidité de la construction.

En principe, la construction avec du BCR implique le placement en continu de couches relativement minces couvrant une superficie importante. Quand un problème est rencontré sur une certaine couche, contrairement à ce qui se passe lors de la construction avec du béton conventionnel vibré (BCV), il n'y a pas d'autres plots sur lesquels on peut déplacer les opérations en attendant de régler le problème et par conséquent les travaux sont interrompus. Ainsi, il est particulièrement important que tous les aspects de la construction d'un barrage en BCR soient rigoureusement planifiés et programmés bien à l'avance. Aussi, quand des problèmes reliés à l'ingénierie surviennent, la responsabilité et l'autorité pour les régler devrait idéalement être au site.

Comparé aux barrages en BCV, le rapport des heures-hommes par rapport au volume placé lors de la construction avec du BCR est généralement plus faible, à cause des taux de mise en place plus élevés, des coffrages réduits, de la réduction du temps de traitement des joints et de façon générale par le rôle plus important des équipements mécaniques. La configuration de l'usine doit être planifiée avec soin afin de minimiser les besoins en énergie, que le BCR soit transporté par camions, convoyeurs ou d'autres méthodes. Les distances de transport, les différences de niveau vertical, et l'exposition du béton frais au soleil et intempéries doivent aussi être minimisées.

5. CONSTRUCTION

5.1 INTRODUCTION

In this chapter, the most important recent advances since the publication of Bulletin N° 126 (ICOLD/CIGB, 2003) and the current state of the art in respect of the construction of RCC dams are addressed.

The first consideration for RCC dam construction is well illustrated in the following statement: "All other things being equal, the faster an RCC dam is constructed, the better will be the in-situ properties and the more economical the structure" (Dolen, Ibañez-de-Aldecoa, Eharz & Dunstan, 2003). To facilitate rapid construction, an "RCC-friendly" dam design and a "user-friendly" RCC mix are essential.

Where statistics are quoted in the subsequent text, these relate to information provided from a little over 40% of all of the RCC dams completed by the end of 2017.

5.2 GENERAL

5.2.1 RCC Construction Requirements

As a consequence of the importance of constructability, early consideration of the major construction logistics and methods is a particular requirement of an RCC dam. In this regard, project delivery approaches that include an early involvement of the contractor, such as Design-Build, or Early Contractor Involvement, can be advantageous in achieving quality, cost and schedule benefits.

To ensure the full advantage of the RCC method of construction for dams, the dam design and the RCC mix must be conFigured for maximum constructional efficiency and all of the major construction aspects must be given the necessary attention in planning, design and specifications. Above all, the methods of construction should be kept as simple as possible because with simplicity comes speed.

In principle, RCC construction involves the continuous placement of relatively thin layers over a large area. When a problem develops on a given layer, unlike CVC dam construction, there are no alternate monoliths on which to work while the problem is resolved and consequently construction is interrupted. As a consequence, it is particularly important that all aspects of RCC dam construction are diligently planned and programmed well ahead of time. When problems of an engineering nature develop, responsibility and authority to resolve those problems should ideally be at site level.

Compared to CVC dams, the ratio of man-hours to concrete volume placed for RCC construction is generally lower, due to the higher rates of placement, reduced formwork, reduced time for joint preparation and the generally increased role of mechanized equipment. The plant layout should be carefully planned to minimize energy requirements, whether RCC is transported by trucks, by conveyor or other means. Overall haul distances, vertical lift, and exposure of the fresh concrete to sun and weather should also be minimized.

5.2.2 Taux de mise en place du BCR

À ce jour, le taux moyen mensuel de mise en place sur un barrage en BCR n'a pas dépassé 200,000 m³ et il est probable que le taux maximum que l'on pourra pratiquement atteindre est de l'ordre de 250,000 m³/mois, la livraison des matériaux et particulièrement la livraison des matériaux cimentaires étant probablement le facteur déterminant.

La figure 5.1 montre les taux de mise en place sur quelques 500 barrages en BCR en fonction du volume de BCR placé (Dunstan, 2015, mis à jour 2017). L'enveloppe regroupe 97% de toutes les valeurs montrées.

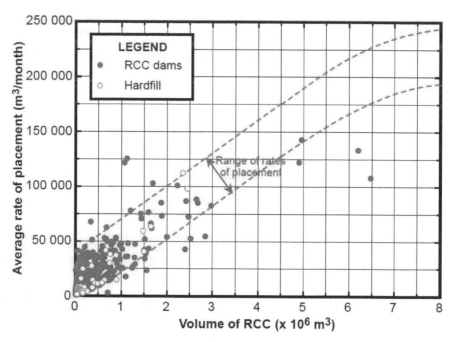

Figure 5.1
Taux moyens de mise en place sur les barrages en BCR en fonction du volume de BCR placé

Légende :
- A : Volume de BCR
- B : Taux moyen de mise en place (m³/mois)
- C : Barrages en BCR
- D : Barrage en remblai cimenté
- E : Plage des taux de mise en place

Seulement 3% des barrages en BCR (et en remblai cimenté) montrés sur la figure 5.1 font partie du 10% supérieur des taux moyen maximum de mise en place réalisés. Des 113 barrages où le volume de BCR était supérieur à 0.5 Mm³, seulement 6 (environ 5.5%) ont atteint des taux moyens à l'intérieur de 10% du maximum et seulement neuf (environ 8%) ont atteint des taux à l'intérieur de 20% du maximum. Par conséquent, les statistiques suggèrent que l'avantage principal des barrages en BCR, qui est la vitesse de construction, n'a pas été obtenu pour la construction de plus de 90% des barrages en BCR construits à date.

5.2.2 RCC Placement Rates

Until now, the average monthly placement achieved at an RCC dam has not exceeded 200,000 m³ and it is considered likely that the maximum practically achievable placement rate is probably of the order of 250,000 m³/month, with materials delivery, and particularly cementitious materials delivery, probably representing the critical factor.

Figure 5.1 illustrates the average rates of placement of some 500 RCC dams plotted against the volume of RCC placed (Dunstan, 2015, updated 2017). The indicated envelope encloses 97% of all plotted values.

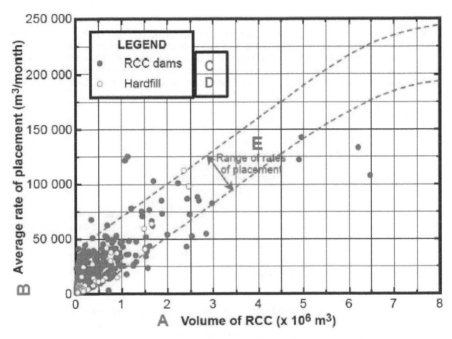

Figure 5.1
Average rates of placement of RCC dams relative to the volume of RCC placed

Only 3% of the RCC (and hardfill) dams indicated in Figure 5.1 lie in the top 10% of maximum achieved average placement rates. Of the 113 dams at which the RCC volume exceeded 0.5 Mm³, only 6 (circa 5.5%) achieved average rates within 10% of the maximum and only nine (circa 8%) achieved rates within 20% of the maximum. The statistics consequently suggest that the real advantage of RCC in dam construction, which is speed, has not been realised at more than 90% of the RCC dams constructed to date.

Tout obstacle peut rapidement réduire les taux de mise en place du BCR et par conséquent la qualité, avec une augmentation des coûts. Toute activité qui n'est pas directement essentielle à la mise en place du BCR doit donc être effectuée hors de la surface de mise en place, ou durant les changements de quart/arrêts planifiés. Pour des questions de sécurité, d'efficacité, et afin de minimiser la contamination, les véhicules et personnels qui ne sont pas essentiels devraient être tenus à l'écart des surfaces de mise en place et des voies de circulation des équipements.

Un Manuel de procédures de construction (en fait une méthodologie de travail) est utile pour s'assurer que toutes les activités sont soigneusement planifiées, bien que des révisions régulières soient nécessaires afin de tenir compte des changements lors de la construction. De plus, un programme de formation extensif, comprenant des rencontres pré-construction et des planches d'essai pleine-grandeur, est une condition essentielle afin de garantir que tout le personnel travaillera de façon sécuritaire et efficace sur les nombreuses activités qui doivent être coordonnées afin d'obtenir un barrage en BCR de qualité.

Les bénéfices que l'on peut réaliser par les taux de construction en BCR par l'implication de personnel avec de l'expérience tant en construction de barrage qu'en conception ne peuvent être sures-timés. L'expertise d'un entrepreneur est indispensable pour gérer les principaux facteurs reliés à la construction qui, basé sur l'expérience accumulée depuis le début de la construction des barrages en BCR, influencent les taux de mise en place du BCR atteignables (Dunstan, 2015). Ces facteurs sont :

- Méthodes de mise en place;
- Quarts de travail;
- Approvisionnement des matériaux cimentaires et entreposage;
- Fourniture des granulats et mise en pile;
- Capacité des usines à béton et malaxeurs;
- Transport du BCR de l'usine jusqu'à la mise en place;
- Condition et entretien préventif de l'équipement;
- Météo (pluie, température et vent).

C'est seulement lorsque la plupart de ces facteurs sont maitrisés (en même temps que les autres facteurs en rapport avec la conception du barrage et du mélange, discutés dans les chapitres précédents) que tous les avantages de la méthode de construction de barrage avec du BCR peuvent être obtenus.

5.3 PLANCHES D'ESSAI PLEINE GRANDEUR

Une planche d'essai pleine grandeur bien planifiée devrait être effectuée pour chaque barrage en BCR proposé. Pour économiser, la planche d'essai peut faire partie d'une structure temporaire ou per-manente, mais pour les plus grands barrages, il est généralement préférable de profiter des avantages d'une planche d'essai conçue comme une structure indépendante.

Les cinq objectifs principaux d'une planche d'essai sont (Dunstan & Ibañez-de-Aldecoa, 2003): 1) valider, en conditions de construction réelles, le mélange de BCR pour le barrage, 2) élaborer les différentes procédures requises pour la construction du barrage, 3) former tout le personnel impliqué dans les différentes activités, incluant l'assurance qualité/le contrôle de qualité, 4) mettre en service tous les machines, usines et équipements et 5) démontrer que les mélanges de béton, les procédures et les équipements utilisés permettent d'obtenir la résistance et les critères de perméabilité spécifiés.

En termes d'objectifs spécifiques d'une planche d'essai, les exigences les plus importantes sont:

1. Tester les équipements de dosage, de malaxage et de livraison à leur pleine capacité, incluant les systèmes de pré refroidissement ou de pré chauffage si nécessaires;
2. Évaluer la performance réelle du BCR frais pleine grandeur et déterminer tout ajuste-ment ou modification au mélange de BCR, en portant une attention particulière au poten-tiel de ségrégation et à sa maniabilité;
3. Vérifier la performance de différents retardateurs de prise avec une attention spéciale au potentiel de ressuage du mélange de BCR;
4. Élaborer les méthodes optimales de déposition et d'épandage du BCR;
5. Élaborer une approche appropriée pour les couloirs d'épandage et le compactage;
6. Établir le nombre de passes nécessaires pour le compactage (statique et dynamique);

Any impediment can quickly reduce RCC placement rates and consequently quality, while increasing costs. Activities not directly essential to RCC placement should accordingly be undertaken off the placement surface, or during shift changes/down-time. For safety, efficiency, and minimal contamination, all unnecessary vehicles and personnel should be kept away from the placing areas and equipment movement routes.

A Construction Procedure Manual (effectively a Method Statement) can be useful in ensuring that all activities are carefully planned, although regular reviews are required to take into account changing circumstances during construction. Additionally, an extensive training programme is a key requirement, including pre-construction meetings and full-scale trials, to ensure all personnel will work safely and effectively with the numerous time sensitive activities that must be diligently coordinated to achieve a quality RCC dam.

The benefits to be gained in RCC construction rates through the involvement of experienced personnel in both dam construction and design cannot be overstated. A contractor's expertise is vital to deal with the main "construction-related" factors that, according to experience accumulated since the beginning of RCC dam construction, impact on the achievable rate of placement of RCC (Dunstan, 2015), namely:

- Placement procedures
- Shift patterns
- Supply of cementitious materials and silage
- Aggregate supply and stockpiling
- Capacity of concrete plant and type of mixers
- Transportation of RCC from the concrete plant to the point of placement
- Condition and preventive maintenance of equipment
- Weather conditions (rainfall, temperature and wind)

It is only by getting most of these factors right (together with the factors related with the design of the dam and the design of the mix, discussed in previous chapters) that the fullest advantage can be made of the RCC method of construction for dams.

5.3   FULL-SCALE TRIALS

A well-planned full-scale trial/s (FST) should be completed at every RCC dam to be built. For the sake of economy, the FST can be incorporated into a temporary or permanent structure, but on larger dams, it is often preferable to gain the benefits of designing the FST as an independent structure.

The five main general objectives of the FST are (Dunstan & Ibañez-de-Aldecoa, 2003): 1) to validate, under actual construction conditions, the RCC mix for the dam construction, 2) to develop the various procedures required for the construction of the dam, 3) to train all the personnel involved in different activities, including QC/QA, 4) to commission all the machines, plant and equipment and 5) to demonstrate that the applied concrete mixes, procedures and equipment efficiently achieve the specified strength and permeability performance criteria.

In terms of the specific objectives of the FST, the primary requirements are:

1. to test the batching, mixing and delivery systems at full capacity, including pre-cooling and pre-heating systems when applicable;
2. to assess the actual performance of the fresh RCC mix under full-scale conditions as well as determine any adjustments or modifications required to the RCC mix design, paying special attention to the potential for segregation and workability;
3. to review the performance of various retarders with special attention to the potential for "bleeding" of the RCC mix;
4. to develop the optimal RCC dumping & spreading procedures;
5. to develop an appropriate approach to lane spreading and compaction;
6. to establish the necessary number of compaction passes (static & vibration);

7. Tester et élaborer les méthodes de finition du BCR ainsi que des interfaces (contre le rocher) (au moyen de BCV, GERCC, GEVR ou IVRCC) et leur compactage;
8. Tester et élaborer des systèmes de coffrage appropriés;
9. Tester l'efficacité de différents systèmes de traitement de la surface des joints chaud, tiède (intermédiaire) et froid et montrer que les méthodes retenues permettent d'atteindre les critères spécifiés;
10. Tester les méthodes de traitement des joints à différents niveaux de maturité de la surface;
11. Tester la préparation de quelques joints de construction « verticaux » (chaud, tiède et froid) dans une couche;
12. Tester l'installation de l'instrumentation et des câbles;
13. Tester l'instrumentation pour évaluer le comportement du BCR durant la phase d'hydratation;
14. Tester et évaluer les dispositifs pour les joints de contraction (joint créé par amorce de fissure) et le découpage des joints de contraction;
15. Tester l'installation des lames d'étanchéité et l'exécution des trous de drainage à l'endroit des joints de retrait;
16. Établir le gain de chaleur du mélange à partir des réserves de matériaux jusqu'au compactage;
17. Tester les avantages d'un contrôle de la température par un système de refroidissement de surface ou par brumisation, et la mise en place et l'opération des systèmes de brumisation;
18. Mesurer la réduction de température due aux mesures de pré refroidissement;
19. Évaluer la performance réelle du BCR durci : vérification des résistances obtenues in-situ versus celles en laboratoire;
20. Effectuer un programme complet post-construction de carottage et d'essais, incluant des carottes horizontales des faces, des carottes inclinées à l'interface béton/roc et des carottes verticales à l'endroit des joints de retrait et des lames d'étanchéité; et
21. Recueillir toutes les observations et les données de l'instrumentation.

Idéalement, le système de livraison du BCR pour le barrage principal devrait être utilisé pour la construction de la planche d'essai. Cependant, lorsqu'un système par convoyeur est prévu, il est rarement économique qu'il soit installé au moment de la construction de la planche d'essai, et de plus il est souvent impossible d'utiliser les convoyeurs au barrage pour transporter le BCR à l'endroit de la planche d'essai.

Pour maximiser les bénéfices de la planche d'essai, une approche en trois étapes est recommandée:

- Étape 1. Des essais "informels" avec comme objectifs la mise à l'essai en conditions réelles du mélange de BCR développé en laboratoire, la formation du personnel et la mise en service des machines, usines et équipements;
- Étape 2. La planche d'essai principale (parfois plus d'une planche d'essai est nécessaire);
- Étape 3. Un essai « informel » additionnel immédiatement avant le début de la mise en place du BCR au barrage ou avant le redémarrage des travaux lorsque la mise en place du BCR est limitée à certaines saisons. Le but principal de l'étape 3 est de rafraichir les connaissances du personnel, de former les nouveaux employés et de mettre au point les machines, usines et équipements après une période d'inactivité.

Quelques recommandations pour la conception et l'exécution de la planche d'essai principale (Étape 2) sont données ci-dessous :

- Un plan de construction très détaillé devrait être préparé bien à l'avance du début de la planche d'essai, incluant la disposition de chaque couche, des listes de tout le personnel nécessaire, des matériaux et de l'équipement ainsi qu'un plan de réalisation détaillé. Toutes les activités à effectuer avant, durant et après chaque couche doivent être définies et programmées, incluant le contrôle de qualité et l'échantillonnage et les essais requis après son achèvement;
- L'emplacement de la planche d'essai devrait être raisonnablement horizontal et plan, aussi près que possible de l'usine de fabrication du BCR;
- Ses dimensions devraient être suffisantes pour créer des conditions similaires à celles sur le barrage principal, permettant l'opération réaliste des équipements, de l'épandage et du compactage. Typiquement, la planche d'essai devrait avoir une largeur de 10 à 12 m, une longueur d'au moins 30 m et comprendre au moins 10 couches; afin de tester

7. to test and develop RCC surfacing and interface (against rock) systems (CVC, GERCC, GEVR, or IVRCC) and associated compaction;
8. to test and develop appropriate facing systems;
9. to test the effectiveness of various hot, warm and cold joint surface preparation systems, demonstrating that final methods achieve the specified design criteria;
10. to test the various joint treatment methods at different levels of surface maturity;
11. to test the preparation of some "vertical" construction joints in a layer (hot, warm and cold);
12. to test the installation of instrumentation and cabling;
13. to install instrumentation to evaluate the RCC behaviour during early hydration;
14. to test and develop contraction joint inducing and cutting systems;
15. to test the installation of waterstops and execution of formed drain holes at contraction joints;
16. to establish the mix heat gain from materials stockpiles to compaction;
17. to test the temperature control benefits of any surface cooling, or fogging systems, and the implementation and operation of the fogging/misting systems;
18. to quantify the temperature reduction benefit of pre-cooling measures;
19. to assess the actual performance of the hardened RCC: checking the strengths reached in the field, in comparison with the laboratory ones;
20. to perform a complete post-construction coring and testing program, including horizontal cores at the faces, inclined cores at the interface concrete against rock and vertical cores at the contraction joints and waterstop locations; and
21. to collect observations and instrumentation data.

Ideally the main dam RCC delivery system should be used for the construction of the FST. When a conveyor system is planned, however, it is rarely economically efficient to have this system in place by the time the FST is to be constructed, nor is it often possible to use the dam conveyor to deliver RCC to the location of the FST.

To obtain the maximum benefit of the FST, the following three-stage approach is recommended:

- Stage 1. "Informal" trials with the objectives of testing the laboratory-developed RCC mix under real conditions, training personnel and commissioning machines, plant and equipment.
- Stage 2. The main FST (sometimes more than one FST is necessary).
- Stage 3. An additional "informal" trial immediately before the commencement of RCC placement for the dam and/or before a restart when RCC placement is restricted to certain seasons. The primary purpose of Stage 3 is to retrain the personnel, train new personnel and to fine-tune machines, plant and equipment after periods of inactivity.

Some general guidelines for the design and execution of the main FST (Stage 2) are provided as follows:

- A very detailed construction plan should be prepared well in advance of the commencement of the FST, to include a detailed layout of each layer, schedules of all necessary personnel, materials and equipment and a detailed implementation programme. All necessary activities to be completed before, during and after each layer should be defined and programmed, including QC activities and the necessary sampling and testing after completion.
- The location for the FST should be reasonably horizontal and even, as close as possible to the RCC batch plant.
- The dimensions should be sufficient to create similar conditions to those on the main dam, allowing realistic spreading, compaction and equipment operation. Typically, the FST should be 10 to 12 m in width, at least 30 m long and at least 10 layers in height;

une variété de joints chauds avec différents temps d'exposition et des joints tièdes et froids avec différentes conditions d'exposition et méthodes de traitement;

- La planche d'essai doit comprendre un ou 2 joints de contraction entier, comprenant les lames d'étanchéité et le système de drainage;
- Afin de minimiser le nombre de variables, il est préférable d'utiliser un seul mélange de BCR, modifiant à la rigueur la quantité d'agent retardateur entre plusieurs couches (minimum 4). Par conséquent, le programme de développement du mélange de BCR doit avoir permis de choisir le mélange optimal avant le début de la planche d'essai;
- Plan de carottage: Afin de garantir leur qualité, les carottes pour les essais sur la résistance des joints ne devraient pas être prélevées avant au moins 55 jours après la mise en place (préférablement 85 jours) de façon à ce qu'il y ait suffisamment de temps pour leur préparation avant les essais à 60 jours (préférablement à 90 jours) (Dunstan & Ibañez-de-Aldecoa, 2003). Des foreurs d'expérience et de l'équipement de forage de bonne qualité devraient toujours être utilisés. Le diamètre des carottes est un facteur important à considérer afin d'obtenir de bons échantillons;
- Par conséquent, la planche d'essai devrait être terminée au moins 4 mois avant le début planifié de la mise en place du BCR au barrage;
- Basé sur les résultats des essais sur les carottes, les facteurs de maturité modifiés maximaux permis: FMM = (°C+12) x heures ou (°F-10.5) x heures pour les joints chauds et tièdes sont définis en fonction du dosage de l'agent retardateur (si utilisé). En utilisant la formule pour le FMM, il est possible d'extrapoler le nombre d'heures maximal d'exposition à chaque mois de l'année pour les joints chauds et tièdes, pour le mélange de BCR utilisé. Une approche plus récente, et certainement plus précise, implique d'établir les limites pour les joints chauds et tièdes sur la base des temps de prise initiale et finale respectivement. Les essais de prise devraient être effectués à la température moyenne maximale pour chaque mois ou, au moins, pour le mois le plus chaud de chaque trimestre. Cet aspect est aussi couvert à la section 5.10. Lorsqu'on prévoit utiliser des systèmes de pré refroidissement ou de pré chauffage, les températures attendues doivent être reproduites à la planche d'essai et pour les temps de prise; autrement, les résultats doivent être ajustés avec les conseils d'un expert hautement expérimenté.

On utilise couramment la méthode d'essai ASTM C403 pour mesurer le temps de prise initiale et finale du mortier du BCR. Par contre, cet essai ne reflète pas avec précision les temps de prise du BCR in-situ et surévalue généralement de façon significative les temps de prise réels. De plus, au chantier, une prise plus rapide de la pâte en surface de la couche est observée comparé au reste de la couche. Il est par conséquent préférable d'utiliser des thermistors/thermocouples pour mesurer l'augmentation de température causée par l'hydratation, qui commence avec la prise initiale.

- Il est recommandé d'effectuer une coupe transversale sur toute l'épaisseur de la planche d'essai, à l'aide d'une scie à diamants, environ 60 jours après qu'elle ait été terminée. L'enlèvement du BCR d'un côté de la coupe permet une évaluation détaillée de la mise en place de la planche d'essai. Cela fut fait lors de la planche d'essai de plusieurs barrages, dont le barrage Hickory Log Creek (GA, États-Unis (voir la Figure 5.15), le barrage Taum Sauk (MO, États-Unis) (Rizzo et al, 2009) et le barrage Enlarged Cotter (Australie).

Les recommandations ci-dessus supposent que l'usine de dosage et de malaxage du BCR doit être installée, tous les équipements de mise en place et le personnel doivent être sur place et que le programme de développement du mélange de BCR doit être terminé bien à l'avance de la date prévue pour le début de la mise en place du BCR au barrage. Pour un petit barrage, avec un faible volume de BCR, cela n'est pas toujours possible ou économique. Dans ces cas, les coûts du devancement de la mise en place des équipements doivent être comparés aux coûts d'un mélange de BCR et d'une approche de la mise en place plus conservateurs, ce qui permettrait un délai moindre entre la planche d'essai et le début de la mise en place du BCR sur le barrage.

Un rapport détaillé sur tous les aspects de la planche d'essai devrait être préparé.

to test a variety of hot joints with different exposure times and warm and cold joints with different exposure conditions and joint treatments.

- The FST must include one or two contraction joints, complete with upstream waterstops and drainage systems.
- To minimize the number of variables, it is preferable to use only one RCC mix, at most changing the dosage of the retarding admixture between groups of layers (minimum 4). Accordingly, the RCC mix development trial programme must have already identified the optimal mix by the time of the FST.
- Coring plan: In order to ensure no damage during drilling, cores for testing of layer joint strengths should be extracted no earlier than 55 days after placement (preferably 85 days) so there is enough time for the cores to be prepared for testing at 60 days (preferably at 90 days) (Dunstan & Ibañez-de-Aldecoa, 2003). Experienced drillers and good quality drilling equipment should always be used. The diameter of the cores is also an important factor to consider in order to obtain good samples.
- To accommodate the above, the FST should be completed at least 4 months prior to the planned RCC start date for the dam.
- From the core testing results, the maximum allowable Modified Maturity Factors: MMF = ($^{\circ}$C+12) x hour or ($^{\circ}$F-10.5) x hr for hot and warm joints are defined for the applicable retarder dosage (if any). Using the MMF formulation, it is feasible to extrapolate, for the trialled RCC mix, the maximum allowable exposure time in hours for the different months throughout the year for hot and warm joints. A more recent, and undoubtedly more accurate, approach involves establishing the limits for the hot and warm joints conditions on the basis of initial and final setting times, respectively. Setting time tests should be performed at the average maximum temperature of every month or, at least, of the hottest month of every quarter. This is discussed again in Section 5.10. When pre-cooling or pre-heating systems are to be used, the expected RCC placement temperature must be replicated at the FST and in the setting time tests; otherwise the results must be adjusted under the guidance of an experienced expert.

It is common practice to apply test method ASTM C403 to measure the initial and final set time of the RCC mortar. This testing does not, however, provide an accurate reflection of the equivalent RCC setting times in the field, typically significantly over-estimating the actual times. Furthermore, in field conditions, an earlier set can be observed in the surface paste, compared to the remainder of the layer. It is consequently good practice to use thermistors/thermocouples to measure the hydration temperature rise, which is initiated at initial set.

- A recommended practise is to perform a full depth transverse diamond wire cutting of the FST approximately 60 days after completion. Demolishing and removing the RCC on one side of the wire cut allows a comprehensive evaluation of the FST placement. This was performed at the FST for various dams, including Hickory Log Creek Dam (GA, USA) (see Figure 5.15), Taum Sauk Project (MO, USA) (Rizzo et al, 2009) and the Enlarged Cotter Dam (Australia).

The above requirements imply that the RCC batching and mixing plant must be established, all placing equipment and personnel must be on site and the RCC mix development programme must be completed well in advance of the planned date for the start of RCC placement on the dam. For a small dam, with a small volume of RCC placement, this may not always be economically possible, or advantageous. In such cases, the costs of the associated extended plant establishment need to be balanced against a conservative RCC mix and placement approach, which would allow a reduced delay between the FST and the start of RCC placement on the dam.

A comprehensive report on all aspects of the FST should be prepared.

5.4 FABRICATION ET MISE EN PILE DES GRANULATS

5.4.1 Fabrication des granulats

De nos jours, pour la majorité des barrages, les granulats sont séparés en trois (16.0% des cas), quatre (60.8%), ou cinq (12.5%) classes granulométriques, avec une dimension maximale (DNMG) de 75/80 mm en Chine et au Japon et 50 +/- 10 mm dans le reste du monde (voir la Figure 5.2). Une seule classe granulométrique a été utilisée dans 2.7% des barrages en BCR construits à date, alors que deux classes ont été utilisées dans 8.0% des cas (Dunstan, 2014, mis à jour 2017).

Trois classes granulométriques pour les gros granulats et une seule classe pour les granulats fins est l'approche la plus courante.

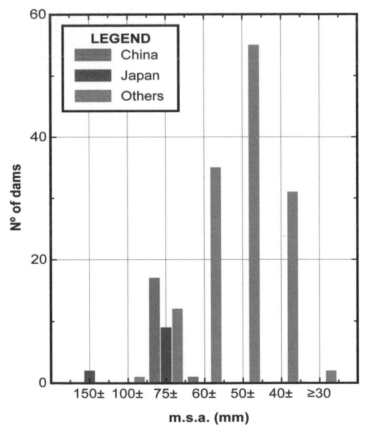

Figure 5.2
Dimension nominale maximale des granulats utilisés dans le BCR durant les derniers quinze ans

Légende :
    A.   Dimension nominale maximale des granulats
    B.   Nombre de barrages
    C.   Chine
    D.   Japon
    E.   Autres

5.4 AGGREGATE PRODUCTION AND STOCKPILING

5.4.1 *Aggregate production*

For the majority of RCC dams nowadays, aggregates are separated into three (16.0% of cases), four (60.8%), or five (12.5%) sizes, or grading bands, with a maximum size aggregate (MSA) of 75/80 mm in China and Japan (RCD dams) and 50 +/- 10 mm in the rest of the world (see Figure 5.2). A single aggregate size has been used in 2.7% of RCC dams completed to date, while two aggregate sizes have been used in 8.0% of cases (Dunstan, 2014, updated 2017).

Three coarse and a single fine aggregate grading band is the most common approach.

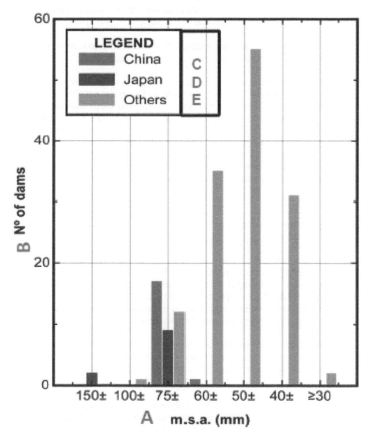

Figure 5.2
Maximum sizes of aggregates used in RCC dams over the past fifteen years

Une meilleure compréhension des avantages d'une amélioration de la forme des granulats s'est développée et il semble maintenant y avoir une tendance vers des usines plus sophistiquées pour la production de granulats, particulièrement pour les grands barrages en BCR. Bien que ces usines fabriquent des granulats avec une meilleure forme et par conséquent permettent l'optimisation du contenu en matériaux cimentaires des BCR, les coûts sont plus élevés et un équilibre doit être trouvé entre le coût moindre des matériaux cimentaires et l'augmentation des coûts de fabrication des granulats. Il faut noter que les avantages de l'utilisation d'un mélange plus maniable et cohérent, qui peut parfois être compacté/consolidé à l'aide d'aiguilles vibrantes (IVRCC sans ajout de coulis), doit aussi être considéré.

Ces dernières années, il est devenu plus commun d'utiliser des concasseurs par percussion, particulièrement ceux à axe vertical, dans les systèmes de concassage secondaire ou tertiaire pour les barrages en BCR, particulièrement pour la fabrication des granulats fins. Les concasseurs à percussion, particulièrement ceux à axe vertical, permettent d'obtenir de meilleures formes des particules et de meilleures courbes granulométriques, diminuant les indices des vides du sable et par conséquent la demande en eau et en contenus en matériaux cimentaires. En plus d'une réduction de l'augmentation de la température lors de l'hydratation, les mélanges de BCR qui en résultent bénéficient souvent d'une ségrégation moindre et d'économies accrues, tel que démontré au barrage Yeyva (Myanmar) (Aung et al, 2007).

Bien que le coût plus élevé d'un concasseur par percussion à axe vertical ne soit pas toujours justifié pour les gros granulats, il l'est généralement pour les granulats fins.

La dimension maximale des granulats et la constance de la granulométrie ont une grande influence sur l'uniformité, la cohérence et la facilité à compacter du BCR. Lorsqu'un contrôle serré de la granulométrie est souhaité, les gros granulats devraient être fabriqués et dosés par classes séparées. Sur quelques projets, les coûts de mise en pile et de dosage ont été réduits en utilisant une seule classe granulométrique, ou en agrandissant les limites granulométriques des matériaux mis en pile. Cependant, cette façon de faire peut augmenter la variabilité de la granulométrie combinée des granulats dans les piles et causer des difficultés pour produire un BCR uniforme (ACI, 2000). Par contre, cette façon de combiner les granulats et d'utiliser une seule réserve a été utilisée avec des résultats satisfaisants pour un certain nombre de projets dont les barrages Rompepicos (Mexique) (Schrader, & Balli, 2003) et Burnett (Australie) (Lopez et al, 2005).

5.4.2 Réserve de granulats et mise en pile

L'emplacement des réserves de granulats et de l'usine à béton peuvent être encore plus importants pour un barrage en BCR que pour un barrage en béton conventionnel (BCV). Fréquemment, des réserves très importantes sont nécessaires avant le début des opérations de BCR (voir la section 3.3.1). Typiquement, le Cahier des charges peut spécifier que 30% à 40% du total des granulats pour le BCR soit fabriqué avant le début de la mise en place du BCR au barrage, à condition qu'une superficie suffisante pour l'entreposage soit disponible. Voici quelques raisons pour cela:

- Le ralentissement de la mise en place du BCR à cause de la non disponibilité de granulats représente une situation difficile à redresser et/ou très dispendieuse;
- Pour un site avec une superficie adéquate pour les réserves de granulats, une usine de fabrication de plus petite capacité est généralement une solution économiquement optimale;
- Il peut être facile de mobiliser les équipements et de mettre en œuvre la fabrication des granulats très tôt dans le projet. Cela peut aider les flux monétaires de l'entrepreneur au début du projet, si le contrat prévoit le paiement pour les matériaux mis en réserve;
- Des exigences techniques, telles que la fabrication des granulats en hiver (ou en été) afin de permettre la mise en réserve à des températures plus faibles (ou plus élevées). Les températures à l'intérieur des piles de réserve peuvent être mesurées avec des thermocouples, comme ce fut le cas au barrage Burnet (Australie) (Lopez et al, 2005), afin d'identifier les granulats plus froids (ou plus chauds) à être exploités durant les périodes de construction avec BCR les plus chaudes (plus froides);
- Avec des piles de réserve importantes, des matériaux fabriqués à l'occasion qui ne rencontrent pas les spécifications, peuvent être étendus sur les matériaux conformes pour produire un mélange à l'intérieur des spécifications;
- Les grandes réserves peuvent bénéficier de conditions d'humidité plus stables, diminuant la variabilité de la consistance du BC.

An increased awareness of the benefits of improved aggregate shaping has developed and there now seems to be a trend towards more sophisticated aggregate plants, particularly for large RCC dams. While such plants produce better-shaped aggregates and consequently more cementitious-efficient RCCs, costs are higher and a balance must be found between reduced cementitious materials costs and increased aggregate production costs, although the construction benefits of a more workable and cohesive mix, which can sometimes be compacted as IVRCC (no grout added), must also be considered.

In recent years, it has become increasingly common to use impact crushers, particularly vertical shaft impact (VSI) crushers, in secondary, or tertiary crushing systems for RCC dams, especially to produce fine aggregates. Impact crushers, particularly VSI type, generate better particle shapes and gradings, reducing void ratios in the sand and consequently water demand and cementitious materials contents. In addition to a reduction in hydration temperature rise, associated RCC mixes also often benefit from reduced segregation and increased economy, as was ascertained at Yeywa Dam (Myanmar) (Aung et al, 2007).

While the higher cost of a VSI crusher may not always be warranted for coarse aggregates, it will generally be justifiable for fine aggregates.

The MSA and the consistency of grading have a significant influence on the uniformity, cohesiveness and ease of compaction of RCC. Where close grading control is desired, coarse aggregate should be produced and batched in separate sizes. Some projects have cut stockpiling and batching costs by using a single-graded aggregate size, or by increasing the grading band range of the stockpiled material. This practice, however, can increase the variation in total grading of the aggregates in stockpiles and cause difficulties in producing uniform RCC (ACI, 2000). Nevertheless, this solution of pre-blending the aggregate and producing a final "all-in-one" stockpile has been used with satisfactory results for a number of projects, such as Rompepicos Dam (Mexico) (Schrader, & Balli, 2003) and Burnett Dam (Australia) (Lopez et al, 2005).

5.4.2   Aggregate stockpiling and storage

Aggregate stockpiling and the concrete plant location can be even more important for an RCC dam than for a CVC dam. Frequently, very large stockpiles are required prior to the start of RCC work (see Section 3.3.1). Typically, the Specification can require that 30% to 40% of the total RCC aggregate required must be produced prior to starting RCC placement on the dam, subject to a sufficient available storage area. Some of the reasons for this are:

- Slowing RCC placement due to non-availability of aggregates represents a situation from which recovery is very difficult and/or very expensive.
- For a site with adequate aggregate storage areas, a smaller aggregate production facility usually represents the solution of optimal economy.
- It may be easy to mobilise and establish full aggregate production very early in the project. This can assist the Contractor's early cash-flow, when the contract provides for payment for materials in stockpile.
- Technical design requirements, such as producing aggregate during winter (or summer) to allow stockpiling at lower (or higher) temperatures. Temperatures within the stockpiles can be monitored with thermo-couples, as was undertaken at Burnett Dam (Australia) (Lopez et al, 2005), to enable the identification of aggregate with cooler (or warmer) temperatures to be used during warmer (cooler) periods of RCC construction.
- With large stockpiles, material that is occasionally produced out of Specification, may be spread over the accepTable material to produce a blend within Specification.
- Large aggregate stockpiles also have the benefit of more sTable moisture conditions, reducing variations in RCC consistency.

Dans les vallées très étroites et aux sites où l'espace est restreint, il peut ne pas être possible, ou économique de prévoir de grandes réserves à proximité, ou à une distance raisonnable de l'usine de dosage/malaxage du BCR. Dans ces cas, une attention particulière doit être portée à la capacité de l'usine de fabrication des granulats pour garantir sans compromis les taux de fabrication du BCR durant toute la période de mise en place du BCR, comme prévu aux barrages de Porce II (Abadia & Del Palacio, 2003) et Miel I (Moreira et al, 2002), tous les deux en Colombie.

L'emplacement et les dimensions des piles de réserve ainsi que la méthode de transport des granulats jusqu'à l'usine à béton doivent être étudiés pour minimiser la ségrégation et les variations dans la granulométrie. Pour les très grands taux de fabrication possibles avec le BCR, plusieurs chargeuses, ou un système de convoyeur peut être nécessaire afin de garder pleines les bennes de l'usine à béton. Sur les grands projets, le système préféré d'approvisionnement des granulats est au moyen de tunnels de récupération sous les « réserves actives » (une par classe de granulat), ou les trémies réceptrices; dans les deux cas, avec des convoyeurs alimentant les bennes ou silos à granulats à l'usine de dosage/ malaxage. L'entreposage des granulats à l'usine de dosage/malaxage dans des silos dotés d'isolation thermique est recommandé pour les grands projets, particulièrement lorsqu'un contrôle de la température est important.

Dans les climats humides/pluvieux, le sable (ou les sables) doit être entreposé sous abri pendant plusieurs jours (au moins 3 ou 4 jours de production maximale) avant utilisation afin de permettre la protection, le drainage et la stabilisation de la teneur en eau. Autrement, il pourrait être impossible de fabriquer du BCR avec un temps VeBe modifié consistant, ou dans le pire des cas, la quantité d'eau totale pourrait excéder la teneur en eau du mélange approuvé. De plus, quand des écailles/flocons de glace sont utilisés pour le pré refroidissement (voir la section 5.6), tous les granulats doivent avoir l'humidité la plus faible possible (au-dessus de l'humidité saturé superficiellement sec – SSS).

5.5   LA FABRICATION DU BCR

5.5.1   Généralités

Pour les barrages importants en BCR, deux usines à béton sont recommandées pour fins de redondance, chacune offrant la moitié de la capacité de production requise. L'usine (les usines) devrait être installée sur une surface surélevée, plane, drainante et préférablement pavée.

Les tendances récentes comprennent des usines de dosage et de malaxage spécialement conçues pour la fabrication du BCR. Le dosage peut être effectué par pesées individuelles, par pesées en continu avec des balances à courroie, ou par dosage volumétrique avec soit des alimentateurs à aubes ou des convoyeurs à palettes (ACI, 2011).

La variabilité de la teneur en eau libre des granulats peut affecter de façon significative la qualité et le potentiel de ségrégation d'un BCR; ces variations peuvent être particulièrement gênantes lors du dosage des mélanges initiaux de BCR. Une quantité insuffisante d'eau dans les mélanges initiaux est particulièrement défavorable, car ces matériaux seront souvent mis en place là où idéalement le BCR devrait être plus maniable que d'habitude; c.à.d. sur les fondations ou lors du début ou au redémarrage d'une couche mise en place au-dessus d'un BCR durci. L'usine à BCR devrait par conséquent toujours incorporer une dérivation, ou une bande de déversement, qui permet de rejeter toutes les gâchées de BCR « hors normes ».

Une usine à béton séparée devrait être fournie pour la fabrication du BCV et du mortier, particulièrement sur les grands projets. Si l'on utilise une seule usine sur des projets plus petits, tous les mélanges doivent être conçus avec les mêmes classes granulométriques.

In very narrow valleys and at sites of restricted area, it may not possible, or economical to make provision for large stockpiles close to, or within a reasonable distance of the RCC batching/mixing plant. In such cases, careful consideration of the aggregate plant capacity is required to ensure no compromise of RCC production rates during the full programme of RCC placement, as planned at Porce II (Abadia & Del Palacio, 2003) and Miel I (Moreira et al, 2002) dams, both in Colombia.

The location and dimensions of the stockpiles and the method of transporting aggregates to the concrete plant should be designed to minimise segregation and variability of gradings. At the very high production rates possible with RCC, several loaders, or a conveyor system may be required to keep the aggregate bins at the concrete plant full. For large projects, the preferred aggregate feed system involves reclaim tunnels beneath "active stockpiles" (one per aggregate size), or receiving hoppers; in both cases with conveyors directly feeding aggregate bins or silos at the batching/mixing plant. Storage of aggregates at the batching/mixing plant in thermally insulated silos is recommended for larger projects, particularly where temperature control is important.

In wet climates, sand (or sands) must be stockpiled under roof for a period of some days (minimum 3 to 4 days of maximum production) before use in order to allow for protection, drainage and stabilisation of moisture content. Otherwise, it may not be possible to produce RCC with a consistent modified VeBe time, or in a worst-case scenario, total moisture may exceed the mix design water content. Additionally, when ice flakes are used for pre-cooling (see Section 5.6), all aggregates must indicate the lowest possible moisture content (above SSD).

5.5   PRODUCTION OF RCC

5.5.1   *General*

For larger RCC dams, two concrete plants are recommended for practical redundancy, each with half of the total required production capacity. The plant/s should be located on a raised, graded, drained and preferably paved area.

Recent trends include the development of batching and mixing plants specifically for RCC construction. Batching can be achieved with conventional weigh-batching, continuous weigh-batching using belt scales, or continuous volumetric batching with either vane feeders or cleated belt feeders (ACI, 2011).

Variations in the free-moisture content of the aggregates can significantly impact the quality and potential for segregation of an RCC, while such variations can be particularly troublesome in the initial RCC mix batches. Insufficient water in the initial mix batches is particularly undesirable, as these mixes will often be placed where ideally the RCC needs to be more workable than usual; i.e. for covering foundation areas, or at the start or resumption of an RCC layer when placing on top of hardened RCC. The RCC plant should consequently always include a by-pass, or conveyor discharge, that allows the rejection of "out-of-specification" RCC batches.

A separate concrete plant should be provided for CVC and mortar production, particularly on large projects. Using a single concrete plant on small projects, all concrete mixes produced must be designed on the same aggregate grading bands.

5.5.2 Malaxeurs

Les malaxeurs sont un des principaux composants dans la fabrication rapide du BCR et leur capacité et leur fiabilité sont particulièrement importantes. Les malaxeurs doivent fonctionner sans ou avec très peu d'arrêts et l'entretien programmé et les réparations doivent être soigneusement planifiés et rapidement exécutés. Les pièces de rechange critiques devraient être disponibles au site.

La faible teneur en eau du BCR comparé à un béton conventionnel implique une plus grande sensibilité en matière de malaxage. L'uniformité des mélanges devrait être vérifiée et maintenue à tous les niveaux de production de l'usine.

La distribution des différents types de malaxeurs utilisés dans les usines à béton pour la construction des barrages en BCR en date de la fin 2017 est montrée à la Figure 5.3 (Dunstan, 2014, mis à jour 2017).

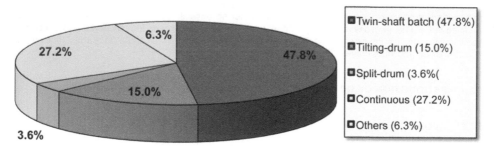

Figure 5.3
Malaxeurs à béton utilisés pour les barrages en BCR

Légende :
   A.   À double arbre, par gâchées
   B.   À benne basculante
   C.   À tambour divisé
   D.   Continu
   E.   Autres

Durant la dernière décennie ou environ, il y a eu peu de changement dans le pourcentage de barrages où des usines à béton avec des malaxeurs en continu ont été utilisés. Le pourcentage de barrages où des malaxeurs par gâchées à double arbre ont été utilisés a augmenté de quelque 10%, alors qu'il y a eu une réduction correspondante dans l'utilisation de malaxeurs à benne basculante et des autres types de malaxeurs. Les malaxeurs à benne basculante, les malaxeurs à tambour divisé et les malaxeurs à tambour réversible ont tendance à causer de la ségrégation même dans les mélanges les plus maniables et cohérents, particulièrement ceux avec des granulats de grande dimension. De plus, les temps de malaxage sont significativement plus longs que pour les malaxeurs à double arbre.

Les camions malaxeurs/agitateurs et les usines à béton mobiles ne devraient pas être utilisés pour le malaxage du BCR, sauf pour de faibles volumes avec une teneur en matériaux cimentaires relativement élevée et une dimension maximale des granulats ne dépassant pas 25 mm. Même dans ces cas, on devrait prévoir que le déversement du BCR sera lent.

5.5.3 La mise en silo des matériaux cimentaires

Dans un certain nombre de cas, la livraison des matériaux cimentaires a affecté le taux de construction d'un barrage en BCR et une planification prudente et proactive est souvent nécessaire pour garantir la continuité de l'approvisionnement. La capacité de stockage des matériaux cimentaires au site sera déterminée par la fiabilité de l'approvisionnement de ces matériaux.

5.5.2 Mixers

Mixers are one of the key elements in rapid RCC production and adequate mixer capacity and reliability are of particular importance. The mixer must operate with little or no downtime and scheduled maintenance and repairs must be carefully planned and rapidly implemented. Critical spare parts should be kept on-site.

The lower water content of RCC compared with conventional concrete implies greater sensitivity in respect of mixing. Mixture uniformity should be checked and maintained at all production rates to be used.

The distribution of mixer types used in concrete plants for RCC dam construction to the end of 2017 is illustrated in Figure 5.3 (Dunstan, 2014, updated 2017).

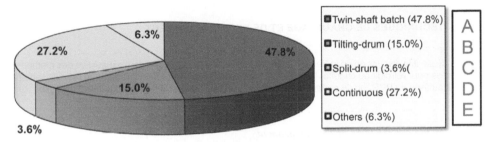

Figure 5.3
Concrete mixer types used for RCC dams

Over the past decade or so, there has been little change in the percentage of dams at which concrete plants with continuous mixers have been used. The percentage of dams at which twin-shaft batch mixers have been used, however, has increased by some 10%, while there has been a corresponding decline in the use of tilting-drum and other mixer types. Tilting-drum, split-drum and reversing-drum mixers tend to segregate even the more workable and cohesive RCC mixes, especially those with large MSA. Additionally, mixing times are significantly longer than for twin-shaft batch mixers.

Transit mixer trucks and mobile batch plants should not be used for mixing RCC, except for small-volume applications with relatively high cementitious contents and MSA limited to 25 mm. Even in such cases, slow discharge of RCC should be anticipated.

5.5.3 Silage of cementitious materials

In a number of instances, cementitious materials delivery has determined the rate of RCC dam construction and careful, proactive planning is often necessary to ensure supply continuity. The cementitious materials storage capacity to be provided on-site will be dictated by the reliability of the supply of these materials.

Dans les cas où les sources de matériaux cimentaires sont relativement proches du site du barrage, ou lorsque le transport à partir de la source est très fiable, un volume de stockage équivalent à 3 jours de fabrication de BCR à pleine capacité sera typiquement suffisant. À l'opposé, pour les sites isolés et/ou lorsque le transport est peu fiable (p.ex. lorsque le transport dépend fortement des conditions climatiques), une capacité de stockage équivalente à deux semaines de production du BCR à pleine capacité serait un minimum prudent.

Les spécifications devraient indiquer la capacité minimale de stockage au site des matériaux cimentaires, établie en fonction des conditions applicables et des risques. De plus, une source alternative pour chaque matériau cimentaire devrait être identifiée et ce matériau devrait être testé en parallèle avec les matériaux de sources primaires.

Les moyens de transport entre les principaux silos à matériaux cimentaires (« silos de réserve ») et les silos à l'usine de dosage/malaxage (« silos de production ») devraient être conçus avec suffisamment de capacité et de redondance. Ces systèmes peuvent devenir un obstacle s'ils ne sont pas bien conçus et testés avec les matériaux qui seront réellement.

5.6   TECHNIQUES DE CHAUFFAGE ET DE REFROIDISSEMENT

Suite à la discussion de la Section 2.5.4, on trouvera ci-dessous une liste exhaustive des méthodes disponibles pour refroidir ou chauffer le BCR. Les méthodes dites « passives » réfèrent au refroidissement, ou au chauffage du BCR, ou de certains constituants, avec peu ou pas de consommation d'énergie.

5.6.1   Méthodes passives de refroidissement

Les méthodes passives de refroidissement les plus utilisées sont énumérées ci-dessous :

- Réduction de la chaleur d'hydratation, par le choix du type de ciment, le contenu total en matériaux cimentaires et l'utilisation d'ajouts cimentaires;
- Fabrication et mise en réserve des granulats en hiver et exploitation des piles par l'intérieur à l'été;
- Ombrager les piles de granulats;
- Entreposer les granulats dans des silos thermiquement isolés;
- Isolement thermique et recouvrement des bennes à granulats;
- Couverts de convoyeurs;
- Protéger la surface de mise en place des rayons du soleil;
- Refroidissement par évaporation avec une fine bruine au-dessus de la surface de mise en place, ou par cure à l'eau de la surface de la couche après la prise finale et sur les faces du barrage. Pour que le refroidissement par évaporation soit efficace, il faut que l'humidité ambiante soit faible;
- Éviter la mise en place lors des heures les plus chaudes (si possible);
- Éviter la mise en place lors des mois les plus chauds (particulièrement pour les parties de la structure les plus affectées par la chaleur);

5.6.2   Méthodes de pré-refroidissement

Les méthodes de pré refroidissement les plus utilisées sont énumérées ci-dessous:

- Arrosage des piles de gros granulats avec de l'eau (refroidie ou non) pour un refroidissement par évaporation;
- Refroidissement de l'eau de gâchage ajoutée;
- Écailles/flocons de glace (« glace solide ») ou coulis de glace (« glace liquide ») en remplacement partiel de l'eau de gâchage ajoutée (moins efficace pour les BCR que pour les BCV à cause des teneurs en eau plus faibles). Ce système est plus approprié lorsque les besoins en refroidissement sont variables;

For cases in which the sources of cementitious materials are located relatively close to the dam site, or where transportation from source is highly reliable, a total silage capacity equivalent to 3 days of RCC placement at full production will typically suffice. In the opposite case, for a remote site and/or low reliability transportation (e.g. transportation highly dependent on weather conditions), a total silage capacity equivalent to two weeks RCC production at peak capacity might be a prudent minimum.

The Specification should indicate the minimum required on-site storage of cementitious materials, taking into account applicable conditions and risks. In addition, a backup source for each cementitious material should be identified and the materials should be tested in parallel with the materials from the primary sources.

The conveyance systems between the main cementitious materials silos ("storage silos") and the batching/mixing plant silos ("working silos") should be designed with sufficient capacity and redundancy. These systems can become a bottleneck if not properly designed and tested with the actual materials to be used.

5.6   COOLING AND HEATING TECHNIQUES

Further to the related discussion in Section 2.5.4, below is a comprehensive list of the existing methods for cooling and heating RCC. "Passive" methods refer to cooling, or heating of RCC, or some of its components, with little, or no energy consumption.

5.6.1   "Passive" cooling methods

The most common passive cooling methods are listed as follows:

- Reducing the heat of hydration, through cement types, total cementitious contents & the use of SCM.
- Producing aggregate in winter to be stockpiled and taken from the interior of the stockpiles in summer.
- Shading of aggregate stockpiles.
- Aggregate storage in insulated silos.
- Insulation and covering of the aggregate bins.
- Conveyor covers.
- Protection of the layer surface from direct sunlight.
- Evaporative cooling with fine water mist over the placement area, or with curing water on the layer surface after final set and on the dam faces. A low ambient humidity is necessary for evaporative cooling to be effective.
- Avoiding "hot-hours" operation (if feasible).
- Avoiding "hot-months" operation (especially for the thermally-critical parts of the structure).

5.6.2   Pre-cooling methods

The most commonly used pre-cooling methods for RCC dams are listed as follows:

- Sprinkling water (chilled or not) on coarse aggregate stockpiles for evaporative cooling.
- Chilling of added mixing water.
- Ice flakes ("dry" ice) or slurry ice ("wet" ice) as a partial replacement of added mixing water (less effective in RCC than CVC due to lower water contents). This system is most suited to changing cooling demands.

- Refroidissement à l'eau des gros granulats sur un convoyeur à bande humide. Méthode très efficace;
- Ennoiement à l'eau des gros granulats dans les silos;
- Refroidissement à l'air des gros granulats dans les silos/trémies;
- Refroidissement à l'air du sable dans un tambour rotatif, ou un séchoir à lit fluidisé vibrant;
- Refroidissement des matériaux cimentaires dans des échangeurs de chaleurs à vis;
- Injection d'azote liquide dans le malaxeur (très coûteux et seulement approprié pour de petits projets à cause de la durée additionnelle de résidence du mélange dans le malaxeur);
- Azote liquide ajoutée au BCR sur un convoyeur couvert;
- Azote liquide pour refroidir les matériaux cimentaires durant le remplissage des silos (dispendieux et nécessite un système sans humidité).

Le meilleur cout et l'usage potentiellement plus efficace du bioxyde de carbone a été considéré mais n'a pas encore été utilisé.

5.6.3   Méthodes de post-refroidissement

Jusqu'à présent, le post-refroidissement a été obtenu par :

- Circulation d'eau réfrigérée dans un réseau de tuyaux installés entre les couches;

Bien que du post-refroidissement ait été utilisé dans de grands barrage-poids, il est plus pertinent pour les barrages-voûtes en BCR et est discuté plus en détail à la Section 9.6.3.

5.6.4   Méthodes passives de chauffage

Les méthodes passives de chauffage du BCR comprennent :

- Fabrication et mise en réserve des granulats en été et exploitation par l'intérieur des piles en hiver;
- Stockage des granulats dans des silos thermiquement isolés;
- Isolement thermique et recouvrement des bennes à granulats;
- Couverts de convoyeurs;
- Protection de la surface de la couche au moyen de couvertures isolantes;
- Éviter la mise en place durant les heures les plus froides (si possible);
- Éviter la mise en place durant les mois les plus froids.

5.6.5   Méthodes de préchauffage

Les méthodes de pré chauffage du BCR comprennent:

- Chauffage de l'eau de gâchage ajoutée;
- Chauffage des gros granulats par eau chaude sur un convoyeur à bande humide;
- Chauffage par eau chaude des gros granulats ennoyés dans des silos;
- Chauffage à l'air chaud des gros granulats dans des silos/trémies;
- Chauffage à l'air chaud du sable dans un tambour rotatif, ou un séchoir à lit fluidisé vibrant;
- Chauffage des matériaux cimentaires dans des échangeurs de chaleur à vis;
- Localiser les réserves de granulats à l'intérieur d'un dôme/une tente temporaire à l'intérieur duquel il est possible de chauffer le sol sous les piles, forcer de la vapeur chaude vers le haut à travers les gros granulats, ainsi que chauffer l'air intérieur.

- Water cooling of coarse aggregate on "wet-belt". Very efficient method.
- Water-submergence of coarse aggregate in silos.
- Air cooling of coarse aggregate in silos/hoppers.
- Air cooling of sand in rotary drum, or "fluidized bed" (vibrating fluid bed dryer).
- Cooling of cementitious materials in "heat transfer screw processors".
- Liquid nitrogen injection into mixer (very expensive and only suiTable for small projects, due to significantly extended time required for the mix inside mixer).
- Liquid nitrogen applied to the RCC on a covered conveyor.
- Use of liquid nitrogen to cool the cementitious materials during filling of the silos (expensive, requiring to maintain a moisture-free system).

The lower cost and potentially more efficient use of liquid carbon dioxide has been contemplated, but as yet not applied in practice.

5.6.3   Post-cooling methods

Post-cooling has to date been performed by:

- Circulating chilled water through pipe coils installed between placement layers.

Although post-cooling has been used on large gravity dams, it is most relevant for RCC arch dams and is addressed in more detail in Section 9.6.3.

5.6.4   "Passive" heating methods

Passive RCC warming methods include:

- Producing aggregate in summer to be stockpiled and taken from the interior of the stockpiles in winter.
- Aggregate storage in insulated silos.
- Insulation and covers of the aggregate bins.
- Conveyor covers.
- Protection of the layer surface with insulation blankets.
- Avoiding "cold-hours" operation (if feasible).
- Avoiding "cold-months" operation.

5.6.5   Pre-heating methods

Pre-heating methods for RCC include:

- Heating of added mixing water.
- Water heating of coarse aggregate on "wet-belt".
- Heating of coarse aggregate water-submerged in silos.
- Air heating of coarse aggregate in silos/hoppers.
- Air heating of sand in rotary drum, or "fluidized bed" (vibrating fluid bed dryer).
- Heating of cementitious materials in "heat transfer screw processors".
- Placing aggregate stockpiles inside a large temporary storage dome/tent within which it is possible to heat the ground underneath the stockpiles, and/or forcing hot steam upwards through the coarse aggregate, and/or air heating the interior of the dome/tent.

5.6.6 *Méthodes de post-chauffage*

Les méthodes de post chauffage permettent d'isoler thermiquement la surface durant les interruptions de la mise en place et impliquent :

- Protection de la surface exposée de la couche par des chaufferettes électriques ou à gaz, en conservant la chaleur sous un abri fait de couvertures isolantes.

5.7 TRANSPORT

Plusieurs systèmes et combinaisons de systèmes ont été utilisés pour transporter le BCR entre l'usine à béton et l'endroit de mise en place. Les méthodes typiques et leur fréquence d'utilisation respective sont illustrées sur la Figure 5.4 (Dunstan, 2014, mis à jour 2017).

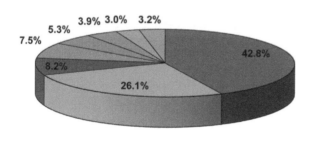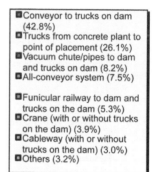

Figure 5.4
Méthodes de transport du BCR de l'usine à l'endroit de mise en place.

Légende :
- A. Convoyeurs avec camions sur le barrage
- B. Camions, de l'usine jusqu'à la mise en place
- C. Chute/tuyau sous vide jusqu'au barrage puis camions sur le barrage
- D. Système « tout convoyeur »
- E. Funiculaire jusqu'au barrage puis camions sur le barrage
- F. Grue (avec ou sans camion sur le barrage)
- G. Blondin (avec ou sans camion sur le barrage)
- H. Autres

Bien que chaque méthode ait certains avantages, sans égard à la méthode utilisée, l'équipement devrait être capable de minimiser la ségrégation qui peut être problématique, particulièrement avec les mélanges les moins maniables contenant des granulats de grande dimension (ACI, 2011).

Les équipements et usines présentement disponibles peuvent permettre la fabrication, le transport et la mise en place du BCR à des taux dépassant 1000 m³/heure, mais on doit comprendre que de tels taux ne sont réalisables qu'avec des systèmes conçus sur mesure. En particulier, le transport doit être adapté et optimisé pour chaque projet.

Les méthodes de transport les plus courantes sont décrites dans les sections ci-dessous.

5.6.6 Post-heating methods

Post-heating methods provide surface insulation during placement breaks and involve:

- Protection of the exposed layer surface with electric or gas heaters, retaining heat beneath a canopy comprising insulation blankets.

5.7 TRANSPORTATION

Many different systems and combinations of systems have been used to transport RCC from the concrete plant to the point of placement. Typical methods and their respective usage are illustrated in Figure 5.4 (Dunstan, 2014, updated 2017).

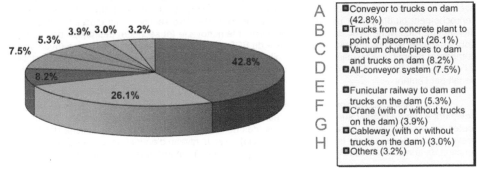

A   ◼Conveyor to trucks on dam (42.8%)
B   ◻Trucks from concrete plant to point of placement (26.1%)
C   ◼Vacuum chute/pipes to dam and trucks on dam (8.2%)
D   ◻All-conveyor system (7.5%)
E   ◻Funicular railway to dam and trucks on the dam (5.3%)
F   ◼Crane (with or without trucks on the dam) (3.9%)
G   ◻Cableway (with or without trucks on the dam) (3.0%)
H   ◻Others (3.2%)

Figure 5.4
Methods of RCC transportation from concrete plant to point of placement

While each method of transportation has some advantages, whichever method is used, the equipment should be designed to minimise segregation, which can be problematic, particularly with less-workable mixes containing large maximum-sized aggregate (ACI, 2011).

Currently available equipment and plant can sustain the production, transportation and placement of RCC at rates exceeding 1000 m^3/h, but it is important to realize that such rates are only achievable with custom-designed systems. In particular, transportation must be tailored-designed and optimised for each project.

The most common methods of transportation are described below.

5.7.1 Par camions jusqu'à l'endroit de mise en place («tout camion»)

L'utilisation de camions de l'usine à béton jusqu'à l'endroit de la mise en place offre les avantages de flexibilité et d'éviter le besoin d'équipements spécialisés, mais nécessite une étude détaillée d'un réseau de chemins d'accès. Les contraintes comprennent les terrains escarpés et accidentés, le manque de matériaux de construction routière et les impacts sur l'environnement. Les pentes devraient être fonction des caractéristiques des équipements et des exigences de sécurité. Dans le cas des barrages où l'imperméabilité du BCR est requise, l'accès des camions par la face amont devrait être évité. Lorsque inévitable, le passage des camions sur la zone adjacente à la face amont doit être planifié avec soin afin de minimiser les dommages inévitables.

Le déplacement/rehaussement des chemins d'accès concurremment avec la hausse de la surface de mise en place peut devenir une contrainte majeure sur le programme. Idéalement, les camions devraient accéder à la surface de déposition le plus obliquement possible afin d'éviter de tourner sur le barrage, ce qui cause des dommages importants à la surface de la couche sous l'effet des pneus. Lorsque possible, les pneus devraient être larges avec des rainures peu profondes (usées) afin de minimiser les indentations sur les surfaces de BCR compacté et les camions devraient ralentir pour tourner avec un rayon de virage le plus grand possible. Les chemins d'accès devraient être construits avec de l'enrochement ou du gravier propre et bien drainant et la dernière section avant d'accéder au barrage devrait être recouverte avec un matériau qui permet le nettoyage (et séchage) des pneus des camions pour empêcher la contamination de la surface du BCR. Une station de lavage et séchage (avec de l'air comprimé) devrait être installée à cet endroit. Des rampes en acier, pouvant être déplacées, installées à l'entrée et au-dessus du parement sont avantageuses, particulièrement lorsque l'entrée sur le barrage se fait par l'amont.

Pour minimiser les dommages à la surface de la couche de réception, les camions de transport devraient éviter de circuler sur la même trajectoire. Lorsque le transport est fait par camion, même avec toutes les précautions ci-dessus mentionnées, des dommages à la surface de la couche doivent être prévus (particulièrement par temps pluvieux et froid), avec le niveau d'endommagement augmentant en fonction de la maniabilité du BCR, et on doit anticiper d'avoir à réparer et re-sceller la surface au moyen d'un rouleau.

Le BCR ne devrait jamais être compacté là où il est déposé, la seule exception étant pour les premiers déchargements au début de chaque couche, ou bande. Autrement, le BCR transporté jusqu'à l'endroit de mise en place doit être déchargé au-dessus de la couche en cours de construction et doit être poussé, par un bulldozer, vers l'avant et par-dessus l'extrémité de cette couche au-dessus de la couche précédente déjà compactée. Cette façon de faire re-mélange tout matériau affecté par la ségrégation qui a particulièrement tendance à s'accumuler au bas et sur les côtés des tas déchargés. Afin de limiter cette ségrégation et de faciliter le re-mélange par le bulldozer, il est avantageux de limiter la hauteur des tas de BCR à 1m. Lorsque des gros granulats ont roulé jusqu'à la surface de la couche précédemment compactée, la seule façon de corriger cette ségrégation est par du travail manuel, avec des pelles et râteaux.

Pour minimiser le potentiel de ségrégation au déchargement des camions et par conséquent améliorer l'efficacité de l'épandage, les mesures suivantes peuvent être utilisées (en plus d'un mélange de BCR bien conçu et l'utilisation de gros granulats concassés):

- Des boites d'épandage conçues spécialement à cet effet et attachées à l'arrière de la plateforme des camions (Mctavish, 1988), qui permettent à un BCR cohérent de glisser en une seule masse du camion jusque sur la surface de réception, avec un minimum de ségrégation;
- Des chutes/carénages de type à queue d'aronde, « dovetail cowlings » conçues spécialement pour être attachées à l'arrière des bennes des camions et qui forcent le BCR vers le centre réduisant la hauteur de chute libre, tout en empêchant l'étalement latéral lors du déchargement;
- Des camions avec benne à poussoir, en autant qu'ils soient équipés de chutes de type à queue d'aronde, appropriées (Rizzo et al, 2012).

Toutes les recommandations ci-dessus pour la livraison par camion du BCR jusqu'au barrage s'appliquent aussi pour son transport sur le barrage.

5.7.1 Trucks to point of placement ("total truck")

The use of trucks from the concrete plant to the point of placement offers the advantages of flexibility and the obviation of any requirement for specialized equipment, but requires a thorough study of the haul-road network. Constraints include steep and rough terrain, lack of available road-building materials and environmental impacts. The roads should be kept at slopes consistent with the equipment capabilities and safety requirements. In the case of dams for which RCC impermeability is required, truck access via the upstream face should be avoided. When unavoidable, the method of traversing trucks over the upstream face zone should be planned in detail to minimise ineviTable damage.

Access road relocation/raising with the rising placement surface can become a limiting factor in the programme. Ideally trucks should drive onto the placement surface at as oblique an angle as possible to avoid the need to turn on the dam, which can incur significant tyre damage to the top of the layer. Where possible truck tyres should be wide, with shallow (worn) tread to minimise the impression in compacted RCC layer surfaces and trucks should turn slowly on the largest possible turning circle. Access roads should be constructed with clean, free-draining rock or gravel and the last section before entering the dam should be surfaced with a material that allows cleaning (and drying) of the truck tyres to prevent contamination of the RCC surface. A tyre washing and drying (compressed-air) systems should be installed at this point. Re-locaTable steel ramps at the entrance and over the RCC facing area are beneficial, especially when entering the dam from the upstream side.

To minimise damage to the receiving layer surface, haulage trucks should avoid travelling the same path. When using truck haulage, even with all the aforementioned precautions, damage to the layer surface should, however, be expected (particularly in wet and cold weather), with the level of damage increasing with RCC workability, and provision must be made for repair and surface re-sealing by re-rolling.

RCC should never be compacted where dumped, with the only exception being the first truck-loads at the beginning of each layer, or lane. Otherwise, RCC hauled to the point of placement and end dumped should always be deposited onto the top of the advancing layer and should be dozed forward and over the end of the layer, onto the compacted surface of the previous layer. This action provides re-mixing of any segregated material, which can particularly accumulate at the bottom and on the sides of a dumped heap. To limit such segregation and to best facilitate associated dozer re-mixing, it is expedient to limit the height of a dumped RCC heap to 1 m. Correcting segregation of this nature once the larger aggregate has rolled onto a previously-compacted layer surface typically requires the use of hand labour with shovels.

To minimise the potential for segregation when unloading trucks and consequently improve spreading efficiency, the following measures can be applied (in addition to a well-designed RCC mix and the use of crushed coarse aggregate):

- purpose-designed spreader-boxes attached to the end of truck beds (Mctavish, 1988), which allow cohesive RCC to slide as a single body from the truck and onto the receiving surface, with minimal segregation;
- purpose-designed dovetail cowlings at the rear of the load box, which force the RCC to the centre and reduce the free-fall height, while containing lateral spillage during unloading;
- "ejector" trucks, provided they are fitted with dovetail cowlings (Rizzo et al, 2012).

All the above recommendations for delivery of RCC by truck to the dam also apply to all methods using truck haulage on the dam.

5.7.2 Par convoyeurs et camions sur le barrage

L'utilisation d'un convoyeur jusqu'au barrage et de camions sur la surface du barrage a l'avantage d'une flexibilité raisonnable, plus un besoin moindre de chemins de construction. Pour charger de façon continue les camions, il est avantageux de prévoir un système de déchargement à l'extrémité du convoyeur. Voici quelques exemples de systèmes qui ont été utilisés.

- Un convoyeur de déchargement orientable (« Swinger ») à l'extrémité d'un convoyeur. Sur quelques projets, du BCR très cohésif a pu être déversé du convoyeur, à l'aide d'une trompe d'éléphant, sur une hauteur de plus de 20 m sans ségrégation, bien que les hauteurs de chute soient typiquement limitées à 8–10 m. Cet équipement peut être placé en dehors du barrage, très près de sa face (préférablement la face amont) (Alzu, Ibañez-de-Aldecoa & Palacios, 1995), ou sur le barrage, avec un mécanisme de levage qui permet le rehaussement continu au fur et à mesure de la progression de la construction du barrage (Romero et al, 2007);
- Un système à doubles trompes d'éléphant, permettant la décharge du BCR d'être transféré d'un camion récepteur à l'autre (Oury & Schrader, 1992);
- Une trémie avec un volume équivalent à la charge d'un camion ou plus; la trémie peut continuer à être remplie même quand les camions ne sont pas prêts à être chargés (ACI, 2011).

Les systèmes de convoyeurs devraient être à haute vitesse et conçus de façon à minimiser la ségrégation aux points de transbordement. Des racleurs de courroie devraient être prévus pour nettoyer la courroie de retour; ils ont généralement besoin d'une attention fréquente pour ajustement, entretien et usure, et d'un nettoyage systématique. Les convoyeurs positionnés au-dessus des surfaces de mise en place doivent être équipés d'un plateau de protection inférieur pour capter tout déversement provenant de la courroie de retour. Lorsqu'applicable, un couvert de convoyeur devrait être envisagé afin de protéger le mélange contre le séchage ou la pluie.

L'expérience des travaux de réparation des évacuateurs de crue du barrage d'Oroville (Californie, États-Unis) (voir section 8.5.3) a démontré qu'un «transporteur à benne pivotante sur chenilles en caoutchouc» était parfaitement adapté au travail sur la surface du BCR frais, notamment en évitant les virages et en prévenant les ornières. Bien que la possibilité de dommages lors du transport sur des surfaces en béton semi-durci et durci reste un problème potentiel, la taille limitée des camions actuellement disponibles limitera leur utilisation aux seuls barrages de petite à moyenne taille.

5.7.3 Système tout en convoyeurs

Les systèmes de transport « tout-convoyeur » offrent des avantages dus à leur simplicité, vitesse, continuité, moins de voies d'accès et de chemins de construction et moins de trafic (et des dommages et leurs réparations) sur les surfaces de mise en place. Par contre, ils souffrent des inconvénients dus à la dépendance sur un seul système mécanique, des coûts élevés et une faible flexibilité. Les systèmes « tout-convoyeur » sont généralement économiques sur les très grands projets, avec des volumes de BCR qui dépassent environ 1 Mm³ (Oury & Schrader, 1992), bien que des systèmes relativement petits avec des courroies de 24" (610 mm) de largeur aient été utilisés sur des barrages en BCR petits à moyens. Typiquement, une série de convoyeurs transporte le BCR jusqu'à un charriot déverseur sur le barrage qui alimente un convoyeur télescopique sur roues ou sur chenilles, qui peut se déplacer et s'allonger pour atteindre toute la surface de mise en place.

Au barrage Miel I (Colombie), un système « tout-convoyeur » a été combiné à un convoyeur monté sur grue à tour, (Moreira et al, 2002), alors que pour le projet Ralco (Chili), une section du convoyeur de 150 m de longueur qui était située dans une pente abrupte (45°) a nécessité une courroie de recouvrement spéciale pour empêcher le BCR de glisser sur la courroie de transport (Croquevielle et al, 2003).

5.7.2 Conveyor with trucks on the surface of the dam

The use of a conveyor to the dam and trucks on the dam surface has the advantage of reasonable flexibility, plus the reduced need for haul roads to the dam. In order to load the trucks continuously, it is advantageous to have some form of loading system at the end of the conveyor. Examples of systems that have been used are:

- a "swinger" at the end of the conveyor belt. In some projects, very cohesive RCC has been dropped from the swinger through a height of over 20 m without segregation, using a trunk, although drop heights are typically limited to 8–10 m. The swinger can be positioned outside the dam, very close to the dam face (preferable the upstream face) (Alzu, Ibañez-de-Aldecoa & Palacios, 1995), or on top of the dam, with a jacking system that allows continuous raising, as the dam progresses upwards (Romero et al, 2007).
- a double-trunking system, allowing the discharge of RCC to be switched between receiving trucks (Oury & Schrader, 1992).
- a hopper with a capacity of a truck-load, or more; the hopper can continue to be loaded while the trucks are not in position to receive RCC (ACI, 2011).

Conveyor systems should be of a high speed and designed to minimise segregation at transfer points. Belt scrapers should be provided to clean the return belt; these typically require frequent attention for adjustment, maintenance and wear, and systematic cleaning. Conveyors located over the placement area should be fitted with a protective under tray to catch any spillage from the return belt. Where applicable, covering the conveyor to protect the mixture from drying and from rain should be considered.

Experience on the repair work for the spillways at Oroville Dam (CA, USA) (see Section 8.5.3) showed a "rotating rubber-tracked dumper" to be very well suited to working on the surface of fresh RCC, particularly through avoiding turns and preventing rutting. While a potential problem area remains the possibility of damage when hauling on semi-hardened and hardened RCC surfaces, the limited size of the trucks currently available will restrict their use to small and medium-sized RCC dams.

5.7.3 All-conveyor system

All-conveyor delivery systems offer the advantages of simplicity, speed, continuity, reduced access and haul roads and reduced traffic (and associated damage and repair work) on the placement surface, but the disadvantages of dependence on a single mechanical system, high cost and low flexibility. All-conveyor systems are typically economical on very large projects, with RCC volumes exceeding approximately 1 Mm^3 (Oury & Schrader, 1992), although relatively small systems with 24" (610 mm) belt-widths have been used on small to medium size RCC dams. Typically, a series of conveyors transport the RCC to a "tripper conveyor" on the dam that feeds a wheel-, or crawler-mounted concrete placer, which can move and extend to cover the full placement area.

At the Miel I project (Colombia), the all-conveyor system was combined with a "tower-belt" (Moreira et al, 2002), while at the Ralco project (Chile), a 150 m-long section of the conveyor was located on a very steep slope (45°) and required a special "cover belt" to prevent RCC sliding down the belt (Croquevielle et al, 2003).

5.7.4 Combinaison de camions, convoyeurs et convoyeurs télescopiques

Dans certains cas, le BCR a été transporté par camion jusqu'au site du barrage, ensuite par un convoyeur le transférant sur le barrage puis à nouveau transporté par camion jusqu'à l'endroit de mise en place (Madrigal, Ibañez-de-Aldecoa & Gomez, 2003). Dans d'autres cas, des combinaisons de camions, convoyeurs et convoyeurs télescopiques (généralement appelés « concrete placer », montés sur grue, camion ou une pelle) ont été utilisés avec et sans camion sur la surface du barrage. Ces systèmes ont généralement été utilisés sur des barrages relativement petits ou sur de plus grands barrages construits par plots (voir la Section 5.8.4).

5.7.5 Chutes et tuyaux sous vide

Les chutes et tuyaux sous vide sont des systèmes de transport gravitaire très peu coûteux qui ont été utilisés avec succès sur plusieurs projets pour apporter le BCR jusqu'aux camions sur la surface du barrage e.g. Wei & Lu (1999), Roca et al. (2002), Azari, Peyrovdin & Ortega (2003), Cabedo, Roldan & Lopez (2012). Une des premières utilisations d'une chute sous vide a été au barrage Jiangya (Hunan, Chine), avec deux chutes inclinées (à 45°) de 80 m de longueur constituées de sections semi-circulaires en acier recouvertes d'une feuille de caoutchouc, dans lesquelles un vide partiel était créé pour ralentir la vitesse du BCR qui y glissait (Forbes et al. 1999). La circulation du BCR dans les tuyaux a parfois été ralentie par des battants en caoutchouc (Wang, Wang & He, 1994). Pour toutes ces méthodes de transport, des mélanges de BCR appropriés sont nécessaires.

Sur quelques projets, des combinaisons de convoyeurs et de chutes sous vide ont été utilisées pour transporter le BCR de l'usine au barrage, comme par exemple au barrage Dong Nai 3 (Vietnam).

5.7.6 Autres méthodes

Plusieurs autres méthodes ont été utilisées pour le transport du BCR, comprenant :

- Un funiculaire jusqu'au barrage avec des camions sur le barrage (seulement pour des barrages en RCD) (Ujiie, 1995);
- Un blondin jusqu'à une trémie sur le barrage et des camions sur la surface du barrage (seulement pour les premiers barrages en RCD) (Hirose & Yanagida, 1981);
- La méthode de transport par tuyau en spirale (SP-TOM) a été utilisée pour transporter du béton jusqu'au barrage RCD au Japon, conjointement avec des camions pour le transport sur le barrage. Ce système comprend des pales spiralées en caoutchouc dur dans un tuyau et permet de contrôler efficacement la ségrégation dans le béton transporté (Nishiyama, 2016);
- Des convoyeurs jusqu'au barrage et des chargeuses frontales opérant sur le barrage (utilisé sur quelques petits barrages en BCR, particulièrement aux États-Unis) (Jackson, 1986);
- Sur quelques-uns des premiers barrages en BCR, le béton était transporté dans des décapeuses ou des remorques à décharge par le fond, mais ces méthodes furent discontinuées à cause d'un manque de flexibilité, de la ségrégation et de la tendance à déchirer la surface de la couche lors de virages serrés.

5.8 LES MÉTHODES DE MISE EN PLACE

Les barrages en BCR ont été initialement conçus afin d'offrir une méthode simple et rapide de construire des barrages en béton, avec les couches placées, en principe, horizontalement et de façon continue d'un appui à l'autre. Cependant, d'autres approches ont été développées pour des situations particulières, par exemple lorsque l'usine à béton a une capacité insuffisante ou lorsque les conditions climatiques limitent les taux de mise en place.

Il existe essentiellement cinq méthodes différentes de mise en place du BCR qui ont été utilisées dans des barrages. Elles sont décrites ci-dessous. (Dunstan, 2015)

5.7.4 Combination of trucks, conveyors and telescopic conveyor

In some instances, truck haulage to the dam, a feed conveyor system onto the dam and truck haulage on the dam has been used (Madrigal, Ibañez-de-Aldecoa & Gomez, 2003). In other cases, combinations of trucks, conveyors and telescopic conveyors (crane-, truck- or excavator-mounted, generally known as "concrete placers") have been used, with and without trucks on the dam surface. These systems have generally been used for relatively small dams, or larger dams constructed in blocks (see Section 5.8.4).

5.7.5 Vacuum chutes and pipes

Vacuum chutes and pipes are very low-cost, gravity conveyance systems that have been successfully used at several projects to transport RCC to trucks on the dam surface, e.g. Wei & Lu (1999), Roca et al. (2002), Azari, Peyrovdin & Ortega (2003), Cabedo, Roldan & Lopez (2012). One of the first uses of a vacuum chute was at Jiangya Dam (Hunan, China), where twin 80 m long inclined (45°) chutes of half round steel sections were covered with a loose rubber sheet, creating a partial vacuum to slow down the sliding speed of the RCC (Forbes et al. 1999). The flow of RCC in pipes has in some cases been controlled with rubber flaps (Wang, Wang & He, 1994). For all such conveyance methods, appropriate RCC mixes are required.

On some projects, combinations of conveyors and vacuum chutes have been used to transport RCC from the concrete plant to the dam, as for example at Dong Nai 3 Dam, Vietnam.

5.7.6 Other methods

A number of other methods have been used for RCC conveyance, including:

- Funicular railway to the dam with trucks on the dam (only for RCD dams) (Ujiie, 1995).
- A cable-way to a hopper on the dam with trucks on the dam surface (only early RCD dams) (Hirose & Yanagida, 1981).
- The Spiral Pipe Transportation Method (SP-TOM) has been used to transport concrete to the dam for RCD in Japan, in conjunction with trucks for transportation on the dam. This system includes hard rubber spiral blades within a pipe and is effective in controlling segregation in the transported concrete (Nishiyama, 2016).
- Conveyors to the dam and front-end loaders operating on the dam surface (used on a number of small RCC dams, particularly in the USA) (Jackson, 1986).
- At some early RCC dams, concrete was transported in scrapers and bottom-dump trailers, but these methods have been discontinued due to insufficient flexibility, segregation and a tendency to tear the placement surface when making sharp turns.

5.8 OVERALL PLACING METHODS

RCC dams were originally conceived to provide a simple and rapid method for the construction of concrete dams, with layers placed, in principle, horizontally and continuously from one abutment to the other. Other approaches, however, have been developed for particular situations, for example where the concrete plant may have insufficient capacity, or where weather conditions limit placement rates.

There are essentially five different methodologies that have been used to place RCC in dams, which are described below (Dunstan, 2015).

5.8.1   Mise en place horizontalement

La mise en place horizontalement (Figure 5.5) est la méthode la plus simple, en autant que les couches peuvent être mise en place suffisamment rapidement et que des conditions météorologiques favorables existent.

Des couches horizontales consécutives sont mises en place d'un appui à l'autre, selon une ou plusieurs bandes ou couloirs.

Figure. 5.5
Mise en place horizontalement en une seule bande au barrage Portugues (Puerto Rico,États-Unis)
(Photo: Ibañez-de-Aldecoa, 2011)

5.8.2   Méthodes des couches inclinées

La méthode des couches inclinées (MCI) fut développée au barrage Jiangya en Chine (Forbes et al, 1999 & Forbes, 2003) afin de permettre la mise en place de couches successives de BCR à l'intérieur du temps de prise initiale retardé de 6–8 heures. Avec la MCI, le BCR est mis en place en couches de 300 mm (après compactage) sur une pente inférieure à 1 :10 (H : V), pour une épaisseur de levée variant entre 1,2 et 3,0 m, d'un appui jusqu'à l'autre (voir les Figures 5.6 et 5.7). Dans les gorges étroites, au fond du barrage où sa largeur est plus grande que sa longueur, les couches inclinées peuvent être mise en place dans le sens amont-aval, en revenant plus tard à une mise en place d'un appui à l'autre. Les surfaces des levées sont traitées comme des joints froids ou super-froids.

Le plus grand avantage de la MCI est de diminuer la surface « active » pour assurer la mise en place des couches successives avant la prise initiale de la couche réceptrice, tout en éliminant le besoin de retarder la prise initiale de façon importante.

5.8.1   Horizontal placement

Horizontal placement (Figure 5.5) represents the simplest placing methodology, as long as the layers can be placed sufficiently rapidly and good weather conditions prevail. Consecutive horizontal layers are placed from one abutment to the other in one or several lanes.

Horizontal placement is generally used in RCD construction in Japan.

Figure 5.5
Horizontal placement in one single lane at Portugues Dam in Puerto Rico, USA
(Photo: Ibañez-de-Aldecoa, 2011)

5.8.2   Slope-layer placement

The sloped-layer method (SLM) was developed at Jiangya Dam in China (Forbes et al, 1999 & Forbes, 2003) to allow successive layers of RCC to be placed within the retarded initial set time of 6–8 hrs. With SLM, RCC is placed in 300 mm layers (after compaction) on a slope less steep than 10:1 (H:V), to a lift height of between 1.2 to 3.0 m, proceeding from one abutment to the other (see Figs. 5.6 and 5.7). In narrow canyons, at the bottom of the dam, where the width exceeds the length, sloping layers can be placed in a downstream-upstream direction, later changing to placing the layers from abutment to abutment. Lift surfaces are treated as cold, or super-cold joints.

The main advantage of the SLM lies in decreasing the area of the "working face" to ensure the placement of successive layers before initial set of the receiving layer, while avoiding the need for significant set retardation.

Des difficultés avec la MCI peuvent apparaître quand la hauteur des marches aval est différente de la hauteur des levées et aussi le traitement des extrémités en biseau en haut et au pied de chaque couche inclinée nécessite une attention particulière).

La méthode des couches inclinées (MCI) est la méthode préférée pour la construction des barrages en Chine mais a aussi été utilisée avec succès en d'autres endroits, incluant le barrage de Kinta en Malaisie, celui de Bui au Ghana et les barrages de Tannur (Forbes, Iskander & Husein Malkawi, 2001) et Al Wehdah (Warren, 2009) en Jordanie. On a rapporté que les gains réels associés à la MCI sont entre 30 et 50% pour les taux de mise en place, principalement dû à un besoin moindre de nettoyage des couches et au fait que le rehaussement des coffrages, la construction des galeries, etc. ne sont plus sur le cheminement critique. (Forbes, 2008)

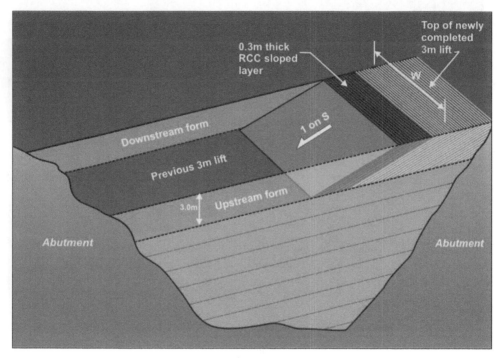

Figure 5.6
Croquis montrant la méthode des couches inclinées (MCI)

Légende :
    A : Couche inclinée de BCR, de 0,3 m d'épaisseur
    B : Levée précédente, de 3m
    C : Coffrage face aval
    D : Coffrage face amont
    E : Dessus de la levée en cours d'achèvement, de 3m de hauteur
    F : Appuis

Complications can be experienced with SLM when downstream face step heights differ from the lift height and also with the trimming and cleaning of the feathered edges at the top and toe of each sloped layer, which requires careful attention.

The sloped-layer method is the preferred method for RCC dam construction in China, but has also been successfully used elsewhere, including Kinta Dam in Malaysia, Bui Dam in Ghana and Tannur (Forbes, Iskander & Husein Malkawi, 2001) and Al Wehdah dams (Warren, 2009) in Jordan. Efficiencies associated with SLM have realised claimed increased RCC placing rates of between 30 and 50%, mainly due to reduced layer clean up and preparation and form lifting, gallery construction, etc., being taken off the critical path (Forbes, 2008)

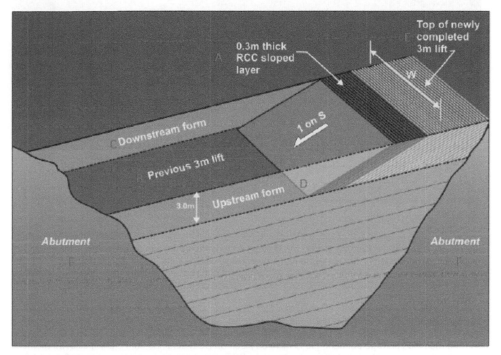

Figure 5.6
Sketch of the slope-layer placement method (SLM)

Figure 5.7
Mise en place par couches inclinées au barrage Jingya en Chine avec des levées de 3 m de hauteur
(Photo : Forbes, 1997)

5.8.3 *Mise en place par paliers*

La mise en place par paliers a été utilisée pour la première fois sur un grand barrage au barrage Beni Haroun en Algérie (Berkani, Ibañez-de-Aldecoa & Dunstan, 2000) afin de permettre la mise en place en continu avec des joints chauds sur la partie du barrage où le volume des couches approchait la limite de production de l'usine à béton. Pour cela, le barrage fut construit en deux moitiés, avec des levées de 14.4 m de hauteur (48 couches de 300 mm) mises en place en alternance sur chaque moitié.

Cette méthode permet l'érection des coffrages pour les galeries horizontales sur une moitié du barrage pendant que le BCR est placé sur l'autre moitié, sans ralentir la construction et en diminuant la quantité de coffrage nécessaire. De plus, le traitement du joint froid sur chaque levée peut être effectué sur une moitié du barrage pendant que la mise en place du BCR continue sur l'autre moitié. La méthode a été utilisée avec succès sur plusieurs barrages en BCR, typiquement avec des levées de 3.6 à 10.2 m, permettant un accès simple et continue entre les deux moitiés à l'aide de rampes en acier ou en BCR (voir les Figures 5.8 et 5.9). Pour les hauteurs de levées plus importantes (comme à Beni Haroun), l'accès entre les moitiés est accompli au moyen de chemins extérieurs.

Figure 5.7
Slope-layer placement at Jiangya Dam in China using 3 m-high lifts
(Photo courtesy of Forbes, 1997)

5.8.3   Split-level placement

Split-level placement was first introduced on a large dam at Beni Haroun Dam in Algeria (Berkani, Ibañez-de-Aldecoa & Dunstan, 2000) to allow for continuous placement of hot joints, for the part of the dam where the volume of the layers was approaching the capacity limit of the concrete plant. The dam was accordingly placed in two halves, with staggered 14.4 m high lifts (48 layers of 300 mm) placed alternately on each half.

The method allows formwork for horizontal galleries to be erected on one half of the dam while RCC is placed on the other half, without slowing the construction process and reducing the necessary gallery formwork. Additionally, cold joint treatment on each staggered lift can be completed on one half of the dam while RCC placement continues on the other half. The method has been successfully used for several RCC dams, typically with lift heights from 3.6 to 10.2 m, allowing simple, continuous access between halves using metal or RCC ramps (see Figs. 5.8 and 5.9). In case of higher lift heights (as happened in Beni Haroun), the access between halves is achieved by means of external roads.

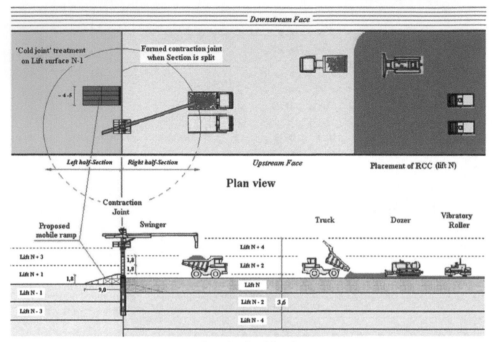

Plan view

Longitudinal Section

Figure 5.8
Croquis montrant la mise en place par paliers

Légende :Section longitudinale
  A. Vue en plan
  B. Face amont
  C. Face aval
  D. Traitement de « joint froid » sur la surface de la levée (N-1)
  E. Joint de contraction coffré au droit du palier
  F. Demi-section gauche
  G. Demi-section droite
  H. Mise en place du BCR, levée N
  I. Rampe d'accès mobile
  J. Convoyeur de déchargement pivotant
  K. Camion
  L. Bulldozer
  M. Rouleau vibrant
  N. Joint de contraction
  O. Levée N de 3.6 m ép.

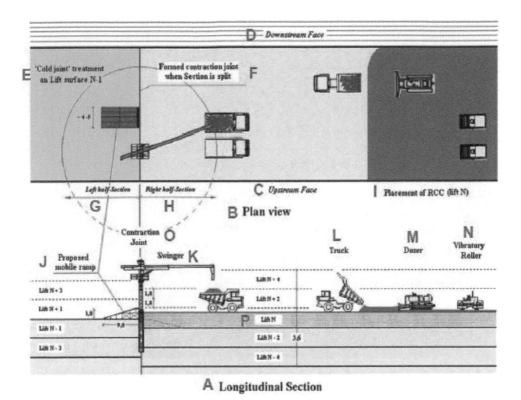

Figure 5.8
Sketch of the split-level placement method

Figure 5.9
Mise en place par paliers au barrage La Breña II en Espagne (Photo: Dragados, 2008)

5.8.4 Mise en place par plots

Sur les très grands barrages (généralement avec des volumes dépassant 2 Mm³), la mise en place peut être séparée en plots, avec des coffrages transversaux, comme au barrage Longtan en Chine (Wu, 2007) (voir la Figure 5.10).

Chaque plot de construction comprend généralement plusieurs plots contigus, séparés par des joints créés par amorce de fissure durant la mise en place du BCR. La méthode de mise en place par plots a aussi été utilisée sur plusieurs barrages en BCR (petits et grands) où la capacité de l'usine était insuffisante pour permettre une approche plus efficace.

5.8.5 Mise en place par couches horizontales discontinues

La mise en place par couches horizontales discontinues a été utilisée seulement sur quelques barrages, mais avec succès (Shaw, 2009), comme par exemple au barrage Çine (Turquie) et au barrage Wadi Dayqah (Oman) (voir la Figure 5.12). La méthode implique la mise en place jusqu'à la hauteur prévue de la levée sur une superficie telle que la mise en place des couches successives est accompli avant la prise initiale de la couche sous-jacente. Les avantages sont obtenus en conservant la mise en place horizontale et en diminuant les extrémités en biseau comparativement à la MCI, mais par contre un traitement des joints tièdes est requis entre les sections contiguës. Cette méthode est illustrée à la Figure 5.11.

Figure. 5.9
Split-level placement at La Breña II Dam in Spain (Photo: Dragados, 2008)

5.8.4 Block placement

On very large dams (generally with volumes in excess of 2 Mm³), placement can be split into blocks, using transverse formwork, as applied for Longtan Dam in China (Wu, 2007) (see Figure. 5.10).

Each construction block will generally include several contiguous blocks, separated by induced joints during the RCC placement process. The block placement method has also been applied for several (small and large) RCC dams where the concrete plant capacity has been insufficient to allow a more efficient approach.

5.8.5 Non-continuous horizontal layer placement

Non-continuous horizontal layer placement has been used for only a few dams, but with successful results (Shaw, 2009), as for example in Çine Dam (Turkey) and Wadi Dayqah Dam (Oman) (see Figure. 5.12). The method involves placement to the full height of a lift over an area sized such that placement of successive layers is achieved before the initial set of the receiving layer. Benefits are gained in retaining simpler horizontal placement and reduced feathered edges compared to SLM, but increased warm joint treatment is required between contiguous placements. The placement method is illustrated in Figure 5.11.

Figure 5.10
Mise en place par plots au barrage Longtan en Chine (Photo : Wu, 2007)

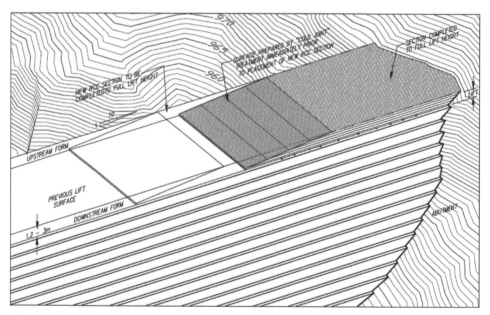

Figure 5.11
Croquis montrant la mise en place par couches horizontales discontinues

Légende:
- A. Nouvelle section de BCR à être complétée jusqu'à la hauteur de la levée
- B. Surface préparée avec traitement pour joint froid avant la mise en place de la nouvelle section
- C. Section terminée à la pleine hauteur de levée
- D. Surface de la levée précédente
- E. Coffrage amont
- F. Coffrage aval
- G. Levée
- H. Appui

Figure. 5.10
Placement in blocks at Longtan Dam in China (Photo: Wu, 2007)

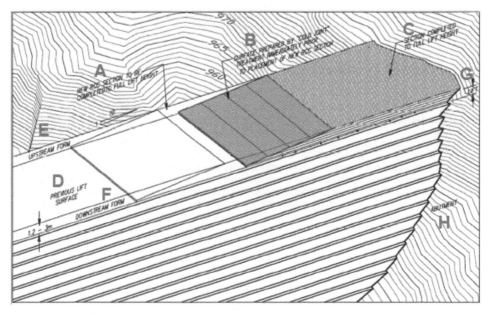

Figure. 5.11
Sketch of the non-continuous horizontal layer placement method

Figure 5.12
Mise en place en couches horizontales discontinues au barrage Wadi Dayqah Oman
(Photo : Shaw, 2009)

5.9   ÉPANDAGE ET COMPACTAGE

Le processus de malaxage, mise en place, déchargement, épandage et compactage devrait être accompli aussi rapidement que possible et avec le moins de reprises possible. Des mélanges contenant peu ou pas d'ajouts cimentaires devraient être déposés, épandus et compactés dans un délai de 45 minutes après le malaxage et, de préférence, de 30 minutes. Cette limite est applicable à des températures du béton et de l'air de l'ordre de 20 °C, et à des mélanges ne contenant pas de retardateur de prise, et peut être allongée par temps plus froid, mais devrait être réduite par temps plus chaud. Une faible humidité, des conditions venteuses et des manipulations multiples peuvent diminuer la maniabilité, et conséquemment, réduire le temps admissible pour le compactage à bien moins de 45 minutes particulièrement pour les mélanges de faible maniabilité et de faible teneur en liant. Ces temps limites peuvent être allongés de manière significative pour les bétons dont la prise est retardée et pour ceux ayant des teneurs élevées en ajouts cimentaires.

5.9.1   Début du bétonnage

L'interface barrage/fondation est l'une des zones les plus critiques de l'ouvrage et, conséquemment, un soin extrême doit être apporté à la qualité du béton placé dans cette zone. Bien que du BCR ait été utilisé dans quelques barrages pour remplir des creux dans la fondation, avec un compactage au moyen de dames sauteuses pneumatiques, la pratique courante consiste à construire une plateforme horizontale en béton conventionnel sur laquelle le premier BCR est épandu. Le béton de nivellement utilisé pour la construction de la plateforme devrait avoir des propriétés similaires à celles du BCR, mais avec une maniabilité suffisante afin qu'il puisse être consolidé par des vibrateurs internes. Le BCR avec vibration interne (IVRCC) peut être utilisé comme béton de nivellement (voir section 5.13.4). Une surface minimale de 400 à 500 m² est suffisante.

Figure. 5.12
Non-continuous horizontal layer placement at Wadi Dayqah Dam in the Sultanate of Oman
(Photo: Shaw, 2009)

5.9   SPREADING AND COMPACTION

The process of mixing, transporting, placing, spreading and compacting should be accomplished as rapidly and with as little re-handling as possible. Mixes with little or no SCM should be deposited, spread and compacted within 45 minutes of mixing, and preferably within 30 minutes. This limit is applicable at concrete and air temperatures of approximately 20 °C and for non-retarded mixes and can be extended in cooler weather, but should be reduced in warmer weather. Low humidity, windy conditions and multiple handling can decrease workability and consequently reduce the allowable time for compaction to well below 45 minutes, particularly for low-workability, low-cementitious mixes. These time limits can be extended significantly for retarded mixes and mixes with high SCM content.

5.9.1   Start of placement: levelling concrete

The dam-foundation interface is one of the most critical parts of the dam structure and consequently extreme care has to be paid to the quality of the concrete placed in this area. Although RCC has been used in a few dams to fill holes in the foundation, compacting with pneumatic "jumping" compactors, it is general practice to create an even and horizontal platform, to receive the first RCC, using CVC. The "levelling concrete" used for the platform should have similar properties to the RCC, but with sufficient workability to allow immersion vibration. IVRCC (see Section 5.13.4) can be used as levelling concrete. A minimum starter platform area of 400 to 500 m^2 is sufficient.

5.9.2 Béton d'interface

Lorsque du BCR est placé contre une paroi, un béton d'interface est généralement utilisé. Bien que cela puisse être un béton conventionnel vibré, des avantages substantiels sont tirées de l'utilisation de BCR enrichi de coulis, (GERCC et GEVR), ou de BCR vibré par des vibrateurs internes (IVRCC), qui sont des solutions préférées. Voir la section 5.13.

5.9.3 Épandage

Quelle que soit la méthode de mise en place utilisée, les couches de BCR sont placées dans une seule bande de « pavage » sur toute la largeur du barrage (voir Figure 5.5) ou en plusieurs bandes, selon la largeur de la couche applicable et le taux de mise en place réalisable. Les bandes devraient commencer, de préférence, dans un coin du côté aval, en principe à la distance la plus éloignée du point de livraison sur le barrage, et en s'approchant toujours vers celui-ci. La largeur des bandes dépendra de la taille de l'équipement utilisé et des taux de mise en place, mais sera typiquement de 10 à 15 m. Lors de l'utilisation d'un système de convoyeurs avec un point de décharge au centre du barrage, il peut être avantageux de placer la couche en deux moitiés, chacune allant de la paroi vers le point de décharge-ment. Cette approche nécessite un joint de construction « vertical » soigneusement exécuté où les deux moitiés se rencontrent (voir section 5.11.1).

Un équipement à base de bouteurs sur chenilles ou bulldozer s'est avéré être le meilleur équipement pour épandre le BCR. Avec un épandage soigneux, un bulldozer peut re-mélanger le BCR, en minimisant la ségrégation qui se produit pendant le déversement. Les bulldozers couramment utilisés vont du D-4 au D-6, de préférence équipés avec:

- Une lame en forme de « U », de préférence avec des plaques d'extension soudées sur les bords, ce qui produit un confinement latéral et réduit la ségrégation au cours de l'épandage;
- Chenilles à basse pression et crampons de faible hauteur (crampons de rue ou crampons usés). Une alternative consiste à installer des tampons en caoutchouc entre les crampons. Ces précautions minimisent la rupture des granulats et le cisaillement de la surface lors du déplacement sur du BCR déjà compacté;
- Contrôle du niveau avec laser, pour améliorer la précision du niveau et, par conséquent, la productivité.

Deux rouleaux vibrants de 10 tonnes et un bulldozer D-6, avec un bulldozer de réserve, peuvent épandre et compacter le BCR à une cadence d'environ 250 à 400 m³/h, en couches de 300 mm d'épaisseur. Sur le barrage Upper Stillwater (Utah, États-Unis), des camions à déchargement arrière étaient équipés d'une boîte épandeuse déversant et épandant le BCR en couches d'environ 350 mm d'épaisseur, non compactées. Seul un petit bulldozer D-4, guidé au laser, était nécessaire pour l'épandage final, avec un taux de mise en place atteignant 550 m³/h (Mctavish, 1998).

L'équipement d'épandage devrait laisser une surface plane d'une épaisseur uniforme. Dépendant de la maniabilité du mélange, des stries ou des dénivellations entre des passes adjacentes de la lame du bulldozer peuvent provoquer un compactage irrégulier et une qualité variable du BCR. En général, il est plus important d'avoir une surface plane prête à être compactée dans le laps de temps le plus court que d'avoir un niveau exact et, conséquemment, retarder le compactage.

Les bulldozers devraient opérer seulement sur du BCR frais et non compacté. Lorsqu'il est inévitable qu'un bulldozer roule sur le BCR déjà compacté, le mouvement devrait se limiter à un mouvement de va-et-vient et, à titre de prudence, rouler sur des tapis en caoutchouc, comme sur de vieilles courroies de convoyeur.

5.9.2   Interface concrete

When RCC is placed against an abutment, an interface concrete is generally used. While this can be a CVC, substantial benefits have resulted in GERCC, GEVR and IVRCC being the preferred solutions. See Section 5.13.

5.9.3   Spreading

Whatever the overall placing method used, RCC layers are placed either in a single "paving" lane across the full width of the dam (see Figure 5.5) or in several lanes, depending on the applicable layer width and the achievable placement rate. The lanes should preferably commence at one corner on the downstream side, in principle at the farthest distance from, and always working back to, the delivery point on the dam. The width of the lanes will depend on the size of the equipment used and the placement rates, but will typically be 10 to 15 m. When using a conveyor system with the discharge point in the centre of the dam, it can be beneficial to place the layer in two halves, each proceeding from the abutment towards the discharge point. This approach requires a carefully executed "vertical" construction joint where the two halves meet (see Section 5.11.1).

Tracked dozer equipment has proven to be the best for spreading RCC. With careful spreading, a dozer can remix RCC, minimizing segregation that occurs during dumping. Dozers commonly used range from D4 to D6 size, ideally equipped with:

- A "U"-shaped blade, preferably with extension plates welded on the edges, which provides lateral containment and reduces segregation during spreading.
- Low pressure tracks and low height grousers (street grousers or worn grousers). An alternative is to install rubber pads between the grousers. These precautions minimise aggregate breakage and shearing of the surface when moving on RCC already compacted.
- Laser level control, to improve level accuracy and consequently productivity.

Two 10 ton vibratory rollers and one D6 sized dozer, with a back-up dozer, can spread and compact RCC in 300 mm thick layers at a rate of between 250 to 400 m³/h. At Upper Stillwater Dam (UT, USA), end-dump trucks were equipped with a spreader box that dumped and spread the RCC in approximately 350 mm thick uncompacted layers. Only a small D4 sized dozer, equipped with laser guidance, was required for final spreading to achieve placement rates up to 550 m³/h (Mctavish, 1998).

Spreading equipment should leave a flat and even surface of the correct, uniform thickness. Depending on the workability of the mix, ridges or steps between adjacent passes of the dozer blade can result in an uneven compactive effort and variable quality RCC. Generally, it is more important to create a flat surface ready to compact in the least time possible than it is to have exact grades and levels and to consequently delay compaction.

Dozers should only operate on fresh, uncompacted RCC. When it is unavoidable for a dozer to drive over compacted RCC, movement should be limited to straight back and forth travel and, as prudent, driving on rubber mats, such as on stretches of old conveyor belts.

Certaines spécifications exigent que les bulldozers précompactent 100 % de la surface avec leurs chenilles, avant que les rouleaux ne commencent le compactage. La pertinence de cette procédure est discutable, avec un impact significatif sur la productivité et aucun avantage dans l'augmentation de la densité du BCR, de la qualité ou de la liaison entre les couches. L'effet recherché peut être mieux atteint avec une première passe, ou deux passes, du rouleau en mode statique. Une procédure essentiellement différente est utilisée dans les barrages RCD et certains barrages BCR, où une levée est composée de trois ou quatre couches avec un précompactage avec les chenilles du bulldozer et en appliquant un compactage avec les rouleaux vibrants seulement à la surface de la levée (voir section 5.9.5), comme cela a été fait pendant la construction du barrage d'Elk Creek (Oregon, États-Unis) (Hopman & Chambers, 1988) et les planches d'essais pleine grandeur pour le barrage de Pangue au Chili (Forbes, Croquevielle & Zabaleta, 1992).

Des niveleuses automotrices ont été utilisées sur quelques-uns des premiers projets en BCR (Alzu, Ibañez-de-Aldecoa & Palacios, 1995), mais elles ne sont généralement pas adaptées pour épandre du BCR parce qu'elles sont difficiles à manœuvrer. En outre, il y a un risque de trop travailler la surface, ce qui peut causer de la ségrégation; de plus, les pneus et la lame peuvent également endommager les surfaces compactées.

Pour des espaces restreints pour l'épandage du BCR, par exemple autour des lames d'étanchéité, des systèmes de drainage, des galeries, etc., un petit chargeur sur chenilles en caoutchouc (mieux que sur roues) est un équipement indispensable sur tous les barrages BCR.

La crête du barrage devrait être dimensionnée avec une largeur suffisante pour permettre l'utilisation du même équipement utilisé pour le reste du barrage, en fournissant un dégagement suffisant pour le passage de la machinerie. La largeur minimale de section pratique est de 8 m, tandis que 10 m est préférable.

Le travail manuel est souvent nécessaire (en particulier avec l'usage de mélanges plus sec et moins maniables) pour retirer ou re-mélanger le matériau ayant subi la ségrégation avant le compactage, avec un travail additionnel possible selon le degré de ségrégation et selon les exigences de conception. Les mélanges plus maniables et cohésifs et les mélanges avec des granulats de dimension maximale plus petite subissent moins de ségrégation pendant toutes les activités de transport et de travail, y compris l'épandage.

5.9.4   Épaisseur des couches

L'épaisseur préférée pour les couches est de 300 mm (plus ou moins); une épaisseur qui est pratique dans les conditions de chantier. On peut dire que 300 mm est la couche la plus épaisse compatible avec les mélanges de BCR usuels et l'équipement d'épandage et de compactage usuel; laquelle permet d'atteindre la densité in situ minimale spécifiée et la liaison requise entre les couches et l'étanchéité du barrage.

L'épaisseur d'une couche de BCR est principalement une question de bonne pratique, influencée surtout par les exigences particulières de liaison entre les couches horizontales. Bien que les rouleaux vibrants modernes fournissent suffisamment d'énergie pour réaliser de bonnes densités avec un BCR maniable bien conçu sur des épaisseurs de couche pouvant atteindre 1000 mm (comme cela a été utilisé dans quelques barrages RCD), le facteur le plus important est la nécessité d'appliquer une énergie de compactage suffisante à la partie inférieure de la couche où une liaison (cohésion) doit être obtenue. Bien que dans différentes situations il y aura des exigences particulières pour les joints entre les couches, minimiser le besoin de faire des joints froids entre les couches est un avantage universel considérant que ceux-ci prennent du temps et sont coûteux. Par conséquent, il est généralement nécessaire de limiter le temps d'exposition de la couche réceptrice (facteur de maturité modifié) pour permettre des conditions de joint chaud et tiède, ce qui limite l'épaisseur des couches à la capacité de production réalisable dans les délais d'exposition applicables. Par conséquent, les retardateurs de prise sont généralement utilisés pour prolonger les périodes d'exposition, avec un temps de prise initiale maximal de 24 heures et un temps de prise finale de 45 heures, représentant les limites typiques actuellement réalisables.

Some Specifications require that the bulldozers pre-compact 100% of the surface area with their tracks, before the rollers begin compaction. The appropriateness of this procedure is considered questionable, with a significant impact on productivity and no benefit in increased RCC density, quality, or layer bond. The effect sought can be better achieved with a first pass, or two passes, of the roller in the static mode. An essentially different procedure is used in RCD and some RCC dams, where a lift is spread in three or four layers, pre-compacting with the dozer tracks, and applying vibratory roller compaction only on the lift surface (see Section 5.9.5), as was done during the construction of Elk Creek Dam (OR, USA) (Hopman & Chambers, 1988) and at the full-scale trials for Pangue Dam in Chile (Forbes, Croquevielle & Zabaleta, 1992).

Motor graders were used on some early RCC projects (Alzu, Ibañez-de-Aldecoa & Palacios, 1995), but are not generally suited to spreading RCC, due to low manoeuvrability. Furthermore, there is a tendency to overwork the surface, which can cause segregation, and the tyres and blade can damage compacted surfaces.

For tight RCC spreading conditions, as for example spreading around waterstops, drainage systems, galleries, etc., a small rubber-tracked (better than wheeled) multi-terrain loader (skid-steer loader) is an indispensable item of equipment on all RCC dams.

The dam crest should be dimensioned with sufficient width to allow the use of the same equipment used for the remainder of the dam, providing adequate clearance for the crossing of machinery. The minimum practical section width is 8 m, while 10 m is preferable.

Hand labour is often required (particularly with dryer and less workable mixes) to remove, or re-mix segregated material prior to compaction, with the extent of associated work depending on the degree of segregation and the design requirements. More-workable and cohesive mixes and mixes with smaller MSA segregate less during all conveyance and working activities, including spreading.

5.9.4   Layer thickness

The favoured RCC layers thickness is ± 300 mm; a thickness that is convenient under field conditions. It can be stated that 300 mm is the thickest layer compatible with the usual RCC mixtures and the usual spreading and compaction equipment and which achieves the specified minimum in situ density and the required layer bonding and dam watertightness.

The thickness of an RCC layer is primarily an issue of practicality, influenced most significantly by the particular horizontal layer-joints requirements. While modern vibratory rollers have sufficient energy to achieve good densities with well-designed, workable RCC in layer thicknesses of up to 1000 mm (as used in some RCD dams), the critical factor will often be the compactive energy at the bottom of the layer, where the necessary bond must be developed. While different situations will have different layer joint requirements, minimising the requirement for time-consuming and expensive cold joints between layers has a universal benefit. Consequently, it is usually necessary to limit the receiving layer surface exposure time (modified maturity factor) to enable hot, or warm joint conditions, which in turn limits layer thicknesses to the production capacity achievable within the applicable exposure time. Accordingly, set retarders are generally used to extend exposure periods, with maximum initial set times of 24 hours and final set times of 45 hours representing the typical limits currently achievable.

Alors que l'épaisseur optimale de la couche doit être étudiée pour chaque projet, dans la pratique, un équilibre entre la capacité de production et les temps de prise limite l'épaisseur des couches de pose, en particulier lorsqu'on vise des joints chauds entre les couches. Une épaisseur de couche de BCR de 400 mm a été testée au barrage Enlarged Cotter en Australie (Buchanan et al, 2012). Bien que la densité requise fût atteignable dans la couche, la liaison entre les couches soulevait des doutes parce que le temps additionnel nécessaire pour placer les couches de BCR plus épaisses a causé un préjudice pour obtenir des joints chauds entre les couches. Des résultats similaires ont été observés lors de la mise en place de la partie supérieure du barrage de Beni Haroun en Algérie (Dunstan & Ibañez-de-Aldecoa, 2003).

Les épaisseurs de couche utilisées dans les barrages BCR complétés ou en construction à la fin de 2017 sont indiquées à la figure 5.13 (Dunstan, 2014, mis à jour 2017). En se référant aux levées de BCR comme une seule couche ou un groupe de couches ensemble, généralement, les levées de BCR dépassant 1000 mm d'épaisseur sont des exemples de la méthode des couches inclinées (ou par paliers), bien que les couches à l'intérieur de ces levées sont généralement compactées à 300 mm d'épaisseur. Des levées entre 500 et 1000 mm sont communes sur les barrages RCD.

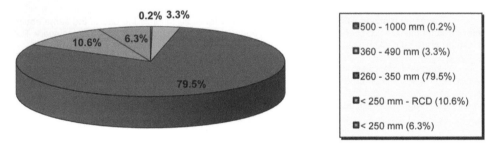

Figure 5.13
Les épaisseurs de couche des barrages en BCR

5.9.5 Compactage

1. Généralités

Un compactage adéquat est essentiel afin d'obtenir un BCR de bonne qualité. L'imperméabilité, la durabilité, la résistance et l'adhérence optimales entre les couches sont atteintes avec un mélange de BCR conçu pour obtenir une densité uniforme et maximale sous le compactage au rouleau. Les exigences clés sont la consistance, la maniabilité et la cohésion (ce qui réduit la ségrégation). Une conception de mélange plus humide que l'optimum, du point de vue de la densité, est susceptible de développer une meilleure adhérence intercouches, du fait que le compactage atteint plus facilement une densité plus élevée (USBR, 2017).

Dans le BCR, la densité appropriée est obtenue par l'application d'une énergie externe sous la forme du passage d'un rouleau vibrant en acier lisse sur le dessus de la couche en place. Il y a une grande variété de paramètres pouvant influencer le compactage tels que la dimension maximale des granulats, la forme et la granulométrie des particules de granulats, la teneur et la nature des granulats fins, la quantité et le type de matériaux cimentaires, la teneur en eau, l'épaisseur des couches et l'équipement de compactage utilisé. Le compactage devrait être effectué dès que possible après l'épandage du BCR, en particulier par temps chaud ou pluvieux.

2. Équipement

La manœuvrabilité, l'énergie de compactage, les dimensions du tambour du rouleau, la fréquence, l'amplitude, la vitesse d'opération et la maintenance requise sont des paramètres à prendre en considération lors du choix d'un rouleau vibrant (Hopman & Chambers, 1988). Le rendement en compactage d'un rouleau, en volume de béton compacté par heure, dépend évidemment des dimensions et

While the optimal layer thickness should be studied for each project, in practical application, a balance between production capacity and set times typically limits placement layer thicknesses, particularly when targeting hot layer joints. An RCC layer thickness of 400 mm was trialled at the Enlarged Cotter Dam in Australia (Buchanan et al, 2012). Although the required density was achievable within the layer, the bond between layers was in doubt, while the increased time to place the thicker RCC layers compromised the achievement of hot joints between layers. Similar outcomes were apparent during placement of the upper portion of Beni Haroun Dam in Algeria (Dunstan & Ibañez-de-Aldecoa, 2003).

The thicknesses of the layers used in RCC dams, completed or under construction at the end of 2017, are indicated in Figure 5.13 (Dunstan, 2014, updated 2017). Referring to RCC lifts as a single layer or a group of layers together, generally, RCC lifts exceeding 1000 mm in thickness are examples of the slope-layer (or split-level) method, although the layers within these lifts are typically compacted to 300 mm thickness. Lifts between 500 and 1000 mm are common on RCD dams.

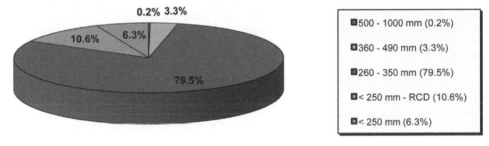

Figure 5.13
The thicknesses of the layers in RCC dams

5.9.5. Compaction

1. *General*

Adequate compaction is essential to achieve good-quality RCC. Optimal impermeability, durability, strength and bond between layer joints are achieved with an RCC mix designed to achieve uniform, maximum density under roller compaction. Key requirements are consistency, workability and cohesiveness (which reduces segregation). A mix design that is wetter than optimum, from a density standpoint, is likely to develop better inter-layer bond, due to compaction more easily achieving higher density (USBR, 2017).

In RCC, proper density is achieved through the application of external energy in the form of the passage of a smooth steel drum vibratory roller over the top of the placement layer. Many parameters influence compaction, including the MSA, the aggregate particle shapes and gradings, the content and nature of fine aggregates, the quantity and types of cementitious materials, the water content, the thickness of the layers and the compaction equipment used. Compaction should be performed as soon as practicable after the RCC is spread, particularly in warmer, or rainy weather.

2. *Equipment*

Manoeuvrability, compactive force, drum size, frequency, amplitude, operating speed and required maintenance are all parameters to be considered in selecting a vibratory roller (Hopman & Chambers, 1988). The compaction output of a roller, in volume of concrete compacted per hour, obviously depends upon its size and speed (which should be limited in the Specification), the project size,

de sa vitesse (qui seront limitées dans le cahier des spécifications), des dimensions de l'aménagement, de la maniabilité du mélange de béton, de l'épaisseur des couches et des limitations d'espace. Des rouleaux de plus de 5 tonnes ne peuvent généralement pas opérer à moins de 200 mm des coffrages verticaux ou d'obstacles, de sorte que des rouleaux vibrants à double tambour plus petits, jusqu'à 2,5 tonnes, sont habituellement requis pour compacter le BCR dans zones restreintes, conjointement avec un équipement de compactage à guidage manuel, qui peut nécessiter des couches plus minces.

Les compacteurs de type dame sauteuse mécanique peuvent produire une bonne densité, mais ne laissent pas une surface lisse. Les plaques vibrantes de compactage sont généralement efficaces uniquement pour le compactage de surface, mais peuvent être utilisées pour lisser la surface perturbée par d'autres équipements. Les rouleaux vibrants opérés manuellement ne sont pas très efficaces dans la plupart des cas, à moins qu'ils puissent produire un effort de compactage élevé, et ceux de grandes dimensions ont une manœuvrabilité limitée. Dans de tels cas, l'épaisseur totale de la couche compactée est souvent constituée de plusieurs couches plus minces. Un équipement de compactage de petite taille peut atteindre des densités et une finition de surface acceptables, mais la liaison avec la couche réceptrice peut être compromise. Par conséquent, il est préférable d'utiliser des vibrateurs internes (GERCC, GEVR et IVRCC) dans de telles zones, suivis d'un compactage externe de la zone de chevauchement en utilisant des grands rouleaux. Lorsque des systèmes spécialement conçus de coffrages glissants ou d'éléments préfabriqués sont utilisés, les grands rouleaux peuvent opérer immédiatement à côté du parement.

Il apparaît que la force dynamique est le facteur le plus critique dans l'efficacité d'un rouleau vibrant pour le compactage du BCR. L'utilisation de rouleaux qui ont de multiples réglages d'amplitude et de fréquence présente une souplesse dans la détermination de la meilleure combinaison pour chaque mélange particulier de BCR. Le rouleau vibrant majoritairement utilisé dans la construction de barrages modernes en BCR est un rouleau à simple tambour de 10 à 12 tonnes, avec une force dynamique d'au moins 70 kg/cm de largeur de tambour.

Il est essentiel que le rouleau développe suffisamment d'énergie afin de créer une bonne liaison au contact entre les couches successives. Durant les 2 premières décennies de la construction de barrages en BCR, les rouleaux à double tambour étaient habituellement utilisés, mais dans les dernières années, la tendance est d'utiliser des rouleaux à simple tambour. Tandis que les rouleaux à double tambour sont généralement conçus pour le compactage de l'asphalte, avec une haute fréquence (2000 à 3800 rpm) et une basse amplitude (0,3 à 1 mm), les rouleaux à simple tambour sont conçus pour le compactage de matériaux granulaires, avec une basse fréquence (1400 à 1800 rpm) et une haute amplitude (1 à 2 mm), et conséquemment une plus grande force dynamique. Le meilleur avantage du rouleau à simple tambour, cependant, réside dans sa manœuvrabilité, particulièrement lorsqu'il travaille sur des mélanges de BCR de maniabilité élevée, à partir desquels il peut se récupérer et continuer à fonctionner lorsque le tambour s'enfonce dans la surface du BCR.

Lors de l'utilisation de rouleaux à simple tambour pour des mélanges de BCR de maniabilité élevée, il est généralement plus approprié de travailler dans des modes haute fréquence/basse amplitude, tandis que des mélanges plus secs et peu maniables nécessitent un compactage avec un plus grand impact. Le même effet est observé lors de la fabrication de cylindres d'essai de BCR, ou de cubes : alors qu'un marteau vibrant à percussion est approprié pour les mélanges secs de BCR, une table vibrante à haute fréquence est beaucoup plus adaptée aux mélanges à maniabilité élevée.

Même pour les BCR de maniabilité élevée, les rouleaux à double tambour doivent normalement fonctionner en modes basse fréquence/haute amplitude pour assurer un effort de compactage suffisant au bas de la couche; néanmoins, ceci devrait être testé sur une planche d'essais pleine grandeur (voir section 5.3).

Alors que les rouleaux à double tambour de 15 tonnes ont été utilisés pour le compactage de BCR, les rouleaux à simple tambour de poids similaire, conçus pour le compactage du remblai avec du roc, sont moins adaptés aux granulométries des granulats du BCR et utilisent des forces dynamiques très élevées produisant des ondulations importantes dans la surface compactée, en particulier avec des mélanges de BCR de maniabilité élevée.

Au début, les Japonais utilisaient des rouleaux de 7 tonnes pour la construction de barrages RCD, mais ils ont été remplacés par des équipements plus lourds par la suite (Japanese Ministry of Construction, 1981). En général, des rouleaux sur pneus ne sont pas recommandés comme équipement de compactage principal pour les barrages BCR, en raison de la mauvaise expérience avec le lien intercouches.

the workability of the mix, the layer thickness, and any applicable space limitations. Rollers larger than five tons cannot typically operate closer than 200 mm from vertical formwork or other obstacles and consequently, smaller double drum vibratory rollers of up to 2.5 tons are usually needed to compact RCC in restricted areas, in conjunction with hand-guided compaction equipment, which can necessitate thinner layers.

Power tamper jumping-jack compactors can produce good density, but do not leave a smooth surface. Walk-behind vibrating plate compactors are generally effective only for surface compaction, but can be used to smooth the surface disrupted by other equipment. Walk-behind vibrating rollers are not very effective in most cases, unless they can produce a high compactive effort, when increased size tends to limit manoeuvrability. In such instances, the full compacted layer thickness is often made up of several thinner placement layers. Small size compaction equipment may achieve accepTable densities and sur-face finish, but bonding with the receiving layer can be compromised. It is consequently preferable to use a form of immersion vibration (GERCC, GEVR or IVRCC) in such areas, followed by external compaction of the overlap using larger rollers. When specially designed slip-formed or precast facing systems are used, the large rollers can operate immediately adjacent to the facing.

It appears that the dynamic force is the most critical factor in the effectiveness of RCC compac-tion using a vibratory roller. The use of rollers with multiple settings for amplitude and frequency provides flexibility in determining the best combination for each particular RCC mix. The preferable primary vibra-tory roller used in modern RCC dam construction is a 10 to 12 ton single-drum roller, with a dynamic force of at least 70 kg/cm of drum width.

It is essential that the roller develops sufficient energy to create good bond at the contact between successive layers. During the first two decades of RCC dam construction, double-drum rollers were habit-ually used, but in recent years the tendency is to use single-drum rollers. Whereas double-drum rollers are generally designed for the compaction of asphalt, with high frequency (2000 to 3800 rpm) and low amplitude (0.3 to 1 mm), single-drum rollers are designed for the compaction of granular materials, with low frequency (1400 to 1800 rpm) and high amplitude (1 to 2 mm), and consequently higher dynamic force. The greatest advantage of the single-drum roller, however, lies in its manoeuvrability, particularly working on high-workability RCC mixes, from which it can recover itself and continue working when the drum sinks into the RCC surface.

When using single-drum rollers for high-workability RCC mixes, it is generally more appropriate to work in high-frequency/low-amplitude modes, while drier, low-workability mixes require higher impact compaction. The same effect is seen when manufacturing RCC test cylinders, or cubes: whilst a vibrating impact hammer is appropriate for dry RCC mixes, a high-frequency vibrating Table is much more suiTable for high-workability mixes.

Even for high-workability RCC, double-drum rollers typically should operate in low-frequency/high-amplitude modes to ensure sufficient compactive effort at the bottom of the layer; nevertheless, this should be tested during the FST (see Section 5.3).

Whereas 15 ton double-drum rollers have been used for RCC compaction, single-drum rollers of similar weight, designed for compaction of rock-fill, are less suited to the aggregate gradations used in RCC, with very high dynamic forces producing significant undulations in the compacted surface, particu-larly with high workable RCC mixes.

In the early application at Japanese RCD, 7 ton rollers were used, but these were later replaced with larger machines (Japanese Ministry of Construction, 1981) and 10 to 12 tonne rollers are now most common. In general, rubber-tyre rollers are not recommended as the main compaction equipment for RCC dams, due to poor experience with inter-layer bond.

3. Construction

La surface du BCR récemment épandu doit être unie et de niveau afin que le rouleau produise une pression de compactage uniforme sous toute la largeur du tambour.

Dans la construction en BCR, une passe de rouleau est définie comme un passage dans une direction. Le nombre minimal de passes d'un rouleau vibrant en vue d'obtenir le compactage spécifié dépend principalement de la maniabilité du BCR et de l'épaisseur de la couche. Le nombre nécessaire de passes du rouleau devrait être déterminé et vérifié sur une planche d'essais pleine grandeur. Certaines spécifications demandent que la première passe (ou les deux premières passes) soit exécutée en mode statique afin d'effectuer une première consolidation du BCR et d'éviter que le rouleau ne s'embourbe dans le BCR de maniabilité élevée. Le compactage des mélanges plus secs peut commencer en mode vibrant.

En général, 4 à 6 passes d'un rouleau vibrant de 10 à 12 tonnes à une vitesse maximale de 2,5 km/h permettront d'obtenir la densité souhaitée pour un BCR épandu en couches de 300 mm d'épaisseur, en supposant que le compactage est effectué en temps opportun. Un surcompactage ou un excès de nombre de passage doit être évité, car il peut réduire la densité dans la partie supérieure de la couche, en raison du rebond de la surface supérieure derrière le rouleau. Un compactage sur des levées plus épaisses après l'épandage en couches plus minces peut être efficace pour certains mélanges de BCR. Pour obtenir un compactage suffisant par le bulldozer durant l'épandage, cette procédure requiert un mélange de BCR maniable (et très probablement retardé) avec un temps VeBe de l'ordre de 10 à 15 secondes. Cette méthode est appliquée pour les barrages RCD (Japanese Ministry of Construction, 1981), mais rarement utilisée pour les barrages BCR.

Le compactage devrait être exécuté dès que possible après l'épandage du BCR, en particulier par temps chaud et pluvieux. Il est fréquemment prescrit que le compactage soit effectué dans un délai de 15 minutes après l'épandage et un délai de 45 minutes après le malaxage et ces temps peuvent être diminués dans des conditions adverses. Des réductions substantielles de la résistance peuvent être attendues, si le BCR à faible dosage en liant est compacté dans un délai supérieur à 45 minutes après son malaxage, et à une température du mélange de 20 °C ou plus (ACI, 2011), tandis que ces temps peuvent être augmentés pour des BCR ayant des temps de prise allongés et des teneurs élevées en ajouts cimentaires ou des températures plus basses. Par exemple, au barrage Platanovryssi (Grèce), où des cendres volantes à forte teneur en chaux ont été utilisées, pour des températures sous 15 °C, aucune réduction des propriétés du BCR n'a été discernée, lorsque la compaction était faite trois heures après le malaxage, alors qu'à des températures plus élevées (> 20 °C), il a été démontré que le BCR devait être compacté immédiatement après le malaxage (Stefanakos & Dunstan, 1999).

Pour atteindre ces temps de compactage contraignants, les rouleaux doivent travailler derrière, mais très près des bulldozers, sans interférence. Une situation similaire devient applicable sous risque de pluie, quand il est nécessaire de minimiser la zone exposée de BCR non compacté, réduisant ainsi la quantité de BCR qui pourrait être endommagé et être enlevé.

Un mélange de BCR dosé pour des volumes de pâte qui dépasse la valeur minimale présentera une plasticité et une ondulation perceptible devant le rouleau, particulièrement lorsque 2 couches ou plus ont été mises en place. Quand la teneur en pâte est égale ou inférieure au volume nécessaire au remplissage de tous les vides entre les granulats, des contacts entre ces granulats se produisent et cette pression d'ondulation ne se développera pas durant le compactage. La surface d'un BCR comportant un excès de pâte répondra davantage au remaniement et peut permettre aux granulats éparpillés sur les joints de reprise de pénétrer dans la couche inférieure sous la force de compactage des rouleaux vibrants.

Chaque mélange de BCR aura un comportement spécifique au compactage, dépendant de la température, de l'humidité, de la vitesse du vent, de la maniabilité du BCR, de la teneur en granulats fins, de la granulométrie globale et de la dimension maximale des granulats. En règle générale, les BCR devraient se compacter en une texture uniforme avec une surface relativement unie (voir figure 5.14). Des dommages mineurs à la surface d'une couche fraîchement compactée peuvent généralement être corrigés avec un passage statique du rouleau, mais lorsque le matériau collant adhère au tambour (ce qui est très commun), il est préférable d'utiliser un petit rouleau vibrant à une amplitude minimale pour finir la surface. Dans certains cas, les meilleurs résultats de finition sont obtenus avec un délai de 1 ou 2 heures. Sinon, pour éviter d'endommager le BCR en cours de murissement, les rouleaux ne doivent pas être utilisés sur des couches entièrement compactées.

3.   Construction

The surface of freshly-spread RCC should be even and level to ensure that the roller produces a consistent compactive pressure under the full width of the drum.

In RCC construction, a roller pass is defined as a travel in one direction. The minimum number of passes for a given vibratory roller to achieve the specified compaction depends primarily on the RCC workability and layer thickness. The required number of roller passes should be determined and verified during the full-scale trial. Some Specifications, particularly for more-workable RCC mixtures, require the first pass (or first two passes) of the roller in static mode to initially consolidate the RCC and to prevent the roller from "bogging down". Compaction of drier mixtures may begin in vibrating mode.

Typically, four to six passes of a 10 to 12 ton vibratory roller at a maximum speed of 2.5 km/hr will achieve the desired density for RCC in 300 mm thick layers, assuming compaction in a timely manner. Over-compaction or excessive rolling should be avoided, as it may reduce the density in the upper portion of the layer due to rebound of the top surface behind the roller. Compaction in thicker lifts after spreading in thinner layers can be effective with some RCC mixes. To achieve sufficient compaction by the dozer during spreading, this procedure requires a workable (and most likely retarded) RCC mix with a VeBe time in the range of 10 to 15 seconds. This method is applied for RCD dams (Japanese Ministry of Construction, 1981), but it is rarely used in RCC dams.

Compaction should be accomplished as soon as practicable after the RCC is spread, especially in hot and rainy weather. Specifications often require that compaction be completed within 15 minutes of spreading and 45 minutes of initial mixing and these times can decrease in adverse conditions. Substantial reductions in strength can be expected when low-cementitious RCC is compacted more than 45 minutes after mixing, at mix temperatures of 20 °C and higher (ACI, 2011), while set retardation, high proportions of SCM and cooler temperatures can allow these times to be extended. At Platanovryssi Dam (Greece), for example, where an unusual high-lime fly ash was used, at temperatures below 15 °C no reduction in properties was discernible when the RCC was compacted three hours after mixing, whereas at higher temperatures (> 20 °C), it proved necessary to compact the RCC immediately after mixing (Stefanakos & Dunstan, 1999).

To achieve restrictive compaction times, the rollers must work behind, but very close to the dozers, without interference. A similar situation becomes applicable under threat of rain, when it is necessary to minimise the exposed area of uncompacted RCC, thereby reducing the amount of RCC that might be damaged and need to be removed.

An RCC mix proportioned for paste volumes in excess of the minimum will exhibit plasticity and a discernible wave can be developed in front of the roller, particularly when two or more layers have been placed. When the paste content is equal to or less than the volume needed to fill the aggregate voids, rock-to-rock aggregate contact occurs and a pressure wave will not develop during compaction. The surface of an RCC with excess paste will be more responsive to re-working and may allow scattered aggregates on layer joints to be worked into the surface under the compaction effort of the vibrating rollers.

Each RCC mix will indicate unique compaction behaviour, varying with temperature, humidity, wind speed, RCC workability, aggregate fines content, overall gradation and maximum aggregate size. Generally, RCCs should compact to a uniform texture with a relatively smooth surface (see Figure 5.14). Minor damage in the surface of a freshly compacted layer can usually be rolled out with a static pass of the roller, but when sticky material adheres to the drum (which is very common), it is better to use the small vibratory roller working at minimum amplitude to finish the surface. In some instances, best finishing results are achieved with a delay of 1 or 2 hours. Otherwise, to avoid damaging maturing RCC, rollers should not be operated on fully compacted layers.

Figure 5.14
Apparence du BCR à forte teneur en pâte (BCREL) entièrement compacté au barrage de La Breña II en Espagne (Photo : Ibañez-de-Aldecoa, 2007

Une densité plus faible au bas d'une couche peut être le résultat d'un faible effort de compactage, mais c'est le plus souvent le résultat de la ségrégation pendant le processus de construction. Dans les couches faiblement compactées ou affectées par la ségrégation, la densité est généralement moindre dans le tiers inférieur, créant une zone de béton poreux à l'interface avec la couche inférieure (ACI, 2000) (voir figure 5.15). Même sans ségrégation, le BCR est prédisposé aux « nids-d'abeilles » au contact d'une surface dure, de la même manière qu'au contact avec le coffrage. Avec un effort de compactage suffisant et un mélange de BCR cohésif (faible tendance à la ségrégation), tous les vides seront remplis avec des matériaux fins. Plus la surface de la couche réceptrice cède au moment du compactage de la couche supérieure, meilleure est l'interpénétration et la liaison entre les couches successives et, par conséquent, meilleure est l'imperméabilité du barrage (voir section 5.10).

4.   Contrôle de la qualité

Le compactage est généralement contrôlé en comparant les densités humides mesurées en utilisant un nucléodensimètre à sonde unique, avec un minimum spécifié de 97,5 ou 98 % de la masse volumique théorique sans air (m.v.t.s.a) du mélange. De telles masses volumiques sont habituellement facilement obtenues dans des mélanges à plus forte teneur en liants, alors que le compactage apporte la pâte en excès à la surface, donnant lieu à des densités plus élevées (dépassant le m.v.t.s.a), dans le reste de la couche. Les nucléodensimètres à double sonde peuvent fournir des mesures horizontales précises sur toute la profondeur de la couche, mais ne sont pas aussi couramment utilisés, en raison d'une manipulation plus difficile et d'une disponibilité réduite. A titre de contrôle visuel du compactage obtenu, certaines spécifications définissent également un pourcentage minimal de couverture de la pâte en surface. L'utilisation de l'appareil à cône de sable pour mesurer la masse volumique du BCR n'est pas recommandée, en raison de l'expérience qui reflète des résultats médiocres (USBR, 2017).

Figure 5.14
Appearance of fully-compacted high-paste content HCRCC at La Breña II Dam in Spain
(Photo: Ibañez-de-Aldecoa, 2007)

Lower density at the bottom of a layer can be the result of low compactive effort, but is more commonly the result of segregation during the construction process. In poorly compacted or segregated layers the density is generally less in the lower third, creating a zone of porous concrete at the interface with the layer beneath (ACI, 2000) (see Figure 5.15). Even without segregation, RCC is predisposed to "honeycombing" at the contact with a hard surface, in a similar manner to the contact with formwork. With sufficient compactive effort and a "cohesive" (low tendency to segregate) RCC mix, all voids will be filled with fine material. The more yielding the surface of the receiving layer at the moment of compaction of the layer above, the better the interpenetration and bonding between successive layers and, as a result, the better the dam impermeability (see Section 5.10).

4.   Quality Control

Compaction is generally controlled by comparing wet densities, measured using a single-probe nuclear density gauge, with a specified minimum 97.5 or 98% of the theoretical air free density (TAFD) of the mix. Such densities are usually easily achieved in higher paste mixes, while compaction will bring excess paste to the surface, giving rise to higher densities (exceeding the TAFD) in the remainder of the layer. Twin-probe nuclear density gauges can provide accurate horizontal measurement throughout the layer depth, but are not as commonly used, due to more difficult handling and reduced availability. As a visual control of achieved compaction, some Specifications also define a minimum percentage surface paste coverage. Use of the sand cone apparatus for measuring the density of fresh RCC is not recommended, due to experience reflecting poor results (USBR, 2017).

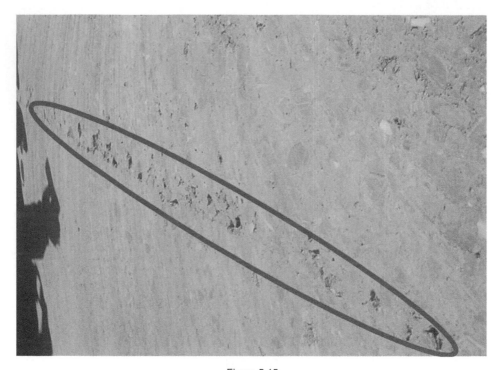

Figure 5.15
Poches de cailloux au bas de la couche de BCR à la planche d'essai pleine grandeur du barrage
Hickory Log Creek (Géorgie, États-Unis)
(Photo: Ortega, 2007).

Les compacteurs modernes peuvent être équipés d'une « technologie de compactage intelli-gent », qui fournit un enregistrement continu du processus de compactage, y compris l'emplacement du compacteur (par système GPS), la fréquence et l'amplitude des vibrations et la rigidité du matériau compacté. Les systèmes les plus avancés intègrent la cartographie de densité, fournissant des lectures en temps réel des valeurs de densité sur 100% de la zone de compactage. Avec ce système, l'opérateur peut effectuer les ajustements nécessaires pendant le compactage du BCR, tandis qu'un enregistrement complet du nombre de passes, de l'épaisseur de la couche, de la rigidité/densité et de la fréquence et de l'amplitude appliquées est fourni. Cette technologie réduit les défauts de densité, assure une plus grande uniformité et, par conséquent améliore globalement la qualité et élimine en grande partie les hypothèses et les erreurs humaines (Caterpillar & Volvo, sites web).

5.10   JOINTS ENTRE LES COUCHES DE BCR

Des joints horizontaux (ou inclinés quand la méthode des couche inclinées, MCI, est utilisée) sont inévitables dans les barrages BCR dus à la méthode de construction par couches. La performance d'un barrage BCR dépendra presque entièrement de celle des joints horizontaux entre les couches; en particulier en termes de résistance au cisaillement (stabilité au glissement), de résistance à la traction (particulièrement importante pour la résistance au chargement sismique) et d'étanchéité à l'eau (élimina-tion des chemins d'infiltration).

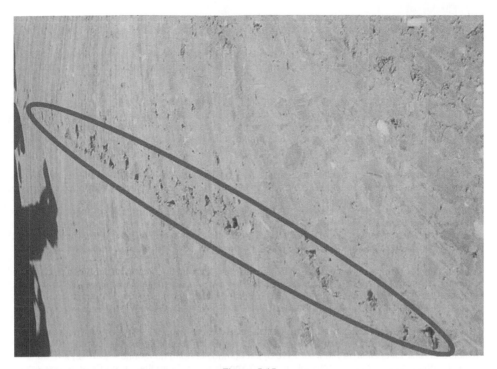

Figure 5.15
Rock pockets at the bottom of an RCC layer at the Hickory Log Creek Dam full-scale trial (GA, USA)
(Photo: Ortega, 2007)

Modern compactors can be equipped with "Intelligent Compaction Technology", which provides a continuous record of the compaction process, including location of the compactor (by GPS system), frequency and amplitude of vibration and stiffness of the material being compacted. The more advanced systems incorporate density mapping, providing real-time readings of density values over 100% of the compaction area. With this system, the operator can make necessary adjustments during RCC compaction, while a full record of the number of passes, the layer thickness, the stiffness/density and the frequency and amplitude applied is provided. This technology reduces density failures, ensures greater uniformity and consequently improves overall quality, largely eliminating guesswork and human error (Caterpillar & Volvo, respective websites).

5.10   JOINTS BETWEEN RCC LAYERS

Horizontal (or inclined when SLM is used) joints are ineviTable in RCC dams due to the layered construction. The performance of an RCC dam will almost entirely be determined by the performance of the joints between layers; specifically, in terms of shear strength (sliding stability), tensile strength (particularly important for seismic loading resistance) and watertightness (eliminating seepage paths).

Lorsqu'il n'y a pas de ségrégation, que la surface de la couche de réception est propre et n'est, pas encore à son début de prise, et qu'il y a une énergie de compactage suffisante pour obtenir une inter-pénétration à la surface de contact entre les couches, on peut s'attendre à ce que le BCR se comporte comme une structure monolithique, avec une performance au moins égale à celle d'un barrage en béton conventionnel. Cependant, lorsque l'une de ces conditions n'est pas remplie, la performance des joints peut être compromise.

L'adhérence entre les couches de BCR résulte de deux mécanismes : la liaison cimentaire (chimique) et la pénétration des granulats de la nouvelle couche sous la surface de la couche précédemment mise en place. Au fur et à mesure que le temps d'exposition entre la mise en place des couches augmente, la liaison chimique devient le facteur prédominant dû au fait que la pénétration des granulats dans la couche précédemment mise en place diminue de façon plus rapide.

Le traitement des joints entre les couches de BCR diffère de celui relatif aux surfaces des levées du béton conventionnel, dû au fait qu'il n'y a pas de laitance de surface à enlever. La laitance de surface se développe au fur et à mesure que les granulats les plus denses se déplacent vers le bas lors de la prise et que l'eau ressue vers le haut à la surface. Le ressuage ne se produit pas dans un mélange de BCR cor-rectement proportionné. Dans un BCR contenant trop de pâte, la consolidation complète apportera toutefois de la pâte à la surface. Tant qu'elle est efficacement mûrie, sans aucun gain ou perte d'eau important avant la prise initiale, la pâte agit comme un milieu récepteur pour créer une forte liaison sur les joints chauds.

Dans tous les cas et avant tous les traitements des joints, toute contamination de surface doit être complètement éliminée. Alors que les traitements typiques des joints ont été développés au fil des ans, les méthodes particulières à appliquer pour chaque construction de barrage doivent être testées et prouvées par une planche d'essai pleine grandeur, afin d'assurer l'obtention des propriétés des joints prévus à la conception.

En général, les concepteurs prescrivent la limite d'exposition pour chaque traitement particulier des joints en se basant sur un facteur de maturité (ou mieux, un facteur de maturité modifié (FMM), voir section 5.3); aux États-Unis, le FMM = ($°$F-10,5) x h et, dans le reste du monde = ($°$C+12) x h, où $°$F et $°$C est la température moyenne ambiante durant l'exposition, en Fahrenheit et en Celsius, respective-ment, et h est le temps d'exposition en heures. Le coefficient de maturité modifié applicable varie selon la composition du mélange, la maniabilité et le potentiel de ségrégation, les méthodes de construction et équipements, les conditions climatiques, particulièrement le vent, l'humidité et l'intensité de radiation solaire. En conséquence, chaque construction de barrage doit être considérée comme unique et les valeurs appropriées spécifiques au site doivent toujours être développées par des essais rigoureux.

L'équipement généralement requis pour la préparation de la surface de la couche/levée, pour les différents traitements des joints discutés ci-dessous, comprend :

- Système de cure à l'eau; soit des tuyaux munis de buses pour vaporiser manuellement une fine bruine d'eau ou des brumisateurs d'eau stationnaires. Le système de brumisa-tion doit atteindre toute la surface du joint sous traitement;
- Camion aspirateur. Préférable avec la prise d'aspiration sous le châssis sur la pleine largeur;
- Ventilateurs manuels et aspirateurs, pour enlever l'eau des flaques sur la surface où il n'est pas possible d'utiliser le camion aspirateur, ou lorsque le camion aspirateur n'ob-tient pas un résultat adéquat;
- Chargeuse ou chargeuse-pelleteuse équipée de brosses cylindriques (à axe horizontal, les types à axes verticaux sont néfastes). Les différents types de brosses sont discutés ci-dessous
- Hydro-sableuse (jet d'eau haute pression) montée sur un camion ou sur un charriot, avec une pression de l'ordre de 500 1000 bars;
- Mini camion-benne ou chargeurs à direction à glissement (tous les deux préférablement sur chenilles que sur roues), pour transporter les débris de nettoyage, de brossage et du nettoyage au jet d'eau haute pression hors de la surface de la couche/levée sous traitement de joint. La chargeuse ou la chargeuse-pelleteuse mentionnée ci-dessus peut également être utilisée à cette fin lorsqu'elle n'est pas utilisée pour le brossage.

Le nombre d'unités requis pour chacun des équipements ci-dessus dépend de la taille du bar-rage ou, plus précisément, de la superficie à traiter à tout moment pendant la construction du barrage. Dans tous les cas, des unités de rechange doivent être présentes sur le site.

When there is no segregation, a clean receiving layer surface not yet at initial set, and sufficient compaction energy to attain interpenetration at the contact surface between layers, it can be expected that the RCC will perform as a monolithic structure, with at least as good performance as a CVC dam. When any of these conditions are not achieved, however, the performance of the joints may be compromised.

Bond between RCC layers is achieved through two mechanisms; cementitious (chemical) bond and penetration of the aggregates from the applied layer into the surface of the receiving layer. With increasing exposure time between layers, the chemical bond becomes the predominant factor, as the penetration of aggregates into the receiving surface decreases at a more rapid rate.

The treatment of joints between RCC layers differs from that of CVC lift surfaces, due to the fact that there is no surface laitance to be removed. Surface laitance is developed as the denser aggregates displace downwards during setting and water "bleeds" upwards to the surface. Bleeding does not occur in a correctly-proportioned RCC mix. In an over-pasted RCC, full consolidation will, however, bring paste to the surface. As long as it is effectively cured, without any significant water gain or loss before first set, the paste acts as a receiving medium to create strong bond on hot joints.

Under all circumstances and before all joint treatments, any surface contamination must be completely removed. While typical joint treatments have been developed over the years, the particular methods to be applied for each dam construction must be tested and proved at the FST, to ensure the achievement of the design joint properties.

Generally, Designers specify the exposure limit for each particular joint treatment on the basis of a Maturity Factor (or better, a Modified Maturity Factor, see Section 5.3); in the USA MMF = ($°F-10.5$) x hr and in the rest of the world MMF = ($°C+12$) x hr, where $°F$ or $°C$ is the average ambient temperature during exposure, in Fahrenheit and Celsius, respectively, and hr is the exposure time in hours. The applicable Modified Maturity Factors will vary according to the mix composition, workability and potential for segregation, the construction methods and equipment and the climatic conditions, particularly wind, humidity and solar radiation intensity. Consequently, each dam construction must be considered as unique and appropriate site-specific values must always be developed through rigorous testing.

Equipment typically required for the preparation of the layer/lift surface, for the different joint treatments discussed below, includes:

- Water curing system; either hoses with nozzles to manually spray a fine water mist, or stationary water misters. The misting system must reach the entire joint surface under treatment.
- Vacuum truck. Preferable with full-width undercarriage vacuum intake.
- Manual blowers and vacuum cleaners, to remove water from surface puddles where it is not possible to use the vacuum truck, or where the vacuum truck does not achieve an adequate result.
- Loader or backhoe-loader equipped with cylindrical brushes (of horizontal axis; vertical axis types are harmful). The various types of brushes are discussed below.
- Hydro-blasting machine mounted on a truck or on a kart, with pressure in the range of 500–1000 bar.
- Mini-dumpers, or skid-steer loaders (both better rubber-tracked than wheeled), to haul the debris of the cleaning, brushing and hydro-blasting outside the surface of the layer/lift under joint treatment. The above-mentioned loader or backhoe-loader can be also used for this purpose when not being used for brushing.

The required number of units for each of the above pieces of equipment is a function of the size of the dam or, more specifically, of the area of the actual surface of the layer/lift to be treated at any moment during the construction of the dam. In all cases, spare units must be kept on-site.

Trois catégories de traitement de joints sont généralement définies

1. **Un joint « chaud ou frais »** - il s'agit d'un joint entre les couches de BCR mis en place en une rapide succession; et que la couche de réception est encore maniable lorsque la couche suivante est appliquée.
    Traitement pour les joints chauds ou frais: la surface de la couche de BCR compactée doit être maintenue humide en permanence et protégée contre le séchage ou le gel (voir aussi la section 5.15). Il est essentiel d'effectuer la cure avec une fine bruine vaporisée dans l'air, sans laver, éroder ou avec des flaques d'eau à la surface, en particulier par temps chaud et venteux. Une règle simple est applicable: « 100 % de la surface exposée du BCR entièrement compacté doit être conservée humide 100 % du temps ». Les flaques d'eau, dues à la pluie ou à l'excès d'eau de cure, et les débris doivent être enlevés avant que la couche suivante soit épandue, de préférence en utilisant un camion-citerne aspirateur, ou autrement en soufflant de l'air. La surface de réception du BCR doit être à ou près de l'état de surface saturé superficiellement sec (SSS), et le mouillage, sans excès d'eau, après le nettoyage final et immédiatement avant la mise en place de la couche suivante, est une bonne pratique (ceci inclut le substrat rocheux au niveau des appuis à recouvrir de la couche de BCR).

2. **Un joint « tiède »** - (ou « intermédiaire ou « préparé ») – cette condition se situe entre un joint frais (chaud) et un joint froid (durci).
    Traitement pour les joints tièdes: Bien que les pratiques varient, le traitement le plus commun nécessite de produire une certaine rugosité sur la surface de réception et l'enlèvement complet de tous les débris. Le moyen le plus efficace de créer la rugosité requise est d'utiliser des brosses cylindriques. En raison des grandes surfaces nécessitant ce traitement, l'équipement le plus approprié change au fur et à mesure que la surface durcit et il est habituel de commencer à utiliser des brosses avec des poils en plastique, en les remplaçant par des brosses avec des poils en plastique et en acier, et subséquemment, seulement avec des poils d'acier. Pendant le brossage, toute la surface doit être maintenue humide ou mieux saturée. La préparation d'un joint tiède doit être relativement rapide, pour éviter de se transformer en un état de joint froid, ce qui nécessiterait par la suite beaucoup plus de temps et des méthodes de préparation plus exigeantes.
    En préparation de la couche subséquente, la surface de la couche de réception doit être nettoyée à fond et près de l'état saturé superficiellement sec (SSS). Selon le mélange et les exigences de conception du joint, une couche de mortier ou de coulis peut être appliquée immédiatement avant l'épandage de la couche suivante. Lorsqu'aucun mélange de liaison n'est utilisé, il est avantageux d'augmenter marginalement la teneur en pâte de la couche de BCR suivante. Pour les mélanges BCR plus secs et plus maigres, un mortier de liaison est nécessaire lorsqu'une bonne adhérence et une bonne étanchéité à l'eau sont requises. Toutes les pratiques ci-dessus devraient être testées à la planche d'essais pleine grandeur.

3. **Un joint « froid »** – est la condition où la surface de la couche de réception ne permet pas la pénétration des granulats pendant le compactage de la couche supérieure.
    Traitement pour les joints froids: décapage du béton frais de la surface de la couche, élimination du mortier de surface pour laisser les granulats grossiers exposés, et nettoyage complet pour éliminer tous les débris. Encore une fois, en raison des vastes zones à traiter, les méthodes et l'équipement appropriés peuvent changer à mesure que le travail progresse, et alors que le décapage du béton frais peut être accompli en soufflant de l'air et de l'eau en utilisant un compresseur conventionnel, il est très probable que l'équipement de jet d'eau haute pression sera nécessaire. Le décapage au jet de sable n'est généralement pas conseillé et le décapage mécanique du béton frais ne doit pas être permis. Toute la surface traitée doit être maintenue humide ou saturé jusqu'à la préparation de la reprise de la mise en place du BCR, ou pendant au moins 21 jours (28 jours par temps chaud) dans le cas d'un joint froid retardé (ou joint « super-froid », voir la section 5.15.1).
    La mesure dans laquelle les granulats sont exposés pour un joint froid dépendra du mélange de BCR et des exigences sur les joints et devrait être établie au moyen d'essais. Généralement, il est seulement nécessaire d'enlever des quantités mineures de mortier et d'exposer le dessus des gros granulats. Un nettoyage trop agressif peut réduire l'adhérence.
    La même préparation pour la reprise de la mise en place du BCR que celle appliquée pour un joint chaud (frais) est applicable pour un joint froid. Au barrage Upper Sillwater (Utah, États-Unis), des carottes forées 14 ans après l'achèvement démontrent une excellente adhérence à un joint «super-froid» (BCR repris après sept mois d'arrêt hivernal) sur

Three categories of joint treatments are typically defined:

1. **A *"hot" joint*** – is a joint between RCC layers placed in rapid succession; when the receiving RCC layer is still workable when the subsequent layer is placed.
   <u>Treatment for hot joints:</u> the surface of the compacted RCC layer must be kept continuously moist and protected from drying or freezing (see also Section 5.15). Curing with a fine mist, sprayed into the air, without washing, eroding, or puddling on the surface, is essential, particularly during hot and windy weather conditions. A simple rule is applicable: "<u>100% of the exposed surface of fully-compacted RCC must be kept moist 100% of the time</u>". Puddles, due to rain or excess curing water, and debris, must be removed before the next layer is spread, preferably using a vacuum truck, or otherwise by blowing air. The receiving RCC surface should be at, or near a saturated-surface-dry (SSD) condition, and wetting, without ponding, after final cleaning and immediately prior to placement of the next layer, is good practise (this includes the bedrock at the abutments to be covered with the next RCC layer).

2. **A *"warm" (or "intermediate" or "prepared") joint*** – is the condition that occurs between a hot joint and a true "cold" joint..
   <u>Treatment for warm joints:</u> although practices vary, the most common treatment requires producing some roughness on the receiving surface and the complete removal of all debris. The most efficient way to create the required roughness is using cylindrical brushes. Due to the extensive areas typically requiring treatment, the most appropriate equipment will change as the surface progressively hardens and it is usual to start using brushes with plastic bristles, changing to brushes with a combination of plastic and steel bristles and subsequently, if necessary, brushes with only steel bristles. During brushing, the entire surface should be kept moist, or better saturated. Preparation of a warm joint must be relatively rapid, to avoid developing into a cold joint condition, which will subsequently require much more time-consuming and higher-effort preparation methods.

   In preparation for the subsequent layer, the surface of the receiving layer must be thoroughly cleaned and near SSD conditions. Depending on the mix and the joint design requirements, a bedding of mortar, or grout can be applied immediately before spreading the subsequent layer. When no bedding is used, it can be beneficial to marginally increase the paste content of the overlying RCC layer. For drier and leaner RCC mixes, a bedding mortar is necessary when good bond and watertightness are required. All the above practices should be tested at the Full-Scale Trial.

3. **A *"cold" joint*** – is the condition when the surface of the receiving layer will not be penetrated during compaction by the aggregate from the layer above.
   <u>Treatment for cold joints:</u> green-cutting of the surface of the layer, removing the surficial mortar to leave exposed coarse aggregates, and exhaustive clean-up to remove all debris. Again, due to the extensive areas to be treated, suiTable methods and equipment may change as work progresses, and while green-cutting may initially be accomplished blowing air and water using a conventional compressor, it is very likely that hydro-blasting equipment will be required. Sandblasting is generally not advised and mechanical green-cutting must not be allowed. The entire treated surface must be maintained in a moist, or saturated condition until preparation for the resumption of RCC placement, or for at least 21 days (28 days in hot weather conditions) in the case of a delayed cold joint (or "super-cold" joint, see Section 5.15.1).

   The extent to which aggregates are exposed for a cold joint will depend on the RCC mix and the joint requirements and should be established through testing. Generally, it is only necessary to remove minor amounts of mortar and expose the tops of the coarse aggregates. Overly aggressive cleaning can cause reduced bond.

   The same preparation for resumption of RCC placement as applied for a warm joint is applicable for a cold joint. At Upper Stillwater Dam (UT, USA), cores drilled 14 years after completion demonstrated excellent bonding at a "super-cold" joint (RCC resumed after seven months of winter stoppage), on which no mortar or grout had been applied

lequel aucun mortier ou coulis n'a été appliqué (Dolen, 2003). Au barrage de Lai Chau (Vietnam), les résultats d'un nombre significatif d'essais ont indiqué peu de différence entre la résistance du BCR dans le matériau d'origine et sur les joints tièdes, chauds et "super-froids" (Ha et al, 2015). Bien qu'il existe une variation significative des facteurs de maturité et des traitements spécifiés, le tableau 5.1 vise à présenter un résumé général des types de joints qui ont été utilisés pour les diverses formes de barrages en BCR. Les chiffres indiqués sont des moyennes pour de nombreuses situations différentes et ne doivent pas être utilisés pour la conception.

Tableau 5.1
Coefficients de maturité modifiés et traitement des joints prescrits pour des barrages BCR

	Joint chaud	Joint tiède	Joint froid
BCR à **faible** teneur en pâte			
Coefficient de maturité modifié	< 200 Mod. °C X h	200–400 Mod. °C X h	> 400 Mod. °C x 4
Traitement	Nettoyage avec un camion-aspirateur	Nettoyage avec un camion-aspirateur	Nettoyage par jet d'eau
Couche de liaison	Aucune (ou partiel sur la zone amont lorsque requis pour l'étanchéité, ou sur toute la section lorsque la conception exige une qualité supérieur de joint)	Partielle – (sur la zone amont lorsque requis pour l'étanchéité, ou sur toute la section lorsque la conception exige une qualité supérieur de joint)	Entier - Mélange de liaison sur toute la surface
RCD			
Coefficient de maturité modifié	Non utilisé	Non utilisé	Tous les joints traités comme joints froids
Traitement			Décapage du béton frais sur toute la surface
Couche de liaison			Mélange de liaison sur toute la surface
BCR à teneur moyenne en pâte			
Coefficient de maturité modifié	< 400 Mod. °C x h	400–800 Mod. °C x h	> 800 Mod. °C x h
Traitement	Nettoyage avec un camion-aspirateur	Nettoyage à l'eau sous faible pression	Découpage du béton frais sur toute la surface
Couche de liaison	Aucune (ou partiel sur la zone amont lorsque requis pour l'étanchéité, ou sur toute la section lorsque la conception exige une qualité supérieur de joint)	Partielle – (sur la zone amont lorsque requis pour l'étanchéité, ou sur toute la section lorsque la conception exige une qualité supérieur de joint)	Entier - Mélange de liaison sur toute la surface
BCR à teneur **élevée** en pâte			
Coefficient de maturité modifié	< 500 to 800 Mod. °C x h	500–1000 à 800 à 1500 Mod. °C x h	> 1000 à 1500 Mod. °C x h
Traitement	Nettoyage avec un camion-aspirateur	Scarifier avec une brosse de route	Décapage du béton frais sur toute la surface
Couche de liaison	Aucune	Aucune ou mélange de liaison sur toute la surface	Aucune ou mélange de liaison sur toute la surface

(Dolen, 2003). At Lai Chau Dam (Vietnam), the results of a significant number of tests indicated little difference between RCC strength in parent material and on hot, warm and "super-cold" joints (Ha et al, 2015). While significant variation exists in Maturity Factors and the associated treatments specified, Table 5.1 attempts to present a general summary of the joint types that have been used for the various forms of RCC dams. The indicated Figures are averages for many different situations and should not be used for design.

Table 5.1
Modified Maturity Factors and joint treatments specified for RCC dams

	Hot joint	Warm joint	Cold joint
Lean RCC			
Modified Maturity Factor	< 200 Mod. °C x h	200–400 Mod. °C x h	> 400 Mod. °C x h
Treatment	Clean with vacuum truck	Clean with vacuum truck	Water clean surface
Bedding mix	None (or Partial for upstream section when impermeability required, or Full section when better joint properties required in dam design).	Partial – (for upstream section when impermeability required, or Full section when better joint properties required in dam design).	Full - mix over entire surface
RCD			
Modified Maturity Factor	Not used	Not used	All joints treated as cold joints
Treatment			"Green cut" of entire surface
Bedding mix			Full - mortar over entire surface
Medium-paste RCC			
Modified Maturity Factor	< 400 Mod. °C x h	400–800 Mod. °C x h	> 800 Mod. °C x h
Treatment	Clean with vacuum truck	Low-pressure water clean	"Green cut" of entire surface
Bedding mix	None (or Partial for upstream section when impermeability required, or Full section when better joint properties required in dam design).	Partial – (for upstream section when impermeability required, or Full section when better joint properties required in dam design).	Full - mix over entire surface
High-paste RCC			
Modified Maturity Factor	< 500 to 800 Mod. °C x h	500–1000 to 800 to 1500 Mod. °C x h	> 1000 to 1500 Mod. °C x h
Treatment	Clean with vacuum truck	Scarify with road brush	"Green cut" of entire surface
Bedding mix	None	None or Full bedding mortar or grout	None or Full bedding mortar or grout

Récemment, une approche plus précise a été adoptée, avec des limites de temps pour les joints chauds et tièdes en fonction des temps de prise initiale et finale du mélange BCR. Comme les temps de prise varient en fonction de la température, des essais sont nécessaires pour tenir compte des températures saisonnières. Le dosage de l'adjuvant retardateur peut en conséquence être modifié pour assurer un temps d'exposition similaire pour les joints chauds (frais) tout au long de l'année. Toutefois, il est nécessaire de faire preuve de prudence pour prendre en compte les différences souvent observées entre les temps de prise au mortier (ASTM C403) en laboratoire et les temps de prise du mélange BCR au chantier.

En établissant des temps de prise, par précaution, à la température maximale moyenne de chaque mois (ou par périodes mensuelles ou trimestrielles), les conditions des joints sont définies comme suit (les méthodologies de traitement sont les mêmes que celles expliquées ci-dessus):

1. *Un joint « chaud ou frais »* - le temps d'exposition de la couche réceptrice est inférieur au temps de prise initiale du BCR (pour chaque mois ou période);
2. *Un joint « tiède »* - (**ou « intermédiaire ou « préparé »**) – le temps d'exposition de la couche réceptrice est supérieur au temps de prise initial, mais inférieur au temps de prise finale du BCR (pour chaque mois ou période);
3. *Un joint « froid »* - lorsque le temps d'exposition est au-delà de la limite pour joint tiède, c'est-à-dire plus que le temps de prise finale. Pas d'interpénétration entre les couches supérieure et inférieure.

Une approche similaire à celles ci-dessus a été appliquée pour le barrage Enciso (Espagne), où un mélange de BCR super-retardé et extrêmement maniable, conçu pour être compacté par aiguille vibrante (IVRCC), a été utilisé (Ortega, 2014 & Allende et al, 2015).

Afin d'assurer la qualité des joints, tous les joints dans les barrages RCD au Japon sont traités comme des joints froids

Des mélanges de liaison sont parfois requis pour améliorer la résistance au cisaillement et l'imperméabilité et, dans une moindre mesure, la résistance à la traction d'un joint tiède ou froid. Trois types de mélange de liaison sont utilisés pour les barrages BCR; coulis, mortier et béton de liaison (avec une granulométrie maximale > 5 mm, mais généralement < 20 mm). Parmi les barrages pour lesquels des données sont disponibles, 46 % utilisaient un mortier, 10% un béton de liaison, 8 % un coulis et 10 % n'utilisaient aucun mélange de liaison. Les 26 % restants utilisaient une couche de liaison, mais de type inconnu. Récemment, une tendance à s'éloigner de l'utilisation du béton de liaison a été évidente. Le mortier de liaison a été utilisé pour la première fois au barrage de Shimajigawa (Japon, le premier barrage RCD construit) et de la même manière sur tous les barrages RCD depuis.

Le mortier de liaison est généralement placé à une épaisseur de 6 à 10 mm, tandis que l'épaisseur du béton de liaison a considérablement varié jusqu'à 75 mm, mais elle est généralement comprise entre 20 et 30 mm. L'épaisseur de la couche de liaison est un équilibre entre le minimum pratique lié à la taille maximale des granulats et le coût minimal (qui peut être significatif) et la chaleur d'hydratation. Plusieurs méthodes d'application des couches de liaison existent. L'utilisation de « racloirs », montés sur tracteur (Hopman & Chambers, 1988) ou à commande manuelle (Japanese Ministry of Construction, 1981), est la plus courante. Toutefois, du mortier a également été appliqué en adoptant les techniques du béton projeté (barrage Zintel Canyon, Washington, États-Unis) (Hollenbeck & Tatro, 2000). Si l'épaisseur d'une couche de liaison est trop grande, le compactage du BCR la recouvrant peut présenter des difficultés du fait du « pompage » du béton, en particulier pour les mélanges plus maniables.

5.11 JOINTS DE CONSTRUCTION « VERTICAUX » DANS UNE COUCHE

Bien que dénommés "verticaux", il s'agit de joints de construction inclinés aux bords avant (joint « vertical » transversal) et latéral (joint « vertical » longitudinal) d'une bande dans une couche de BCR en construction. Les joints sont typiquement inclinés entre 2 H : 1 V et 3 H : 1 V.

Recently, a more accurate approach has been adopted, with time limits for hot and warm joints based on the initial and final setting times of the RCC mix. As setting times vary with temperature, testing is required to take into account seasonal temperatures. The dosage of retarder admixture can accordingly be varied to ensure a similar exposure time for hot joints throughout the year. Caution, however, is required to take cognisance of differences often experienced between the setting times indicated through mortar tests (ASTM C403) in the laboratory and the actual RCC mix setting times in the field.

Establishing set times, on the safe side, at the average maximum temperature of each month (or by-monthly, or quarterly periods), joint conditions are defined as follows (the treatment methodologies are the same as explained above):

1. *A "hot" joint* - the Exposure Time of the receiving layer is less than the Initial Set Time of the RCC (for each month or period),
2. *A "warm" (or "intermediate" or "prepared") joint* - the Exposure Time for the receiving layer is greater than the Initial Set Time, but less than the Final Set Time of the RCC (for each month or period),
3. *A "cold" joint* - when the Exposure Time is beyond the limit for the warm joint, i.e. the Final Setting Time. No interpenetration between upper and lower layers.

A similar approach to the above was applied for Enciso Dam (Spain), where a super-retarded and extremely workable RCC mix, designed for IVRCC, was used (Ortega, 2014 & Allende et al, 2015).

To maintain certainty of quality, all lift joints are treated as cold joints on RCD dams in Japan.

Bedding mixes are sometimes required to improve the shear strength and impermeability, and to a lesser extent the tensile strength, of a warm, or cold layer joint. When using LCRCC and MCRCC mixes, a bedding mix will also be required on hot joints when the dam design requires better joint properties. Three types of bedding are used for RCC dams; grout, mortar and bedding concrete (with a maximum aggregate size > 5 mm, but generally < 20 mm). Of those dams for which data is available, 46% used a mortar, 10% a bedding concrete, 8% a grout and 10% used no bedding mix at all. The remaining 26% used a bedding, but of unknown type. Recently a trend away from the use of bedding concrete has been apparent. Bedding mortar was first used at Shimajigawa Dam (Japan, the first constructed RCD dam) and similarly at all RCD dams since.

Bedding mortar is generally placed to a thickness of 6 to 10 mm (approximately 15 mm in RCD), while the thickness of bedding concrete has varied considerably up to 75 mm, but is usually between 20–30 mm. The bedding layer thickness is a balance between the minimum practical related to the maximum aggregate size and minimising cost (which can be significant) and heat of hydration. Several methods are used to apply a bedding mix. The use of "squeegees", either tractor-mounted (Hopman & Chambers, 1988) or manual (Japanese Ministry of Construction, 1981) is the most common, but mortar has also been applied using shotcrete techniques (Zintel Canyon Dam, WA, USA), (Hollenbeck & Tatro, 2000). When the thickness of a bedding is significant, difficulties can arise in the compaction of the overlying RCC due to "pumping" of the concrete, particularly with more workable mixes.

5.11   "VERTICAL" CONSTRUCTION JOINTS IN A LAYER

Although referred to as "vertical", these are inclined construction joints at the leading (transverse "vertical" joint) and lateral (longitudinal "vertical" joint) edges of a lane of an RCC layer under construction. Joints are typically sloped at between 2 H : 1 V and 3 H : 1 V.

5.11.1 Joint de construction « vertical » transversal dans une couche

Les joints « verticaux » transversaux peuvent être planifiés ou non planifiés; ce dernier cas est généralement dû à une panne de l'usine ou de la machinerie ou à la pluie. Qu'il soit planifié ou non, un joint « vertical » transversal pourrait finir par être un joint chaud, tiède ou froid.

Un joint vertical est formé comme suit : à la fin de l'épandage, le matériau du bord principal, dont l'épaisseur est inférieure à celle requise pour la couche non compactée, doit être coupé et le bord du joint doit être compacté à l'aide d'un petit rouleau vibrant à double tambour (maximum de 2,5 tonnes) à travers l'alignement du joint. Le mode de vibration doit être activé seulement quand le rouleau se déplace dans la direction ascendante à travers le joint. À la fin du compactage, généralement après 3 ou 4 passages de vibration, les matériaux non compactés doivent être coupés à partir de la pointe du bord effilé.

Un joint transversal « vertical » ne devrait pas traverser toute la largeur du barrage en ligne droite. Lorsqu'une couche est placée sur plusieurs bandes, l'alignement devrait être décalé, tandis qu'un alignement en " Z " devrait être utilisé pour une seule bande. De même, lorsque la méthodologie de construction nécessite un joint «vertical» dans chacune ou plusieurs couches consécutives, les joints doivent être décalés entre les différents blocs, afin d'éviter ou reporter des répétitions sur le même alignement vertical.

En fonction de la maturité applicable au moment de la mise en place du BCR contre un joint «vertical», il convient d'appliquer le traitement approprié des joints horizontaux chauds ou frais, tièdes ou froids, bien qu'il soit généralement recommandé d'appliquer du coulis ou du mortier de liaison même sur un joint « vertical » immédiatement avant de recouvrir avec le BCR frais.

5.11.2 Joint de construction « vertical » longitudinal dans une couche

Les joints «verticaux» longitudinaux se produisent généralement entre les bandes de mise en place adjacentes (voir la section 5.9.3). Comme les bandes devraient généralement commencer du côté aval du barrage, chaque bande créera un joint de construction longitudinal «vertical» à son bord amont. Alors que la ségrégation peut se développer en particulier au bas de ce bord, le BCR exposé peut également ment devenir trop vieux pour être compacté avec la bande adjacente. Selon le délai entre les bandes et les conditions météorologiques, il peut être nécessaire de compacter ce bord séparément pour obtenir une bonne liaison du joint chaud ou frais le long du joint «vertical». Le compactage éliminera également le besoin de couper le bord du joint, en cas d'arrêt non programmée de la mise en place.

Les procédures pour ces joints sont similaires à celles applicables aux joints de construction transversaux «verticaux», sauf qu'il n'est généralement pas nécessaire d'appliquer du coulis ou du mortier de liaison sur le joint immédiatement avant de recouvrir avec le BCR frais de la bande adjacente. Du coulis ou mortier de liaison sera nécessaire lorsque les bandes seront placées dans la direction aval-amont, comme cela peut être le cas au fond des barrages dans des canyons étroits (bien qu'il soit préférable d'éviter cette procédure de mise en place). L'alignement des joints "verticaux" longitudinaux dans des couches successives sur le même plan vertical doit être évité.

5.12 JOINTS DE CONTRACTION ET LAMES D'ÉTANCHÉITÉ

5.12.1 Types de joints de contraction

Plusieurs méthodes ont été utilisées pour réaliser les joints de contraction dans les barrages BCR. Les méthodes les plus couramment utilisées sont :

- Réaliser les joints en coupant une fente dans le BCR au moyen d'une lame vibrante après son épandage (barrages RCD et certains barrages BCR) ou après son compactage (la majorité des barrages BCR), puis en insérant une plaque d'acier galvanisé ou une pièce de plastique anti-adhérence pour amorcer la fissuration qui formera le joint. Cette méthode a

5.11.1 Transverse "vertical" construction joint in a layer

Transverse "vertical" joints can be programmed or un-programmed; the latter case generally being due to a breakdown of plant or machinery, or due to rain. Whether programmed or not, a transverse "vertical" joint could end up being a hot, warm or cold joint.

A vertical joint is formed as follows. On completion of spreading, the material at the leading edge that has a thickness of less than required for the uncompacted layer should be trimmed away and the joint edge should be compacted by running a small, double drum vibratory roller (maximum 2.5 tons) across the alignment of the joint. Vibration mode should only be activated when the roller travels in an ascending direction across the joint. On completion of compaction, typically after 3 or 4 vibration passes, loose and uncompacted material must be trimmed from the toe of the tapered edge.

A transverse "vertical" joint should not cross the full width of the dam in a straight line. When a layer is placed in several lanes, the alignment should be staggered, while a "Z" alignment should be used for a single lane. Similarly, when the construction methodology requires a "vertical" joint in every, or several consecutive layers, the joints should be staggered across different blocks, to avoid or defer repetitions on the same vertical alignment.

Depending on the applicable maturity when resuming RCC placement against a "vertical" joint, the appropriate hot, warm or cold horizontal joint treatment should be applied, although it is generally good practice to apply some bedding grout, or mortar to even a hot "vertical" joint immediately before covering with the fresh RCC.

5.11.2 Longitudinal "vertical" construction joint in a layer

Longitudinal "vertical" joints typically occur between adjacent placement lanes (see Section 5.9.3). As the lanes should generally start on the downstream side of the dam, every lane will create a longitudinal "vertical" construction joint at its upstream edge. While segregation can develop particularly at the bottom of this edge, the exposed RCC can also become too old to be compacted with the adjacent lane. Depending on the time delay between lanes and the weather conditions, it may be necessary to compact this edge separately to achieve a good hot joint bonding along the "vertical" joint. Compaction will also eliminate the need to trim the joint edge, should an un-programmed break in placement occur.

The procedures for these joints are similar to that applicable for transverse "vertical" construction joints, except that it is typically not necessary to apply bedding grout, or mortar to the joint immediately before covering with the fresh RCC of the adjacent lane. Bedding grout or mortar will be required when the lanes are placed in the downstream-upstream direction, as can be the case at the bottom of dams in narrow canyons (although it is preferable to avoid this placement procedure). The alignment of longitudinal "vertical" joints in successive layers on the same vertical plane should be avoided.

5.12 CONTRACTION JOINTS AND WATERSTOPS

5.12.1 Forms of contraction joint

Several methods have been applied to form contraction joints in RCC dams. The most commonly used methods are:

- Post-forming the joints by cutting a slot into the RCC using a vibrating blade after spreading (RCD dams and some RCC dams) or after compaction (most RCC dams) and inserting a bond-breaking galvanised steel, or plastic crack inducer. This method has been used for 60.5% of RCC dams. The vibrating blade is mounted on a backhoe excavator,

été utilisée sur 60,5 % des barrages BCR. La lame vibrante est montée sur une excavatrice à pelle rétrocaveuse, ou sur un chargeur frontal et la plaque est insérée dans le BCR avec la lame vibrante ou après que la lame ait coupé une fente. La méthode la plus appropriée dépendra du mélange de BCR et les différentes options devraient être testées pendant la planche d'essais pleine grandeur. Dans les zones inaccessibles, ou comme solution de secours, le BCR peut être coupé à l'aide d'un marteau-piqueur à commande manuelle. Dans certains cas, la fente a été effectuée seulement sur chaque seconde, troisième ou quatrième couche (joints formé par amorce de fissure);

- Aucun joint de contraction (15,1 % des barrages BCR);
- Mise en place du BCR contre un coffrage. Cette méthode a été utilisée sur 4,3 % des barrages BCR et s'applique aux méthodes de mise en place à deux niveaux et de mise en place par blocs (voir la section 5.8);
- En Chine, une section de faible résistance a été créée le long de la ligne d'un joint de contraction en forant des trous dans le BCR (Shen, 1995) (méthode utilisée sur 2,3 % des barrages BCR);
- Couper les joints de contraction et remplir avec du sable ou une émulsion asphaltique (1,9 %);
- Par amorce de fissure sur la face amont (1,9 %);
- Blocs de béton préfabriqués (1,6 %), comme dans le cas du système de joints injectables qui a été utilisé dans les barrages poids-voûtes ou barrages-voûtes en BCR en Chine (Figure 9.4);
- Autres (12,4 %), incluant insérer une feuille de plastique dans le BCR pendant l'épandage.

Les systèmes de formation de joints plus complexes utilisés dans les barrages-voûtes sont abordés dans les sections 9.6.4 et 9.6.5.

5.12.2 Injection des joints de contraction

L'injection des joints de contraction s'applique principalement aux barrages-voûtes et est abordée dans la section 9.6.6.

5.12.3 Lames d'étanchéité, drains et joints amorcés

Les systèmes d'étanchéité et de drainage installés en amont d'un joint de contraction vertical dans un barrage BCR sont généralement similaires à ceux utilisés dans les barrages de béton conventionnel vibré.

Dans les constructions en BCR, le maintien de l'alignement et de la structure du système de lames d'étanchéité, de drains et des dispositifs d'amorce de fissures, dans tous les joints de contraction et dans chaque couche, est particulièrement exigeant et nécessite des systèmes bien conçus ainsi qu'une attention particulière pendant l'exécution. Ces systèmes sont souvent à l'origine de problèmes d'infiltration dans les barrages BCR. Les systèmes sont installés dans du béton vibré par immersion, généralement le béton de parement applicable; soit le béton conventionnel vibré, le BCR enrichi de coulis, (GERCC, GEVR) ou le IVRCC (voir section 5.13). Un agencement de joint et de lame d'étanchéité typique comprend une ou plusieurs lames d'étanchéité en PVC (ou d'autres matériaux appropriés), un ou plusieurs drains et des plaques anti-adhérence.

Un cadre doit être utilisé pour supporter de manière rigide les lames d'étanchéité, les drains et les systèmes de joints et celui-ci doit être capable de maintenir avec précision tous les alignements dans les conditions de construction. Le système de support appliqué ne devrait pas laisser aucun composant encastré après la mise en place du béton et les systèmes les plus appropriés sont généralement fixés à la structure de support des panneaux de coffrage en amont (Ortega, 2014).

Dans certains cas, un système d'étanchéité externe a été utilisé. Au barrage de Porce II en Colombie (Abadia, & Del Palacio, 2003), le parement de la face amont fait de bordure en béton conventionnel formé avec un coffrage glissant nécessitait un tel système d'étanchéité externe. Des systèmes de bandes d'étanchéité externes brevetés, qui peuvent (si requis) être installés et réparés sous l'eau, sont disponibles et peuvent également être utilisés pour sceller des fissures imprévues, comme cela a été fait dans le barrage de Platanovryssi en Grèce (Papadopoulos, 2002).

or a front-end loader and the bond-breaker is inserted into the RCC with the vibrating joint cutter, or after the blade has cut a slot. The most appropriate method will depend on the RCC mix and different options should be tested during the Full-Scale Trial. In inaccessible areas, or as a backup solution, the RCC can be cut using a manually operated jackhammer. In some cases, cutting has been performed only on every second, third or fourth layer (induced joints).

- No contraction joints (15.1% of all RCC dams).
- Placing the RCC against formwork. This has been used for 4.3% of RCC dams and is applicable for the split-level placement and block placement methods (see Section 5.8).
- In China, a weak section has been created on the alignment of a contraction joint by drilling holes in the RCC (Shen, 1995) (used in 2.3% of RCC dams).
- Cutting the contraction joints and filling with sand or asphaltic emulsion (1.9%)
- Crack inducers on the upstream face (1.9%).
- Precast concrete blocks (1.6%), as in the case of the grouTable joint system that has been used in RCC arch-gravity and arch dams in China.
- Others (12.4%), including inserting a plastic sheet into the RCC during spreading (Forbes & Delaney, 1985).

The more complex joint forming systems used in arch dams are addressed in Sections 9.6.4 and 9.6.5.

5.12.2 Grouting of contraction joints

Grouting of contraction joints is primarily relevant to arch dams and is addressed in Section 9.6.6.

5.12.3 Waterstops, drains and surface joint inducing systems

The waterstops and drainage systems installed at the upstream side of a vertical contraction joint in an RCC dam are generally similar to those used in CVC dams.

In RCC construction, maintaining the alignment and structure of the applicable system of waterstops, drains and crack inducers, in all contraction joints, and in every layer, is particularly demanding and requires well designed systems and significant attention during execution. These systems are often the origin of seepage problems in RCC dams. The systems are installed in immersion vibrated concrete, typically the applicable facing concrete; be this CVC, GERCC, GEVR or IVRCC (see Section 5.13). A typical joint and waterstop arrangement comprises one or more PVC (or other suiTable materials) centrebulb waterstop, one or more drains and de-bonding plates.

A frame must be used to rigidly support the waterstops, drains and joint systems and this must be capable of accurately maintaining all alignments under construction conditions. The support system applied should not leave any components embedded after concrete placement and the most appropriate systems are generally fixed to the supporting structure of the upstream form panels (Ortega, 2014).

In some cases, an external waterstop system has been used. At Porce II Dam in Colombia (Abadia, & Del Palacio, 2003), the slip-formed kerbing system applied for the upstream face required such an external waterstop. Patented external waterstop systems, which can (if required) be installed and repaired under water, are available and these can also be used to seal unplanned cracks, such as was done in Platanovryssi Dam in Greece (Papadopoulos, 2002).

L'avantage significatif d'un système externe d'étanchéité est qu'il permet la continuation de la mise en place du BCR sans entrave et sans exiger une attention méticuleuse et un contrôle de qualité absolu autour des lames d'étanchéité et des systèmes de joint. Le principal inconvénient est généralement un coût considérablement plus élevé que pour les systèmes internes.

5.13   PAREMENTS DES BARRAGES EN BCR

Lorsque le BCR est placé directement contre un coffrage, la surface résultante est peu susceptible d'être esthétiquement acceptable, ni techniquement acceptable dans les climats froids, puisqu'il en résulte un motif erratique de nids d'abeilles qui augmente avec la diminution de la maniabilité du BCR. Jusqu'au début des années 1990, la méthode la plus populaire pour former les parements d'un barrage BCR était de loin l'utilisation d'un béton de masse conventionnel ou d'un béton armé. L'utilisation du béton conventionnel présentait l'inconvénient de nécessiter une usine de béton distincte et un transport séparé (ou si la même installation était utilisée, la production de BCR devait être interrompue) (Dunstan, 2015). Toutefois, l'argument le plus important réside dans la mise en place séparée du BCR et du béton conventionnel vibré, alors que le compactage doit se faire simultanément (Elias, Cambell & Schrader, 1985). Les difficultés qui en résultent entraînent souvent une zone de faible résistance et de perméabilité élevée entre les deux types de béton.

Au début des années 1990, deux méthodes pour réaliser les parements des barrages en BCR ont été développées: le GERCC (BCR enrichi de coulis), en Chine, et le GEVR (BCR enrichi de coulis vibré), en Europe. Les deux méthodes ajoutent du coulis au BCR pour augmenter la maniabilité et permettre la vibration par immersion. La différence fondamentale entre les deux méthodes réside dans le fait que le GERCC ajoute du coulis sur le dessus de la couche de BCR tandis que le GEVR ajoute du coulis sur la couche de réception avant la mise en place du BCR. Plus récemment, l'augmentation de la maniabilité a permis de consolider le BCR par des vibrateurs internes sans coulis supplémentaire, ce que l'on appelle le BCR vibré par immersion, ou IVRCC..

5.13.1 BCV

Pour les raisons expliquées ci-dessus, au cours des quinze dernières années, il y a eu un déclin important de l'utilisation du béton conventionnel de parement, en particulier pour la face amont des barrages BCR, passant de 55 à 40 % de tous les barrages BCR achevés (Dunstan, 2015, mis à jour 2017). Le BCV demeure la seule méthode utilisée dans les RCD.

Bien que certaines spécifications permettent de placer le BCR en premier, des essais ont montré qu'une interface satisfaisante entre le BCR et le béton conventionnel vibré ne peut être obtenue de façon réaliste que lorsque le béton vibré conventionnel est placé (sans consolidation) avant le BCR (sans compactage au rouleau), ensuite vibration du béton de parement (retenu entre le coffrage et le BCR) puis compactage par rouleau des deux bétons simultanément, en appliquant un petit rouleau sur l'interface avant qu'une maturité significative ne se développe dans l'un ou l'autre béton (Nollet & Robitaille, 1995).

5.13.2 GERCC

Le GERCC enrichi de coulis consiste à verser le coulis sur la surface du BCR non compacté immédiatement après l'épandage, en laissant quelques minutes au coulis pour pénétrer dans le BCR et en vibrant le coulis à travers l'épaisseur de la couche en utilisant des vibrateurs internes. Les mélanges de coulis avec E : C = 1:1 pénètrent facilement et complètement dans le BCR, tout comme les coulis superplastifiés avec E : C = 0,6:1; ce dernier étant préféré pour obtenir un BCR enrichi de coulis avec une résistance égale ou supérieure à celle du BCR témoin (Forbes, Hansen & Fitzgerald, 2008). La qualité de surface hors coffrage produite avec du BCR enrichi de coulis est très bonne, généralement avec peu de signes de nids d'abeilles et pas de fissuration par retrait de séchage.

The significant advantage of an external waterstop is that it allows the continuation of RCC placement without hindrance and without the requirement for meticulous attention and absolute quality control around the waterstops and joint systems. The primary disadvantage is generally a considerably higher cost than for internal systems.

5.13   FORMING THE FACES OF RCC DAMS

When RCC is placed directly against a form, the resulting surface is unlikely to be aesthetically accepTable, nor technically accepTable in cold climates, with an erratic pattern of honeycombing which increases with decreasing RCC workability. Until the early 1990s, by far the most popular method for forming the faces of an RCC dam was by using a conventional mass or reinforced concrete. The use of conventional concrete had the disadvantage of requiring a separate concrete plant and separate transportation (or if the same plant was used, the production of RCC had to be interrupted) (Dunstan, 2015), but the most significant challenge lies in separate placement of RCC and CVC, but simultaneous compaction (Elias, Cambell & Schrader, 1985). Consequential difficulties often result in a zone of low strength and high permeability between the two concrete types.

In the early 1990s, two methods for forming the faces of RCC dams were developed; GERCC (Grout-Enriched RCC) In China and GEVR (Grout-Enriched VibraTable RCC) in Europe. Both methods add grout to the RCC to increase workability and enable immersion vibration. The fundamental difference between the two methods lies in the fact that GERCC adds grout from the top of the layer while GEVR adds grout at the bottom. Most recently, increasing workability has allowed RCC to be consolidated by immersion vibration without additional grout and this is termed immersion-vibrated RCC, or IVRCC.

5.13.1   CVC

For the above explained reasons, in the last fifteen years there has been a significant decline in the use of traditional facing concrete, particularly for the upstream face of RCC dams, dropping from 55% to 40% of all RCC dams completed (Dunstan, 2015, updated 2017). CVC remains the only system used for facings on RCD dams.

Although some Specifications allow RCC to be placed first, trials have demonstrated that a satisfactory interface between RCC and CVC can only realistically be achieved when CVC is placed (without consolidation) before the RCC (without roller compaction), vibrating the facing concrete (which is restrained by the formwork and the RCC) and then roller-compacting both simultaneously, applying a small roller over the interface before significant maturity develops in either concrete (Nollet & Robitaille, 1995).

5.13.2   GERCC

GERCC involves pouring grout onto the surface of the uncompacted RCC immediately after spreading, allowing a few minutes for the grout to soak into the RCC and vibrating the grout through the thickness of the layer using immersion vibrators. Grout mixes with W:C = 1:1 soak easily and fully into the RCC, as do superplasticised grouts with W:C = 0.6:1; the latter being preferred to obtain a GERCC with strength equal or superior to that of the parent RCC (Forbes, Hansen & Fitzgerald, 2008). The off-form surface quality produced with GERCC is very good, generally with little evidence of honeycombing and no drying shrinkage cracking.

Une petite machine pour coffrage glissant, munie de plusieurs vibrateurs internes, a été utilisée avec succès pour le compactage du parement aval en GERCC du barrage Enlarged Cotter (Australie); elle était aussi munie d'une plaque pour finir la surface supérieure (Forbes, 2012).

5.13.3 GEVR

La philosophie du GERV, BCR enrichi de coulis vibré, est basée sur le fait que le coulis est plus léger que le BCR et, par conséquent, il est relativement facile de vibrer le coulis et de le faire monter vers la surface du BCR. Le GEVR consiste à déposer un coulis d'un rapport eau/ciment similaire à celui du BCR sur la couche réceptrice avant l'épandage du BCR. Le coulis est placé à l'intérieur d'une série de petits bassins créés avec des petites digues de BCR formées à la main. Le BCR est ensuite épandu sur les bassins de coulis et vibré avec des vibrateurs internes. Un petit rouleau vibrant est ensuite utilisé pour consolider l'interface entre le BCR et le GEVR (généralement de 400 à 600 mm de largeur). Enfin, une plaque vibrante est utilisée pour finir la surface du GEVR (Dunstan, 2015).

La même technique a été appliquée à quelques barrages en BCR avec du mortier à la place du coulis, par exemple au barrage de La Breña II (Espagne) (Romero et al, 2007). Cette variante occasionnelle est appelée BCR enrichi en mortier, ou MEVR.

Au cours des dernières années, des études ont été effectuées pour améliorer la faisabilité technique et économique de l'entraînement de l'air au GERCC/GEVR dans le but d'améliorer la résistance au gel-dégel de la surface (Musselman et al, 2016).

5.13.4 IVRCC

Avec l'augmentation de la maniabilité de la plupart des mélanges de BCR modernes, la prochaine étape évidente a été de concevoir un BCR qui peut être consolidé avec des vibrateurs internes (Ortega, 2014). Bien qu'étant encore une nouvelle technologie, le BCR vibré par immersion a été utilisé jusqu'à présent dans des barrages en Afrique du Sud, au Costa Rica, en Espagne et au Canada.

Un avantage important du BCR vibré par immersion est la simplicité et l'économie de la construction obtenue en évitant les ressources et le personnel supplémentaires pour la production, le transport, la distribution, la mise en place et le contrôle de qualité du coulis, autrement requis pour la consolidation à l'aide de vibrateurs internes.

5.13.5 Coffrages

La manipulation et la réinstallation du coffrage peuvent devenir le facteur limitatif du taux de mise en place du BCR. Inévitablement, vers le haut d'un barrage, la surface de coffrage en amont et en aval augmentera considérablement par rapport au volume de BCR par couche et le montage des coffrages peut, par conséquent, prendre plus de temps que la mise en place du BCR.

Des systèmes de coffrage grimpants rapidement réinstallés sont actuellement disponibles et ils sont suffisamment solides pour maintenir leur alignement à des taux de mise en place du BCR jusqu'à quatre couches de 300 mm d'épaisseur en 24 heures. Ces systèmes peuvent être réinstallés suffisamment rapidement pour ne pas perturber la mise en place du BCR, en évitant les joints froids associés à l'érection du coffrage. Lorsque la méthode de couche inclinée est utilisée, jusqu'à 3 m de BCR peuvent être mis en place contre le coffrage en moins de 24 h. Comme cette approche implique un joint froid, tous les 3 m en hauteur de levée, les exigences pour le coffrage sont sensiblement différentes. Lors de l'utilisation d'un BCR super retardé, une conception particulièrement soignée du coffrage et de son système d'ancrage est nécessaire pour tenir compte du temps de prise finale du BCR jusqu'à 40–50 heures (Ortega, 2007).

Que ce soit pour le BCV, le GERCC, le GEVR, le IVRCC ou du BCR tout simple, le coffrage a été la méthode utilisée pour former le parement amont d'environ 67 % des barrages BCR, le parement aval dans environ 78 % des cas ainsi que l'évacuateur de crues de plus de 64 % de tous les barrages BCR complétés (Dunstan, 2015).

A small slip form paver, with a gang of poker vibrators, was successfully used to compact the downstream face step GERCC at Enlarged Cotter Dam (Australia), in conjunction with a screed plate to finish the top surface (Forbes, 2012).

5.13.3 GEVR

The philosophy of GEVR is based on the fact that grout is lighter than RCC and consequently, it is relatively easy to vibrate grout upwards through an RCC. GEVR involves depositing grout with a water/cementitious ratio similar to that of the RCC on top of the previous layer ahead of the spread RCC and inside a series of small ponds, created with low hand-formed dykes of RCC. RCC is spread over the grout ponds and vibrated with immersion vibrators. A small vibratory roller is subsequently used to consolidate the interface between the RCC and the GEVR (that is usually 400 to 600 mm in width). Finally, a plate-vibrator is used to finish the surface of the GEVR (Dunstan, 2015).

The same technique has been applied at a few RCC dams with mortar instead grout, as for example at La Breña II Dam (Spain) (Romero et al, 2007). This occasional alternative is termed mortar-enriched RCC, or MEVR.

In recent years, some investigations have been carried out to advance the technical and economic feasibility of air entrainment in GERCC/GEVR with the objective of improving surface freeze-thaw resistance (Musselman et al, 2016).

5.13.4 IVRCC

With the increased workability of most modern RCC mixes, the obvious next step was to design an RCC that can be consolidated with immersion vibrators (Ortega, 2014). Although still a new technology, IVRCC has to date been used in dams in South Africa, Costa Rica, Spain and Canada.

One important advantage of IVRCC is the simplicity and economy of construction gained through avoiding the additional resources and personnel for production, transportation, distribution, placement and quality control of the grout otherwise required for consolidation by immersion vibration.

5.13.5 Formwork

Handling and raising formwork can become the limiting factor in the rate of RCC placement. Inevitably, towards the top of a dam the area of upstream and downstream formwork will increase considerably compared to the volume of RCC per layer and setting formwork can consequently often take more time than RCC placement.

Rapidly raised, climbing formwork systems are currently available, which are adequately strong to maintain alignment for RCC placement rates of as much as four 300 mm-thick layers in 24 hours. These systems can be raised sufficiently rapidly to ensure no disruption to RCC placement, avoiding any cold joints associated with formwork erection. When the SLM is used, up to 3 m of RCC can be placed against the form in less than 24 h. As this approach implies a cold joint every 3 m in placement height, the requirements for the formwork are substantially different. When using super-retarded RCC, particularly careful design of the formwork and associated anchoring systems is required to accommodate final RCC set times up to 40–50 hours (Ortega, 2007).

Whether for casting CVC, GERCC, GEVR, IVRCC or neat RCC, formwork has been the method used to form the upstream face of around 67% of RCC dams, the downstream face in approximately 78% of cases and the spillway of over 64% of all completed RCC dams (Dunstan, 2015).

5.13.6 Panneaux ou segments en béton préfabriqués

Des panneaux en béton préfabriqués ont été utilisés pour réaliser le parement amont d'un certain nombre de barrages en BCR (près de 17 %). Dans environ un tiers des cas, une membrane recouvre intégralement la paroi interne du panneau pour former une barrière étanche en continu; les joints dans la membrane sont fait par chevauchement soudé au droit des joints entre les panneaux de béton.. Cette méthode est relativement coûteuse, et la fixation des panneaux ainsi que la soudure de la membrane peuvent limiter la cadence de mise en place du BCR. Du matériel supplémentaire est nécessaire pour l'installation des panneaux qui doivent être ancrés au corps du barrage (au moyen de barres d'ancrage non susceptibles à la corrosion). Du béton de parement et du BCR ont aussi été placés contre des panneaux préfabriqués sans membrane. Les panneaux de béton préfabriqués peuvent incorporer une isolation pour protéger le béton intérieur dans les régions extrêmement froides

5.13.7 Éléments de parement exécutés au moyen d'un coffrage glissant

Une *machine à coffrage glissant pour la pose en déporté* peut être utilisée pour fabriquer sur place les éléments de parement d'un barrage en BCR. Elle présente deux avantages, soit d'éliminer le recours à des coffrages et de séparer la construction du parement de la mise en place du BCR. Le BCR peut généralement être compacté contre les éléments de parement dans un délai de quatre à huit heures (en fonction des conditions locales et du mélange de béton conventionnel vibré utilisé pour les bordures). Cette méthode de construction du parement, utilisée sur approximativement 2% de tous les barrages en BCR, est mieux adaptée aux vallées larges et aux grands ouvrages où la cadence de montée du BCR ne dépasse pas celle de l'exécution par coffrage glissant. Au barrage Upper Stillwater (Utah, États-Unis), il a été possible de maintenir une cadence moyenne de montée de 0,6 m par jour malgré la longueur du barrage dépassant 800 m (Mctavish, 1988). Des carottes extraites horizontalement à travers des éléments du parement et jusque dans le BCR ont montré qu'une bonne liaison existait entre les deux bétons. Lorsque cette méthode de construction du parement est utilisée, un dispositif d'étanchéité de joint est nécessaire, tel que celui utilisé aux barrages New Victoria (Australie) (Dunstan, Wark & Mann, 1991) et Porce II (Colombie) (Abadia & Del Palacio, 2003) (voir section 5.12.3).

5.13.8 Membrane externe

Une membrane externe a été appliquée sur le parement amont pour créer une barrière étanche sur 4% de tous les barrages BCR, la majorité sur des barrages BCR à faible teneur en ciment, mais aussi comme mesure redondante pour l'étanchéité, dans certains barrages BCR à haute teneur en ciment, par exemple au barrage Olivenhain, Californie, États-Unis (Dolen et al, 2003). La membrane est appliquée en tant qu'activité distincte après l'achèvement du barrage et, par conséquent, ne crée aucun obstacle à la construction du BCR, bien que la mise en eau puisse seulement être effectuée après son installation (ICOLD/CIGB, 2010).

5.13.9 Blocs de béton préfabriqués

Des blocs de béton préfabriqués ont été utilisés pour construire le parement aval (et dans quelques cas pour l'évacuateur de crue) de barrages BCR. En général, les blocs sont emboîtés afin qu'ils s'appuient sur les blocs déjà mis en place. Cette méthode est couramment utilisée en Chine. (Forbes et al, 1999 & Shen, 1995).

Comme alternative, des blocs de béton préfabriqués peuvent être utilisés comme coffrage, en réutilisant les blocs à mesure que la construction du barrage progresse. Dans le barrage de Maroño (Espagne) (Alzu, Ibañez-de-Aldecoa & Palacios, 1995), la face aval a été formée à l'aide de poutres de béton de 0,30 m de hauteur, préfabriquées sur le chantier. Tous les bords ont été renforcés avec des cornières en acier et les poutres ont été ancrées dans le BCR avec des barres métalliques et des ferrures. Pour réduire les activités de levage et assurer une robustesse suffisante, il est conseillé d'utiliser des éléments en béton d'au moins 0,60 m de hauteur.

5.13.6 Pre-cast concrete panels or segments

Pre-cast concrete panels have been used to form the upstream face of a number of RCC dams (nearly 17%). In approximately one-third of these cases, a membrane was cast integrally on the inside of the panel, welding the membrane at the overlap between installed panels to create a continuous impermeable barrier. This method is relatively expensive and the fixing of the panels and welding of the membrane can restrict the rate of RCC placement. Additional equipment is required for installation, while the panels need to be structurally tied back into the body of the dam (with non-corroding anchors). Both facing concrete and RCC have been placed against pre-cast concrete panels, without a membrane. Pre-cast concrete panels can incorporate insulation to protect the interior concrete in extremely cold regions.

5.13.7 Slip-forming of facing elements

The use of an off-set paver to slip-form facing elements to create the faces of an RCC dam has the two advantages of eliminating the need for formwork and separating the forming of the face from the placement of the RCC. The RCC can usually be compacted against the facing elements within four to eight hours after casting (depending upon the site conditions and the CVC mix used for the kerbs). This method of forming the face, used at roughly 2% of all RCC dams, is more applicable to wide valleys and large projects where the rate of rise of the RCC does not exceed the rate of slip-forming. At Upper-Stillwater Dam (UT, USA), it was possible to maintain an average production rate of 0.6 m vertical rise per day in spite of the dam having a length of over 800 m (Mctavish, 1988). Cores taken horizontally through the facing elements into the RCC demonstrated good bond between the two concretes. When this method of forming the face is used, some system of external seal is required, as applied at New Victoria Dam (Australia) (Dunstan, Wark & Mann, 1991) and Porce II Dam (Colombia) (Abadia & Del Palacio, 2003) (see Section 5.12.3).

5.13.8 External membrane

An external membrane has been applied on the upstream face to form an impermeable barrier at some 4% of all RCC dams, mostly on low-cementitious RCC dams, but also, as a redundant measure for watertightness, in some high-cementitious RCC dams, as for example in Olivenhain Dam, CA, USA (Dolen et al, 2003). The membrane is applied as a separate activity after completion of the dam and, consequently, creates no impediment to RCC construction, although impoundment can only be initiated after installation (ICOLD/CIGB, 2010).

5.13.9 Pre-cast concrete blocks

Pre-cast concrete blocks have been used to form the downstream face (and in a few cases the spillway) of RCC dams. Usually the concrete blocks are interlocking so that support for the new block is obtained from the previously-placed blocks. This method of forming the face is particularly popular in China (Forbes et al,1999 & Shen,1995).

As an alternative, pre-cast concrete blocks can be used as formwork, re-using the blocks as the dam rises. In Maroño Dam (Spain) (Alzu, Ibañez-de-Aldecoa & Palacios, 1995), the downstream face was formed using 0.30 m high concrete beams pre-cast at the jobsite. All edges were strengthened with steel angles and the beams were anchored into the RCC with brackets and metal straps. To reduce lifting activities and ensure sufficient robustness, it is advisable to use concrete elements of at least 0.60 m in height.

5.13.10 Parement aval non coffré

Un certain nombre des premiers barrages en BCR avaient leur parement aval non coffré, où le BCR pouvait suivre son angle de talus naturel entre 0,80H : 1V (Forbes & Delaney, 1985 & Elias, Cambell & Schrader, 1985) et 1H : 1V (Brett, 1986 & Forbes, 1995). Cette approche a été très peu utilisée depuis le barrage de Zintel Canyon (Washington, États Unis) (Liu & Tatro, 1995) en 1992.

Un des inconvénients de cette méthode de construction d'un parement est que par précaution les opérateurs de rouleaux ne s'approchaient pas trop du bord aval pour compacter, ce qui entraîne le risque de manque de compaction pour une partie du parement aval (Forbes, 1995). À Willow Creek (Oregon, États Unis) cette zone atteignait 500 mm. Ce problème peut être réglé en coupant le parement après la compaction.

En outre, il y a des exemples de sévères dégradations des parements aval dûes au gel-dégel, ce qui peut être corrigé par une surépaisseur de construction (matériau de surface sacrificiel).

5.13.11 Compactage de la pente aval

Une amélioration du parement non coffré a été utilisée en France (Bouyge et al, 1988), où la face aval du parement est compactée avec une plaque vibrante fixée à une excavatrice. Le même système a été adopté au Japon comme méthode standard pour compacter le bord externe des couches dans des barrages de sable et gravier cimentés trapézoïdaux (CSG) (Japan Dam Engineering Center, 2012).

5.13.12 Autres méthodes

Un nombre significatif d'autres méthodes ont été utilisées pour essayer de construire les parements de barrage BCR, en particulier le parement amont.

5.13.13 Construction des évacuateurs de crue des barrages BCR

Comme pour les parements amont et aval, l'utilisation du béton conventionnel vibré pour bétonner l'évacuateur de crues (d'environ 60% à un peu plus de 50%) a diminué au cours des quinze dernières années et l'utilisation du BCR a augmenté (en utilisant souvent le GERCC et le GEVR) directement contre le coffrage (de 8 à 13%). Cependant, l'augmentation la plus importante a été l'utilisation de béton armé comme revêtement de surface du BCR, qui est passé d'un peu moins de 17 % des barrages il y a quinze ans, à 25 % en 2017. La raison pour ceci est principalement la taille croissante des barrages BCR et donc l'augmentation de la hauteur et de la capacité des évacuateurs de crue. Le seul autre changement significatif est la réduction de moitié du nombre de barrages où l'évacuateur de crue est séparé ou qu'il n'y a pas d'évacuateur de crue; encore une fois c'est probablement en fonction de la taille croissante des barrages BCR.

Environ 31 % des barrages BCR avec évacuateurs de crue complétés à la fin de 2017 avaient des évacuateurs de crue en forme d'escalier.

Au barrage de Meander (Australie), des segments de béton préfabriqués ont été utilisés pour construire rapidement la crête de l'évacuateur de crue, réduisant ainsi le temps et la complexité habituellement associés à la construction normale en béton armé coulé en place de ces crêtes d'évacuateur de crue (Forbes, 2012). Le vide sous les segments préfabriqués était ensuite rempli de béton conventionnel vibré.

5.13.10 Unformed downstream face

A number of early RCC dams were constructed with unformed downstream faces, where RCC was allowed to form its natural angle of repose, between 0.80H : 1V (Forbes & Delaney, 1985 & Elias, Cambell & Schrader,1985) and 1H : 1V (Brett, 1986 & Forbes,1995). This approach has very scarcely been used since Zintel Canyon Dam (WA, USA) (Liu & Tatro, 1995) in 1992.

A particular problem of this method lies in the precautionary approach of roller operators to not compact close to the edge, resulting in a potential for a part of the downstream face to lack compaction (Forbes, 1995); as much as 500 mm was measured at Willow Creek Dam (OR, USA). This problem can be managed by trimming the face after compaction.

In addition, examples of this application exist where ongoing severe degradation of the downstream face occurs due to freeze-thaw, which can be overcome by overbuilding (sacrificial surface material).

5.13.11 Pressure maintenance edge slope compaction

An improvement of the unformed face has been used in France (Bouyge et al, 1988), where the outside face is compacted with a vibratory plate fixed to an excavator. The same system has been adopted in Japan as the standard method to compact the outer edge of the layers in trapezoidal cemented sand and gravel dams (CSG) (Japan Dam Engineering Center, 2012).

5.13.12 Other methods

A significant number of other methods have been used to try to form the face of RCC dams, in particular the upstream face.

5.13.13 Forming the spillways of RCC dams

As with both the upstream and downstream faces, in the last fifteen years there has been a decline in the use of CVC to form the spillway (from circa 60% to just over 50%) and an increase in the use of RCC (often using GERCC or GEVR) directly against formwork (from 8% to 13%). However, the largest increase has been in the use of reinforced concrete as a surfacing on top of the RCC, which has increased from just under 17% of dams fifteen years ago to 25% in 2017. The reason for this is primarily the increasing size of RCC dams and thus the increasing height and capacity of the spillways required. The only other significant change is a halving of the number of dams with a separate, or no spillway; again this is probably a function of the increasing size of RCC dams (Dunstan, 2015, updated 2017).

Approximately 31% of the RCC dams with spillways completed by the end of 2017 had stepped spillways.

At the Meander Dam (Australia), pre-cast concrete segments were used to rapidly construct the spillway ogee crest, reducing the time and complexity usually associated with the normal formed-in-place reinforced-concrete construction of such spillways crests (Forbes, 2012). The void beneath the precast segments was filled with CVC.

5.14   GALERIES

Les diverses méthodes qui ont été utilisées pour construire des galeries dans les barrages BCR sont indiquées à la figure 5.16 (Dunstan, 2014, mis à jour 2017).

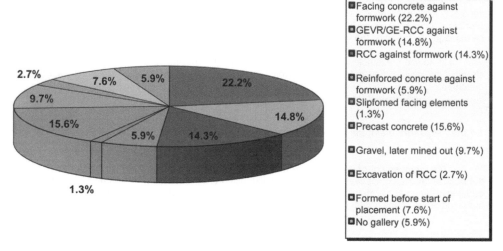

Figure 5.16
Méthodes utilisées pour construire des galeries dans les barrages BCR

Légende :
- A.   Béton de parement contre des coffrages (22,2 %)
- B.   GERCC/GEVR contre des coffrages (14,8 %)
- C.   BCR contre des coffrages (14,3 %)
- D.   Béton armé contre des coffrages (5,9 %)
- E.   Éléments de parement par coffrage glissant (1,3 %)
- F.   Béton préfabriqué (15,6 %)
- G.   Gravier, excavé ultérieurement (9,7 %)
- H.   Excavation de BCR (2,7 %)
- I.   Construction avant le début de mise en place (7,6 %)
- J.   Sans galerie (5,9 %)

- La méthode la plus courante est, sans surprise, la même que celle le plus souvent utilisée pour les parements du barrage, c'est-à-dire la mise en place du béton conventionnel (BCV) contre des coffrages. De même, les quinze dernières années ont vu une réduction de l'utilisation de béton conventionnel et une augmentation de l'utilisation du GERCC, GEVR et IVRCC. Pour la simplicité et le côté pratique, les alignements horizontaux et verticaux de la galerie sont préférables pour la construction en BCR (i.e. pas de portions inclinées), avec les pentes de drainage nécessaires réalisées en utilisant le béton conventionnel en deuxième phase. Dans la plupart des cas, le toit des galeries est formé au moyen de dalles de béton préfabriquées, ayant une résistance suffisante pour permettre une mise en place rapide du BCR au-dessus.

5.14. GALLERIES

The various methods that have been used to form the galleries in RCC dams are shown in Figure 5.16 (Dunstan, 2014, updated 2017).

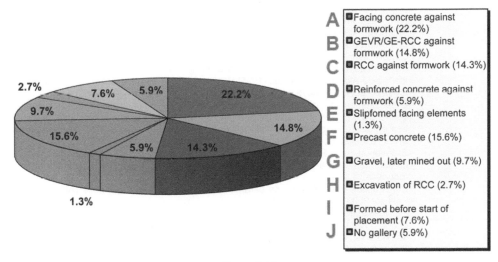

Figure 5.16
Methods used to form the galleries in RCC dams

- The most popular system for forming galleries is unsurprisingly the same as that for forming the faces of the dam, i.e. the placing of facing CVC against formwork. Similarly, the last fifteen years have seen a reduction in the use of conventional concrete facing and an increase in the use of GERCC, GEVR and IVRCC. For simplicity and practicality, horizontal and vertical gallery orientations are preferred for RCC construction, with necessary drainage slopes created internally using second-stage conventional concrete. In most cases, gallery roofs are formed using pre-cast concrete soffits, with sufficient strength to accommodate rapid RCC placement above.

D'autres méthodes et solutions adoptées comprennent :

- L'utilisation d'un remblai de gravier ou de sable puis excavé ultérieurement était très populaire pour les premiers barrages BCR. Bien qu'un certain nombre d'améliorations de cette méthode ont été faites, par exemple, l'utilisation de coffrages pour contenir le remblai, ce qui a amélioré la finition et simplifié l'enlèvement du gravier/sable, son utilisation est moins courante;
- Des panneaux de béton préfabriqués, ou blocs, ou des segments complets avec une forme en U inversé;
- Bétonnage de la galerie de périmètre avant le début de la mise en place du BCR, avec du béton armé conventionnel. La galerie peut être totalement encastrée dans les fondations, semi-encastrées ou non encastrées. L'avantage d'une configuration complètement encastrée est qu'elle évite toute interférence avec la mise en place du BCR (Alzu, Ibañez-de-Aldecoa & Palacios, 1995). Cette méthode est plus courante dans les barrages de petites et moyennes dimensions;
- Excavation en tranchée du BCR frais (habituellement avec une pelle rétrocaveuse avant que le BCR gagne beaucoup de résistance). Les surfaces des murs des galeries sont très irrégulières, sauf si elles sont prédécoupées avec une lame vibrante et décollées avant l'excavation;
- Excavation du BCR durci avec une excavatrice de tranchée dans le roc (Forbes, 2012). La surface de la paroi finale excavée peut être assez uniforme, mais avec une texture rugueuse;
- Construction des éléments de parement avec des coffrages glissants (Abadia & Del Palacio, 2003 et Mctavish, 1988);
- L'utilisation de ponceaux en tôle ondulée en acier galvanisé en tant que coffrage permanent (en fait, l'enlèvement est pratiquement impossible), tel qu'utilisé pour les conduites de dérivation des barrages Cadiangullong et Enlarged Cotter en Australie;
- Puits verticaux (voir la section 2.6.1) construits avec des anneaux ou des segments en béton préfabriqué et des escaliers en colimaçon amovibles (ou non) en acier inoxydable (ou en béton préfabriqué);
- Des jonctions compliquées entre des sections horizontales et inclinées sont souvent formées avec des éléments préfabriqués spécialement conçus;
- Dans certains barrages, les galeries horizontales et inclinées ont été disposées dans le même plan vertical pour simplifier la construction des jonctions. Dans de tels cas, des escaliers et des passerelles pliables/relevables en acier inoxydable peuvent être utilisés pour l'accès du personnel et des équipements de forage, comme cela a été mis en œuvre au barrage de La Breña II en Espagne.

À moins qu'une galerie ne soit totalement encastrée dans la fondation, sa présence constituera toujours un obstacle à une mise en place rapide et efficace du BCR. En conséquence, les coûts directs et indirects (impact sur l'échéancier) des galeries dans les barrages BCR devraient être pris en compte (ACI, 2011).

Lorsque des trous de drainage sont forés entre des galeries à l'aide d'un équipement de forage à percussion rotative, il faut prendre des précautions afin d'éviter l'effritement et l'endommagement des éléments de toit en béton préfabriqués lorsque la mèche débouche dans la galerie. Il est conseillé de percer ces éléments préfabriqués avec un équipement rotatif.

Dans certains cas, par exemple dans les plots d'extrémité, i.e. vers les appuis, ou dans les petits barrages BCR, la galerie a été remplacée par des solutions plus simples, telles que des drains de gravier, du béton poreux ou des tuyaux collecteurs poreux. Dans ces sections, le rideau de drainage peut être foré à partir de la crête du barrage, et intercepter les conduits de drainage (USBR, 2017).

5.15 CURE ET PROTECTION DU BCR

5.15.1 Cure des surfaces de BCR et des parements du barrage

La cure spécifique pour les joints chauds, tièdes et froids n'est pas incluse dans cette section, car elle est décrite dans la section 5.10.

Other methods and solutions adopted have included:

- The use of a gravel or sand in-fill that is later mined out was very popular for early RCC dams. Although a number of improvements of this method were made, for example, the use of formwork to contain the in-fill, which improved the finish and simplified the removal of gravel/sand, its use is no longer common.
- Pre-cast concrete panels, or blocks, or complete segments with an inverted U-shape.
- Forming of the perimeter gallery before the start of RCC placement, with reinforced conventional concrete. The gallery can be totally recessed in the foundation, semi-recessed, or not recessed at all. The advantage of a completely recessed conFiguration is that it avoids all interference with the RCC placement (Alzu, Ibañez-de-Aldecoa & Palacios, 1995). This method is more common in small- and medium-sized dams.
- Trenching of the fresh RCC (usually with a backhoe excavator before the RCC gains much strength). Gallery wall surfaces are highly irregular, unless pre-cut with a vibrating blade and de-bonded before excavation.
- Trenching of the hardened RCC with a rock trenching machine (Forbes, 2012). The final as-trenched wall surface can be fairly uniform but with a rough texture.
- Slip-forming of facing elements (Abadia & Del Palacio, 2003 and Mctavish, 1988).
- The use of corrugated galvanized-steel culverts as permanent formwork (de facto, removing it is practically impossible), as was used for the diversion conduits at the Cadiangullong and the Enlarged Cotter dams in Australia.
- Vertical shafts (see Section 2.6.1) constructed with pre-cast concrete rings or segments and removable (or not) stainless steel (or pre-cast concrete) spiral staircases.
- Complicated junctions between horizontal and sloped sections are often formed with specially designed pre-cast elements.
- In some dams, the horizontal and sloped galleries have been arranged in the same vertical plane to simplify the construction of junctions. In such instances, foldable/lifTable stainless steel staircases and walkways can be used for personnel and drilling equipment access, as it was implemented at La Breña II Dam in Spain.

Unless a gallery is totally recessed into the foundation, its presence will always represent an obstacle to rapid and efficient RCC placement. Accordingly, both direct and indirect costs (impact on schedule) of galleries in RCC dams should be considered (ACI, 2011).

When drainage holes are drilled between galleries using rotary-percussion drilling equipment, care is required to prevent spalling and damage to pre-cast concrete roof elements, as the drill bit emerges into the gallery. It is advisable to drill these pre-cast elements with rotary equipment.

In certain cases, as for example in the outermost blocks at the abutments, or in smaller RCC dams, the gallery has been replaced with simpler solutions, such as gravel drains, porous concrete, or porous collector pipes. In these sections, the drainage curtain can be drilled from the dam crest, intercepting the drainage conduits (USBR, 2017).

5.15 CURING AND PROTECTION OF RCC

5.15.1 Curing of the RCC surface and dam faces

The specific curing for hot, warm and cold joints are not included in this Section, as they are described in Section 5.10.

Lorsqu'un arrêt de la mise en place du BCR nécessite qu'une surface horizontale soit exposée pendant une période prolongée, créant un joint super froid, elle doit être maintenue dans un état humide ou saturé pendant au moins 21 jours, période qui doit être étendue à 28 jours par temps chaud. Les teneurs élevées en ajouts cimentaires augmentent généralement l'impact d'une mauvaise cure et, par conséquent, des périodes de cure plus longues sont généralement requises pour le BCR, par rapport au béton conventionnel.

L'utilisation de produit de cure sur une surface de mise en place est généralement peu pratique pour la construction en BCR, parce que les produits de cure formant une membrane compromettront la liaison entre les couches. Une cure efficace peut être obtenue avec une couche de sable humide, ou en utilisant des tapis de bâche mouillés en continu, ce qui assure aussi une certaine protection thermique. Après le décoffrage, la même exigence pour maintenir les surfaces du barrage dans des conditions humides est applicable, bien que la cure avec un produit chimique soit une solution alternative acceptable.

5.15.2 Protection contre les conditions pluvieuses

Au cours de la mise en place du BCR, une légère pluie peut être tolérée, à condition que les équipements n'introduisent aucune humidité dans la surface, ce qui endommagerait le béton compacté. Des dommages deviennent évidents lorsque le rouleau commence à ramasser du matériau sur son tambour; c'est à ce moment-là que la mise en place doit être arrêtée. Lorsque des convoyeurs sont utilisés et qu'il y a peu ou pas de circulation d'équipements sur le BCR, les travaux peuvent continuer par temps humide, mais il serait approprié d'envisager une diminution progressive de la quantité d'eau du mélange (augmenter le temps Vebe à l'usine de béton). Le moment où les conditions deviennent trop humides sont habituellement évidentes et cela arrive généralement soudainement.

Un mélange de BCR bien conçu est essentiellement imperméable une fois compacté et sera endommagé seulement s'il y a une forte pluie, à condition qu'aucune activité ou circulation d'équipement ne soit permise sur la surface du BCR. Dès que la surface a commencé à sécher naturellement jusqu'à l'état SSS, ou après l'élimination de l'eau par un dispositif aspirant monté sur camion, ou autres moyens, les travaux peuvent reprendre, à moins que l'on n'observe des dommages appréciables causés par le trafic sur les surfaces précédemment compactées.

En règle générale, la mise en place du BCR est autorisée pendant les pluies dont l'intensité ne dépasse pas 1,5 à 2,5 mm/h, bien que les conditions réelles sur place devraient déterminer si la production de BCR devrait être suspendue (Waters et al, 2012). Des planches d'essais pleine grandeur ont été entreprises pour le barrage de Pangue (Chili) dans une gamme d'intensités pluviométriques et une limite de 3 mm/h a été jugée acceptable (Forbes, Croquevielle & Zabaleta, 1992).

5.15.3 Protection par temps chaud

Dans des conditions chaudes et/ou venteuses, des mesures doivent être prises pour empêcher le séchage du BCR non compacté. L'utilisation d'une bruine fine pour compenser la perte d'humidité lors du séchage visible du BCR est considérée comme une bonne pratique. Après le compactage du BCR, la cure doit être appliquée, comme expliqué dans la section 5.10. De même, si le substrat rocheux à recouvrir de BCR est visiblement asséché, il doit être humidifié pour atteindre les conditions SSS jusqu'à ce que le BCR (ou le coulis ou le mortier) soit mis en place.

Les techniques de refroidissement du BCR, telles que décrites dans la section 5.6, peuvent également être appliquées pendant des périodes prolongées de températures élevées.

5.15.4 Protection par temps froid

Par temps froid, la surface fraîche du BCR devrait être protégée du gel par l'isolation, jusqu'à ce qu'il soit suffisamment mature, au moyen de couvertures thermiques en plastique (ou d'autres moyens).

When a break in placement requires that a horizontal surface of RCC is exposed for an extended period, creating a super-cold joint, it should be maintained in a damp, or saturated condition for at least 21 days, which period should be extended to 28 days in hot weather conditions. High SCM contents generally increase the impact of poor curing and, consequently, longer curing periods are typically required for RCC, compared to conventional concrete.

The use of curing compounds on a placement surface is generally impractical for RCC construction, while membrane-forming curing compounds will compromise layer joint strengths. Effective curing can be achieved with a layer of damp sand, or using continuously wetted tarpaulin mats, which further provides some thermal protection. After formwork stripping, the same requirement to maintain the dam faces in a damp condition is applicable, although membrane-forming curing is an accepTable alternative solution.

5.15.2 Protection under rainy conditions

During RCC placing, a light rain can be tolerated, provided that equipment does not drive moisture into the surface, damaging the compacted concrete. Consequential damage becomes evident when material starts to stick to the roller drum, at which time placing should be discontinued. When all-conveyor systems are used, and little or no vehicular traffic on the RCC surface is necessary, construction can continue in damp weather, although it may be appropriate to reduce the amount of mixing water (increase the VeBe time at concrete plant). The point at which conditions become too wet are usually quite obvious and usually develop suddenly.

A well-designed RCC is essentially impermeable once compacted and will only be damaged by heavy rainfall, as long as no traffic, or other activity is allowed. Once an undamaged surface has dried naturally to a SSD condition, or after the water has been removed by vacuum truck or some other means, construction can immediately resume, unless appreciable damage by traffic to the previously compacted surfaces is observed.

As general guideline, RCC placement is allowed during rainfall intensities not exceeding 1.5 to 2.5 mm/hr, although the actual conditions on the placement should determine whether RCC production should be suspended (Waters et al, 2012). Full-scale trials were undertaken for Pangue Dam (Chile) under a range of rainfall intensities and a limit of 3 mm/hr was found to be tolerable (Forbes, Croquevielle & Zabaleta, 1992).

5.15.3 Protection in hot weather conditions

In hot and/or windy conditions, measures must be taken to prevent uncompacted RCC from drying, and the use of a fine mist spray to compensate for moisture loss in visibly drying RCC is considered good practice. After RCC is compacted, curing must be applied, as explained in Section 5.10. Likewise, if the bedrock to be covered with RCC is visibly drying, it must be moistened to achieve SSD conditions until the RCC (or grout or mortar) is placed against it.

RCC cooling techniques, as described in Section 5.6, can also be applied during extended periods of high temperatures.

5.15.4 Protection in cold weather conditions

In cold weather conditions, the fresh RCC surface should be protected from freezing by insulation, until sufficiently mature, with plastic thermal blankets (or other means).

À condition que la température de surface mise en place puisse être maintenue au-dessus de 1°C (incluant le roc), la mise en place continue et la chaleur dégagée continuellement par la masse de BCR peuvent se combiner pour permettre le bétonnage par temps relativement froid, même pour des températures ambiantes de gel, toutefois la cure à l'eau doit être suspendue (USBR, 2017). Par temps froid, le refroidissement rapide de la surface devrait être évité en utilisant de l'isolation, particulièrement durant la nuit, afin d'empêcher le développement de gradients thermiques superficiels excessifs et de fissures. L'exposition de la zone de mise en place immédiate et la couverture de l'ensemble de la zone restante avec des couvertures isolantes ont permis la mise en place du BCR au barrage de Platanovryssi (Grèce) à des températures aussi basses que -8 °C. Au barrage Ralco (Chili), une approche similaire a été suivie, à des températures aussi basses que -4,5 °C.

Les exigences typiques pour la mise en place du BCR par temps froid sont :

- Température du BCR lors de la mise en place >5 °C;
- Température du BCR de la couche de surface précédente > 1 ou 2 °C (> 5 °C dans certains cas);
- Température de la surface du roc à être recouvert > 1 ou 2 °C;
- Si la température ambiante devait tomber en dessous de 2 °C, des couvertures thermiques isolantes, comme expliqué ci-dessus, doivent être utilisées, tandis que des mesures doivent être prises pour maintenir la température de la surface supérieure du BCR à 1 ou 2 °C (dans certains cas 5 °C);
- Chute de neige < 10 mm/h.

Par temps de gel, l'usine de béton au complet doit être préparée pour l'hiver, avec toutes les conduites d'eau et les réservoirs d'eau bien isolés.

Lorsque l'opération de BCR est arrêtée pendant les mois d'hiver, la surface horizontale du BCR et les mètres supérieurs des parements du barrage doivent être protégés avec des couvertures isolantes. Comme alternative, la surface horizontale peut être protégée par une couche de sable recouverte d'une toile imperméable.

D'autres mesures qui peuvent être prises pour protéger le BCR contre les basses températures sont les techniques de chauffage décrites dans la section 5.6.

RÉFÉRENCES / REFERENCES

ABADIA, F. AND DEL PALACIO, A. "Comparison between the execution technologies of Porce II and Beni Haroun dams". Proceedings. Fourth International Symposium on Roller-compacted concrete dams. Madrid, Spain, November 2003.

ALLENDE, M., ORTEGA, F., CAÑAS, J.M. AND NAVARRETE, J. "Construction of Enciso Dam". Proceedings. Seventh International Symposium on Roller-compacted concrete dams. Chengdu, China, September 2015.

ALZU, S., IBAÑEZ-DE-ALDECOA, R. AND PALACIOS, P. "Roller-compacted concrete used for construction of the Maroño Dam". Proceedings. (Second) International Symposium on Roller-compacted concrete dams. Santander, Spain, October 1995.

AMERICAN CONCRETE INSTITUTE, ACI 207.5R-11. "Report on roller-compacted mass concrete". ACI Committee 207, Farmington Hills, MI, USA, July 2011.

AMERICAN CONCRETE INSTITUTE, ACI 309.5R-00 (R2006). "Compaction of roller-compacted concrete". ACI Committee 309, Farmington Hills, MI, USA, February 2000.

AUNG, K., AUNG, Z.N., KNOLL, K. AND ORTEGA, F. "Construction planning, plants and equipment for concrete works at Yeywa HPP". Proceedings. Fifth International Symposium on Roller-compacted concrete dams. Guiyang, China, November 2007.

AZARI, A.M., PEYROVDIN, R. AND ORTEGA, F. "Construction methods for the first large RCC dam in Iran". Proceedings. Fourth International Symposium on Roller-compacted concrete dams. Madrid, Spain, November 2003.

BERKANI, A., IBAÑEZ-DE-ALDECOA, R. AND DUNSTAN, M.R.H. "The construction of Beni Haroun Dam, Algeria". International Journal of Hydropower & Dams. Wallington, Surrey, UK, Issue 3, 2000.

Provided that the placement surface temperature can be maintained above 1 °C (including the rock), continuous placement and continuous heat generation from the RCC mass can combine to allow placement in cold weather, even when ambient conditions occasionally drop below freezing, although water curing must be suspended (USBR, 2017). In cold climates, rapid cooling of exposed RCC surface should be avoided through insulation, particularly during night-time, to prevent the development of excessive surface thermal gradients and cracking. Exposing only the immediate placement area and covering the entire remaining area and the dam faces with thermal blankets allowed RCC placement to continue at Platanovryssi Dam (Greece) in temperatures as low as -8 °C. At Ralco Dam (Chile) (Croquevielle et al, 2003), a similar approach was followed, in temperatures as low as -4.5 °C.

Typical requirements for placing RCC in cold weather conditions are:

- Temperature of the RCC at placing > 5 °C.
- Temperature of the surface of the previous RCC layer > 1 or 2 °C (some cases > 5 °C).
- Temperature of the surface of rock to be covered > 1 or 2 °C.
- If the ambient temperature is expected to drop below 2 °C, thermal blankets, as explained above, must be used, while measures must be applied that assure that the RCC surface temperature is kept above 1 or 2 °C (in some cases 5 °C).
- Snowfall < 10 mm/hr.

In freezing weather, the entire concrete plant must be winterized, with all water lines and water tanks well-insulated.

When the RCC operation is stopped during the winter months, the horizontal RCC surface and the upper meters of the dam faces should be protected with insulating blankets. As an alternative, the horizontal surface can be protected with a layer of sand covered by an impermeable sheet.

Other measures that can be taken to defend against low temperatures are the heating techniques described in Section 5.6.

BOUYGE, B., GARNIER, G., JENSEN, A., MARTIN, J.P. AND STERENBERG, J. « *Construction et contrôle d'un barrage en béton compacté au rouleau (BCR): un travail d'équipe* ». Q. 62-R. 34, 16th ICOLD Congress. San Francisco, CA, USA, June 1988.

BRETT, D.M. "*Craigbourne Dam, design and construction*". ANCOLD Bulletin N° 74, August 1986.

BUCHANAN, P., NOTT, D., EGAILAT, B. AND FORBES, B.A. "*The use of 400 mm RCC lifts in the Enlarged Cotter Dam*". Sixth International Symposium on Roller-compacted concrete dams. Zaragoza, Spain, October 2012.

CABEDO, M., ROLDAN, B. AND LOPEZ, J.I. "*El Puente de Santolea's Dam experience*". Proceedings. Sixth International Symposium on Roller-compacted concrete dams. Zaragoza, Spain, October 2012.

CATERPILLAR and VOLVO, Respective websites.

CROQUEVIELLE, D., URIBE, L., MUTIS, R. AND FORBES, B.A. "*Ralco Dam, Chile - Features of its design and construction*". Proceedings. Fourth International Symposium on Roller-compacted concrete dams. Madrid, Spain, November 2003.

DOLEN, T.P., IBAÑEZ-DE-ALDECOA, R., EHARZ, J.L. AND DUNSTAN, M.R.H. "*Successful large RCC dams - what are the common features?*" Proceedings. Fourth International Symposium on Roller-compacted concrete dams. Madrid, Spain, November 2003.

DOLEN, T.P. "*Long-term performance of roller compacted concrete at Upper Stillwater Dam, Utah, USA*". Proceedings. Fourth International Symposium on Roller-compacted concrete dams. Madrid, Spain, November 2003.

DUNSTAN, M.R.H. and IBAÑEZ-DE-ALDECOA, R. "*Benefits of the full-scale trial performed for Beni Haroun Dam (Algeria)*". Proceedings. Fourth International Symposium on Roller-compacted concrete dams. Madrid, Spain, November 2003.

DUNSTAN, M.R.H. and IBAÑEZ-DE-ALDECOA, R. "*Direct tensile strength of jointed cores as a critical design criterion for large RCC dams in seismic areas - Correlation between the in-situ tensile strength and the compressive strength of cylinders*". Q. 83-R. 64, 21st ICOLD Congress. Montreal, Canada, June 2003.

DUNSTAN, M.R.H. "*How fast should an RCC dam be constructed*?" Proceedings. Seventh International Symposium on Roller-compacted concrete dams. Chengdu, China, September 2015. (Data subsequently updated to 2017).

DUNSTAN, M.R.H. "*The first 30 years of RCC dams*". Invited Lecture. Seventh International Symposium on Roller-compacted concrete dams. Chengdu, China, September 2015 (Data subsequently updated to 2017).

DUNSTAN, M.R.H., WARK, R.J. and MANN, G.B. "*New Victoria Dam, Western Australia*". Proceedings. (First) International Symposium on Roller-compacted concrete dams. Beijing, China, November 1991.

DUNSTAN, M.R.H. "*World developments in RCC dams - Part 2*". Proceedings. Hydro-2014. International Conference & Exhibition. Cernobbio, Italy, October 2014. (Data subsequently updated to 2017).

ELIAS, G.C., CAMBELL, D.B. AND SCHRADER, E.K. "*Monksville Dam - a roller-compacted concrete water supply structure*". Q. 57-R. 12, XVth ICOLD Congress. Lausanne, Switzerland, June 1985.

FORBES, B.A. AND DELANEY, M. "*Design and construction of Copperfield River Gorge Dam*". ANCOLD Bulletin N° 71, August 1985.

FORBES, B.A. "*Australian RCC practice: nine dams all different*". (Second) International Symposium on Roller-compacted concrete dams. Santander, Spain, October 1995.

FORBES, B.A., CROQUEVIELLE, D. AND ZABALETA, H. "*Design and proposed construction techniques for Pangue Dam*". In Roller-compacted concrete III, ASCE, New York, USA, February 1992.

FORBES, B.A., HANSEN, K.D. AND FITZGERALD, T.J. "*State of the practice - Grout enriched RCC in dams*". Proceedings. 28th Annual USSD Conference. Portland, OR, USA, April 2008.

FORBES, B.A. "*Innovations of significance and their development on some recent RCC dams*". Invited Lecture. Sixth International Symposium on Roller-compacted concrete dams. Zaragoza, Spain, October 2012.

FORBES, B.A., ISKANDER, M.M. AND HUSEIN MALKAWI, A.I. "*High RCC standards achieved at Jordan's Tannur Dam*". International Journal of Hydropower & Dams. Wallington, Surrey, UK, Issue 3, 2001.

FORBES, B.A., LICHEN, Y., GUOJIN, T. AND KANGNING, Y. *"Jiangya Dam, China - Some interesting techniques developed for high quality RCC construction"*. Proceedings. (Third) International Symposium on Roller-compacted concrete dams. Chengdu, China, April 1999.

FORBES, B.A. *"RCC - New developments and innovation"*. Invited Lecture. International RCC Symposium at the 50th Brazilian Concrete Congress. Salvador of Bahia, Brazil, September 2008.

FORBES, B.A. *"Using sloped layers to improve RCC dam construction"*. Hydro Review Worldwide. Northbrook, IL, USA, July 2003.

HA, N.H., HUNG, N.P., MORRIS, D. and DUNSTAN, M.R.H. *"The in-situ properties of the RCC at Lai Chau"*. Proceedings. Seventh International Symposium on Roller-compacted concrete dams. Chengdu, China, September 2015.

HIROSE, T. AND YANAGIDA, T. *"Some experience gained in construction of Shimajigawa and Ohkawa dams"*. Proceedings. International Conference "Rolled concrete for dams". CIRIA, London, UK, June 1981.

HOLLENBECK, R.E. AND TATRO, S.B. *"Non-linear incremental structural analysis of Zintel Canyon Dam"*. ERDC/SL TR-00–7. US Army Engineer Research Development Center, Vicksburg, MS, USA, September 2000.

HOPMAN, D.R. and CHAMBERS, D.R. *"Construction of Elk Creek Dam"*. In Roller-compacted concrete II, ASCE, New York, USA, February 1988.

ICOLD/CIGB. *"Geomembrane sealing systems for dams. Design principles and review of experience/ Dispositifs d'étanchéité par géomembranes pour les barrages"*. Principes de conception et retour d'expérience. Bulletin N° 135, ICOLD/CIGB. Paris, France, 2010.

ICOLD/CIGB. *"Roller-compacted concrete dams"*. State of the art and case histories/Barrages en béton compacté au rouleau. Technique actuelle et exemples. Bulletin N° 126, ICOLD/CIGB. Paris, France, 2003.

JACKSON, H. *"The construction of Middle Fork and Galesville RCC dams"*. International Water Power and Dam Construction. London, UK, January 1986.

JAPAN DAM ENGINEERING CENTER. *"Engineering manual for design, construction and quality control of trapezoidal CSG dam"*. Tokyo, Japan, June 2012.

JAPANESE MINISTRY OF CONSTRUCTION *"Design and construction manual for RCD concrete"*. Technology Centre for National Land Development. Tokyo, Japan, 1981.

LIU, T.C. AND TATRO, S.B. *Performance of roller-compacted concrete dams: Corps of Engineer's experience"*. Proceedings. (Second) International Symposium on Roller-compacted concrete dams. Santander, Spain, October 1995.

LOPEZ, J., GRIGGS, T., MONTALVO, R.J., HERWEYNEN, R. AND SCHRADER, E.K. *"RCC construction and quality control for Burnett Dam"*. Proceedings. ANCOLD 2005 Conference. Fremantle, Australia, November 2005

MADRIGAL, S., IBAÑEZ-DE-ALDECOA, R. AND GOMEZ, A. *"El Atance Dam (Spain): An example of an "RCC-friendly" design and construction"*. Proceedings. Fourth International Symposium on Roller-compacted concrete dams. Madrid, Spain, November 2003.

McTAVISH, R.F. *"Construction of Upper Stillwater Dam"*. In Roller-compacted concrete II, ASCE, New York, USA, February 1988.

MOREIRA, J., ARFELLI. E., PERES, M. AND ANDRIOLO, F.R. *"Miel I in Colombia - The highest RCC dam in the world: some practices adopted to improve the constructability, quality and safety"*. Proceedings. 22nd Annual USSD Conference. San Diego, CA, USA, June 2002.

MUSSELMAN, E.S., FLYNN, R.J., ZIMMER, G.J. AND YOUNG, J.R. *"Optimization of air entrained grout enriched roller compacted concrete for improving freeze-thaw resistance of hydraulic structures"*. Proceedings. Sixth IAHR International Symposium on Hydraulic Structures. Portland, OR, USA, June 2016.

NISHIYAMA, R. *"Construction of Gokayama Dam by Cruising RCD Construction Method"*. Proceedings, 4th APG symposium and 9th EADC, September 2016.

NOLLET, M.J. AND ROBITAILLE, F. *"General aspect of design and thermal analysis of RCC - Lac Robertson Dam"*. Proceedings. (Second) International Symposium on Roller-compacted concrete dams. Santander, Spain, October 1995.

ORTEGA, F. "*Design concepts of formworks for RCC dams*". Proceedings. Fifth International Symposium on Roller-compacted concrete dams. Guiyang, China, November 2007.

ORTEGA, F. "*Key design and construction aspects of immersion vibrated RCC*". International Journal of Hydropower & Dams. Wallington, Surrey, UK, Issue 3, 2014.

OURY, R. AND SCHRADER, E.K. "*Mixing and delivery of roller-compacted concrete*". In Roller-compacted concrete III, ASCE, New York, USA, February 1992.

PAPADOPOULOS, D. "*Seepage evolution and underwater repairs at Platanovryssi*". International Journal of Hydropower & Dams. Wallington, Surrey, UK, Issue 6, 2002.

RIZZO, C.M., WEATHERFORD, C.W., RIZZO, P.C. AND BOWEN, J. "*Levee construction and remediation using roller compacted concrete and soil cement*". Proceedings. 32nd Annual USSD Conference. New Orleans, LA, USA, April 2012.

RIZZO, P.C., GAEKEL, L., RIZZO, C.M. AND NICHOLS, S. "*RCC mix design and testing program re-build of the new upper reservoir Taum Sauk pump storage project*". Q. 88-R. 19, 23rd ICOLD Congress. Brasilia, Brasil, May 2009.

ROCA, Z., SPRENGER, F.D., GROSS, C. AND ORTEGA, F. "*La Cañada Dam: Bolivia's first RCC experience*". International Journal of Hydropower & Dams. Wallington, Surrey, UK, Issue 3, 2002.

ROMERO, F., SANDOVAL, A., IBAÑEZ-DE-ALDECOA, R. AND NORIEGA, G. "*Plans for the construction of La Breña II Dam in Spain*". Proceedings. Fifth International Symposium on Roller-compacted concrete dams. Guiyang, China, November 2007.

SCHRADER, E.K. AND BALLI, J.A. "*Presa Rompepicos - A 109 meter high RCC dam at Corral Des Palmas with final design during construction*". Proceedings. Fourth International Symposium on Roller-compacted concrete dams. Madrid, Spain, November 2003.

SHAW, Q.H.W., "*Chapter 24. Roller-compacted concrete. Fulton's Concrete Technology*". Ninth edition. Cement and Concrete Institute. Midland, South Africa, 2009.

SHEN, C.G. "*New technical progress of RCC dam construction in China*". Proceedings. (Second) International Symposium on Roller-compacted concrete dams. Santander, Spain, October 1995.

STEFANAKOS, J. AND DUNSTAN, M.R.H. "*Performance of Platanovryssi Dam on first filling*". International Journal of Hydropower & Dams. Wallington, Surrey, UK, Issue 4, 1999.

UJIIE., K. "*Efficient construction of Miyagase Dam and the RCD method*". Proceedings. (Second) International Symposium on Roller-compacted concrete dams. Santander, Spain, October 1995.

US DEPARTMENT OF THE INTERIOR. BUREAU OF RECLAMATION. "*Roller-Compacted Concrete. Design and construction considerations for hydraulic structures*". Denver, CO, USA, 2017.

WANG, B., WANG, D. AND HE, Y. "*The construction of Puding RCC arch dam*". Hydropower & Dams. London, UK, March 1994.

WARREN, T. "*Building an RCC dam in the Jordan valley*". International Water Power and Dam Construction. Sidcup, Kent, UK, August 2009.

WATERS, J., CAMERON-ELLIS, D., DUNSTAN, M.R.H., HOULBERG, L. AND HICKS, C. "*Construction of an RCC dam in a very wet climate*". Proceedings. Sixth International Symposium on Roller-compacted concrete dams. Zaragoza, Spain, October 2012.

WEI, Z. AND LU, L. "*Technological invention in Rongdi RCC Dam*". Proceedings. (Third) International Symposium on Roller-compacted concrete dams. Chengdu, China, April 1999.

WU, X. "*Rapid RCC construction technology of Longtan hydropower dam project*". Proceedings. Fifth International Symposium on Roller-compacted concrete dams. Guiyang, China, November 2007.

6.   CONTRÔLE DE LA QUALITÉ

6.1   GÉNÉRALITÉS

Tous les barrages sont susceptibles d'être affecté par l'efficacité du contrôle de la qualité réalisé durant la construction. Les problèmes causés par une mauvaise qualité de construction sur les barrages en béton vont se manifester de façon classique par une réduction de la résistance en tension et en cisaillement ainsi que par une augmentation de la perméabilité aux joints entre les coulées de béton.

Un système de gestion de la qualité est un élément crucial pour s'assurer d'une construction de qualité et ceci est une exigence pour tous les travaux de construction des barrages en BCR. Le programme de qualité devrait comprendre un système d'assurance qualité (QA), lequel est la responsabilité du propriétaire et un système de contrôle de la qualité (QC), lequel est la responsabilité de l'entrepreneur. Le Bulletin No 136 de la CIGB « Les Spécifications et le Contrôle de Qualité des Barrages en Béton (ICOLD/CIGB 2009) » sert de référence dans le contexte du présent chapitre. Pour s'assurer que les matériaux particuliers et les circonstances uniques à chaque barrage de BCR sont effectivement traités, un projet spécifique de programme de la qualité est toujours requis. Un programme bien formulé QA/QC est un outil inestimable pour permettre des décisions en temps réel durant la construction d'un barrage en BCR, par exemple pour établir le besoin/opportunité de faire des ajustements aux teneurs en ciment et ajouts cimentaires.

Lors de la construction des barrages en béton compacté au rouleau (BCR), des couches compactées de 300 mm d'épaisseur sont typiquement réalisées, ce qui crée un nombre significativement plus grand d'interfaces ou de joints que dans le cas d'un barrage en béton de masse conventionnel vibré (BCV). Les barrages BCR sont en conséquence particulièrement susceptibles aux problèmes d'interface entre les levées/couches associés à un pauvre contrôle de la qualité (Shaw, 2015). Alors que la surface de béton exposée à être traitée à n'importe quel temps sur un barrage en béton conventionnel vibré (BCV) se limite à la surface d'un plot (entre les joints transversaux et longitudinaux), dans le cas d'un barrage en BCR construit en couches horizontales, c'est généralement la surface entière de mise en place du barrage (de l'amont à l'aval et d'une paroi rocheuse à l'autre) qui est affectée (laquelle pourrait être plus grande que 30 000 m², soit plus de 20 fois la surface typique d'un barrage avec un béton de masse conventionnel vibré). Avec une telle surface de BCR à l'état frais réalisée quotidiennement sur laquelle des problèmes peuvent être rencontrés, le besoin pour une vigilance critique à l'égard du contrôle de la qualité est clairement évident. En considérant l'application d'une conception ainsi que des méthodes et techniques de construction modernes, les seules raisons pour lesquelles un barrage pourrait présenter des fuites d'eau en opération sont un pauvre contrôle de qualité de construction et/ou des spécifications inefficaces.

Le contrôle de la qualité sur des barrages BCR est compliqué pour les raisons suivantes:

- Mise en place rapide et continue nécessitant que chaque couche soit recouverte par une couche subséquente dans une courte période de temps;
- L'utilisation fréquente d'un pourcentage élevé d'ajouts cimentaires, lequel résulte en un développement de résistance plus lent; et
- L'utilisation répandue d'un retardateur de prise, lequel peut impliquer un délai du temps de prise finale jusqu'à 48 heures (2 à 3 jours par temps froid).

En conséquence, le contrôle de la qualité traditionnel de la résistance du béton en utilisant des cubes ou des cylindres n'est pas efficace de façon réaliste dans le cas du BCR, fournissant uniquement la vérification et les données sur lesquelles la consistance du mélange et le contrôle de la qualité de la construction peuvent être établis rétrospectivement.

6. QUALITY CONTROL

6.1 GENERAL

All dams are susceptible to the effectiveness of the quality control achieved during construction. Consequential problems due to poor quality construction in concrete dams are classically manifested in reduced shear and tensile strength and increased permeability at the interfaces between distinct concrete placements.

A quality management system is a critical part of ensuring construction quality and is a requirement for all RCC dam construction works. The quality programme should comprise a Quality Assurance (QA) component, which is the responsibility of the Owner, and a Quality Control (QC) component, which is the responsibility of the Contractor. Reference in this context, and in respect of other issues addressed in this Chapter, is made to ICOLD Bulletin 136 "The Specification and Quality Control of Concrete for Dams" (ICOLD/CIGB, 2003). To ensure that the particular materials and circumstances unique to each RCC dam are effectively addressed, a project-specific quality programme is always required. A well-formulated QA/QC programme has proved an invaluable tool to allow real-time decision making during RCC dam construction, e.g. for establishing the need/opportunity to make fine tuning adjustments to the mixture proportions.

With roller-compacted concrete (RCC) construction for dams, 300 mm thick compacted layers are typically applied, creating a significantly greater number of interfaces between distinct placements than is the case for a conventional, vibrated (CVC) mass concrete dams. RCC dams are consequently particularly susceptible to lift/layer interface problems associated with poor quality control (Shaw, 2015). While the exposed concrete surface to be treated at any one time on a CVC dam is limited to the area of a single monolith block (between formed transverse and longitudinal joints), in the case of horizontally-constructed RCC dams, it is generally the entire dam placement surface (upstream to downstream and abutment to abutment), which might be larger than 30 000 m^2, that is affected (more than twenty times the surface area of a typical CVC mass concrete dam). With a fresh RCC placement surface typically created daily on which related problems may be experienced, the need for critical vigilance in respect of quality control is clearly evident. Through the application of modern design, construction approaches and technologies, however, the only reasons that an RCC dam would leak in operation are poor construction quality control and/or ineffective specifications.

Quality control for RCC dam construction is complicated by the following factors:

- Rapid and continuous horizontal placement causing each layer to be covered by the subsequent layer within a short period of time;
- The frequent use of high percentages of supplementary cementitious materials, which results in slower strength development; and
- The common use of a set retarder, which can imply the delay of final setting time to as much as 48 hours (two to three days in cold weather).

As a consequence, the traditional quality control of concrete strength using sampled cubes, or cylinders is not realistically effective in the case of RCC, only providing verification and data on which basis the achieved consistency of the mix and construction quality control can retrospectively be established.

S'il devenait évident que du BCR défectueux avait été mis en place durant la construction d'un barrage, il serait très difficile et coûteux de l'enlever dû aux taux de mise en place typiquement très rapides associés aux barrages BCR. Conséquemment, des mesures de contrôle de la qualité appropriées sont essentielles pour assurer une qualité constante du BCR fraîchement mis en place et des méthodes permettant que le compactage et la liaison entre les couches soient réussis. Les constructions avec du BCR requièrent une surveillance particulièrement proactive et un contrôle de tous les aspects de la construction, un contrôle des matériaux granulaires et des constituants du BCR et de leurs teneurs en eau respectives. De plus, chaque processus des activités de transport et de manutention du BCR doit être continuellement vérifié pour la qualité, spécialement pour s'assurer qu'il ne se produise pas de ségrégation ou, s'il est observé, qu'il soit remédié.

Pour atteindre une efficacité maximale, la construction des barrages en BCR requiert que plusieurs activités interdépendantes doivent être maintenues à la pleine vitesse de production pour des périodes de temps allongées, ce qui implique une situation avec peu de marge d'erreur et une opportunité minimale pour rectifier les défauts. Conséquemment, la construction des barrages en BCR, représente une situation de risque élevé en rapport aux déficiences du contrôle de la qualité.

En termes de performance, différents types de matériaux constituant le BCR et différentes méthodes de construction indiquent différents niveaux de susceptibilité que le contrôle de qualité standard soit rencontré. Par exemple, un BCR de faible résistance avec un élément distinct d'imperméabilité, comme une membrane sur la face amont, va tolérer des standards de contrôle de qualité moins exigeant qu'un BCR super retardé à maniabilité élevée pour un barrage sujet à un chargement séismique où il peut être requis d'obtenir une résistance à la traction entre les couches de 1,5 MPa.

La conception d'un barrage BCR devrait considérer des niveaux appropriés et atteignables pour le contrôle de la qualité. Pour des structures à risques élevés, par exemple quand une résistance à la traction élevée entre les couches est requise, des mélanges de BCR super retardés et avec une maniabilité élevée seront souvent la solution la plus appropriée, dans quel cas le contrôle de qualité requiert une attention rigoureuse et continue. Pour des structures à faible risque, par exemple pour de petits barrages sujets à de faibles chargements séismiques, une approche de conception alternative avec une exigence du contrôle de qualité réduite peut être plus appropriée et permet d'atteindre de meilleurs résultats (Shaw, 2015). Le niveau anticipé de contrôle de la qualité devrait ainsi faire partie des exigences de conception spécifiques au projet. De telles considérations de conception incluront l'établissement du niveau admissible des échecs des essais de résistance, exprimé en termes d'un coefficient de variation (CV), sur lequel la relation entre la résistance visée du BCR et la résistance caractéristique peut être définie (ICOLD/CIGB, 2009).

Les programmes d'assurance (QA) et de contrôle de la qualité (QC) et les exigences respectives du projet devraient aussi considérer l'expérience attendue et la compétence des entrepreneurs pouvant vraisemblablement soumissionner ou être employés pour un projet spécifique. Il devrait être noté qu'un entrepreneur expérimenté avec une preuve attestant un contrôle de qualité diligent est une exigence de base, particulièrement pour des projets avec du BCR super retardé de maniabilité élevée. Une exigence importante pour la réussite d'un projet de qualité, pour tous les types de matériaux constituant le BCR et types de méthodes de construction, est un entrepreneur qui peut fournir du personnel de supervision qualité compétent, expérimenté et fiable ainsi qu'une usine et de l'équipement de grande qualité.

Il devrait être noté qu'une réduction de l'efficacité d'un contrôle de qualité de construction va vraisemblablement résulter en une réduction des propriétés de liaison des joints, une valeur de coefficient de variation élevée des résultats de résistance du BCR et un niveau élevé des défauts, comme un mauvais alignement des lames d'étanchéité, etc. Cependant, avec les mélanges de BCR modernes, le compactage complet est facilement atteignable avec un rouleau vibrant et, conséquemment, une densité inadéquate est improbable à devenir un problème, à moins que des variations significatives dans les granulats se présentent.

6.2 CARRIÈRE

Les carrières utilisent des sources de granulats pour les barrages BCR qui peuvent être quelques fois localisées dans des géologies complexes. Dans de tels cas, les programmes d'assurance et de contrôle de la qualité (QA/QC) doivent anticiper une variabilité de la qualité, laquelle peut résulter dans des valeurs inconsistantes des propriétés des granulats, comme la densité relative (masse spécifique), l'absorption et la résistance. Les variations peuvent avoir un impact sur la granulométrie, la stabilité de la granulométrie dans les piles de réserve et lors du transport, l'équilibre entre les fuseaux des granulats manufacturés, la maniabilité du BCR, le retard de prise du BCR, la densité à l'état frais du BCR, etc. (Conrad, Ponnosammy & Linard, 2008).

Should it become evident that defective RCC was placed during the construction of a dam, it is difficult and expensive to remove, due to the rapid placement rates typically associated with RCC dams. Consequently, appropriate quality control measures for RCC dams are critical to assure the consistent quality of the freshly placed concrete and the adequacy of compaction and the bond achieved between placement layers. RCC construction requires particularly proactive monitoring and control of all aspects of the construction, including control of each of the constituent concrete materials and their respective moisture contents. Furthermore, each of the processing, transportation and handling activities for RCC must be continuously checked for quality, especially to ensure segregation is not occurring, or if observed, is remedied.

To achieve maximum efficiency, RCC dam construction requires that many inter-dependent activities should be maintained at full production speed for extended periods of time, implying a situation with little margin for error and minimal opportunity to rectify defects. Consequently, the construction of RCC dams represents a situation of high risk with respect to deficiencies in quality control.

In terms of performance, different types of RCC materials and construction approaches indicate different levels of susceptibility to the standard of quality control achieved. For example, a lower strength RCC (subject to low levels of stress) with a separate impermeable element on the upstream face, such as a geomembrane liner, will tolerate significantly lower standards of quality control than a super-retarded, high-workability RCC for a dam structure subject to high seismic loading, where it may be required to consistently achieve a minimum of 1.5 MPa tensile strength between layers.

The design of an RCC dam should consider the appropriate and achievable levels of quality control. For high risk structures, for example when high tensile strength between placement layers is required, super-retarded, high-workability RCC will often be the most appropriate solution, in which case quality control requires stringent, unbroken attention. For lower risk structures, for example smaller dams subject to lower seismic loading, an alternative design approach, with a reduced quality control intensity may be more appropriate and may achieve better results (Shaw, 2015). The anticipated level of construction quality control should accordingly represent a project-specific design consideration. Such design considerations will include establishing the allowable level of strength test failures, expressed in terms of an assumed Coefficient of Variation (Cv), on which basis the relationship between RCC target and characteristic strength can be defined (ICOLD/CIGB, 2009).

The QA and QC programmes and the respective project specifications should also consider the expected experience and competence of contractors likely to be competing, or employed for a specific project. It should be noted that an experienced contractor, with a proven record of diligent quality control is a necessary basic requirement for super-retarded, high-workability RCC projects in particular. An important requirement for a successful quality project for all RCC material types and construction approaches is a contractor that can provide experienced, quality supervisory staff and reliable, high-quality plant and equipment.

It should be noted that a reduced effectiveness of construction quality control is likely to result in reduced joint bond properties, a high Cv value for concrete strength test results and an increased level of defects, such as mis-aligned waterstops, etc. With modern RCC mixes, however, full compaction is easily achieved with a vibratory roller and consequently inadequate density is unlikely to become a problem unless significant variations in the aggregate properties are experienced.

6.2 QUARRY

Quarries used to source aggregates for RCC dams can sometimes be located in complex geologies. In such instances, the QA/QC programme needs to address any anticipated quality variability, which may result in inconsistent aggregate properties, such as relative density (specific gravity), absorption and strength. Related variations can impact gradation, the stability of gradation in stockpiles and under transportation, the balance between manufactured aggregate bands, RCC workability, RCC retardation, RCC fresh density, etc (Conrad, Ponnosammy & Linard, 2008).

Pour maintenir un niveau adéquat d'uniformité dans les granulats concassés et conséquemment dans le BCR malaxé, l'exploitation d'une source de rocher de qualité variable requiert une gestion et un contrôle de la qualité consciencieux. Dépendant des conditions actuelles, d'autres mesures peuvent être nécessaires en aval du procédé, comme la sélection et le mélange et/ou une augmentation de la gestion de la qualité et des étapes additionnelles d'échantillonnage et d'essais, etc.

6.3 INSTALLATIONS ET ÉQUIPEMENT

6.3.1 Généralités

Comme énoncé général, des installations robustes, fiables et de capacité élevée est une exigence absolue pour l'atteinte d'une construction de qualité sur les barrages. Comme conséquence des taux de mise en place typiquement visés et du travail additionnel et des pertes de temps occasionnées par des interruptions de la mise en place, il est crucial de maintenir une capacité adéquate et des pièces en réserve pour toutes les composantes critiques des installations, spécialement pour les pièces qui s'usent comme les moteurs et les courroies. De plus, toutes les installations et les équipements doivent être conçus et/ou modifiés pour les types de matériaux spécifiques au BCR à être utilisés. Par exemple, bien que tous les équipements de transport et d'épandage doivent être conçus pour minimiser la ségrégation durant les activités de manutention, les systèmes de transport pour les mélanges de BCR riches en pâte doivent être conçus en sachant que la pâte va tendre à coller sur les courroies des convoyeurs, tombant et s'accumulant sous les racleurs et les trémies de transfert intermédiaires.

6.3.2 Installation pour les granulats

Le contrôle de la qualité du BCR commence avec les granulats le constituant. Avec moins d'eau dans le mélange comparé au béton conventionnel vibré (BCV), une tendance à la ségrégation existera toujours dans le BCR. De plus, des contraintes élevées sur la forme des particules et sur la teneur en vides dans les granulats fins pour le BCR peuvent quelques fois nécessiter un contrôle de qualité plus strict, lorsque l'utilisation d'un pourcentage élevé de granulats fins crée une dépendance accrue sur le contrôle efficace de la ségrégation. Conséquemment, des contrôles additionnels sont souvent requis pour le BCR afin de s'assurer que la répartition et les matériaux granulométriques adéquats sont déchargés dans le malaxeur à béton. Cette exigence est généralement réalisée au moyen de procédés de concassage au moins tertiaires et parfois quaternaires, avec des concasseurs à percussion verticale pour tout traitement de granulats fins et souvent pour une ou plusieurs des fractions de gros granulats. Le stockage, le chargement et le transport subséquents doivent tous être conçus de manière à maintenir la cohérence des granulométries des granulats fournis dans les installations de dosage. L'échantillonnage et les essais doivent être effectués à des points critiques du système pour assurer et démontrer l'uniformité et la constance de la production.

6.3.3 Centrale à béton

Pour assurer une fabrication continue d'un béton avec des propriétés constantes, une installation de dosage et de malaxage de haute qualité, robuste et fiable est essentielle pour la construction de barrages BCR. Dans certains pays, les centrales à béton peuvent nécessiter une certification à une certaine norme (Narional Ready-Mix Concrete Association, 1997), laquelle indiquera la précision exigée pour la centrale à béton, des normes d'entretien, etc. La composition du béton malaxé devrait être mesurée à des intervalles de temps prescrits pour vérifier que les installations de dosage et de malaxage fonctionnent de façon satisfaisante.

To maintain an adequate level of uniformity in the crushed aggregate, and consequently batched RCC, the exploitation of a rock source of variable materials quality requires dedicated management and quality control. Depending on the actual conditions, further measures may need to be introduced in the downstream processes, such as selecting and blending and/or increased quality monitoring and additional stages of sampling and testing, etc.

6.3   PLANT AND EQUIPMENT

6.3.1   General

As a general statement, robust, reliable, high-capacity plant is an absolute requirement for the achievement of RCC construction quality on dams. As a consequence of the rates of placement typically targeted and the additional work and time loss caused by placement interruptions, it is further crucial to maintain adequate standby capacity and spare parts for all critical plant components, especially wearing parts such as motors and belts. Additionally, all plant and equipment must be designed and/or modified for the specific RCC material type to be used. For example, while all conveyance and spreading equipment must be designed to minimise RCC segregation during handling, conveyor systems for higher-paste RCC mixes must be designed in the knowledge that paste will tend to stick to the conveyor belt, being dropped and accumulating beneath scraper points and any intermediate holding hopers.

6.3.2   Aggregate plant

RCC quality control realistically starts with the constituent aggregates. With less water in the mix compared to CVC, a tendency for segregation will always exist in RCC. Furthermore, elevated constraints on particle shaping and fine aggregate void content for RCC can sometimes require stricter quality control, while the use of high percentages of aggregate fines creates an increased dependence on effective segregation control. Consequently, additional controls are often required for RCC to ensure that the correct material distribution and material gradations are dispensed into the concrete mixer. This requirement is typically realised through at least tertiary and sometimes quaternary crushing processes, with vertical impact crushers for all fine aggregate processing and often for one, or more of the coarse aggregate fractions. Subsequent stockpiling, loading and transportation must all be designed to maintain the consistency of the aggregate gradations fed into the batch plant. Sampling and testing must be undertaken at critical points throughout the system, to ensure and demonstrate production uniformity and consistency.

6.3.3.   Concrete batch plant

To assure the continuous production of concrete with consistent properties, a high-quality, robust and reliable batching and mixing plant is essential for RCC dam construction. In some countries concrete-manufacturing plants may require certification to a particular standard (Narional Ready-Mix Concrete Association, 1997), which will typically indicate required accuracy for weighing/batching, maintenance standards, etc. The composition of the mixed concrete should be measured at prescribed intervals to verify the satisfactory performance of the batching and mixing plant.

Les centrales à béton modernes pour les chantiers de grands projets de barrage en BCR comprennent généralement des malaxeurs du type à gâchées (et moins souvent des malaxeurs à fonctionnement continu), qui produisent un béton uniforme non sujet à la ségrégation ne demandant pas un remalaxage. Cependant, à l'installation de déchargement du malaxeur et à tous les points de transfert du système de transport, le béton doit être régulièrement inspecté pour la ségrégation. Alors que les malaxeurs discontinus à deux arbres horizontaux sont préférés pour le BCR, des malaxeurs à simple tambour ont été utilisés occasionnellement pour de petits projets BCR, auquel cas le mélange peut devoir être ajusté périodiquement pour assurer des propriétés uniformes et constantes du béton.

L'installation de dosage et de malaxage du BCR devrait être installée sur le site suffisamment tôt afin de permettre des essais de précision et d'uniformité complets avant d'effectuer des essais en pleine grandeur sur le BCR (voir section 5.3), ce qui pourrait nécessiter des essais de dosage et de malaxage importants avant la planche d'essai pleine grandeur. Un approvisionnement amplement suffisant en pièces de rechange pour tous les éléments-clés doit être maintenu afin d'assurer une production de béton ininterrompue. Toutes les installations nécessiteront un entretien préventif régulier afin de minimiser les pannes forcées des installations. Pour tous les grands projets de barrages BCR, des installations de dosage et malaxage doubles sont généralement exigées, afin de permettre une certaine production pendant les périodes d'entretien et de pannes périodiques.

6.3.4 Convoyeurs et trémies intermédiaires

Pour les projets où les convoyeurs sont utilisés pour la livraison du BCR, l'équipement associé doit être soigneusement conçu pour un fonctionnement efficace, fiable et continu. Alors que des installations de dosage et de malaxage doubles typiquement spécifiées permettent de maintenir une certaine production pendant les périodes d'entretien et de panne, il ne sera pas souvent possible de fournir un système de livraison de secours lorsqu'un convoyeur est utilisé pour le transport du BCR. Par conséquent, l'inspection régulière et la maintenance d'un système de convoyeurs sont essentielles pour assurer des opérations de mise en place du BCR fiables et continues.

Lorsqu'une installation utilise des trémies de retenue pour fournir une capacité de stockage tampon, généralement à l'extrémité d'un convoyeur avant le déchargement dans les camions, des inspections de nettoyage et d'entretien régulières sont nécessaires pour s'assurer que de la ségrégation ne se produise pas.

6.3.5 Équipements de mise en place

Les divers équipements de mise en place du BCR et les exigences associées pour une construction de BCR de bonne qualité sont traités dans la section 5. L'approbation finale de l'équipement à utiliser est généralement fournie après une démonstration de performance adéquate sur la construction de la planche d'essai pleine grandeur. Dans le contexte du programme d'assurance et de contrôle de la qualité (QA/QC), il est important d'inspecter régulièrement les divers équipements pendant toute la durée de la mise en place du BCR. Ceci comprend généralement une évaluation du nombre adéquat d'équipements, de leurs opérateurs et de remplaçants disponibles avant de commencer chaque nouvelle couche de BCR. Tous les équipements doivent être régulièrement vérifiés pour s'assurer qu'il n'y a pas d'huile ou d'autres fuites et doivent être testés en marche pour garantir leur bon fonctionnement.

6.4 ESSAIS SUR LES MATÉRIAUX

Les granulats pour le BCR sont soumis aux mêmes contrôles de qualité que ceux entrant dans la composition du béton conventionnel. Cependant, une plus grande importance est souvent accordée à la forme et à la granulométrie des particules des granulats et à la teneur en vides compactés, en particulier dans les granulats fins. En raison de l'utilisation fréquente de teneurs en granulats fins significativement plus élevées que celles typiques du béton conventionnel et de la plus grande sensibilité à la ségrégation, le maintien d'une granulométrie homogène est particulièrement important dans le cas du BCR. Par conséquent, des essais de contrôle de qualité supplémentaires sont souvent spécifiés pour les granulats du BCR, tandis que les fréquences et les emplacements des essais sont généralement augmentés. Les essais typiques au chantier à cette fin sont énumérés dans le tableau 6.1.

Modern concrete plants for large RCC projects generally use batch mixers (and less often continuous mixers), which produce uniform concrete that is not prone to segregation and does not require re-mixing. At the mixer discharge facility and at all transfer points on the conveyance system, however, concrete must be regularly inspected for segregation. While horizontal twin-shaft batch mixers are preferred for RCC, simple drum mixers have occasionally been used for small RCC projects, in which case the mixture may need to be adjusted periodically to assure uniform and consistent concrete properties.

The RCC batching and mixing plant should be established sufficiently early to ensure full accuracy and consistency testing before initiation of the full-scale RCC trial (see Section 5.3). An ample provision of spare parts for all key components must be maintained in order to assure uninterrupted concrete production and all equipment installations will require regular preventative maintenance to minimize forced plant outages. For all larger RCC dam projects, twin batching and mixing plants are generally specified, to allow some production to be maintained during periods of routine maintenance and breakdowns.

6.3.4   Conveyors and intermediate holding hoppers

On projects where conveyors are used for RCC delivery, associated equipment must be carefully designed for effective and reliable, continuous operation. Whereas typically specified twin batching and mixing plants allow some production to be maintained during periods of maintenance and breakdowns, it will not often be possible to provide a back-up delivery system when a conveyor is used for RCC transportation. Consequently, regular inspection and maintenance to a conveyor system is essential in assuring reliable and continuous RCC placing operations.

Where a plant uses holding hoppers to provide a buffer storage capacity, typically at the end of a conveyor before discharging into trucks, regular cleaning and maintenance inspections are required to ensure that segregation does not occur.

6.3.5   Placement equipment

The various RCC placement equipment and the associated requirements for good quality RCC construction are addressed in Section 5. The final approval of the equipment to be used is generally provided following an adequate performance demonstration on the construction of the FST. In the context of the QA/QC programme, regular inspection of the various placing equipment throughout the duration of RCC placement is important. This will typically include an evaluation of the adequacy of the number of items of equipment, associated operators and available stand-by before commencing each new RCC layer. All equipment should be regularly checked to ensure no oil, or other leaks and tested in operation to ensure fully effective function.

6.4   MATERIALS TESTING

Aggregate for RCC is generally subject to the same quality controls as for conventional concrete. Greater importance, however, is often placed on aggregate particle shaping and grading and the associated compacted void content, particularly in fine aggregates. As a consequence of the frequent use of significantly higher aggregate fines contents than typical for conventional concrete and the increased sensitivity to segregation, the maintenance of consistent aggregate grading is particularly important in the case of RCC. Consequently, additional quality control testing is often specified for RCC aggregates, while test frequencies and locations are commonly increased. Typical field tests for this purpose are listed in Table 6.1.

Tableau 6.1
Essais de contrôle qualité typiques sur les matériaux constituants (American Concrete Institute, 2011)

Matériau	Type d'essai	Norme d'essai[1]	Fréquence[2]
Ciment	Propriétés physiques et chimiques	ASTM C150	Certificat du fabricant ou préqualification
Ajouts cimentaires	Propriétés physiques et chimiques	ASTM C618	Certificat du fabricant ou préqualification
Adjuvant		ASTM C494 ASTM C260	Certificat du fabricant
Granulats	Densité relative et absorption	ASTM C127 ASTM C128	Un par mois ou 50 000 m³
Granulats	Particules plates et allongées	BS812	Deux par mois ou 25 000 m³
Granulats	Abrasion Los Angeles	ASTM C131	Un par mois ou 50 000 m³
Granulats	Granulométrie	ASTM C117 ASTM C136	Un par quart ou un par jour
Granulats	Teneur en eau	ASTM C566 ASTM C70	Avant chaque quart ou selon les nécessités
Granulats	Densité en vrac compactée	ASTM C29	Deux par mois ou 25 000 m³
Granulats	Équivalent de sable	ASTM D2419–2	Deux par mois ou 25 000 m³
Granulats	Écoulement	EN 933–6	Un par mois ou 50 000 m³

Notes: 1. Ou autre norme appropriée
   2. La fréquence dépendra de la dimension du projet et du degré de contrôle requis

Le niveau de contrôle de la qualité des granulats dépend de la conception du BCR ainsi que des dimensions et du niveau des contraintes spécifiques à la structure du barrage. Lorsque la conception nécessite une imperméabilité et une résistance significative du béton, ainsi que des niveaux élevés d'adhérence entre les couches, les exigences de la qualité des granulats et du contrôle de la qualité de sa résistance sont essentiellement les mêmes que pour le béton de masse conventionnel. Lorsque les exigences relatives à la résistance au cisaillement et/ou à la perméabilité sont plus faibles, les exigences de contrôle de la qualité de la liaison des couches seront également plus modérées. De plus, des granulats de qualité marginale peuvent être utilisés pour les BCR à plus faible résistance en y ajoutant les investigations ainsi que les essais en laboratoire et au chantier appropriés. Une attention particulière et des contrôles supplémentaires sont cependant requis lors de l'utilisation de granulats de résistance inférieure dans le BCR, car les granulométries peuvent varier en cours de stockage et de transport et une rupture significative des granulats peut se produire avec un bulldozer standard lors de l'épandage, chacun nécessitant éventuellement des modifications de l'équipement et de la procédure et des coûts plus élevés.

Comme la qualité des barrages BCR profite considérablement d'une production rapide et continue, d'importantes réserves de granulats sont habituellement requises avant le début de la mise en place pour empêcher l'usine de traitement des granulats de contrôler le taux de production de béton réalisable. La dimension de la réserve des granulats dépendra de nombreux facteurs tels que l'éloignement du site, les conditions logistiques, la disponibilité des zones de stockage et des installations pour l'entretien et la réparation de l'équipement et les temps d'arrêt prévus ou saisonniers. En fonction de la dimension du barrage et de la fiabilité de l'approvisionnement, les tailles de stockage initiales généralement observées sont égales à un tiers de la production totale ou de l'approvisionnement de trois mois, soit le moins élevé des deux. Par conséquent, les processus d'assurance et de contrôle de la qualité (AQ/CQ) pour les sources de roche (carrières) et la fabrication des granulats doivent commencer suffisamment tôt pour s'assurer que les matériaux stockés sont conformes aux exigences.

Table 6.1
Typical constituent materials quality control tests (American Concrete Institute, 2011)

Material tested	Test procedure	Test Standard[1]	Frequency[2]
Cement	Physical and chemical properties	ASTM C150	Manufacturer's certificate or pre-qualification
Supplementary Cementitious Material	Physical and chemical properties	ASTM C618	Manufacturer's certificate or pre-qualification
Admixture		ASTM C494 ASTM C260	Manufacturer's certificate
Aggregates	Relative Density and Absorption	ASTM C127 ASTM C128	One per month or 50 000 m^3
Aggregates	Flat and elongated particles	BS812	Twice per month or 25 000 m^3
Aggregates	Los Angeles Abrasion	ASTM C131	One per month or 50 000 m^3
Aggregates	Gradation	ASTM C117 ASTM C136	One per shift or One per day
Aggregates	Moisture content	ASTM C566 ASTM C70	Before each shift or as required
Aggregates	Compacted Bulk Density	ASTM C29	Twice per month or 25 000 m^3
Aggregates	Sand Equivalent (SE)	ASTM D2419–2	Twice per month or 25 000 m^3
Aggregates	Efflux	EN 933–6	One per month or 50 000 m^3

Notes: 1. Or other appropriate Standard
2. Frequency will be dependent upon the size of project and the degree of control required

The level of quality control for aggregates depends on the RCC design approach and the size and stress levels applicable for the dam structure. When the design requires impermeability and significant concrete strength, as well as high levels of bond between layers, aggregate quality and strength quality control requirements are essentially the same as applicable for conventional mass concrete. When the requirements for shear strength and/or permeability are lower, layer bonding quality control requirements will similarly be more moderate. In addition, aggregates of marginal quality may be used for lower-strength RCC with appropriate investigations and laboratory and field testing. Careful attention and additional controls, however, are required when using lower strength aggregates in RCC, as gradings may change during normal stockpiling and transportation and significant aggregate breakage may occur with a standard bulldozer during spreading, each possibly necessitating equipment and procedure modifications and increasing costs.

As RCC dam quality benefits significantly from rapid, continuous production, large reserves of aggregate are usually required prior to the start of placement to prevent the aggregate processing plant from controlling the achievable rate of concrete production. The size of the aggregate reserve will depend on many factors such as the remoteness of the site, logistical conditions, availability of storage areas and facilities for maintenance and repair of equipment and scheduled, or seasonal down time. Depending on the size of the dam and the reliability of the supply, initial stockpile sizes typically seen are equal to one third of the total production or three months' supply, whichever is least. Consequently, the QA/QC processes for the source rock (quarry) and aggregate manufacturing need to start sufficiently early to ensure that stockpiled materials conform with the Specification.

Le contrôle de la qualité des fines (fraction passant le tamis 75 μm) est particulièrement important, car cette fraction de granulat fait partie de la teneur en pâte totale et est critique dans la réduction du volume des vides du BCR, en particulier dans les BCR à teneur en matériaux cimentaires faible et moyenne. En utilisant une fraction de fines élevée, du BCR à maniabilité élevée peut être produit avec des teneurs en matériaux cimentaires plus faibles, alors que la maniabilité est améliorée, une densité plus élevée, une résistance plus élevée et une perméabilité plus faible peuvent être atteintes pour les mélanges de BCR à faible et moyenne teneur en matériaux cimentaires. L'application, en tant que matériaux distincts, de fines naturelles (silt) et/ou artificielles (farine de pierre) nécessitera des installations de malaxage appropriées. Lors de l'utilisation d'une haute teneur en fines, la production de BCR uniforme exige que le système de contrôle de qualité appliqué vérifie régulièrement et s'assure de la constance de la teneur et des caractéristiques des fines.

La résistance et la maniabilité du BCR sont très sensibles à la teneur en eau libre. En conséquence, la teneur en eau, principalement à l'intérieur des fines et des fractions de granulats plus petites, doit être soigneusement surveillée et contrôlée pour maintenir la consistance du BCR. Pour ce faire, il est préférable d'installer des humidimètres à sable intégrés dans les bacs à sable et/ou de tester plus fréquemment les échantillons prélevés dans l'installation de dosage. La connaissance de la teneur en eau permet d'ajuster la quantité d'eau de gâchage. La fréquence requise des essais dépend des conditions ambiantes et de la variabilité dans les piles de réserve. S'il n'y a pas de contrôle automatique, les teneurs en eau doivent faire l'objet d'essais toutes les 15 minutes. Dans le cas de grands projets avec mesures automatiques à la centrale à béton, des mesures de teneur en eau effectuées à chaque quart de travail devraient être suffisantes, avec la fréquence des essais augmentée au fur et à mesure, si des conditions plus difficiles se présentent.

6.5   ESSAIS SUR LE BCR FRAIS

Une fois malaxé et avant la prise initiale, les aspects critiques du BCR frais pour lesquels des essais sont requis comprennent la consistance à l'essai Vebe, la granulométrie des matériaux, les temps de prise initiale et finale, la teneur en eau, la température et la densité compactée. Afin de faciliter la compréhension des variations de ces propriétés, il est également nécessaire de tester la constance de la production du malaxeur. Les essais typiques du contrôle de la qualité appliqués au BCR frais sont listés dans le tableau 6.2.

Tableau 6.2
Essais typiques de contrôle de la qualité du BCR frais

Type d'essai	Norme d'essai[1]	Fréquence[2]
Consistance et densité Vebe	ASTM C1170	500 m³ ou tel que requis
Granulométrie	ASTM C117, ASTM C136	1000 m³ ou tel que requis
Densité in situ et teneur en eau	ASTM C1040	1000 m³ ou tel que requis
Temps de prise[3]	ASTM C403	3 fois par quart
Teneur en eau – Séché au four	ASTM C566	1000 m³ ou tel que requis
Température	ASTM C1064	100 m³ ou tel que requis
Consistance et densité Vebe	ASTM C172, C1078, C1079 or special	500 m³ ou tel que requis

Notes : 3. Il convient de reconnaître que la norme ASTM C403 est un indicateur du temps de prise en laboratoire et que des essais in situ supplémentaires sont nécessaires pour établir une corrélation entre les temps de prise en laboratoire et le comportement réel au chantier dans diverses conditions applicables.

6.6   ESSAIS SUR LE BCR DURCI

Pour confirmer que les propriétés du BCR durci sont conformes aux valeurs de conception requises, les essais indiqués dans le tableau 6.3 sont appliqués.

Also of particular importance is the quality control of fines (fraction below 75 µm), as this aggregate fraction forms part of the total paste content and is critical in reducing the RCC void volume, especially in low and medium cementitious RCC mixes. Using a high fines fraction, high workability RCC can be produced with a lower cementitious materials contents, while increased workability, higher density, higher strength and lower permeability can be achieved for low and medium cementitious RCC mixes. The application, as separate materials, of natural (silt) and/or artificial (rock flour) fines will require appropriately configured batching plants. When using a high fines content, the production of uniform RCC requires that the applied quality control system must regularly check and assure the consistency and characteristics of the fines content.

The strength and workability of RCC is very sensitive to the free water content. Consequently moisture, mainly within the fines and smaller aggregate fractions, needs to be carefully monitored and controlled to maintain RCC consistency. This is best accomplished by installing integrated sand moisture meters in the sand bins and /or more frequent testing of samples taken at the batching plant. Knowledge of the moisture content allows adjustments to be made to the amount of mixing water. The required frequency of tests depends on ambient conditions and stockpile variability. If there is no automatic control, however, it may be necessary to test the moisture contents every 15 minutes. On larger projects with automatic moisture measurement at the concrete plant, moisture measurements every shift should be sufficient, with increased test frequency as and when more difficult conditions develop.

6.5   FRESH RCC TESTING

Once mixed and before initial setting, the critical aspects of fresh RCC for which testing is required include Loaded VeBe consistency, materials gradation, initial and final setting times, moisture content, temperature and compacted density. In order to assist in understanding any variations in these properties, testing of the mixer production consistency is also required. The typical quality tests applied for fresh RCC are listed in Table 6.2.

Table 6.2
Typical fresh RCC quality control tests

Test procedure	Test Standard[1]	Frequency[2]
VeBe consistency and density	ASTM C1170	500 m^3 or as required
Gradation	ASTM C117, ASTM C 136	1000 m^3 or as required
In-situ density and moisture content	ASTM C1040	1000 m^3 or as required
Setting times[3]	ASTM C403	Three times per shift
Oven-dry - Moisture content	ASTM C566	1000 m^3 or as required
Temperature	ASTM C1064	100 m^3 or as required
Variability of Mixing procedures	ASTM C172, C1078, C1079 or special	Two per month or 25 000 m^3

Notes: 3. It should be recognised that ASTM C403 is an indicator only of setting time in the laboratory and additional in-situ testing is required to develop a correlation between the laboratory setting times and the actual field behaviour under a range of applicable conditions.

6.6   HARDENED RCC TESTING

To confirm that the properties of the hardened RCC comply with the required design values, the tests indicated in Table 6.3 are applied.

Tableau 6.3
Essais typiques de contrôle de la qualité du BCR durci

Test procédure	Test Standard[1]	Fréquence[2]
Résistance à la compression	ASTM C39 ou ASTM C42 (compactage des échantillons selon ASTM C1176 ou avec un dameur)	2 par jour ou 1000 m³
Résistance à la compression sur des échantillons avec cure accélérée	Spécial	Situationnel, généralement environ 5000 m³
Résistance à la traction (directe ou indirecte)	Spécial (par exemple, USBR CRD-C-164) ou ASTM C496	1 par jour ou 2000 m³
Résistance à la traction directe sur des carottes avec le joint	Spécial (par exemple USBR CRD-C-164)	Tel qu'indiqué
Module d'élasticité	ASTM C469	1 par 10 000 m³
Perméabilité	DIN 1048	1 par 2 mois ou 100 000 m³

6.7   PLANCHE D'ESSAI PLEINE GRANDEUR

La planche d'essai pleine grandeur est une partie essentielle du programme de contrôle qualité pour tous les barrages BCR. En plus des autres objectifs, comme indiqué dans les sections 2.4.1, 4.5, 4.12 et 5.3, l'essai pleine grandeur est utilisé pour développer des corrélations entre les essais sur le béton frais et les propriétés conséquentes du béton durci, établissant ainsi la base de données définitive des propriétés du BCR appliqué comme base pour le contrôle de qualité pendant la construction du barrage. En outre, l'essai pleine grandeur sert à tester et à optimiser les mesures et procédures de contrôle de la qualité dans des conditions de construction réalistes.

En utilisant le personnel et l'équipement prévus pour le barrage principal, l'essai pleine grandeur doit être maintenu jusqu'à ce que toutes les méthodes et procédures de mise en place du BCR soient raisonnablement perfectionnées, assurant une construction entièrement efficace dès le début de la mise en place du BCR sur le barrage principal.

Les essais de qualité requis pour l'essai pleine grandeur sont les mêmes que ceux appliqués pour la construction du barrage principal (voir sections 6.9 et 6.10).

L'expérience a démontré qu'il est avantageux d'évaluer les performances de manipulation et de compactage du mélange BCR dans les conditions de construction, séparément, et en avance par rapport à l'essai pleine grandeur. Cela peut être réalisé en construisant des bandes d'essais ayant approximativement la largeur de l'équipement (environ 3 m), une longueur de 10 m ou plus (approximativement deux longueurs de rouleau vibrant) et une épaisseur ne dépassant pas celle de deux couches. Le BCR peut être transporté depuis la centrale à béton par chargeuse ou camion, nivelé avec le bouteur prescrit et compacté suivant les spécifications, alors que la densité in situ (densité en fonction du nombre de passes du rouleau) peut être aussi mesurée sur les emplacements des essais pour tous les équipements de compactage qui seront utilisés sur le barrage. Un tel pré-essai est bénéfique pour réduire le nombre d'opérations dans les principaux essais pleine grandeur (Crow et al, 1984). Une attention particulière à la teneur en eau et à la granulométrie des granulats est nécessaire pour tous les essais au chantier afin de garantir l'uniformité du BCR mis en place.

Une vérification des procédures et des mélanges de béton appliquée à l'essai pleine grandeur devra inclure le prélèvement de carottes de béton par forage au diamant à une date prescrite après la mise place, soit généralement environ 90 jours. Bien que ceci permet un test définitif du BCR mis en place en utilisant les rouleaux de compactage actuels pour la densité, la résistance et le module d'élasticité, plus important encore, il permet de vérifier les propriétés des joints entre les couches (en particulier la résistance à la traction et au cisaillement) pour toutes les méthodes, procédures et échéances et maturités des joints. Les données de ces essais sont utilisées pour établir les limites de maturité définitives et les procédures de traitement qui seront requis pour les joints chauds (frais), tièdes et froids à appliquer dans la construction du barrage principal.

Table 6.3
Typical hardened RCC quality control tests

Test procedure	Test Standard[1]	Frequency[2]
Compressive strength	ASTM C39 or ASTM C42 (specimen compaction according to ASTM C1176 or with tamper	Two per day or 1000 m³
Compressive strength on specimens with accelerated curing	Special	Situational, typically circa 5000 m³
Tensile strength (direct and/or indirect)	Special (e.g. USBR CRD-C-164) or ASTM C496	One per day or 2000 m³
Direct tensile strength on jointed cores	Special (e.g. USBR CRD-C-164)	As instructed
Elastic modulus	ASTM C469	One per 10 000 m³
Permeability	DIN 1048	One per two months, or 100 000 m³

6.7   FULL-SCALE TRIAL

The full-scale trial is an essential part of the quality control programme for all RCC dams. In addition to other objectives, as addressed in Sections 2.4.1, 4.5, 4.12 and 5.3, the FST is used to develop correlations between tests on fresh concrete and the consequential properties of the hardened concrete, thereby establishing the definitive database of RCC properties subsequently applied as the basis for quality control during the construction of the dam. Furthermore, the FST serves to test and optimise quality control measures and procedures under realistic construction conditions.

Using the staff and equipment intended for the main dam, the FST must be continued until all RCC placement methods and procedures are reasonably perfected, ensuring fully effective construction immediately on start-up of RCC placement on the main dam.

The quality tests required for the FST are the same as those applied for the main dam construction (see Sections 6.9. and 6.10.).

Experience has demonstrated that it is advantageous to evaluate the RCC mixture handling and compaction performance under construction conditions separately from, and in advance of, the FST. This can be done by constructing test strips of approximately one equipment width (approximately 3 m), extending 10 m or more in length (approximately two vibratory roller lengths) and not more than two layers in thickness. The RCC can be transported from the concrete plant by loader or truck, levelled with the specified bulldozer and compacted as specified, while field density (density versus roller passes) can also be measured on the test placements for all compaction equipment to be used on the dam. Such a pre-trial is beneficial to reduce the number of activities to be studied during the main FST (Crow et al, 1984). Particular attention to the moisture content and gradation of aggregates is necessary for all field trials to ensure the uniformity of the RCC placed.

Verification of the procedures and concrete mixes applied for the FST will include recovering concrete cores by diamond drilling at a prescribed date following placement, typically about 90 days. While this allows definitive testing of RCC placed using the actual compaction rollers for density, strength and modulus, most importantly, it allows verification testing of layer joint properties (particularly tensile and shear strength) for all applied methods, procedures and joint maturities. Data from associated testing is used to establish the definitive maturity limits and the associated treatment procedures for hot, warm and cold joints to be applied for the main dam construction.

L'évaluation de l'état des joints entre les couches et du développement de leur maturité, ainsi que les essais et la mise en place des préparations associées, etc., sont une fonction particulièrement importante de l'essai pleine grandeur. Pour élaborer un programme de contrôle de qualité efficace pour la construction du barrage, une évaluation complète des temps de prise initiale et finale doit être effectuée lors de la mise en place de l'essai pleine grandeur ou lors d'essais séparés pleine grandeur à maturité. Cet exercice impliquera des essais fréquents de temps de prise ASTM C403 en parallèle avec des évaluations de surfaces visuelles et la surveillance de la température de la couche, en utilisant à la fois des thermistances/thermocouples dans la couche de BCR et des sondes de température sur la surface. Une mesure simultanée de la température de l'air et de la vitesse du vent à proximité de la surface du BCR doit également être effectuée, ainsi que l'enregistrement de l'intensité du rayonnement solaire, si possible. L'apparition de précipitations sur n'importe quelle surface de la couche devrait également être enregistrée. Au cours de ce processus, il est également utile de percer occasionnellement la surface du BCR, en particulier dans les BCR à pâte plus élevée, au moment où le temps de prise finale est considéré, pour évaluer si un différentiel est apparent entre l'état de la surface et du corps de la couche de BCR en dessous.

Des photographies de surfaces de joints de couches correctement nettoyées et préparées sont utiles pour s'assurer que tous les superviseurs de mise en place, le personnel d'inspection et du contrôle de la qualité sont en accord avec les conditions requises pour les joints chauds (frais), tièdes et froids.

Il est à noter que pour mieux comprendre le comportement du mélange de BCR, il peut être avantageux d'effectuer des essais de temps de prise semblables dans diverses conditions climatiques, en particulier lors de l'application d'un adjuvant retardateur, qui nécessitera généralement des essais supplémentaires réalisés pendant l'essai pleine grandeur.

Alors que l'essai ASTM C403 fournit une indication du temps de prise, ce qui est particulièrement important lorsque le retardateur de prise est appliqué, le temps de prise réel est définitivement mesuré par l'initiation de l'augmentation de la température d'hydratation. Ceci peut être détecté par des thermistances/thermocouples installés dans la couche de BCR, tant que les couches successives sont placées suffisamment rapidement pour fournir une isolation adéquate. Les résultats des essais de laboratoire, les mesures de thermistances/thermocouples et les évaluations visuelles, de surface et de profondeur, doivent tous être pris en compte dans l'élaboration d'une approche définitive et des limites de maturité pour les différentes conditions et préparations/traitements.

Les spécifications d'appel d'offres et de construction doivent être soigneusement rédigées pour s'assurer que l'entrepreneur comprend que les méthodes et procédures finales et les limites de maturité pour les joints de couche chauds, tièdes et froids ne seront établies qu'après l'essai sur les carottes récupérées de la planche d'essai pleine grandeur. De même, l'entrepreneur doit comprendre pour cette raison qu'il doit avoir tout son équipement disponible pour la préparation des joints proposée lors de la planche d'essai pleine grandeur.

De plus, une coupe transversale à pleine profondeur d'une section de la planche d'essai pleine grandeur est parfois entreprise à l'aide d'une scie à diamant une fois que la maturité adéquate du béton a été atteinte (60 jours). La démolition du BCR mis en place d'un côté de la coupe permet une inspection détaillée du BCR sur la profondeur de couche et sur toute la hauteur de la section mise en place. Dans de telles situations, des blocs sont parfois enlevés pour permettre l'essai de résistance au cisaillement in situ des joints de couche et des levées, etc.

6.8   CURE ACCÉLÉRÉE DU BÉTON

Étant donné le taux élevé de mise en place du BCR pendant la construction, la vérification de la résistance du béton avant qu'une couche ne soit couverte est impraticable. Pour réduire les risques associés à la mise en place rapide, l'utilisation de cure accélérée des échantillons de BCR est devenue courante. En fonction de la teneur en adjuvants cimentaires supplémentaires du mélange de BCR, des procédures de cure accélérée «7 jours» et/ou «14 jours» peuvent être spécifiées, dans le but de fournir une indication prudente de la résistance ultime ou à long terme du béton. Les résultats des essais de cure accélérée sont comparés aux résultats des essais de cure conventionnelle pour établir une corrélation entre les âges de cure accélérée et normale du béton. Alors que l'application de la cure accélérée au chantier permet par la suite une plus grande confiance plus tôt dans le contrôle de qualité du béton, le développement de ce système a également permis une plus grande confiance dans la spécification de la résistance caractéristique du béton aux âges de 365 jours et plus.

Evaluating layer joint condition and maturity development and testing and establishing associated preparations, etc, are particularly important objectives of the FST. To develop an effective quality control programme for the dam construction, a comprehensive evaluation of initial and final setting times must be made during the placement of the FST, or during separate full-scale maturity trials. This exercise will involve frequent ASTM C403 setting time testing in parallel with visual surface evaluations and layer temperature monitoring, using both thermistors/thermocouples within the RCC layer and temperature probes on the surface. Simultaneous measurement of air temperature and wind velocity close to the RCC surface should also be made, together with solar radiation intensity recording, if possible. The occurrence of precipitation on any layer surface should also be recorded. During this process, it is also valuable to occasionally break through the RCC surface, particularly in higher paste RCCs, around the time that final set is considered to have occurred, to evaluate whether any differential is apparent between the set condition of the surface and that of the body of the RCC layer beneath.

Photographs of properly cleaned and prepared lift joint surfaces are useful for ensuring that all placing supervisory, QC and inspection personnel are in agreement with the required condition of hot, warm and cold joint conditions.

It should be noted that in order to better understand the RCC mix behaviour, it may be beneficial to undertake similar field setting time tests under a range of climatic conditions, especially when applying a set retarding admixture, which will typically require additional testing outside of that completed during the full-scale trial.

While the ASTM C403 test provides an indication of setting time, which is particularly important when set retardation is applied, the actual start of set is definitively measured through the initiation of the hydration temperature rise. This can be detected through thermistors/thermocouples installed within the RCC layer, as long as successive layers are placed sufficiently rapidly to provide adequate insulation. Laboratory test results, thermistors/thermocouple measurements and visual evaluations, of both surface and deeper conditions, should all be considered in developing a definitive approach and maturity limits for the different joint conditions and preparations/treatments.

Tender and construction specifications should be carefully worded to ensure that the Contractor understands that the final methods and procedures and maturity limits for hot, warm and cold layer joints will only be established after testing of cores recovered from the FST. Similarly, the Contractor must understand for this reason that he must have all his proposed joint preparation equipment available for use on the FST.

In addition, a full depth transverse cut of the FST section is sometimes undertaken using a diamond saw once adequate concrete maturity has been achieved (60 days). Demolishing the RCC placement on one side of the cut allows detailed inspection of the RCC throughout the layer depth and over the full height of the section placement. In such situations, blocks are sometimes removed to allow in-situ shear strength testing of layer and lift joints, etc.

6.8   ACCELERATED CONCRETE CURING

Given the rapid rate of RCC placement during construction, verification of concrete strength before a layer is covered is impractical. To reduce risks associated with rapid placement, the use of accelerated curing of RCC samples has become commonplace. Depending on the supplementary cementitious material content of the RCC mix, "7 day" and/or "14 day" accelerated cure procedures may be specified, with the aim of providing a conservative indication of the ultimate, or long-term concrete strength. Results from the accelerated cure testing are compared with test results from conventional curing to establish a correlation between accelerated cure and normal curing concrete ages. While the application of accelerated curing on site subsequently allows greater early confidence for concrete quality control, the development of this system has also allowed greater confidence in specifying characteristic concrete strength at ages of 365 days and older.

En utilisant un minimum de trois cylindres, ou des cubes pour chaque mélange testé, la cure accélérée comprend typiquement le processus suivant :

- Humidifier les cylindres/cubes dans une chambre de cure standard pendant 3 jours à 21/22 °C. Les mélanges à plus faible résistance ou à retardement élevé doivent rester dans le moule pendant toute la période, tandis que le BCR à résistance plus élevée peut être démoulé entre 1 et 3 jours;
- Au début du troisième ou du quatrième jour, placer les cylindres/cubes dans un bain d'eau scellé et isolé à 21/22 °C;
- Cure à 21/22 °C pendant 2 ou 3 jours;
- Ensuite, augmenter la température de l'eau sur une période de 24 heures à un taux uniforme jusqu'à 90 °C;
- Maintenir la température de l'eau à 90 °C (+2 °C, -5 °C), pendant 7 ou 14 jours;
- Réduire ensuite la température de l'eau à 21/22 °C à un taux uniforme sur une période de 24 heures;
- Maintenir la température de l'eau à 21/22 °C pendant 24 heures;
- Retirer l'échantillon et tester la résistance.

Un BCR avec une résistance faible aura tendance à nécessiter de plus longues périodes avant que les températures ne soient augmentées, tandis que le BCR avec une résistance initiale plus élevée permettra une augmentation plus rapide de la température. Des essais en laboratoire sont nécessaires pour optimiser les procédures pour chaque BCR particulier. En aucun cas, la cure accélérée ne peut commencer tant que les échantillons n'ont pas atteint le temps de prise finale.

Les corrélations entre les résistances des échantillons soumis aux cures accélérée et standard en laboratoire devraient être établies au cours du programme d'essai de mélange en laboratoire du BCR et confirmées pendant l'essai pleine grandeur.

6.9 INSPECTION ET ESSAIS AU COURS DE LA MISE EN PLACE DU BÉTON

Le contrôle de la qualité au cours de la mise en place du BCR comprend deux opérations: inspection et essais. L'inspection est le premier moyen de détecter un problème affectant le BCR et conduisant à prendre des mesures pour le corriger. Le programme d'essais du BCR portera sur le contrôle des propriétés des granulats, du dosage des constituants du BCR, des propriétés du béton frais, des propriétés du béton durci, et du compactage in situ. Les essais possibles et leurs fréquences sont indiqués dans les tableaux 6.1 à 6.3.

La fréquence et l'étendue des essais seront déterminées en fonction des dimensions de l'ouvrage, de la sensibilité du projet aux variations de qualité, et de la cadence de fabrication du BCR.

Même en appliquant les procédures de cure accélérée, les résultats d'essais en compression pour le BCR mis en place ne peuvent être disponibles suffisamment rapidement pour permettre d'enlever le béton défectueux, et conséquemment, le BCR doit être « approuvé » avant sa mise en place, ou au moins avant la mise en place de la couche suivante. Le moyen le plus courant pour y parvenir est comme suit :

1. S'assurer que tous les matériaux répondent aux spécifications, au moyen d'essais avant leur utilisation;
2. Confirmer que le BCR a été gâché suivant les dosages corrects à la centrale de dosage;
3. L'essai VeBe (ASTM, 2014) (ou dans le cas du Japon et de la Chine, l'essai VC (ICOLD/ CIGB, 2003)) a été utilisé pour mesurer la maniabilité ainsi que la densité du BCR frais. Si les deux résultats rentrent dans les plages prédéterminées, le béton sera presque certainement satisfaisant. Cependant, pour les BCR ayant une faible maniabilité, l'essai Vebe ne convient pas, et dans ce cas, d'autres méthodes de contrôle sont nécessaires;
4. Confirmer que la densité in situ et la teneur en eau sont satisfaisantes, en utilisant un nucléodensimètre.

Le but principal du contrôle qualité au cours de l'inspection au chantier est l'identification des problèmes avant qu'ils ne surviennent, ou suffisamment tôt durant le processus afin qu'ils puissent être corrigés. Une surveillance et une réaction à la tendance des données de performance sont plus

Using a minimum of three cylinders, or cubes for each mix tested, accelerated curing typically comprises the following process (Schrader, 2011):

- Moist cure cylinders/cubes in a standard cure room for 3 days at 21/22°C. Lower strength or highly set-retarded mixes should remain in the mould for the full period, while higher strength RCC can be stripped from the mould at between 1 and 3 days.
- At the start of the third, or fourth day place the cylinders/cubes in a sealed and insulated water curing bath at 21/22°C.
- Cure at 21/22°C for 2 to 3 days.
- Subsequently increase the water temperature over a period of 24 hours at a uniform rate to 90°C.
- Maintain the water temperature at a constant 90°C (+2°C, -5°C) for 7, or 14 days.
- Subsequently reduce the water temperature to 21/22°C at a uniform rate over 24 hours.
- Maintain water temperature at 21/22°C for a period of 24 hours.
- Remove sample and test strength.

Lower strength RCC will tend to require longer periods before temperatures are increased, while RCC particularly with higher early strength will allow a more rapid raising of temperatures. Laboratory testing is required to optimise the procedures for each particular RCC. Under no circumstance can accelerated curing commence until the samples have reached final set.

Correlations between the strengths from accelerated and standard laboratory curing specimen should be established during the RCC laboratory trial mix programme and confirmed during the FST.

6.9   INSPECTION AND TESTING DURING PLACEMENT

Quality control during RCC placement involves two operations; inspection and testing. Inspection is the first opportunity to observe an RCC quality problem and to institute measures to correct it. The RCC testing programme should monitor the aggregate properties, RCC mixture proportions, fresh-concrete properties and the behaviour of the concrete during handling operations and in-situ compaction. Applicable tests and test frequencies are listed in Tables 6.1 to 6.3.

The frequency and extent of testing should be determined according to the size of the project, the sensitivity of the design to variations in quality and the rate of RCC production.

Even applying accelerated curing procedures, compression strength results for placed RCC cannot become available sufficiently quickly to allow defective concrete to be removed and consequently, RCC must be "approved" before placement, or at least before placement of the subsequent layer. The most common way that this is achieved is as follows:

1. Make sure that all constituent materials conform to the specified requirements by testing before use.
2. Confirm that the RCC has been mixed in the correct proportions in the batching plant.
3. The Loaded VeBe (ASTM, 2014), (or in the case of Japan and China, the VC) (ICOLD/ CIGB, 2003) test can generally be used to measure both the consistency/workability and the fresh density of RCC. If both results fall within pre-determined ranges, the concrete will almost certainly be satisfactory. For RCC mixes with low workability, however, the Loaded VeBe test does not always work consistently, in which case other methods of control are required.
4. Confirm that the in-situ density and moisture content are satisfactory, using a nuclear densimeter.

The primary goal of quality control during field inspection is to identify problems before they occur, or sufficiently early in the process so that they can be corrected. Monitoring and reacting to the trend in performance data is preferable to reacting to an individual test result. Continuously tracking trends, it is

appropriées qu'une réaction à un résultat d'essai individuel. Par un suivi continu des tendances, il est possible de détecter des changements néfastes dans le comportement du matériau et de prendre des mesures correctives. En outre, on peut modifier la fréquence des essais en se basant sur les tendances constatées. Par exemple, il est courant de prescrire une fréquence élevée d'essais au début de la production et de réduire ultérieurement la fréquence des essais au fur et à mesure que la base statistique s'améliore. En plus, il peut être nécessaire d'augmenter la fréquence des essais dans des conditions de mise en place difficiles.

Les essais, l'établissement d'un dossier et l'évaluation des résultats doivent être effectués rapidement. Les cadences rapides de mise en place et les horaires de production de 20 ou 24 heures par jour nécessitent une grande attention et une bonne coordination entre le personnel chargé des essais, des inspections et de la production. Si les essais ou les inspections entraînent d'importants retards à une étape quelconque de la production du BCR tel que le malaxage, la mise en place, le compactage ou le nettoyage de la fondation, toute la construction peut être affectée et, possiblement, arrêtée.

Les propriétés du BCR frais peuvent varier sous l'effet des fluctuations journalières, hebdomadaires ou saisonnières des conditions climatiques ambiantes. Les variations affectent en général les exigences de teneur en eau, les caractéristiques de compactage au cours de la construction, et la qualité du béton.

Les activités de construction de BCR continuent sous diverses conditions climatiques saisonnières légèrement chaudes, froides, humides ou sèches. Le personnel chargé du contrôle qualité veillera à ce que des ajustements soient continuellement effectués sur les teneurs en eau et, le cas échéant, sur les proportions du mélange pour s'adapter à ces conditions. De bonnes communications entre la zone de mise en place et la centrale à béton, ainsi qu'entre les postes de travail, concernant ces ajustements, sont très importantes. Une formation continue pendant les changements de poste réguliers ou saisonniers est importante pour assurer la constance du contrôle de qualité pendant la construction. Certains projets peuvent faire appel à un cycle complet du personnel de quart pour réduire la fatigue des travailleurs, ce qui présente l'avantage supplémentaire d'améliorer la sécurité sur le chantier, mais doit être pris en compte dans les procédures de gestion de la qualité.

6.10   CONTRÔLE DU BÉTON FRAIS

6.10.1   Généralités

Le contrôle de la qualité du BCR frais implique une inspection régulière et constante et un jugement éprouvé de la part des inspecteurs. En fonction de la teneur en pâte, de la cohésion, de la granulométrie maximale et d'autres caractéristiques du mélange, la consistance et la cohésion du BCR seront plus ou moins influencées par les caractéristiques des usines et des systèmes de transport utilisés. Tandis que tous les systèmes, équipements et procédures doivent être spécifiquement conçus pour limiter la séparation du mélange, une inspection de chantier judicieuse et réactive demeure un contrôle de qualité essentiel, à tous les emplacements et pour toutes les activités depuis le déchargement du malaxeur jusqu'à la cure de la surface de BCR compactée.

Sur le site du barrage, les inspecteurs du contrôle de la qualité devraient accorder une attention particulière à la conformité aux exigences des spécifications techniques pour ce qui suit.

- Préparation et nettoyage des fondations, mise en place et consolidation de l'interface BCV/GERCC/GEVR/IVRCC, contre les parois;
- Périodes entre le malaxage et la mise en place et entre l'épandage et l'achèvement du compactage;
- Les procédures appliquées pour le déchargement du BCR et toute ségrégation qui pourrait s'en suivre;
- L'état de la surface de la couche réceptrice pendant l'épandage du BCR;
- Le développement de la ségrégation lors de l'épandage;
- La présence de ségrégation sur la surface de BCR épandue;
- Les méthodes appliquées afin de remédier à la ségrégation;
- Le bris des granulats sous l'épandage des bulldozers;
- Le mouvement de la pâte à la surface sous le compactage;

possible to identify detrimental changes in material performance and initiate corrective actions. Further, it is possible to modify the frequency of testing based on observed trends. For example, it is common to specify a high frequency of testing during the start of production and to later allow a reduction in the testing frequency, when the statistical base improves. Additionally, it may be necessary to increase the frequency of testing under difficult ambient placing conditions.

Tests, reporting and evaluation of the results must be performed rapidly. The rapid placing rates and typical 20- or 24-hour per day production schedules require careful attention and interaction between testing, inspection and production personnel. If testing or inspection activities cause significant delays to any stage of RCC production, such as mixing, placing, compacting or foundation clean-up, all construction may be affected and possibly stopped.

Fresh RCC properties may vary with daily, weekly or seasonal fluctuations in ambient weather conditions. The variations generally affect water requirements, compaction characteristics during construction and the quality of the concrete.

RCC construction activities typically continue throughout a variety of daily and seasonal warm, cold, wet and dry ambient conditions. Quality control personnel should ensure that continuous adjustments to moisture and, if appropriate, other mixture proportions are made to adapt to these changing conditions. Regular communication between the placement area and the concrete plant, as well as between shifts, relating to these adjustments, is very important. Re-training during regularly scheduled, or seasonal shift changes is important in ensuring consistency of quality control during construction. Some projects may cycle the entire shift personnel to reduce worker fatigue, which has an added benefit of improved jobsite safety, but must be accommodated in the quality management procedures.

6.10   CONTROL OF FRESH CONCRETE

6.10.1 General

Quality control of fresh RCC involves regular and consistent inspection and experienced judgement on the part of inspectors. Depending on paste content, cohesiveness, maximum aggregate size and other mix characteristics, RCC consistency and cohesiveness will be impacted to a greater, or lesser extent by the features of the plant and the conveyance systems used. While all systems, equipment and procedures should be specifically designed to limit mix separation, judicious and responsive field inspection remains a critical quality control requirement, at all locations and for all activities from the point of mixer discharge through to curing of the compacted RCC surface.

On the dam site, quality control inspectors should pay particular attention to compliance with technical specification requirements for the following:

- foundation preparation and cleaning and placement and consolidation of the interface CVC/GERCC/GEVR/IVRCC against the abutments;
- time periods between mixing and placement and between spreading and completion of compaction;
- the procedures applied for RCC dumping and any consequential segregation;
- the condition of the surface of the receiving layer during RCC spreading;
- the development of segregation during spreading;
- the presence of segregation on the spread RCC surface;
- the methods applied to remedy segregation;
- aggregate breakage under bulldozer spreading;
- the movement of paste to the surface under compaction;

- La consistance de la surface de BCR compactée;
- La consolidation du BCV/GERCC/GEVR/IVRCC autour des lames d'étanchéité et autres éléments intégrés importants;
- La propreté et l'état d'humidité de toutes les surfaces exposées des couches/levées de BCR sur lesquelles l'équipement se déplace;
- Procédés de cure de la surface de BCR compactée;
- Le développement de la maturité des surfaces de BCR exposées;
- Les temps de prise initiale et finale des surfaces des couches du BCR;
- L'étendue des dépressions de surface/orniérage dans une surface de BCR compactée avant la prise initiale;
- Tout dommage causé aux surfaces de BCR compacté dû au passage des installations/ équipements;
- Les conditions des joints chauds, tièdes, froids, hyper froids, après leur préparation;
- Mise en place et épandage des mélanges de liaison, s'ils sont utilisés, et le recouvrement subséquent avec le BCR;
- Température ambiante et du BCR (être alerte au changement de conditions climatiques); et
- L'étendue des zones de surfaces exposées et non compactées, particulièrement sous la pluie ou durant des conditions imminentes d'averses ou des temps chauds et venteux.

Lorsqu'un travail en cours n'est pas satisfaisant, l'inspecteur chargé du contrôle qualité doit le signaler immédiatement au chef de travaux de l'entrepreneur. Un inspecteur doit toujours être prêt à suspendre temporairement les opérations de mise en place du BCR lorsqu'un travail de qualité douteux est observé. Il est toujours préférable d'arrêter la mise en place du BCR que d'exiger l'enlèvement des matériaux à un moment ultérieur. Le retrait du béton mis en place ne devrait être qu'une condition de dernier recours et l'enlèvement de matériaux de mauvaise qualité endommagera généralement les bons matériaux adjacents.

Le contrôle de densité est particulièrement important pour le BCR. Une densité insuffisante peut résulter d'une teneur en eau trop élevée ou trop faible, d'une mauvaise granulométrie ou d'une ségréga-tion, d'un épandage défectueux, d'une amplitude ou fréquence de vibration et d'une énergie de vibration inadéquates, de retards dans le compactage, d'une épaisseur incorrecte des couches ou d'un nombre trop faible de passes du rouleau.

La densité in situ est généralement mesurée à différentes profondeurs dans la couche au moyen d'un nucléodensimètre. Communément, une mesure diagonale est faite entre l'émetteur inséré dans un trou créé à travers la couche de BCR et le récepteur sur la couche de surface. Cependant, il est avanta-geux d'utiliser une jauge nucléaire à deux sondes, permettant une mesure de densité horizontale. Ceci est particulièrement avantageux quand un BCR à haute maniabilité est appliqué, avec un mouvement de pâte à la surface créant des densités différentes à la surface et à l'intérieur de la couche. Il est par-ticulièrement important de mesurer la densité à l'interface entre les couches, où l'obtention d'une bonne densité assure une bonne adhérence entre les couches. La fréquence normale des mesures de densité varie entre un essai par 200 à 500 m³ de BCR mis en place, en fonction de la taille du projet.

La détermination de la teneur en eau in situ est utile pour identifier les changements dans la teneur en eau du BCR, souvent liés aux changements intervenant dans la teneur en eau totale dans les piles de réserve ou l'eau ajoutée/soustraite due aux conditions ambiantes.

La «technologie intelligente de compactage» moderne peut être installée sur les rouleaux de compactage, fournissant un enregistrement continu du compactage et cartographiant la densité obtenue sur toute la couche mise en place.

6.10.2 Joints entre les couches et temps de prise

Le contrôle de la qualité des joints entre les couches/levées comprend la validation de la matu-rité, de l'état et de la propreté de la surface et la confirmation des procédures de préparation de surface appropriées, développées et approuvées pour chaque état de joint (chaud, tiède, froid et super-froid) lors de la mise en place de l'essai pleine grandeur. Cette fonction de contrôle de la qualité particulièrement importante nécessite une inspection diligente et intelligente par des inspecteurs expérimentés.

- the consistency of the compacted RCC surface;
- the consolidation of CVC/GERCC/GEVR/IVRCC around waterstops and other important embedded items;
- the cleanliness and moisture condition of all exposed RCC layer/lift surfaces over which equipment travels;
- compacted RCC surface curing processes;
- the maturity development of exposed RCC surfaces;
- initial and final set times for RCC layer surfaces;
- the extent of surface depressions/rutting in compacted RCC surface before initial set;
- any damage caused to compacted RCC surfaces due to the passage of plant/equipment;
- the condition of hot/warm/cold/super cold joints after preparation;
- placing and spreading of bedding mixes, if used, and the subsequent coverage with RCC;
- air and RCC temperatures (being alert to changing weather conditions); and
- the extent of exposed, uncompacted surface areas, particularly during rain or conditions of imminent rainfall and during hot and windy weather.

When unsatisfactory work is observed, the quality-control inspector must immediately bring this to the attention of the Contractor's QC supervisor. An inspector should always be ready to temporarily suspend RCC placement operations when questionable quality work is observed. It is always better to stop placing RCC than to require removal of materials at a later time. Removal of placed concrete should only be a condition of last resort and removal of poor quality material will typically damage adjacent good materials.

Density control is particularly important for RCC. Insufficient density can be the consequence of too high or too low moisture, poor grading or segregation, incorrect spreading, inadequate vibratory amplitude or frequency and vibration energy, delays to compaction, inaccurate layer thickness or an inadequate number of roller passes.

In-situ density is typically measured at different depths within the layer using a nuclear densimeter. Commonly, diagonal measurement is made between a transmitter inserted into a hole created through the RCC layer and a receiver on the layer surface. Some advantage is gained, however, when a twin-probe nuclear gauge is used, allowing horizontal density measurement. This is particularly advantageous when a high workability RCC is applied, with movement of paste to the surface creating different densities at the surface and within the layer. It is particularly important to measure density at the interface between layers, where the achievement of good density assures good inter-layer bond. The normal frequency of density measurements ranges between one test per 200 to 500 m^3 of RCC placed, depending on the size of the project.

In-situ moisture content determination is useful to identify changes in RCC moisture content, often related to changes occurring in the aggregate moisture content in the stockpiles or added/subtracted moisture due to ambient conditions.

Modern "Intelligent Compaction Technology" can be installed on the compaction rollers, providing a continuous record of compaction and mapping the density achieved over the full placement layer.

6.10.2 Layer Joints and Setting Times

Quality control of layer/lift joints comprises the validation of surface maturity, condition and cleanliness and the confirmation of the correct surface preparation procedures, as developed and approved for each joint state (hot, warm, cold & super-cold) at the FST placement. This particularly important quality control function requires diligent and intelligent inspection by experienced inspectors.

Les enregistrements des mesures de qualité sur le terrain doivent être faits, identifiant la condition, la maturité et l'état de la surface de chaque joint de couche. Des temps de prise réguliers, utilisant la norme ASTM C403, devraient être entrepris, mais il faut toujours qualifier avec une inspection visuelle de l'état du joint associé au moment où une surface réceptrice doit être recouverte par la couche suivante.

La norme ASTM C403 mesure la résistance du mortier du BCR selon la résistance à la pénétration (RP) et ne fournit pas nécessairement une mesure représentative du temps de prise initiale et finale réel du BCR dans des conditions de chantier. En appliquant la norme ASTM C403, le temps de prise initiale est défini comme une résistance à la pénétration du mortier de 500 psi (3,45 MPa) et le temps de prise finale est défini comme une valeur RP du mortier de 4000 psi (27,6 MPa (ASTM, 2016). Alors que le temps de prise initiale est mesuré de manière plus réaliste, en utilisant un thermocouple, comme l'initiation de l'élévation de la température à la suite de l'hydratation des matériaux cimentaires, il faut reconnaître qu'une telle mesure selon la norme ASTM C403 ne représente pas forcément l'état de la surface, qui est le facteur le plus important pour développer la liaison entre les couches successives. En conséquence, l'expérience et le jugement sont requis.

Reconnaissant par l'inspection si un matériau BCR a atteint le temps de prise initiale est relativement simple, avec la pâte de surface restant à l'état plastique (une empreinte de la semelle peut être créée), alors qu'il est généralement possible de déplacer le BCR plus maniable sous le pied en transférant son poids d'une jambe à l'autre. Reconnaître quand une surface de BCR a atteint le temps de prise finale, cependant, est moins simple. Les méthodes de détermination comprennent d'être encore capables de faire une impression sur la surface avec une pièce de monnaie ou un couteau avant la prise finale et que la pâte raclée reste cohésif lorsqu'elle est roulée entre les doigts avant la prise finale, tout en ayant tendance à sécher et à s'effriter après la prise finale. Pour les projets où les exigences de l'adhérence du joint sont critiques, l'assistance d'un spécialiste expérimenté du BCR dans la prise de décision et dans le développement de systèmes de contrôle de la qualité pour définir les conditions initiales et finales est essentielle.

Lors de l'application des valeurs du facteur de maturité modifiée (FMM - voir section 5.3) pour définir les transitions entre les états du joint de couche chaud, tiède et froid, des ajustements peuvent être nécessaires pour refléter les différentes conditions climatiques saisonnières, qui devraient faire l'objet d'un examen au cours de l'essai pleine grandeur. Comme point de départ pour la planification de l'essai pleine grandeur, il est possible, en principe, de traduire des valeurs FMM globalement similaires définissant des limites d'état de joint d'un barrage à un autre, pour des types de BCR et des temps de prise prévus. Il est cependant important de reconnaître que les différents adjuvants de retardateurs de prise et les variations des dosages respectifs vont modifier les temps de prise, nécessitant des essais spécifiques pour identifier les valeurs limites FMM applicables pour la construction actuelle du barrage.

6.10.3 Température

Le contrôle de la température pendant la construction est particulièrement important pour les barrages BCR et les spécifications techniques définissent généralement une température de mise en place maximale autorisée pour le BCR, qui peut varier entre les différentes zones de la structure du barrage. En fonction des exigences respectives, les températures de mise en place maximales admissibles nécessiteront parfois un pré-refroidissement du mélange de BCR ou des composants individuels tels que l'eau de gâchage ou les granulats. Avec des teneurs en eau relativement faibles, n'importe quel pré-refroidissement significatif impliquera généralement la diminution de la température des gros granulats avec de l'eau glacée ou le refroidissement des granulats gros et fins. La substitution d'une partie importante de l'eau de gâchage ajoutée avec de l'eau glacée ou de la glace en flocons est également efficace. Comme de tels procédés consomment beaucoup d'énergie et sont coûteux, des mesures plus simples sont généralement prises pour limiter tout gain de chaleur dans tous les matériaux constitutifs du BCR, comme l'ombrage ou le recouvrement des piles de granulats, le refroidissement par évaporation des granulats dans les piles, l'isolation des silos de ciment et des réservoirs d'eau, etc. En conséquence, le contrôle de la température du BCR implique non seulement la mesure des températures du BCR pendant le déchargement sur le barrage pour l'épandage, le respect des spécifications, mais également le contrôle des températures des matériaux constitutifs lors de l'entreposage, du transport, de la manutention et du refroidissement, etc. De même, un enregistrement continu (horaire) des températures de l'air ambiant sur ou près de la mise en place du BCR doit être maintenu pendant toute la période de la construction en BCR, afin de documenter la valeur réelle du FMM pour chaque couche.

Records of field quality measurements should be kept, identifying the condition, maturity and state of each area of each layer joint. Regular set time testing, using ASTM C403, should be undertaken, but this needs always to be qualified with a visual inspection of the associated joint state at the time a receiving surface is to be covered by the subsequent layer.

ASTM C403 measures RCC mortar strength through penetration resistance (PR) and does not necessarily provide a representative measure of the time of actual initial and final set for RCC under field conditions. Applying ASTM C403, the initial setting time is defined as a mortar penetration resistance of 500 psi (3.45 MPa) and the final setting time is defined as a mortar PR value of 4000 psi (27.6 MPa) (ASTM, 2016)). While initial setting time is more realistically measured, using a thermocouple, as the initiation of the hydration temperature rise, it must be recognised that such a measurement does not necessarily represent the surface state, which is the most important factor in respect of developing bond between successive layers. Accordingly, experience and judgement are required.

Recognising through inspection whether an RCC material has achieved initial set is relatively straightforward, with the surface paste remaining plastic (boot sole impression can be created), while it is still generally possible to move more workable RCC underfoot by transferring weight from one leg to the other. Recognising when an RCC surface has reached final set, however, is less simple. Determination methods include still being able to make an impression in the surface with a coin or a knife before final set and scraped paste remaining cohesive when rolled between the fingers before final set, while tending to be dry and to crumble after final set. For projects when joint bond requirements are critical, assistance from an experienced RCC specialist in making judgements and in developing quality control systems to define both initial and final set conditions is essential.

When applying Modified Maturity Factor (MMF – see Section 5.3) values as limits to define the transitions between hot, warm and cold layer joint states, adjustments may well be necessary to reflect different seasonal climatic conditions, which should be investigated through testing during the FST. As a starting point for the planning of the FST, it may be possible, in principle, to translate broadly similar MMF values defining joint state limits from one dam to another, for similar RCC types and target set time. It is, however, important to recognise that different set retarder admixtures and variations in respective dosages will change setting times, requiring specific testing to identify the applicable MMF limit values for the actual dam construction.

6.10.3 Temperature

Temperature control during construction is particularly important for RCC dams and technical specifications will typically define a maximum allowable placement temperature for RCC, which may vary across different zones within the dam structure. Depending on the respective requirements, maximum allowable placement temperatures will sometimes necessitate pre-cooling of the RCC mix or the individual components such as mix water or aggregates. With relatively low water contents, any significant RCC pre-cooling will generally involve reducing coarse aggregate temperatures with chilled water, or air cooling of both coarse and fine aggregates. Substitution of a significant part of the added mixing water with chilled water or flaked ice, however, can still remain beneficial. As such processes are energy-intensive and consequently expensive, simpler measures are generally taken to limit any heat gain in all RCC constituent materials, such as shading, or covering of aggregate stockpiles, evaporative spray cooling of aggregates in stockpiles, insulation of cementitious materials silos and water tanks, etc. Consequently, RCC temperature control not only involves measurement of RCC temperatures when dumped on the dam for spreading, to ensure compliance with specification, but also monitoring of the temperatures of the constituent materials during storage, conveyance, handling and cooling, etc. Similarly, a continuous (hourly) record of ambient air temperatures on, or near the RCC placement must be maintained throughout the full period of RCC construction, to document the actual MMF value for each layer.

Dans les climats plus froids, ou pendant les saisons plus froides, les températures de mise en place du BCR admissibles peuvent également s'appliquer. L'isolation et même le chauffage peuvent être nécessaires non seulement pour les matériaux constitutifs du BCR, mais aussi pour la structure mise en place. Dans de telles conditions, une surveillance rigoureuse des températures est nécessaire dans le cadre du programme de contrôle de la qualité pour assurer la conformité aux spécifications. L'isolation de la surface de BCR compactée peut nécessiter des ajustements dans la détermination de la valeur FMM pour chaque couche.

En outre, dans des conditions climatiques différentes, différents niveaux de gain (ou de perte) de chaleur se produiront dans le BCR épandu avant le compactage, ainsi que pendant l'exposition de la surface compactée avant le recouvrement avec la couche suivante. L'évaporation peut provoquer une perte de température à partir des surfaces compactées par temps froid, ce qui nécessite de protéger les surfaces jusqu'à immédiatement avant que la mise en place reprenne. Une plus grande perte du bénéfice de pré-refroidissement se produira dans une surface de BCR super-retardée, à haute maniabilité, lorsque l'orniérage significatif est développé dans la surface de réception d'une couche compactée pendant la mise en place de la couche de BCR suivante. Par conséquent, il est nécessaire, dans le cadre du programme de contrôle de la qualité, de surveiller et d'enregistrer les températures du BCR pendant toutes les étapes de la construction jusqu'à la prise finale du BCR. L'instrumentation installée permettra par la suite la surveillance stratégique des températures de BCR pendant le développement de l'hydratation et du processus de refroidissement.

La surveillance de la température pendant la construction fournit également des données importantes à utiliser avec les historiques de température de l'instrumentation installée. En comparant les profils de température réels, etc., avec les valeurs prédites à travers les analyses thermiques de conception, toutes sensibilités qui pourraient découler du contrôle de la fissuration peuvent ainsi être passées en revue.

6.11   CONTRÔLE DU BÉTON DURCI

Les méthodes du contrôle qualité du BCR durci dans le barrage sont les mêmes que celles utilisées dans les essais pleine grandeur. Des cylindres de béton ou des cubes sont confectionnés au moment de la mise en place, soumis à une cure, puis à des essais de résistance, de module d'élasticité et de perméabilité (voir tableau 6.3). Des échantillons supplémentaires sont généralement obtenus par carottage, certaines spécifications exigeant jusqu'à 1 m de carottes de BCR à récupérer pour chaque 1000 m³ de BCR mis en place. Des échantillons de carottes doivent être prélevés pour permettre l'inspection et les essais des joints entre les couches. À cette fin, un nombre représentatif d'échantillons de chaque état de joint et de traitement doit être récupéré et testé pour s'assurer que les résistances de conception ont été atteintes. Comme le béton in situ a une maturité différente de celle des éprouvettes de laboratoire, les exigences de résistance des carottes de contrôle qualité ou des cylindres doivent être établies. Certaines spécifications de projet différencient les exigences de résistance à la fois pour les carottes et les cylindres moulés afin de documenter la résistance.

Dans les barrages BCR sans barrière étanche à l'amont, la perméabilité du béton en place est un facteur important dans le comportement du barrage et doit donc être contrôlée. Ce contrôle est couramment effectué au moyen d'essais d'eau sous-pression dans des trous forés verticalement dans le corps du barrage; souvent les trous forés pour récupérer les carottes pour le contrôle qualité. Des obturateurs peuvent être utilisés pour isoler des zones spécifiques, ou des joints de couche, pour des essais de perméabilité.

Là où une perméabilité excessive a été identifiée par de tels essais, le scellement par injection dans le même trou s'est avéré efficace. Habituellement, lorsqu'une perméabilité excessive est observée et que de l'injection de coulis a été effectuée, des trous supplémentaires sont forés, testés et injectés de coulis, si nécessaire, jusqu'à ce que des niveaux acceptables d'imperméabilité soient ultérieurement démontrés.

Comme dans le cas du béton de masse conventionnel, les résultats des essais concernant le BCR font l'objet d'une analyse statistique et sont comparés avec les exigences du projet. L'efficacité du contrôle de la qualité du chantier peut être établie grâce à un examen des coefficients de variation (CV) des résultats des essais de résistance du béton in situ pour les carottes prélevées dans la structure.

In colder climates, or during colder seasons, minimum allowable RCC placement temperatures may also obviously apply. Insulation and even heating may be required not only for the RCC constituent materials, but also for the placed structure. In such conditions, stringent temperature monitoring is necessary as part of the quality control programme to ensure compliance with specifications. Insulation of the compacted RCC surface may require adjustments in the determination of the MMF value for each layer.

Furthermore, under different climatic conditions, different levels of heat gain (or loss) will occur in spread RCC before compaction, as well as during the exposure of the compacted surface before it is covered with the subsequent layer. Evaporation can cause temperature loss from compacted surfaces in cold weather, resulting in the need to protect the surfaces until immediately before placement resumes. An increased loss of pre-cooling benefit will occur in a super-retarded, high-workability RCC surface when significant rutting is developed in the receiving surface of a compacted layer during placement of the subsequent RCC layer. Consequently, it is necessary as part of the quality control programme to monitor and record RCC temperatures during all stages of construction until final RCC setting. Installed instrumentation will subsequently allow the strategic monitoring of RCC temperatures during the hydration development and cooling process.

Temperature monitoring during construction also provides important data to be used together with the temperature histories from installed instrumentation. Comparing actual temperature profiles, etc, with the values predicted through the design thermal analyses, any consequential sensitivities in respect of crack control can be reviewed.

6.11   CONTROL OF HARDENED CONCRETE

The methods for the quality control of hardened RCC in the dam are the same as those applied for the full-scale trial. Concrete cylinders, or cubes are manufactured at the time of placement, cured and tested for strength, modulus and permeability (see Table 6.3). Additional specimens are typically obtained by core drilling, with some specifications requiring as much as 1 m of RCC core to be recovered for every 1000 m³ of RCC placed. Core samples should be drilled to allow inspection and testing of the joints between layers. For this purpose, a representative number of samples of each joint state and treatment must be recovered and tested to ensure the design strengths were achieved. Since in-situ concrete has a different strength maturity compared to laboratory specimens, achievement of the strength requirements should be established both through QC cylinders/cubes and on drilled cores. Some project specifications differentiate the strength requirements for cores and cast cylinders for the purpose of documentation of the characteristic strength.

In RCC dams without a separate upstream water barrier, the permeability of the placed concrete is important for the performance of the dam and consequently should be verified. This is commonly done by water-pressure testing in holes drilled vertically into the dam body; often the holes drilled to recover quality control cores. Packers can be used to isolate specific zones, or layer joints, for permeability testing.

Where excessive permeability has been identified through such testing, sealing by grouting in the same hole has proved successful. Typically, when excessive permeability has been observed and subsequent grouting undertaken, additional holes are drilled, tested and grouted, if required, until acceptable levels of impermeability are subsequently demonstrated.

As with conventional mass concrete, the test results from the RCC testing are typically evaluated statistically and compared with the design requirements. The effectiveness of the site quality control can be established through a review of the Coefficients of Variation (Cv) of the in-situ concrete strength test results for cores recovered from the structure.

Les coefficients CV relatifs aux essais de compression sur des carottes extraites de barrage BCR sont situés dans une plage de 5 à 45 % (Schrader, 2011), ce qui représente une plage allant d'un excellent contrôle qualité, égal à ce qui serait obtenu dans une expérimentation bien contrôlée en laboratoire, à un contrôle qualité extrêmement pauvre.

Des valeurs CV excessives peuvent dépendre d'un certain nombre de facteurs :

- Variations dans les propriétés des matériaux constituants;
- Mauvaise cure, ou manipulation des échantillons d'essais;
- Variations dans la teneur en liant;
- Variations dans la teneur en eau (humidité);
- Variations dans la teneur en fines;
- Variations du contrôle de compactage (densité),
- Mauvais contrôle qualité à la centrale de béton; et
- Mauvais rendement du malaxeur (mauvaise uniformité du béton).

Les exigences de spécification de construction en BCR et le programme de contrôle de qualité à mettre en œuvre pendant la construction devraient accorder une attention particulière à ce qui précède et à tout autre aspect susceptible d'influencer la qualité finale in situ et les résistances du béton. Ces problèmes devraient être évalués et testés pendant le processus de développement du mélange de BCR, de préférence à être achevé avant la préparation de l'appel d'offres pour la construction.

En étudiant la variabilité d'une variété de propriétés des matériaux de BCR à travers un nombre significatif de barrages BCR complétés, une catégorisation des valeurs de coefficient CV a été établie afin de définir le niveau perçu de contrôle qualité de la construction atteint. Les valeurs de coefficient de variation types ainsi obtenus sont présentées dans le tableau 6.4.

Tableau 6.4
Coefficients de variation de divers essais, correspondant aux divers niveaux de contrôle qualité

Propriété mise à l'essai (à l'âge spécifié)		Plage de valeurs des Coefficients de Variation (%)				
		Excellent	Bon	Moyen	Mauvais	Très mauvais
Échantillons confectionnés						
Résistance à la compression		< 10	10 à 15	15 à 20	20 à 25	> 25
Résistance à la traction indirecte		< 12,5	12,5 à 17,5	17,5 à 22,5	22,5 à 27,5	> 27,5
Résistance à la traction directe		< 15	15 à 20	20 à 25	25 à 30	> 30
Carottes/échantillons in situ						
Résistance à la compression		< 15	15 à 20	20 à 25	25 à 30	> 30
Résistance à la traction indirecte		< 17,5	17,5 à 25	25 à 32,5	32,5 à 40	> 40
Résistance à la traction directe	Sans joint	< 25	25 à 35	35 à 45	45 à 55	> 55
	Avec joint	< 30	30 à 40	40 à 50	50 à 60	> 60
Résistance au cisaillement	Sans joint	< 17,5	17,5 à 25	25 à 32,5	32,5 à 40	> 40
	Avec joint	< 20	20 à 27,5	27,5 à 35	35 à 42,5	> 42,5
	Sans liaison	< 22,5	22,5 à 30	30 à 37,5	37,5 à 45	> 45
Résistance au cisaillement oblique	Sans joint	< 22,5	22,5 à 30	30 à 37,5	37,5 à 42,5	> 42,5
	Avec joint	< 25	25 à 32,5	32.5 à 40	40 à 47,5	> 47,5
Densité						
Échantillons confectionnés		< 0,5	0,5 à 1,0	1,0 à 1,5	1,5 à 2,0	> 2,0
Essai VeBe		< 0,75	0,75 à 1,25	1,25 à 1,75	1,75 à 2,25	> 2,25
Nucléodensimètre		< 0,75	0,75 à 1,25	1,25 à 1,75	1,75 à 2,25	> 2,25
Carottes		< 1,0	1,0 à 1,5	1,5 à 2,0	2,0 à 2,5	> 2,5

The Cv of the compressive testing of cores taken from RCC dams has ranged from 5 % to 45 % (Schrader, 2011), representing a range from excellent quality control, equal to that obtained in a well-controlled laboratory experiment, to extremely poor quality control.

Excessive Cv values can originate from the following:

- variations in the properties of the constituent materials,
- poor curing, or handling of test specimens,
- variations in the content of cementitious material,
- variations in water (moisture) content,
- variations in the content of fines,
- variations in compaction control (density),
- poor quality control at the concrete plant, and
- poor mixer efficiency (poor concrete uniformity).

The RCC construction specification requirements and the Quality Control programme to be implemented during construction should pay particular attention to the above and any additional aspects that may influence final in-situ quality and concrete strengths. Such issues should be evaluated and tested during the RCC mix development process, preferably to be completed prior to the preparation of the construction tender.

Studying the variability of various RCC material properties across a significant number of completed RCC dams, a categorisation of Coefficient of Variation values has been established to define the perceived level of construction quality control achieved. The associated typical Coefficient of Variation values are presented in Table 6.4.

Table 6.4
Coefficient of Variation for various tests relative to the perceived level of quality

Assessed performance (at design age)		Ranges of Coefficients of Variation (%)				
		Excellent	Good	Average	Poor	Very Poor
Manufactured specimens						
Compressive strength		< 10	10 to 15	15 to 20	20 to 25	> 25
Indirect tensile strength		< 12.5	12.5 to 17.5	17.5 to 22.5	22.5 to 27.5	> 27.5
Direct tensile strength		< 15	15 to 20	20 to 25	25 to 30	> 30
Cores/in-situ specimens						
Compressive strength		< 15	15 to 20	20 to 25	25 to 30	> 30
Indirect tensile strength		< 17.5	17.5 to 25	25 to 32.5	32.5 to 40	> 40
Direct tensile strength	Unjointed	<25	25 to 35	35 to 45	45 to 55	>55
	Jointed	< 30	30 to 40	40 to 50	50 to 60	> 60
Shear strength	Unjointed	< 17.5	17.5 to 25	25 to 32.5	32.5 to 40	> 40
	Jointed	< 20	20 to 27.5	27.5 to 35	35 to 42.5	> 42.5
	Unbonded	< 22.5	22.5 to 30	30 to 37.5	37.5 to 45	> 45
Slant shear strength	Unjointed	< 22.5	22.5 to 30	30 to 37.5	37.5 to 42.5	> 42.5
	Jointed	< 25	25 to 32.5	32.5 to 40	40 to 47.5	> 47.5
Density						
Manufactured specimens		< 0.5	0.5 to 1.0	1.0 to 1.5	1.5 to 2.0	> 2.0
Loaded VeBe		< 0.75	0.75 to 1.25	1.25 to 1.75	1.75 to 2.25	> 2.25
Nuclear densimeter		< 0.75	0.75 to 1.25	1.25 to 1.75	1.75 to 2.25	> 2.25
Cores		< 1.0	1.0 to 1.5	1.5 to 2.0	2.0 to 2.5	> 2.5

6.12   FORMATION

Dans le cadre du programme de contrôle qualité, des séances de formation à l'intention des surveillants, des inspecteurs et des ouvriers sont recommandées, généralement à être suivies pendant la mise en place de l'essai pleine grandeur. Les différentes techniques entre le béton conventionnel et le béton compacté au rouleau ainsi que celles entre les barrages remblais et les barrages BCR doivent être comprises par tous. Les problèmes clés doivent être expliqués tels que les limitations des durées de malaxage, d'épandage et de compactage et les préoccupations à propos de la ségrégation, la qualité des joints et la cure du béton. Il est important de souligner que, si le BCR a le même aspect et le même comportement qu'un remblai lorsqu'il est mis en place, épandu et compacté, il s'agit néanmoins d'un béton et il doit être traité avec les mêmes précautions que le béton de masse conventionnel. Ceci inclut la cure, la protection et la conservation des surfaces de béton compacté.

Bien que les procédures et méthodes de construction de barrage BCR puissent paraître relativement simples, des différences importantes et des exigences spéciales critiques existent pour le BCR comparativement aux autres types de construction utilisant le même type de centrale à haute capacité. Se défaire de nos vieilles habitudes, par exemple, acquises lors de mise en place d'un grand volume de béton conventionnel ou de remblai, peut être difficile. Le renforcement répétitif des méthodes et techniques correctes pour la construction spécialisée en BCR est souvent une partie essentielle de la formation des opérateurs pendant l'essai pleine grandeur, la surveillance et la vérification d'inspection se poursuivant pendant toute la période de mise en place du BCR. En outre, une production de BCR efficace et performante implique le maintien de nombreuses activités interdépendantes et simultanées à, ou près de la capacité maximale pendant de longues périodes, ce qui représentera toujours un défi particulier en termes de contrôle de qualité. Un personnel expérimenté et des programmes de formation efficaces sont, par conséquent, des éléments essentiels du programme de contrôle de la qualité au chantier requis pour la construction d'un barrage BCR.

RÉFÉRENCES / REFERENCES

AMERICAN CONCRETE INSTITUTE (ACI). ACI 207.5R-11. *"Report on roller-compacted mass concrete"*. ACI Committee 207, Farmington Hills, MI, USA, July 2011.

AMERICAN SOCIETY FOR TESTING AND MATERIALS (ASTM). *"Standard test method for determining consistency and density of roller-compacted concrete using a vibrating table"*. Standard Specification C1170–14, ASTM, West Conshohocken, PA. 2014.

AMERICAN SOCIETY FOR TESTING AND MATERIALS (ASTM). *"Standard test method for time of setting of concrete mixtures by penetration resistance"*. Standard Specification C403–16, ASTM, West Conshohocken, PA. 2016.

CONRAD, M., PONNOSAMMY, R. AND LINARD, J. *"Quality Assurance and Quality Control in RCC Dam Projects – Necessity during Pre- and Construction Stages"*. Int. Symposium on Water Resources and Renewable Energy Development in Asia (ASIA 2008), Aqua Media Int., March 2008.

CROW, R.D., DOLEN, T.P., OLIVERSON, J.E. AND PRUSIA, C.D. *"Mix design investigation - roller-compacted concrete construction, Upper Stillwater, Utah REC-ERC-84–15"*. US Bureau of Reclamation, Denver, June 1984.

ICOLD/CIGB. *"Roller-compacted concrete dams"*. State of the art and case histories/Barrages en béton compacté au rouleau. Technique actuelle et exemples. Bulletin N° 126, ICOLD/CIGB. Paris, France, 2003.

ICOLD/CIGB. *"The Specification and Quality Control of Concrete for Dams/Les Spécifications et le Contrôle de Qualité des Barrages en Béton"*. Bulletin N° 136, Paris, France, 2009.

NATIONAL READY-MIX CONCRETE ASSOCIATION. *"Quality Control Manual – Section 3. Certification of ready-mix concrete production facilities National Ready-Mix Concrete Association"*. Silver Spring, Maryland, 1997

PORTLAND CEMENT ASSOCIATION (PCA). *"Roller-Compacted Concrete Quality Control Manual"*. EB215.02, PCA, Skokie, IL, 2003.

SCHRADER, E.K. *"Special Accelerated Cure Procedure – RCC & Lean Mixes"*. Project Communication. February, 2011.

SHAW, Q.H.W. *"RCC quality control requirements"*. Proceedings SANCOLD Conference. Dam safety, maintenance and rehabilitation of dams in Southern Africa. September 2015.

6.12   TRAINING

As part of the QC programme, training sessions for supervisors, inspectors, operators and labourers are recommended, typically to be undertaken during the FST placement. The differences in techniques between traditional and roller-compacted concrete, as well as between fill and RCC dam construction should be discussed and understood by all. Key issues should be explained, such as time limitations for mixing, spreading and compacting, and concerns about segregation, joint integrity and curing. It should be emphasised that although RCC can look and act like a fill when it is placed, spread and compacted, it is concrete and should be treated with the same respect as conventional mass concrete. This includes curing, protection and care of compacted concrete surfaces.

While RCC dam construction procedures and methods may appear to be relatively simple and straightforward, important differences and critical special requirements exist for RCC as compared to other types of construction using the same type of high-capacity plant. Unlearning old habits, for example, formed during large-volume CVC or fill placement, can be very difficult. Repetitive reinforcement of the correct methods and techniques for specialized RCC construction is often an essential part of operator training during the full-scale trial, with associated monitoring and inspection checking continuing during the full period of RCC placement. Furthermore, effective and efficient RCC production involves maintaining many inter-dependant and simultaneous activities at, or close to maximum capacity for extended periods of time, which will always represent a particular challenge in terms of quality control. Experienced personnel and effective training programmes are consequently essential components of the required site QC programme for the construction of an RCC dam.

7.   PERFORMANCE DES BARRAGES EN BCR

7.1   INTRODUCTION

Ce chapitre traite des aspects de la performance propre aux barrages en BCR. Tandis que les technologies de conception et de construction de BCR ne cessent d'évoluer, la construction de barrages en BCR continue de voir des applications dans un plus large spectre d'environnements et, par conséquent, plus d'expérience est acquise sur la performance des différents types de BCR dans différentes circonstances et dans une plus grande diversité de conditions. Dans ce contexte, il est particulièrement utile de passer en revue les performances, en discutant des aspects réussis et moins réussis et en définissant, grâce à l'analyse des données, les paramètres de comportement et les résistances typiques des matériaux qui peuvent être anticipés.

Pour remédier à la mauvaise intégrité des joints entre couche de BCR, aux infiltrations importantes et à la fissuration thermique observées dans les premiers barrages en BCR (voir Figure 7.1), de nombreuses innovations dans la conception et la construction ont été développées au cours des dernières décennies et il existe aujourd'hui une bien meilleure compréhension des exigences de bonne performance des barrages en BCR et des moyens par lesquels une performance et un comportement particuliers peuvent être atteints.

Figure 7.1
Barrage de Willow Creek, États-Unis, (Photo: Hansen, 2008) et une ancienne galerie de barrage en BCR coffrée avec des sacs de sable, Afrique du Sud – (Photo: Shaw,1997)

La performance des barrages en BCR modernes a été considérablement améliorée grâce à une augmentation générale de la maniabilité des formulations en BCR, à la conception des formulations avec une tendance plus faible à la ségrégation, à l'utilisation d'adjuvants retardateurs pour prolonger le temps de prise initiale du BCR, à une meilleure compréhension de la maturité de la surface de la couche et à l'amélioration des processus de préparation de la surface de la couche. Sur la base de l'expérience acquise au cours de plusieurs décennies de construction de barrages en BCR, les barrages en BCR modernes peuvent maintenant être construits avec une performance au moins égale, voire supérieure, à la performance des meilleurs barrages poids traditionnels en béton. La figure 7.2 montre le barrage de Lower Ghatghar, qui a été le premier barrage en BCR en Inde et qui est un barrage "entièrement en BCR", avec des faces en BCR enrichi au coulis et vibré (GEVR) en amont et en aval. L'intérieur de la galerie d'auscultation principale est également illustré sept ans après le premier remplissage, dont les murs ont également été réalisés avec du GEVR coffré. L'infiltration au travers du barrage est absolument nulle.

7. PERFORMANCE OF RCC DAMS

7.1 INTRODUCTION

This Chapter addresses the aspects of performance unique to RCC dam types. While RCC design and construction technologies continue to evolve, RCC dam construction continues to see application in a broader spectrum of environments and accordingly, more experience has been gained on the performance of different RCC types under different circumstances and in a greater diversity of conditions. Against this background, it is particularly beneficial to review performance, discussing both successful and less successful aspects and defining through data analysis the typical materials behaviour parameters and strengths that can be anticipated.

To remedy the poor layer-joint integrity, significant seepage and thermal cracking observed in early RCC dams (see Figure 7.1), many innovations in design and construction were developed over the past decades and today a substantially better understanding exists of the requirements for good RCC dam performance and the means through which particular performance and behaviour can be achieved.

Figure 7.1
Willow Creek Dam, USA, (Photo: Hansen, 2008) and an early RCC dam gallery formed with sand bags, Zaaiheok Dam, South Africa, (Photo: Shaw,1997)

The performance of modern RCC dams has been significantly improved through a general increase in the workability of RCC mixes, the design of RCC mixes with a lower tendency to segregate, the use of retarding admixtures to extend the initial setting time of RCC, a greater understanding of layer surface maturity and improved processes for layer surface preparation. On the basis of the experience built up through several decades of RCC dam construction, modern RCC dams can now be constructed with a performance that is at least equal to, or possibly exceeds, the performance of the best traditional concrete gravity dams. Figure 7.2 shows the Lower Ghatghar dam, which was the first RCC dam completed in India and which is an "all-RCC" RCC dam, with GEVR faces both upstream and downstream. Also illustrated is the inside of the main inspection gallery some seven years after first impounding, the walls of which were also formed in GEVR. Seepage at the dam is absolutely zero.

Figure 7.2
Barrage du Lower Ghatghar en Inde – Galerie d'auscultation principale 7 ans après le
premier remplissage (Photo : Dunstan, 2009)

Diverses méthodes de construction, telles que la méthode de mise en place par couches inclinées (voir 5.8.2), la mise en place par paliers (voir 5.8.3) ou le placement dans des "plots" définis et plus petits (comme à Lai Chau) (voir 5.8.4) ont été adoptées pour continuer à placer le BCR dans des sections plus faciles à gérer, principalement pour placer les couches successives de BCR avant que la couche inférieure n'ait atteint son temps de prise initiale. Ainsi, la performance globale est affectée par les paramètres de conception choisis et les techniques de construction et de qualité adoptées, pour les conditions particulières du site.

L'un des principaux avantages du BCR réside dans la rapidité de construction et, essentiellement, plus le barrage est construit rapidement, meilleure sera la liaison entre les couches et, par conséquent, l'imperméabilité. Afin d'obtenir une construction rapide, la méthode de placement doit être aussi simple que possible. L'un des objectifs d'un barrage en BCR moderne à haute maniabilité devrait être qu'au moins 90 % de tous les joints de couches horizontales soient des joints " chauds ", c'est-à-dire sans qu'il soit nécessaire d'effectuer un traitement autre que le maintien de la propreté. Cet objectif, cependant, est rarement atteint, bien qu'à Lai Chau, un grand barrage en BCR au Vietnam, près de 98 % de tous les joints horizontaux étaient des joints chauds.

La meilleure façon d'obtenir de bonnes performances d'un barrage en BCR est d'utiliser un équipement de construction moderne, des méthodes de mise en place rapide, une formulation de BCR bien conçue, des opérateurs suffisamment qualifiés et un personnel de construction expérimenté, ainsi que des programmes efficaces de contrôle de la qualité. Bien que les méthodes de construction doivent être conçues de manière à tenir compte de la taille de la structure à construire et du climat régional, il faut souligner que certains aspects des bonnes pratiques de qualité qui conviennent à une situation donnée peuvent ne pas être la bonne solution dans d'autres situations.

Les systèmes de parement "entièrement en BCR" avec du BCR enrichi au coulis vibré (GEVR et GERCC) et de BCR spécialement formulé pour pouvoir être à la fois compacté et vibré (IVRCC) produisent régulièrement de bons résultats et il n'y a maintenant aucune raison d'utiliser un autre système de revêtement/protection du BCR, qui souffrent tous de problèmes et d'inconvénients importants.

Figure 7.2
Completed Lower Ghatghar Dam, India – The main inspection gallery seven years after first impounding (Photo: Dunstan, 2009)

Various construction methods, such as the slope-layer method (SLM) (see 5.8.2), split-level construction (see 5.8.3), or placement In smaller, defined "blocks" (as at Lai Chau) (see 5.8.4) have been adopted to continue RCC placing in more manageable sections, primarily to place successive layers before the receiving RCC has reached its initial setting time. Thus, the overall performance is affected by the selected design parameters and adopted construction techniques and quality, for the particular site conditions.

One of the major advantages of RCC lies in the rapid construction rates achievable and essentially the faster the dam is constructed, the better will be the bond between the layers and consequently the impermeability. In order for rapid construction to be achieved, the method of placement should be kept as simple as possible. One of the objectives of a modern, high-workability RCC dam should be that at least 90% of all the horizontal layer joints are 'hot' joints, i.e. without the need for any treatment other than being kept clean. This objective, however, is seldom achieved, although at Lai Chau, a large RCC dam in Vietnam, nearly 98% of all the horizontal joints were hot joints.

The good performance of an RCC dam is best achieved with modern construction equipment, rapid placement methods, an appropriately designed RCC mix, adequately skilled operators and experienced construction staff and an effective quality control programme. While construction methodologies must be designed to take into account the size of the structure to be constructed and the regional climate, it must be emphasized that some aspects of good quality practices that are appropriate for one situation may not be the right solution in others.

The "all-RCC" surfacing systems of grout-enriched RCC (GERCC), grout-enriched, vibrated RCC (GEVR) and internally vibrated RCC (IVRCC) produce consistently good results and there is now no reason to use any other RCC facing system, which all suffer significant problems and drawbacks.

La performance d'un barrage en BCR ne se mesure pas seulement à la conformité de l'ouvrage construit avec les critères de conception du projet, mais aussi par rapport à la réalisation du programme de construction et coût optimal pour la taille du barrage, dans les conditions climatiques applicables et par rapport aux contraintes des matériaux disponibles et de la main-d'œuvre locale.

Ce chapitre se concentre sur la performance documentée de certaines des méthodes diverses de construction communes à la réalisation de barrages en BCR, tandis que les données d'essai citées ne sont pas destinées à représenter toutes les propriétés du BCR, mais celles qui ont la plus grande importance en ce qui concerne la performance des barrages en BCR.

7.2 PERFORMANCE DES JOINTS ENTRE COUCHES DE BCR - LIAISON ET IMPERMÉABILITÉ

7.2.1 *Exigences relatives à l'intégrité des joints entre couche de BCR et à l'imperméabilité*

L'une des différences fondamentales entre les barrages en béton conventionnel et en BCR est la construction multicouche. La mise en place de couches multiples n'est pas unique aux barrages en BCR et il est de pratique courante de faire une levée complète de 2 à 3 m pour la mise en place d'un béton de masse à partir d'une série de couches consolidées individuellement qui sont souvent de 450 mm d'épaisseur. Le concept clé dans la construction de plots en béton de masse est que la couche suivante doit être placée avant que la couche précédente n'ait atteint sa prise initiale, ce qui conduit souvent à la pratique de placement "en marches d'escaliers" illustrée à la figure 7.3. Ce qui est unique aux barrages en BCR, c'est la superficie extrêmement grande et les surfaces exposées, plus de 10 000 m² pour les barrages en BCR même de taille moyenne, comparativement à peut-être 500 m² pour un plot de béton de masse conventionnel vibré. Par conséquent, la performance des joints entre couches de BCR est généralement critique pour une surface horizontale sur l'ensemble du plan de la section du barrage. Le concept original

Figure 7.3
Mise en place historique de couches de béton de masse dans un seul plot du barrage Friant,
États-Unis en 1942

Successful RCC dam performance is not only measured in the compliance of the constructed RCC dam with the project design criteria, but also in the achievement of the optimal construction programme and cost for the size of dam, in the applicable climatic conditions and against the constraints of the available materials and the local workforce.

This Chapter focuses on the documented performance of some of the various methods common to RCC dam construction, while the test data cited is not intended to represent all RCC properties, but those that are of greatest importance in respect of RCC dam performance.

7.2   LAYER JOINT PERFORMANCE – BOND AND IMPERMEABILITY

7.2.1   Requirements for layer joint integrity and impermeability

One of the fundamental differences between conventional concrete and RCC dams is multi-layer construction. Multi-layer placement is not actually unique to RCC dams and it is common practice to make up a full 2 to 3 m lift for a mass concrete placement in a series of individually consolidated layers that are often approximately 450 mm thick. The key concept in mass block construction is that each layer within a lift must be placed before the previous layer has reached its initial set, often leading to the "stair-step" placement practice shown in Figure 7.3. Similarly, the SLM method allows the placement of successive RCC layers within the initial setting time by effectively limiting the placement area of each layer, as illustrated in Figure 7.4. What is unique to RCC dams is the extremely large placement areas and exposed surfaces, more than 10,000 m² for even moderately sized RCC dams, compared to perhaps 500 m² for a CVC mass block. As a consequence, layer joint performance is typically critical for a horizontal surface

Figure 7.3
Historical layered placement of mass concrete in a single block at Friant Dam, USA in 1942

Figure 7.4
Mise en place du BCR en 10 « couches inclinées » de 300 mm pour construire une levée de 3 m au barrage de Muskrat Falls, Canada, (Photo : Nalcor Energy 2017)

pour la construction d'un barrage en BCR consistait à placer des couches successives avec une préparation minimale ou aucune préparation supplémentaire de la surface de réception. Malheureusement, certains barrages récents en BCR peuvent être considérés comme s'éloignant de cette simplicité essentielle

7.2.2 Conditions de surface de reprise entre couches de BCR

Pour les barrages en BCR dont les couches sont placés en continu d'une rive à l'autre, toute la surface de la couche est exposée aux conditions climatiques ambiantes. Au début de la construction des barrages en BCR, les surfaces de reprise entre couches étaient essentiellement classées en fonction des limites d'exposition temps-température, ou "maturité" de la surface de reprise entre couches, et le temps de prise était déduit, mais non testé. Dans la construction moderne des barrages en BCR, l'utilisation d'adjuvants retardateurs de prise est une pratique courante, le temps de prise est mesuré et la maturité de la surface de reprises entre couches est surveillée de près. Comme nous l'avons vu au chapitre 5.10 et selon la vitesse de construction, il existe généralement trois types de reprises entre couches : (1) une reprise fraîche de BCR qui n'a pas atteint la prise initiale (joint chaud), (2) une reprise qui a dépassé la prise initiale, mais qui est à ou juste après la prise finale (joint tiède) et (3) une reprise sur surface durcie après que le BCR a atteint la prise finale (joint froid). Dans certains cas, le joint froid peut être vieux de quelques heures ou de quelques jours. Dans d'autres, il peut être vieux de plusieurs mois, par exemple en raison d'une fermeture saisonnière pour cause de temps froid, ou en cas de déversement d'une section pendant les débits élevés de la rivière, il est alors appellé joint "super froid". Généralement, les exigences de préparation de la surface de la reprise entre couches augmentent avec le passage d'un joint chaud à un joint froid. Pour la meilleure performance d'une reprise entre couches, un joint chaud est souhaitable. Par conséquent, la meilleure situation est assurée lorsque la totalité du barrage, ou des blocs à l'intérieur d'un barrage sont placés en continu comme un monolithe unique entre les joints froids

Figure 7.4
Placement of RCC in ten 300 mm deep "sloping layers" to construct a 3 m lift. Muskrat Falls Dam, Canada, (Photo: NALCOR Energy, 2017)

across the entire plane of the dam section. The original concept for RCC dam construction involved placing successive layers with minimal, or no additional preparation of the receiving surface. Some recent RCC dams can be seen to be moving away from this essential simplicity.

7.2.2 RCC layer surface conditions

For RCC dams that are placed continuously from one abutment to the other, the entire layer surface is exposed to ambient weather conditions. In early RCC dam construction, layer surfaces were essentially categorized by time-temperature exposure limits, or layer surface "maturity," and setting time was inferred, but not tested. In modern RCC dam construction, the use of set-retarding admixtures is common practice, setting time is measured and the layer surface maturity is closely monitored. As discussed in Section 5.10 and depending on the speed of construction, three layer surface conditions typically exist: (1) a fresh layer of concrete that has not reached initial set (hot joint), (2) a layer that is past initial, but is at or just after final set (warm joint) and (3) a hardened surface after the RCC has reached final set, (cold joint). In some instances, the cold joint may be hours or a few days old. In others, it may be months old; such as occurs due to a seasonal shut down for cold weather, or to overtop a section during high river flows, often referred to as a "super cold" joint. Typically, the layer surface preparation requirements increase with the transition from a hot to a cold joint. For the best layer joint performance, a hot joint is desirable. Consequently, the best situation is assured when the entire dam, or blocks within a dam are

planifiés. Toutefois, la taille d'un barrage, la capacité de l'usine de production du BCR ou les conditions météorologiques chaudes, froides ou pluvieuses peuvent dicter l'état de surface de la couche.

Pour les grands barrages en BCR, il est même possible que les trois conditions se développent sur la même surface de couche à un moment ou à un autre, en fonction du temps de prise du mélange et de la séquence de mise en place. Par exemple, au barrage de Gibe 3, le BCR a été placé d'une rive à l'autre et de l'amont vers l'aval sur toute la largeur de la surface du barrage. Après l'achèvement de cette couche, la séquence a été inversée de l'aval à l'amont pour compléter deux couches ; et le processus a été répété. Lorsque la pose est passée d'une première couche terminée à la couche suivante, la surface de reprise exposée était initialement un joint chaud (la couche sous-jacente venait d'être terminée), le milieu de la surface un joint tiède (terminé environ 12 heures plus tôt) et l'extrémité la plus éloignée de la surface était un joint froid, vieux d'environ 24 heures. Cette pratique conduit à un contrôle très difficile. Le contrôle du temps de prise avec des adjuvants retardateurs peut prolonger la durée des joints chauds jusqu'à 24 heures dans la plupart des cas et, à moins que la surface du barrage soit extrêmement grande, le nombre de joints chauds et froids peut être réduit

7.2.3 Objectifs de performance des joints de reprise entre couches

Les divers traitements des joints de reprise entre couches utilisés dans les barrages modernes en BCR sont présentés au tableau 5.1

La première exigence pour atteindre la performance des joints de reprise entre couches est une couche entièrement compactée de BCR. La performance globale augmente avec le compactage pour être égale à celle des barrages en béton conventionnels, à condition que la surface de la couche sous-jacente soit correctement préparée. Ni les objectifs de résistance in situ, ni les objectifs de perméabilité ne peuvent être atteints sans d'abord obtenir une couche de BCR entièrement compactée. Cela nécessite une formulation maniable avec un temps Vebe avec charge (ASTM C1170) adapté au compactage en couches de 300 mm (ou 400 mm), minimisant la ségrégation des gros granulats pendant la mise en place et permettant d'obtenir une densité d'au moins 96 % (99 % pour le BCR à haute maniabilité) de la masse volumique théorique sans air. L'obtention d'un compactage complet des joints entre couches améliore considérablement les objectifs de résistance des joints et élimine pratiquement tous les problèmes de perméabilité des barrages grâce à la masse compactée.

La seconde exigence pour obtenir un comportement monolithique est la méthode de préparation de la surface pour chaque état de surface de reprise entre couches. Comme nous l'avons vu au chapitre 5, Construction, diverses méthodes peuvent être utilisées pour nettoyer la surface d'une couche fraîche. Au barrage D'Upper Stillwater, États-Unis, (temps Vebe avec charge de 17 sec ASTM C1170 Procédure A), les surfaces de reprise entre couches jusqu'à 48 heures n'ont nécessité qu'un traitement par aspiration. Après 48 heures, une couche de BCR à plus forte teneur en liant a été placée sur la surface aspirée, sans aucun béton de reprise. Les seules surfaces qui ont reçu un traitement de surface plus approfondi étaient deux joints de construction saisonniers de 150 jours (joint super froid), qui ont été traités au sable et au jet d'eau sous haute pression. Les performances des joints entre couches ont été satisfaisantes, aucune infiltration sur joint horizontal n'a été observée et le pourcentage de liaison entre couches de BCR était très élevé ; estimé entre 80 et 90 %. Il est à noter que cette formulation avait un dosage élevé en cendres volantes et que la température maximale de mise en place du BCR était de 10 ºC et que même des reprises entre couches à 24 heures étaient probablement comparables à des joints chauds. La plupart des barrages en BCR nécessitent maintenant peu de traitement pour les joints chauds ainsi que de l'aspiration et de divers moyens de balayage pour les joints tièdes et froids.

Enfin, l'utilisation de bétons de reprises pour améliorer la performance des joints entre couches se fait souvent sur les joints tièdes ou froids pour atteindre la performance de résistance désirée et pour réduire ou éliminer les problèmes d'infiltration présent avec les formulations de BCR moins maniables (temps de Vebe avec charge supérieur à 30–60 secondes). Le matériau de reprise le plus courant est un mortier d'une épaisseur de 10 à 20 mm répandu sur toute la couche (ou sur une bande en amont d'une largeur fonction de la pression hydrostatique) ou un coulis étalé sur la surface.

placed continuously as a single monolith between planned cold joints. However, the size of a dam, the capacity of the RCC batching plant, or hot, cold, or rainy weather may dictate the layer surface condition.

For large RCC dams, it is even possible to have all three conditions developing on the same layer surface at one time or another, depending on the setting time of the mixture and the placement sequence. For example, at Gibe 3 Dam, RCC was placed from one abutment to the other and from upstream toward downstream across the full width of the dam surface. Following completion of this layer, the sequence was reversed from downstream back to upstream to complete two layers; and the process was repeated. When the placement changed from a completed first layer to the next layer, the exposed surface was initially a hot joint (the underlying layer had just been completed), the middle of the surface a warm joint (completed approximately 12 hr earlier) and the far end of the surface was a cold joint, approximately 24 hr old. This practice leads to very difficult control. Control of setting time with retarding admixtures can extend the time of hot joints up to 24 hr in most cases and unless the dam surface area is extremely large, the number of warm and cold joints can be decreased.

7.2.3   Layer joint performance objectives

The various joint treatments used in modern RCC dams are shown in Table 5.1.

The first requirement for achieving layer-joint performance is a fully compacted layer of RCC. Overall performance increases with compaction to be equal to that of conventional concrete dams, provided the underlying layer surface is properly prepared. *Neither the in-situ strength objectives, nor the permeability objectives can be met without first achieving a fully compacted layer of RCC.* This requires a workable mixture with a Loaded VeBe time (ASTM C1170) suitable for compaction in 300 mm (or 400 mm) layers, minimizing coarse aggregate segregation during placement and achieving and a density of at least 96% (99% for high-workability RCC) of the theoretical air-free density (t.a.f.d.). Achieving full layer joint compaction greatly improves layer joint strength objectives and virtually eliminates any issues of dam permeability through the compacted mass.

The next requirement to achieve monolithic performance is the surface preparation methodology for each layer surface condition. As discussed in Chapter 5, Construction, various methods can be used to clean a fresh layer surface. At Upper Stillwater Dam, USA, (Loaded VeBe time of 17 sec ASTM C1170 Procedure A) layer surfaces up to 48 hours needed only vacuum treatment. After 48 hr, a higher cementitious content layer of RCC was placed over the vacuumed surface, without any bedding mix. The only surfaces receiving aggressive surface treatment were two seasonal 150-day old (super cold) construction joints, which were high-pressure water blasted. The performance of the layer joints has been satisfactory, no horizontal layers with seepage have been observed and the percentage bonding of RCC layers was very high; estimated at 80 to 90%. It is noted that this mixture had a high flyash content and the maximum RCC placing temperature was 10°C and even 24 hr layers were likely comparable to hot joints. Most RCC dams now require little treatment on hot joints and vacuuming and various means of brooming on warm and cold joints.

Lastly, the use of bedding mixes to improve layer joint performance is often used on warm or cold joints to achieve the desired strength performance and to reduce or eliminate concerns for seepage through less workable RCC mixtures (Loaded Vebe time greater than 30–60 seconds). The most common bedding mix is a mortar spread approximately 10 to 20 mm deep over the entire layer, or over an upstream strip of a width dependent on the applicable water pressure, or grout sprayed onto the surface.

7.3 RÉSISTANCE DES JOINTS ENTRE COUCHES

Les critères de performance les plus courants des joints entre couches pour les barrages de béton de masse et en BCR sont (1) la résistance à la traction directe, (2) la cohésion/résistance au cisaillement des joints entre couches liés, (3) la résistance au glissement par frottement des joints entre couches liés (après avoir été cassés lors des essais) (4) la cohésion apparente des joints de la couche non liée et (5) la résistance au cisaillement par frottement de (a) joints entre couches non liés et entièrement compactés ou (b) joints entre couches faiblement compactés. Les performances de résistance des liaisons entre couches de BCR sont le plus souvent testées à partir de carottes obtenues par forage, des blocs sciés et des blocs testés in situ étant moins fréquemment utilisés.

7.3.1 *Évaluation de l'intégrité des joints entre couches par carottage*

Le meilleur moyen d'évaluer la performance globale des joints entre couches est d'utiliser des carottes prélevées à travers plusieurs couches de BCR ou des blocs sciés à travers deux couches de BCR pour une condition donnée. Les carottes obtenues par forage sont utilisées pour évaluer les conditions des couches multiples. Les blocs sciés sont souvent utilisés pour évaluer la performance de préparations spécifiques de la surface des couches et sont le plus souvent utilisés lors des planches d'essai. La performance des joints entre couches sur carottes est évaluée par deux mesures : (1) le pourcentage global de joints entre couches avec liaison obtenu par le carottage réel et (2) les essais physiques spécifiques sur les joints isolés entre couches, tels que les essais de traction directe ou de cisaillement direct. Il est reconnu que des joints entre couches avec liaison cassée sont rencontrés dans tous les carottages de barrages en béton en raison de la nécessité de les extraire après chaque séquence de forage. Avec des épaisseurs de couches de BCR de seulement 300 mm, il n'est pas rare de briser les liaisons entre les couches sur une carotte lorsque celles-ci se trouvent à la fin d'une séquence de forage. Lorsque la liaison entre couches spécifiques est recherchée, il est recommandé de " décaler " le début de forage pour obtenir la couche désirée au plus près du milieu de la carotte à extraire.

> *La performance des joints entre couches est directement liée au pourcentage de joints entre couches liés interceptés dans les opérations de forage pour obtenir les carottes.*

Les liaisons de joints entre couches sur des carottes forées à environ un an à partir d'une formulation d'un BCR à faible dosage en liant BCRFL (105 kg/m^3, 49 % d'ajouts cimentaires) (Drahushak-Crow & Dolen, 1988) est passée de seulement 24 % sans béton de reprise entre couches à 76 % avec un béton de reprise entre couches. Les carottes forées à partir d'une formulation d'un BCR avec un dosage moyen en liant BCRML (147 kg/m^3 C+P, 52% d'ajouts cimentaires) à environ 180 jours d'âge au barrage Stagecoach ont montré que le pourcentage de joints de la couche liée est passé d'environ 65 % sans béton de reprise entre couches à 90 % avec un béton de reprise entre couches. Au barrage de Willow Creek, pour une grande variété de formulations de BCRFL, la récupération des joints entre couches pour les joints entre couches " frais " était en moyenne d'environ 56 %, tandis que la récupération des joints entre couches avec béton de reprise était en moyenne de 100 %. [Note, les joints frais ont été déterminés par la maturité de surface de la couche en degrés-heures et le béton de reprise n'a été utilisé qu'à proximité des panneaux en béton préfabriqué au parement amont du barrage de Willow Creek.]

Un cas de mauvaise performance des joints de couches utilisant du mortier de reprise ont été observés au barrage de Bal Louta au Maroc (Chraibi, 2012). Les fuites concentrées sur la face aval du barrage étaient le résultat de plusieurs facteurs liés à la construction :

"(a) défaut dans le dosage à la centrale lors de la fabrication conduisant à une distribution non homogène du ciment et (b) non-respect du délai requis entre la fabrication du béton de reprise entre couches et la pose de la couche suivante en BCR. Lors du premier remplissage du réservoir, la perméabilité élevée de certains joints horizontaux, combinée à des passages de BCR insuffisamment compactés, a favorisé le développement de cheminements continus millimétriques pour des fuites. Les drains à l'intérieur de l'ouvrage se sont saturés et une sous-pression triangulaire évidente s'est formée à l'intérieur du corps du barrage, probablement pas sur toute la surface d'une seule couche. Bien que la stabilité statique n'ait pas été menacée, le barrage ne répondait pas aux exigences en matière de stabilité en cas de séisme. Le niveau du réservoir a été abaissé et le renforcement du barrage a été décidé."

7.3   LAYER JOINT STRENGTH PERFORMANCE

The most common layer joint performance criteria for mass and RCC dams are (1) direct tensile strength, (2) apparent cohesion of bonded layer joints, (3) sliding friction resistance of bonded layer joints (after being broken in testing), (4) apparent cohesion of un-bonded layer joints and (5) shear sliding friction resistance of (a) un-bonded and fully compacted layer joints, or (b) poorly compacted layer joints. Layer-joint strength performance is most often tested on drilled cores, with sawn blocks and in-situ blocks being less-frequently used.

7.3.1   Evaluation of layer joint integrity through drilled coring

The best means of evaluating overall layer joint performance is with cores drilled through multiple layers or sawn blocks through two layers for a given joint condition. Drilled cores are used to evaluate multiple layer conditions. Sawn blocks are often used to evaluate specific layer surface preparations and are most often used in test sections. The performance of layer joints through coring is evaluated by two measures; (1) the overall percentage of bonded layer joints obtained through the actual coring and (2) the specific physical tests on isolated layer joints, such as direct tension and direct shear tests. It is recognized that broken layer joints are encountered in all concrete dam drilled coring due to the need to break off after each drill section run. With only 300 mm layer thickness, it is not uncommon to break bonded layers on a core when these are at the end of a drill run. When the bond of specific layers is of interest, it is recommended to "stagger' the starting drill core to obtain the desired layer near the mid-point of the core barrel.

> The performance of layer joints is directly related to the percentage of bonded layer joints intercepted in drilled coring programmes.

Reported layer joint bonding of cores drilled at approximately one year's age from a LCRCC (105 kg/m^3, 49 % SCM) mixture (Drahushak-Crow & Dolen, 1988) increased from only 24% with no bedding mix to 76% using bedding concrete. Cores drilled from a MCRCC (147 kg/m^3 C+P, 52% SCM) mixture at approximately 180 day's age at Stagecoach Dam showed the percentage of bonded layer joints increased from approximately 65% without a bedding mix to 90% with a bedding concrete. At Willow Creek Dam, for a wide variety of LCRCC mixtures, layer-joint recovery for "fresh" layer joints averaged approximately 56%, while bedded layer joints averaged 100% layer-joint recovery. [Note, fresh joints were determined by surface maturity in degree-hours and bedding concrete was used only close to the upstream pre-cast concrete facing panels at Willow Creek Dam.]

Incidence of poor performance of layer joints using bedding mortar were experienced at Bal Louta Dam in Morocco (Chraibi, 2012). Concentrated leakage on the downstream face of the dam was the result of several construction related factors:

"(a) defect in mix batching leading to an inhomogeneous distribution of the cement and (b) failure to respect the time limit required between batching the bedding mix and placement of subsequent RCC layer. At the first reservoir filling, high permeability of some horizontal joints in combination with loose RCC passages, favoured the development of millimetric continuous leaking paths. Internal drains are saturated and obvious triangular uplayer developed within the dam body, probably not on the entire surface of a single layer. Although static stability was not threatened, the dam didn't meet the requirements as far as dynamic stability was concerned. Reservoir level was lowered and dam strengthening was decided."

La figure 7.5 montre une carotte de 11,3 m de long (la longueur du carottier), l'une des nombreuses carottes extraites du barrage de Yeywa en Birmanie. Le BCR contenait une pouzzolane naturelle et aucun béton de reprise entre couches n'a été utilisé sur les joints horizontaux, sauf sur les joints super-froids avec un temps d'exposition de plusieurs semaines. Au total, 93 % des joints à Yeywa étaient des joints chauds. La figure 7.6 montre une carotte de BCRHL extraite du barrage D'Upper Stillwater contenant un joint resté exposé sept mois (après la fermeture du chantier pendant l'hiver). Aucun béton de reprise entre couches n'a été utilisé sur les joints de ce barrage.

Figure 7.5
Carotte de 11.3-m de long prélevée dans le barrage de Yeywa au Myanmar
(Photo : Dunstan, 2017)

Figure 7.6
Carotte extraite du barrage D'Upper Stillwater contenant un joint entre couches resté exposé 7 mois
(sans béton de reprise entre couches)
(Photo : USBR, 2003)

La figure 7.7 (Andriolo, 2015) montre un exemple d'excellente performance des carottes obtenues par forage utilisant des mortiers de reprise entre couches au Brésil. Au Brésil, les surfaces des couches de BCR sont nettoyées après 4 heures pendant la pose de jour et après 8 heures pendant la pose de nuit. Un mortier de reprise est répandu sur environ 25 % de la surface de la couche près du parement amont du barrage.

Il existe de nombreuses preuves que l'application de bétons ou mortiers de reprise sur les surfaces entre couches de BCR améliore grandement à la fois le pourcentage de joints entre couches avec liaison et la résistance de ces liaisons pour les barrages de type BCRFL et BCRML. Toutefois, pour les barrages de type BCREL, cela est moins clair. Le mortier de reprise est le traitement additionnel le plus courant pour les joints entre couches, bien que du coulis soit de plus en plus souvent utilisé pour les barrages de type BCREL.

Figure 7.5 shows an 11.3 m long core (the length of the core barrel) – one of several extracted from the Yeywa dam in Myanmar. The RCC contained a natural pozzolan and no bedding mixes were used on any of the horizontal joints except on super-cold joints with an exposure time of several weeks. In total, 93% of the joints at Yeywa were hot joints. Figure 7.6 shows a core in HCRCC extracted from Upper Stillwater Dam containing a seven-month joint (following close down for winter). No bedding mixes were used on any of the joints at this dam.

Figure 7.5
11.3-m log core taken from Yeywa Dam in Myanmar
(Photo: Dunstan, 2012)

Figure 7.6
Core extracted from Upper Stillwater Dam containing a seven-month joint (without the use of bedding mix)
(Photo: USBR, 2003)

An example of excellent performance of drilled cores using bedding mixes in Brazil is shown in Figure 7.7 (Andriolo, 2015). In Brazil, RCC layer surfaces are cleaned after 4 hours during daytime place-ment and after 8 hours during night-time placement. A mortar bedding mix is spread over approximately 25% of the layer surface near the upstream face of the dam.

There is a large body of evidence that the application of bedding mixes on RCC layer surfaces greatly improves both the percentage of bonded layer joints and the bond strength for LCRCC and MCRCC dams. However, for HCRCC the position is less clear. Bedding mortar is the most common supplemental layer joint treatment, although grout is becoming more frequently used for HCRCC dams.

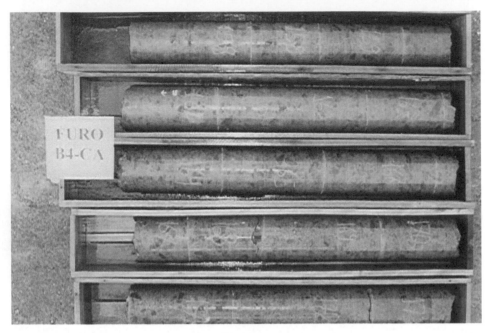

Figure 7.7
Carottes obtenues par forage montrant des multiples joints de reprise entre couches avec
du mortier de reprise
(Photo : Andriolo, 2015)

Sur la base des performances historiques de programmes de forages carottés, le pourcentage de liaison suivant est observé (American Concrete Institute, 2011):

1. 90 % de liaison dans les joints entre couches (y compris les joints qui ont été brisés par les sollicitations liées au carottage) - bonne performance, comparable à ce que l'on obtient dans le cas d'un barrage en béton conventionnel
2. 70 à 90 % de liaison dans les joints entre couches - performance satisfaisante, comparable à celle de nombreux barrages poids;
3. 50 à 70 % de liaison dans les joints entre couches - performance moins satisfaisante, qualité inférieure à celle des barrages en béton conventionnels;
4. Moins de 50 % de liaison dans les joints entre couches - performance insatisfaisante, souvent accompagnée d'infiltrations à travers les joints entre couches.

7.3.2 Résistance à la traction directe

La résistance à la traction directe des joints entre couches de BCR avec liaison est généralement fonction du dosage en liant, de la maturité de la surface et du temps de prise du BCR, du nettoyage et de la préparation de la surface de la couche, de l'utilisation de mortier de reprise, de coulis ou de béton de reprise, des conditions météorologiques défavorables existantes et du compactage. La résistance à la traction directe des joints entre couches de BCR est le plus souvent comparée à la résistance à la compression ou à la traction directe du BCR dans la masse (sans joint). La plupart des essais de résistance à la traction directe sont effectués avec des échantillons liés par une colle époxy à des plaques d'extrémité en acier. Le tableau 7.1 présente les propriétés moyennes des BCR de plusieurs barrages américains construits dans les années 1980, alors que l'état de l'art était encore en développement (Dolen, 2011). Les formulations à faible teneur en pâte et avec des temps VeBe avec charge élevés (45 à 60 s ou plus, procédure A de la norme ASTM C1170) avaient principalement des préparations de surface basées sur la maturité des couches.

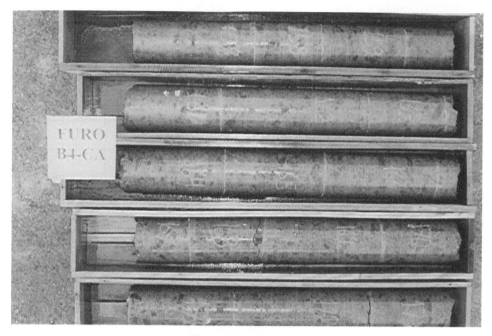

Figure 7.7
Drilled core showing multiple layer joints using bedding mortar
(Photo: Andriolo, 2015)

Based on the historical performance of drilled coring programmes, the following percentage bonding is observed (American Concrete Institute, 2011):

1. 90% bonded layer joints (including bonded layers that have been broken by the coring stresses) – good performance comparable to a conventional concrete dam.
2. 70 to 90% bonded layer joints – satisfactory performance, comparable to many CVC gravity dams.
3. 50 to 70% bonded layer joints – less than satisfactory performance, lesser quality than typical for CVC dams.
4. Less than 50% bonded layer joints – unsatisfactory performance, often accompanied with seepage through layer joints.

7.3.2 Direct tensile strength

The direct tensile strength of bonded RCC layer joints is usually a function of cementitious content, layer surface maturity and setting time, layer surface cleaning and preparation, use of bedding mortar, grout or concrete, existing adverse weather conditions and compaction. The direct tensile strength of RCC layer joints is most often compared to either compressive strength or direct tensile strength of the parent (un-jointed) RCC. Most direct tensile strength tests are performed with samples that are epoxy-bonded to steel end plates. Table 7.1 lists the average properties of RCC from several dams in the USA constructed in the 1980's when the state-of-the-art was still developing (Dolen, 2011). Low-paste and high Loaded VeBe times (45 to 60 sec, or higher ASTM C1170 Procedure A) mixtures primarily had maturity-based-layer surface preparations.

Tableau 7.1
Résistance moyenne à la traction de carottes prélevées sur plusieurs barrages en BCR
aux États-Unis (Dolen, 2011)

	Traction directe (MPa)		Traction indirecte (MPa)	Compression (MPa)
	Dans la masse	Aux joints		
BCREL	1.7	1.3	3.0	32.1
BCRFL*	0.7	0.7	2.0	13.9
Tous les résultats	1.3	1.0	2.5	23.1
(Nombre de tests)	(35)	(76)	(36)	(131)

* incluant un mortier ou béton de reprise entre couches.

La figure 7.8 présente les résistances à la traction verticale in situ de joints entre couches de trois barrages, ce qui constitue l'une des sources d'information lorsque l'on considère l'impact de divers facteurs sur les propriétés du RCC.

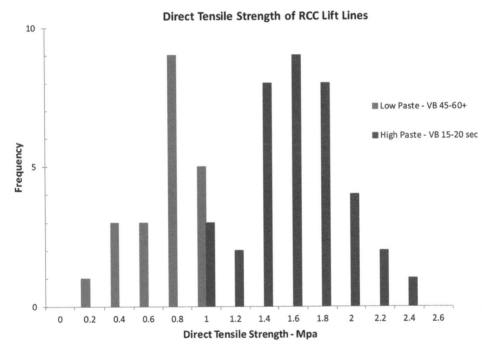

Figure 7.8
Gamme de valeurs de la résistance à la traction directe pour 2 formulations types de BCR; Un BCREL avec un temps VeBe avec charge de 15 à 20 s et un BCRFL avec temps VeBe avec charge de 45 à 60 s ou plus

Légende :

A. Résistance à la traction directe des joints entre couches
B. Résistance à la traction directe – MPa

C. Fréquence
D. Mélange à teneur faible en liants
E. Mélange à teneur élevée en liants

Table 7.1
Average tensile strengths of cores taken from several RCC dams in the USA (Dolen, 2011)

RCC Type	Direct tension (MPa)		Indirect tension (MPa)	Compressive (MPa)
	Parent	At joints		
HCRCC	1.7	1.3	3.0	32.1
LCRCC*	0.7	0.7	2.0	13.9
All results	1.3	1.0	2.5	23.1
(No. of tests)	(35)	(76)	(36)	(131)

* - including bedding on layer joints.

The in-situ vertical tensile strengths across layer joints from three dams is plotted in Figure 7.8 and this will be one of the sources of information when considering the impact of various factors on the properties of RCC.

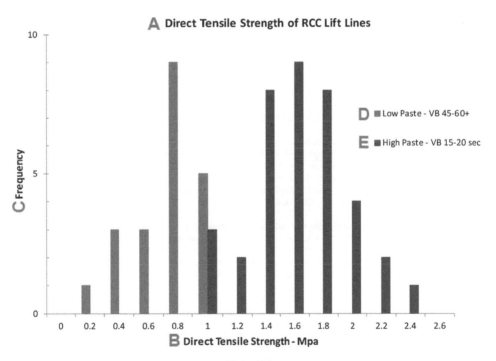

Figure 7.8
Range of direct tensile strength values for two RCC mixture types; an HCRCC with a Loaded VeBe time of 15 to 20 seconds and a LCRCC with a Loaded VeBe time of 45 to 60 seconds or greater.

Le tableau 7.2 présente les détails des huit barrages en BCR dont la résistance moyenne à la traction verticale statique directe in situ des joints était la plus élevée en date de 2012. Comme on peut le constater, les résistances moyennes à la traction varient de 1,30 à plus de 2,0 MPa et les résistances à la compression d'environ 20 MPa à environ 40 MPa (Dolen & Dunstan, 2012).

Tableau 7.2
Données des 10 barrages en BCR avec les meilleurs résultats de résistance à la traction verticale directe in-situ sur joints.

	Résistance à la traction directe sur joints (MPa)		Résistance à la compression (MPa)	
	@ 91 jours	@ 365 jours	@ 91 jours	@ 365 jours
Shapai	2.05		28.3	
Platanovryssi	1.77		29.6	
Beni Haroun	1.53		22.8	
Pirris		1.70		22.0
Olivenhain		1.54		21.9
Daguangba	1.32		19.3	
Xekaman 1		1.42		24.7
Mianhuatan		1.40		33.3
U. Stillwater		1.40		38.5
Changuinola 1	1.26	1.40	24.3	

Résistance à la traction directe des "joints chauds"

Pour la mise en place successive des couches avant le début de la prise de la couche réceptrice, la résistance à la traction directe des joints chauds est presque la même que celle du BCR dans la masse. Ceci n'est pas différent de la performance des joints entre couches des bétons de masse conventionnels avec celle observée dans la masse du béton. Les seules différences observées dans la performance des joints chauds sont les joints endommagés par la pluie, ou exposés à des conditions extrêmes de séchage, ou au vent pendant la mise en place.

Des essais de traction directe sur des carottes provenant du barrage D'Upper Stillwater, États-Unis, à 13 ans d'âge, n'ont montré aucune différence dans la résistance à la traction directe des joints de couches par rapport à la résistance du BCR dans la masse (Dolen, 2003). Il s'agissait notamment de joints chauds, tièdes et froids avec nettoyage à l'aspirateur comme seul traitement et de joints super-froids nettoyés au jet d''eau sous haute pression et avec une formulation d'un BCR plus riche (sans béton de reprise). Le tableau 7.3 présente la moyenne de plus de 200 essais sur carottes effectués dans le cadre de deux projets de construction de barrages au Vietnam, utilisant principalement des techniques de construction avec des joints chauds et froids, et des liants similaires. La principale différence est que le projet A avait beaucoup plus de joints super-froids que le projet B (Ha et al, 2015). Les joints chauds représentaient en moyenne de 83 à 98 % des carottes de BCR dans la masse.

De nombreux résultats indiquent que les joints chauds sont la condition optimale pour une résistance à la traction directe, allant d'environ 80 à 100 % de la résistance du BCR dans la masse

Résistance à la traction directe des "joints tièdes"

Il est difficile d'identifier les joints tièdes en fonction du temps de prise en raison de la différence entre les conditions ambiantes et les conditions de laboratoire, de sorte que la performance des joints tièdes est également difficile à évaluer. Le début de la prise du BCR in situ peut être sensiblement inférieur à celui mesuré en laboratoire dans des climats plus chauds et supérieur dans les climats plus froids. Au barrage de Yeywa, la résistance à la traction directe des joints chauds et tièdes était respectivement d'environ 1,5 et 1,0 MPa, soit une diminution de 33 % (Dolen & Dunstan, 2012). Les essais de résistance à la traction de la planche d'essai pleine grandeur montrés au tableau 7–3 indiquent que les

Table 7.2 presents details of the eight RCC dams with the best reported average in-situ vertical static direct tensile strength across joints as of 2012. As can be seen the average tensile strengths vary from 1.30 to over 2.0 MPa and the compressive strengths from approximately 20 MPa to circa 40 MPa (Dolen & Dunstan, 2012).

Table 7.2
Data from the ten RCC dams with the best-reported in-situ vertical direct tensile strength across joints

Dam	Direct tensile strength across joints (MPa)		Compressive strength (MPa)	
	@ 91 days	@ 365 days	@ 91 days	@ 365 days
Shapai	2.05		28.3	
Platanovryssi	1.77		29.6	
Beni Haroun	1.53		22.8	
Pirris		1.70		22.0
Olivenhain		1.54		21.9
Daguangba	1.32		19.3	
Xekaman 1		1.42		24.7
Mianhuatan		1.40		33.3
U. Stillwater		1.40		38.5
Changuinola 1	1.26	1.40	24.3	

Direct Tensile strength of "Hot Joints"

For successive layer placement before the initial setting time of the receiving layer, the direct tensile strength of hot joints is almost the same as parent RCC. This is not any different from the conventional mass concrete performance of layer joints within a layer of mass concrete. The only differences observed in hot joint performance are those joints damaged by rainfall, or exposed to extreme drying conditions, or wind during placement.

Direct tensile tests of cores from Upper Stillwater Dam, USA at 13 years' age showed no difference in the direct tensile strength of layer joints compared to parent RCC strength (Dolen, 2003). This included hot, warm, cold joints with vacuum cleaning as the only treatment and super-cold joints that were cleaned with high pressure water blasting and onto which a richer starter RCC mixture was applied (no bedding mix). The average of more than 200 core tests from two dam projects in Vietnam using the primarily hot and cold joint construction techniques and similar cementitious materials are shown in Table 7.4. The primary difference is Project A had significantly more super-cold joints than Project B (Ha et al, 2015). The strengths of hot joints averaged between 83 to 98% of the equivalent parent RCC strengths.

There is a large body of evidence to indicate that hot joints are the optimum condition for direct tensile performance, ranging from approximately 80 to 100% of the parent RCC strength.

Direct Tensile Strength of "Warm Joints"

Identifying warm joints by setting time is difficult due to the difference between ambient and laboratory conditions and thus the performance of warm joints is also difficult to assess. The initial setting times of in-situ RCC may be appreciably less than measured in the laboratory in warmer climates and more in colder climates. At Yeywa Dam, the direct tensile strength of hot and warm joints was approximately 1.5 and 1.0 MPa, respectively, a 33% decrease (Dolen & Dunstan, 2012). Tests from full-scale trials listed in Table 7.3 indicate that the strengths of hot and cold joints were almost equal to parent RCC

joints chauds et froids étaient presque égaux au BCR dans la masse et que les joints tièdes sans béton de reprise représentaient environ 71 % des carottes de BCR dans la masse. Les joints tièdes traités avec application d'un coulis après la préparation de la surface représentaient environ 90 % du résultat des carottes de BCR dans la masse. Bien que les formulations de BCR au barrage D'Upper Stillwater étaient naturellement retardées, les joints entre couches comprenaient un nombre important de joints tièdes âgés de plus de 24 heures et de moins de 36 heures. Il n'y avait que peu ou pas de différence entre les joints chauds, tièdes ou froids sans béton de reprise.

Tableau 7.3

Résistance à la traction directe sur carottes obtenues par forage pour différentes méthodes de traitement de la surface entre couches.

Résultats des essais de résistance à la traction directe sur des éprouvettes cylindriques de BCR et des carottes âgées de 90 jours							% du BCR dans la masse
Résistance à la traction dans la masse - MPa			Résistance à la traction sur joint - MPa				
Couche No.	Éprouvettes cylindriques	Carottes				Age de l'essai	
	Age de l'essai		Couche No.	Type			
	AC 14*	90	105			105 jours	
L1	1.32	1.07	1.13	L1-L2	Tiède – sans coulis	0.97	86
L2	1.29	1.06	1.11	L2-L3	Chaud	1.32	119
L3	1.20	0.87	1.34	L3-L4	Froid – avec mortier	1.29	96
L4	1.15	0.88	1.22	L4-L5	Chaud	1.18	97
L5	1.22	0.99	1.29	L5-L6	Tiède – sans coulis	1.24	96
L6	1.41	1.01	0.97	Moyenne sur joint entre couches			
Moyenne	1.3	1.0	1.18	L1-L5	Tout	1.2	102
				Moyenne sur joints de toutes les carottes		1.17	

* AC 14 – cure accélérée; 7 jours normale + 7 jours à température élevée

Les mélanges RCC avec un pourcentage élevé (plus de 60%) de cendre volante et utilisant un adjuvant retardateur de prise peuvent avoir un temps de prise initial très long, de 20 à plus de 24 heures. La durée du joint chaud varie donc avec le dosage de retardateur et la température ambiante.

L'une des plus grandes difficultés avec le placement du RCC sur les joints chauds est la tendance à trop balayer les surfaces, ce qui entraîne un grand volume de mortier de surface qui doit être enlevé avant que la surface puisse être finalement nettoyée. Très souvent, l'élimination des débris qui prend du temps conduit au développement d'un joint froid.

Il y a des indications que les joints chauds du jeune âge soumis à une certaine forme de brossage sont sensibles à une diminution de la résistance à la traction directe lorsqu'aucun mélange de litière n'est appliqué.

Résistance à la traction directe des "joints froids

La résistance à la traction directe des joints froids s'est souvent révélée comparable à celle des joints chauds ou du béton dans la masse pour les formulations BCREL et BCRFL, à condition que la surface de la couche ait une finition " granulat exposé " de haute qualité et soit propre. Les résultats des essais sur carottes d'une planche d'essai et du barrage de Lai Chau au Vietnam sont présentés au tableau 7.4 en utilisant des formulations similaires et la même source de cendres volantes ont montré une gamme de résistance à la traction des joints froids d'environ 83 à 98 % de celle du BCR dans la masse et

strength, while the strengths of warm joints without a bedding mix were approximately 71% of parent RCC strength. The strengths of warm joints treated with a coating of grout after surface preparation were approximately 90% of parent RCC strengths. Although the RCC mixtures at Upper Stillwater Dam were naturally retarded, the layer joints included a significant number of warm joints between 24 and 36 hours old. In this case, little or no difference in strength was evident between hot, warm and cold joints with no bedding mix.

Table 7.3
Direct tensile strength of drilled cores showing different layer surface treatment methods.

Results of Direct Tensile Testing of RCC Cylinders and Cores at 90 days Age							Percent of Parent (core)
Parent Tensile Strength - MPa			Layer Joint Tensile Strength - MPa				
Layer No.	Cylinder		Core		Test Cores	Test Age (Days)	
	Test Age (Days)			Layer No.			
	AC 14*	90	105		Layer Type	105	
L1	1.32	1.07	1.13	L1-L2	Warm – No Grout	0.97	86
L2	1.29	1.06	1.11	L2-L3	Hot	1.32	119
L3	1.20	0.87	1.34	L3-L4	Cold - Mortar	1.29	96
L4	1.15	0.88	1.22	L4-L5	Hot	1.18	97
L5	1.22	0.99	1.29	L5-L6	Warm - Grout	1.24	96
L6	1.41	1.01	0.97	Average Layer Joint			
Average	1.3	1.0	1.18	L1-L5	All	1.2	102
				Average All Core Layer Joints		1.17	

* AC 14–14 day accelerated cure; 7 days standard + 7 days at elevated temperature.

RCC mixtures with a high percentage (more than 60%) of flyash and using a set retarder admixture may have a very long initial setting time, from 20 to more than 24 hours. The time duration of the warm joint thus varies with the dosage of retarder and ambient temperature.

One of the biggest difficulties with placement of RCC on warm joints is the tendency to over-broom the surfaces, resulting in a large volume of surface mortar that must be removed before the surface can be finally cleaned. Quite often, the time-consuming debris removal leads to the development of a cold joint.

There is some indication that early-age warm joints subject to some form of brushing are susceptible to a decrease in direct tensile strengths when no bedding mix is applied.

Direct Tensile Strength of "Cold Joints"

The direct tensile strength of cold joints has often been found to be comparable to either hot joints or parent concrete for both HCRCC and LCRCC mixtures, provided the layer surface has a high-quality "exposed-aggregate" finish (implying exposure of coarse aggregate) and is clean. The results of core tests from a test section and from Lai Chau Dam in Vietnam are shown in Table 7.4 using similar mixture proportions and the same flyash source showed a cold joints tensile strength range from approximately

Tableau 7.4
Résultats sur des joints "froids" et "chauds" sur deux projets de barrages Vietnamiens en BCR utilisant des méthodologies de mise en place similaires (carottes de 150 mm de diamètre).

Échantillon	Projet A			Projet B		
	Résistance moyenne (MPa)	Pourcentage cylindre	Pourcentage carotte	Résistance moyenne (MPa)	Pourcentage cylindre	Pourcentage carotte
	Propriétés des éprouvettes cylindriques réalisées en laboratoire [nombre d'essais]					
Résistance en compression sur cylindre – 365 jours	23.3 [390]	100	132	21.3	100	117
Résistance en traction directe sur cylindre- 365 jours	1.5 [40]	100	109	1.39	6.5	103
	Propriétés des carottes obtenues par forage					
Résistance en compression sur carotte	17.6 [120]	76	100	18.2 [307]	85*	100
Résistance en traction directe sur carotte (dans la masse/sans joint)	1.38 [110]	92*	7.8** 100	1.35 [340]	97*	100 7.4**
Résistance en traction directe sur carotte – joints "chauds"	1.29 [110]	86*	7.3** 93	1.24	89*	92 6.9**
Résistance en traction directe sur carotte – (Indice de maturité ~ 600°C-h)				1.28 [~150]	92*	95 7.0**
Résistance en traction directe sur carotte – (Indice de maturité ~ 800°C-h)				1.23 [~150]	88*	91 6.8**
Résistance en traction directe sur carotte – joints "super-froids"	1.15 [48]	77*	6.5** 83	1.32 [6]	95*	98 7.3**

* Pourcentage de la résistance en compression ou en traction directe sur cylindre.

** Pourcentage de la résistance en compression ou en traction directe sur carotte.

d'environ 89 à 105 % de celle des joints chauds. Les résultats de deux barrages en BCR à faible teneur en liant aux États-Unis ont également montré que les joints froids avec du béton de reprise représentaient 90 à 95 % de la résistance des joints chauds.

Des essais sur des formulations de type BCRFL (temps VeBe avec charge ~ 45 sec ou plus) ont montré que le pourcentage de joints entre couches avec liaison et la résistance à la traction directe des joints froid étaient grandement améliorés en utilisant un mortier ou un béton de reprise.

Table 7.4
Results of "hot" and "cold" layer joints from two Vietnamese RCC projects using similar placement methodology (150 mm diameter cores).

Sample	Project A			Project B		
	Average strength (MPa)	Percent Cylinder	Percent Core	Average strength (MPa)	Percent Cylinder	Percent Core
Properties of laboratory cast cylinders [number of tests]						
Cylinder compressive strength – 365 days	23.3 [390]	100	132	21.3	100	117
Cylinder direct tensile strength- 365 days	1.5 [40]	100	109	1.39	6.5	103
Properties of drilled cores						
Core compressive strength	17.6 [120]	76	100	18.2 [307]	85*	100
Core direct tensile strength (parent/ un-jointed)	1.38 [110]	92*	7.8** 100	1.35 [340]	97*	100 7.4**
Core direct tensile strength – "hot" Joints	1.29 [110]	86*	7.3** 93	1.24	89*	92 6.9**
Core direct tensile strength – (MMF ~ 600 °C-hr)				1.28 [~150]	92*	95 7.0**
Core direct tensile strength – (MMF ~ 800 °C-hr)				1.23 [~150]	88*	91 6.8**
Core direct tensile strength – "super cold" joints	1.15 [48]	77*	6.5** 83	1.32 [6]	95*	98 7.3**

* Percentage of cylinder compressive or cylinder direct tensile strength.

**Percentage of core compressive strength or core parent direct tensile strength.

83 to 98% of that of the parent RCC cores and approximately 89 to 105% of that of hot joints. Test results from two low cementitious RCC dams in the USA also showed that strengths on cold joints with bedding concrete were 90 to 95% of the strength of hot joints.

Tests on LCRCC mixtures (Loaded VeBe time ~ 45 sec or higher) showed that both the percentage of bonded layer joints and the direct tensile strength of cold joints were significantly improved by using a bedding concrete or mortar.

Il existe un grand nombre de preuves indiquant que les joints froids ayant un état de surface granulat exposé ont une excellente résistance à la traction directe, allant d'environ 80 à 100 % de la résistance du BCR dans la masse. Des mélanges de reprise (mortier, coulis et béton) ont été utilisés sur pratiquement tous les barrages de type BCRFL et BCRML et sur certains barrages de type BCREL.

7.3.3 Résistance au cisaillement du BCR dans la masse et dans les joints

Les propriétés de résistance au cisaillement des formulations de BCR sont évaluées à l'aide de carottes obtenues par forage ou d'échantillons coupés à la scie à partir de couches spécifiques ou d'essais in situ dans des planches d'essais. Comme pour la résistance directe à la traction, les principaux facteurs influant sur la résistance au cisaillement sont le dosage du mélange, l'utilisation de bétons de reprise entre couches et le degré de compactage à l'interface du joint entre couche. Les tableaux 7.5 et 7.6 montrent les résultats des propriétés de cisaillement des carottes obtenues par forage dans des planches d'essais pleine grandeur et les propriétés de cisaillement à long terme des carottes à 14 ans, respectivement (Dolen, 2003). La figure 7.9 montre les propriétés de cisaillement " à la rupture de liaison " des carottes obtenues par forage, provenant du Brésil et des essais in-situ de deux planches d'essais au Vietnam, extrait de la base de données américaine (Dolen, 2011). Les propriétés de cisaillement des États-Unis comprennent des résistances moyennes un peu plus élevées et une plus grande variabilité de l'état des joints de la couche. Les propriétés de cisaillement brésiliennes et vietnamiennes ont toutes deux des joints entre couches plus distincts/planaires et comprennent du mortier de reprise (pour les joints froids). La figure 7.9 présente une comparaison des propriétés de résistance au cisaillement de barrages de type BCREL et de type BCRFL entièrement compactés aux États-Unis. Ceci montre principalement la différence entre la résistance au cisaillement du BCR et le rapport eau/ciment plus ajouts cimentaires (E/(C+AC)). La figure 7.10 montre les propriétés de résistance au cisaillement d'un même BCR, y compris les joints entre couches avec un béton de reprise. On peut constater que le béton de reprise sur les joints entre couches améliore la résistance au cisaillement par rapport à celle des matériaux sans béton de reprise. De plus, l'utilisation du béton de reprise a amélioré le pourcentage de liaison du BCR à basse et moyenne proportion de pâte avec un temps VeBe avec charge élevé (ASTM C1170 Procedure A).

Tableau 7.5
Propriétés en cisaillement direct sur deux planches d'essais entre 90 et 365 jours, Vietnam

Source	Type de joints entre couches	Cohésion	Angle de frottement interne	Cohésion résiduelle (glissement)	Angle de frottement résiduel (glissement)
		MPa	Degrés	MPa	degrés
FST-90	Joints froids	1.01	45.0	0.1	42.3
FST-90	Joints chauds	0.91	45.0	0.1	42.6
FST-365	Joints froids	1.01	45.4	0.2	44.4
FST-365	Joints chauds	1.01	45.3	0.2	44.6
CPFST-90	Joints froids	1.06	45.3		
CPFST-365	Joints chauds	1.14	45.7	0.1	44.8
CPFST-365	Joints froids	1.16	45.8	0.1	45.3

Note: Joints chauds - sans traitement. Joints tièdes – brossage de la surface sans mortier de reprise. Joints froids – surface scarifiée avec mortier de reprise.

There is a large body of evidence to indicate that cold joints having an exposed (coarse) aggregate finish have excellent direct tensile performance, ranging from approximately 80 to 100% of the parent RCC strength. Bedding mixes (mortar, grout and concrete) have been used on practically all LCRCC and MCRRC dams and on some HCRCC dams.

7.3.3 Shear strength performance of parent RCC and layer joints

The shear strength properties of RCC mixtures is evaluated through drilled cores or sections saw-cut from specific layers, or from in-situ tests in full-scale trials. As with direct tensile strength, the primary factors affecting shear strength performance are mixture proportions, use of bedding mixes and the degree of compaction at the layer joint interface. Tables 7.5 and 7.6 show the results of shear properties of drilled cores from full scale test sections and the long-term shear properties of cores at 14 years age, respectively (Dolen, 2003). Figure 7.9 shows the shear "break-bond" properties from drilled cores from the USA database (Dolen, 2011), cores from Brazil and from in-situ testing on two FSTs in Vietnam. The USA shear properties include somewhat higher average strengths and more variability in layer joint condition. Both the Brazilian and Vietnamese shear properties have more distinct/ planar layer joints and include bedding mortar (for the cold joints). Figure 7.10 presents a comparison of shear strength properties for fully compacted HCRCC and LCRCC dams in the USA. This principally shows the difference in RCC strength and water to cement plus SCM ratio (W/(C+SCM)) as related to shear properties. Figure 7.11 shows the shear strength properties of the same RCC when including a bedding concrete on the layer joints. It can be seen that bedding concrete on layer joints improved the shear strength performance compared to those with no bedding mixes. Additionally, the use of bedding concrete improved the percentage bonding for the low-mid paste RCC with a high Loaded VeBe time (ASTM C1170 Procedure A).

Table 7.5
Direct shear properties from two RCC full scale trials from 90 to 365 days age, Vietnam.

Source	Layer Joint Type	Cohesion (MPa)	Angle of Internal Friction (degrees)	Residual (Sliding) Cohesion (MPa)	Residual (Sliding) Friction (degrees)
FST-90	Cold Joints	1.01	45.0	0.1	42.3
FST-90	Hot Joints	0.91	45.0	0.1	42.6
FST-365	Cold Joints	1.01	45.4	0.2	44.4
FST-365	Hot Joints	1.01	45.3	0.2	44.6
CPFST-90	Cold Joints	1.06	45.3		
CPFST-365	Hot Joints	1.14	45.7	0.1	44.8
CPFST-365	Cold Joints	1.16	45.8	0.1	45.3

Note: Hot joints – no treatment. Warm joints – surface brushing with no mortar. Cold joints – surface scarifying with bedding mortar

Tableau 7.6
Propriétés de cisaillement à long terme du BCR dans la masse et de deux types de joints entre couches avec une formulation de type BCREL sans béton de reprise

Type d'échantillon	Cohésion (MPa)	Angle de frottement interne (degrés)	Cohésion résiduelle (glissement) (MPa)	Angle de frottement résiduel (glissement (degrés)
BCR dans la masse sans joint	3.9 [12.2]*	49	0.4	47
Joints entre couches plastiques (comme des joints chauds)	4.5 [14.1]	34	0.6	52
Joints entre couches plats (type joints froids) – sans béton de reprise	2.6 [8.2]	52	0.3	46

* [Valeurs en pourcentage de la résistance à la compression (31.9 MPa)].

** Âge de l'essai – 14 ans

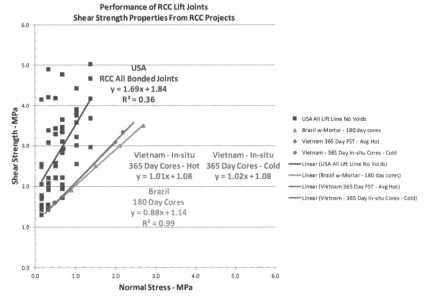

Figure 7.9
Propriétés en cisaillement direct de projets en BCR aux États-Unis, Brésil et Vietnam

Légende:
- A. Performance des joints entre couches de BCR propriétés en cisaillement provenant de projets de BCR.
- B. Contrainte normale – MPa
- C. Résistance au cisaillement – MPa
- D. États-Unis, BCR, tous les joints avec liaison
- E. Vietnam, in-situ, carottes à 365 jours de maturité, joints chauds
- F. Vietnam, in-situ, carottes à 365 jours de maturité, joints froids
- G. Brésil, carottes à 180 jours de maturité
- H. États-Unis, tous joints entre couches, aucun vide
- I. Brésil, avec mortier, carottes de 180 jours
- J. Vietnam, 365 jours de maturité, planche d'essai pleine grandeur, joint chaud moyenne
- K. Vietnam, carottes in-situ de 365 jours de maturité, joint froid
- L. Lignes de régression linéaire correspondant respectivement aux séries de points H, I, J et K

Table 7.6
Long-term shear properties of parent RCC and two types of layer joints with HCRCC mixture and no bedding mixes.

Specimen Type	Cohesion	Internal Friction Angle	Residual (Sliding) Cohesion	Residual (Sliding) Friction
	(MPa)	(Degrees)	(MPa)	(degrees)
Parent RCC no joints	3.9 [12.2]*	49	0.4	47
Plastic layer joints (like hot joints)	4.5 [14.1]	34	0.6	52
Flat layer joints (like cold joints) – no bedding mix	2.6 [8.2]	52	0.3	46

* [Values in percent of compressive strength (31.9 MPa)].

** Test age – 14 years

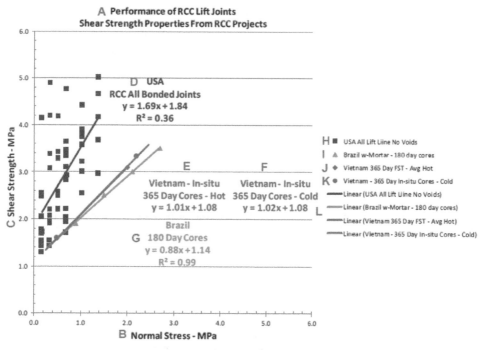

Figure 7.9
Direct shear properties of some RCC projects from USA, Brazil and Vietnam.

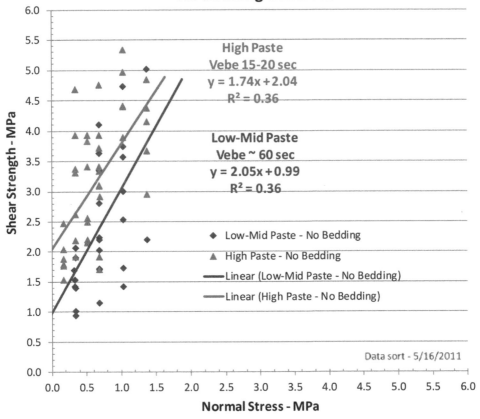

Figure 7.10

Propriétés en cisaillement direct de BCR de type BCREL avec temps VeBe avec charge de 15 à 20 s et de Type BCRFL avec temps VeBe avec charge de 45 à 60 s ou plus avec et sans béton de reprise.

Légende :

A. Résistance en cisaillement des joints entre couches de BCR. Teneur élevée vs faible en liants. Effet de la consistance VeBe. Aucun béton de liaison
B. Contrainte normale – MPa
C. Résistance au cisaillement – MPa
D. Pâte avec teneur élevée en liants, VeBe 15–20 sec.
E. Pâte avec teneur faible à moyenne en liants, Vebe 60 sec.
F. Pâte avec teneur faible à moyenne – aucun mélange de liaison
G. Pâte riche en liants – aucun mélange de liaison
H. Lignes de régression linéaire correspondant aux séries de points F et G respectivement.

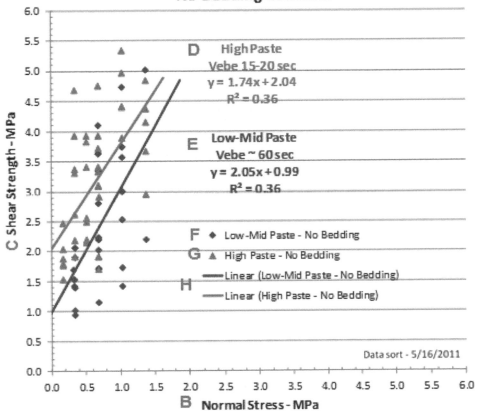

Figure 7.10
Direct shear properties of bonded layer joints for HCRCC with Loaded VeBe times of 15 to 20 sec and LCRCC with Loaded VeBe times of 45 to 60 sec or greater; no bedding mixes.

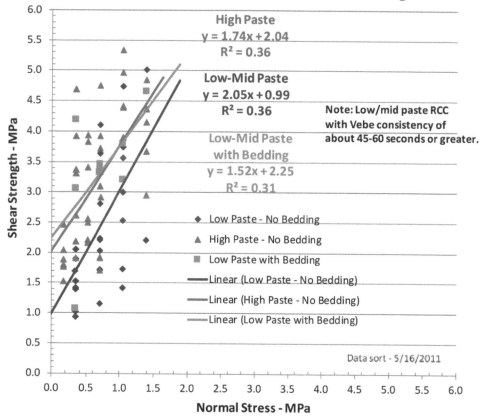

Figure 7.11

Propriétés en cisaillement direct de BCR de type BCREL avec temps VeBe avec charge de 15 à 20 s et de Type BCRFL avec temps VeBe avec charge de 45 à 60 s ou plus avec et sans béton de reprise.

Légende:
- A.   Résistance au cisaillement des joints entre couches de BCR
- B.   Contrainte normale – MPa
- C.   Résistance au cisaillement – MPa
- D.   Pâte à teneur élevée en liants
- E.   Pâte à teneur faible à moyenne en liants
- F.   Pâte à teneur faible à moyenne en liants avec mélange de liaison
- G.   Teneur faible en liants – aucun mélange de liaison
- H.   Teneur riche en liants – aucun mélange de liaison
- I.   Teneur faible en liants – avec mélange de liaison
- J.   Lignes de régression linéaire correspondant aux séries de points G, H et I respectivement
- K.   Note : Pâte à teneur moyenne et faible en liants avec consistance VeBe de 45–60 ou plus.

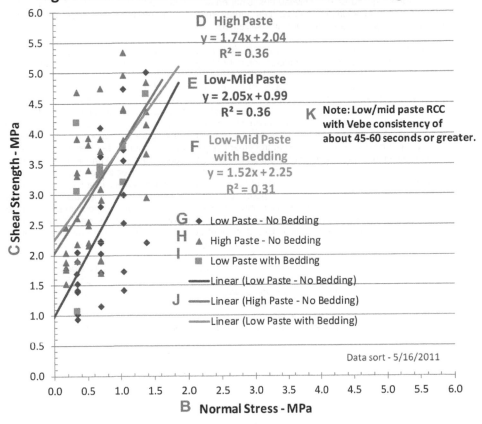

A Shear Strength of RCC Lift Lines
High Paste vs. Low Paste With and Without Bedding Concrete

D High Paste
y = 1.74x + 2.04
R^2 = 0.36

E Low-Mid Paste
y = 2.05x + 0.99
R^2 = 0.36

K Note: Low/mid paste RCC
with Vebe consistency of
about 45-60 seconds or greater.

F Low-Mid Paste
with Bedding
y = 1.52x + 2.25
R^2 = 0.31

G ◆ Low Paste - No Bedding
H ▲ High Paste - No Bedding
I ■ Low Paste with Bedding
— Linear (Low Paste - No Bedding)
J — Linear (High Paste - No Bedding)
— Linear (Low Paste with Bedding)

Data sort - 5/16/2011

C Shear Strength - MPa

B Normal Stress - MPa

Figure 7.11
Direct shear properties of HCRCC with Loaded VeBe times of 15 to 20 sec and LCRCC with Loaded
VeBe times of 45 to 60 sec or greater, with or without bedding concrete.

7.3.4 Effet du compactage sur les propriétés de résistance

Le compactage du BCR au niveau des joints entre couches est essentiel à la fois à la performance en résistance et à l'imperméabilité. Les figures suivantes montrent la différence que le compactage a sur les propriétés de résistance au cisaillement.

La figure 7.12 montre l'effet du compactage sur la résistance à la compression du BCR. Il y a une perte de 4 à 6 % de la résistance à la compression pour chaque 1 % d'air emprisonné dans l'échantillon d'essai. Comme cela a été observé, 5 % de l'air emprisonné dans les cylindres réalisés en laboratoire a réduit la résistance à la compression de près de 30 %. Les mêmes conditions s'appliquent à la résistance de liaison entre couches. La figure 7.13 montre les propriétés de cisaillement moyennes des éprouvettes d'essai de BCR avec compactage complet au niveau du joint entre couches et pour des essais avec des vides identifiés dus à un compactage incomplet ou à de la ségrégation. La cohésion est réduite d'environ un tiers et l'angle de frottement interne d'environ un cinquième. La figure 7.14 montre l'effet du compactage sur les propriétés de cisaillement par frottement de joints entre couches de BCR après l'essai de "rupture de la liaison" d'un programme de carottage. Trois essais sont montrés ; (1) une surface rugueuse d'un joint entre couches avec une bonne liaison, (2) un joint entre couches avec liaison comportant environ 15 % de petits vides (moins d'environ 5 mm) et (3) un joint entre couches avec liaison et environ 50 % de grands vides (poche rocheuse). Comme on peut le constater, le compactage a un impact considérable sur la résistance au glissement sur les surfaces entre couches. De manière typique pour un BCR, l'angle de frottement au glissement est supposé être d'environ 45°. Même de petits vides peuvent réduire l'angle de frottement et de grandes poches rocheuses diminuent considérablement l'angle de frottement au glissement à des valeurs inférieures aux valeurs typiques supposées dans le calcul de stabilité.

Les propriétés de cisaillement du BCR sont améliorées avec des formulations de type BCREL et avec l'utilisation de béton de reprise ou de mortier de reprise dans le cas de formulations de type BCRFL. Le pourcentage de joints entre couches avec liaison augmente considérablement avec l'utilisation de mélange de reprise. On peut conclure que l'insuffisance de compactage diminue considérablement la résistance, y compris la résistance au cisaillement et les propriétés de frottement aux joints entre couches.

7.3.4 Effect of compaction on strength properties

Compaction of RCC at layer joints is critical to both strength performance and impermeability. The following figures show the difference that compaction has on shear strength properties.

Figure 7.12 shows the effect of compaction on the compressive strength of RCC. There is a loss of 4 to 6% of compressive strength for every 1% of entrapped air in the test specimen. As noted, 5% entrapped air in laboratory cylinders decreased the compressive strength by nearly 30%. The same conditions apply to bond strength. Figure 7.13 shows the average shear properties of RCC test specimens with full compaction at the layer joint and for tests with identified voids due to incomplete compaction or segregation. Cohesion is decreased by approximately one third and the internal friction by approximately one fifth. Figure 7.14 shows the effect of compaction on shear friction properties of RCC layer joints after the "break bond" test from a coring programme. Three tests are shown; (1) a rough surface of a well bonded layer joint, (2) a bonded layer joint with an estimated 15% small voids (less than approximately 5 mm) and (3) a bonded layer joint with approximately 50% large voids (rock pocket). As can be seen, compaction significantly decreases sliding resistance across layer surfaces. Typical of RCC, the sliding angle of friction is assumed at approximately 45°. Even small voids can decrease the friction angle, while large rock pockets significantly reduce the sliding friction angle to less than typical values assumed in stability analysis.

> *Shear Properties of RCC are improved with HCRCC mixtures and with the use of bedding mixes such as bedding concrete or mortar in the case of LCRCC. The percentage of bonded layer joints greatly increases with use of bedding mixes. It can be concluded that a lack of compaction greatly decreases strength, including shear strength and friction properties at layer joints.*

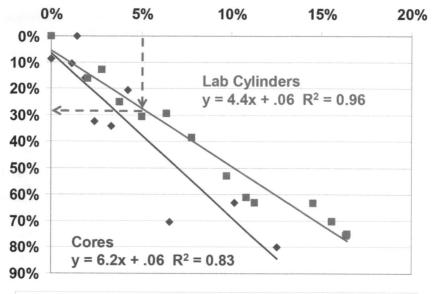

Figure 7.12

Effet de l'air occlus par un compactage moindre sur la résistance à la compression de cylindres et de carottes de BCR, (Hinds, 2000 & USBR, 2009)

Légende:
- A. Effet de la compaction sur la résistance à la compression
- B. Pourcentage de perte de masse spécifique
- C. Pourcentage de perte de résistance à la compression
- D. Cylindres en laboratoire
- E. Carottes
- F. La légende au bas de la figure reprend les mêmes définitions que D et E ci-dessus et ajoute les lignes de régression linéaire pour les points en D et E selon le même code de couleur.

A Effect of Compaction on Compressive Strength

B Percent Loss of Density

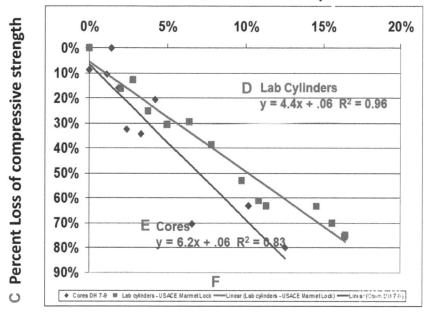

C Percent Loss of compressive strength

D Lab Cylinders
$y = 4.4x + .06$ $R^2 = 0.96$

E Cores
$y = 6.2x + .06$ $R^2 = 0.83$

F

◆ Cores DH 7-9   ■ Lab cylinders - USACE Marmet Lock   ━━ Linear (Lab cylinders - USACE Marmet Lock)   ━━ Linear (Cores DH 7-9)

Figure 7.12
Effect of entrapped air from less compaction on compressive strength of RCC cylinders
and cores (Hinds, 2000 & USBR, 2009)

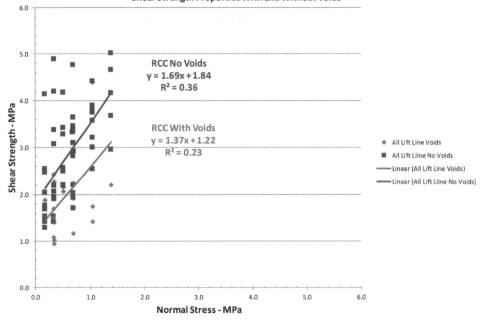

Figure 7.13
Propriétés de résistance en cisaillement de plusieurs projets américains avec un bon compactage et avec des vides identifiés

Légende:
- A. Effet de la compaction sur la performance des joints entre couches de BCR. Propriétés en cisaillement avec et sans vides (air occlus)
- B. Contrainte normale – MPa
- C. Résistance au cisaillement – MPa
- D. BCR sans vides
- E. BCR avec vides
- F. Tous les joints ont des vides
- G. Tous les joints n'ont pas de vides
- H. Lignes de régression des séries de points de F et G respectivement.

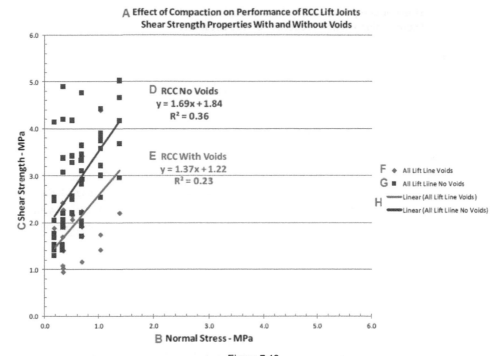

Figure 7.13
Shear strength properties from several USA projects with full compaction and with identified voids.

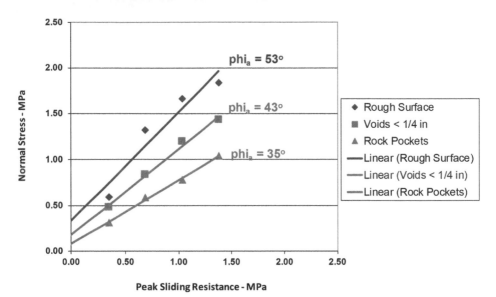

Effect of Compaction on Performance of RCC
Shear Sliding Friction Properties of RCC Lift Joints

Figure 7.14
Effet du compactage sur les propriétés résiduelles de frottement par glissement de joints
entre couches de BCR

Légende
- A. Effet de la compaction sur la performance du BCR. Propriétés de résistance au glissement par frottement dans les joints entre les couches.
- B. Résistance au glissement au pic en MPa.
- C. Contrainte normale en MPa
- D. Surface rugueuse
- E. Avec vides < ¼ pouce (6 mm)
- F. Avec nids d'abeille
- G. Ligne de régression linéaire pour les séries de points en D, E et F respectivement.

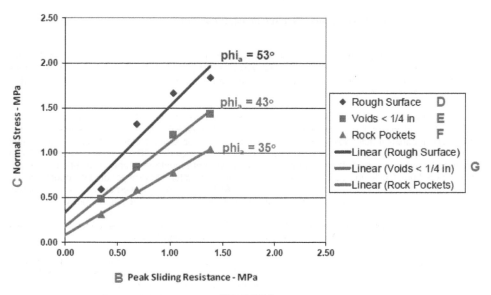

Figure 7.14
Effect of compaction on residual sliding friction properties of RCC layer joints.

7.4 PERFORMANCE DES DISPOSITIFS DE JOINTS DE CONTRACTION ET DES LAMES D'ÉTANCHÉITÉ

7.4.1 Performance des systèmes d'amorce de fissures/joints

Les systèmes d'amorce de fissures sont maintenant la norme pour les barrages en BCR modernes. Dans les années 1980, cependant, pour certains barrages en BCR, la fissuration a été acceptée en supposant que des méthodes sophistiquées d'amorce de fissuration seraient très coûteuses et leur construction trop lente. Cela s'est avéré faux.

Le premier système efficace de joints transversaux a été mis au point par les Japonais au barrage de Shimajigawa en utilisant la méthode de construction de type RCD. Les joints transversaux étaient formés en introduisant des tôles fixes en acier galvanisé avec les lames d'étanchéité et les drains dans la zone amont en BCV puis en coupant des joints dans les couches de BCR mis en place (0,5m & 0,7 m d'épaisseur) avant le compactage en utilisant une lame vibrante montée sur une excavatrice à chenille et en insérant une feuille en acier galvanisé pour prévenir la fermeture du joint pendant les opérations de compactage. Les systèmes de joint japonais dans les RCD ont eu essentiellement les mêmes bonnes performances que dans les barrages conventionnels en béton de masse avec peu de fuites.

Les joints réalisés par amorce de fissure sont chose commune dans presque tous les barrages en BCR, avec des variantes d'installation tel que présenté à la section 5.12.

La performance des systèmes d'amorce de fissure/de joints est en grande partie le fruit de l'expérience de l'entrepreneur, de la disponibilité de l'équipement, de la formation du personnel et de l'inspection et du contrôle de la qualité de la méthode. De bonnes performances ont été obtenues à la fois avec des équipements et des méthodes sophistiqués et avec des méthodes manuelles. Cependant, plus le système est sophistiqué, meilleures sont généralement les performances. Des tolérances allant jusqu'à +/- 50 mm par rapport à la ligne d'implantation des fissures sont généralement réalisables avec l'équipement commun disponible dans les barrages en BCR modernes.

La question de l'efficacité des joints réalisés par amorce de fissures est souvent soulevée en ce qui concerne l'insertion du matériau avant le compactage au rouleau, ou après le compactage. Il a été un peu plus facile d'insérer des feuilles de plastique dans des formulations en BCR à faible maniabilité (temps VeBe avec charge supérieurs à 30 s, ASTM C1170, procédure A) avant compactage. Il est généralement considéré comme préférable d'insérer le dispositif d'amorce de fissure après compactage avec des formulations de BCR plus maniables (temps VeBe avec charge de 8 à 30 s, ASTM C1170, procédure B). Ceux-ci ont l'avantage supplémentaire d'achever le compactage avant d'introduire l'équipement pour l'amorce de fissure. De nombreux projets commencent maintenant par insérer la plaque vibrante dans le BCR compacté pour former la rainure, suivi de l'insertion de la feuille de plastique. Alors qu'un équipement hydraulique est plus efficace pour actionner la plaque vibrante dans du BCR à maniabilité élevé, un équipement pneumatique est souvent nécessaire pour exécuter la rainure dans un BCR de faible maniabilité après la compaction, dans quel cas la surface peut subir des dommages.

Normalement, des dispositifs d'amorce de fissures sont insérés dans chaque couche. Dans le cas de la modification de l'évacuateur de crues du barrage de Pueblo (Colorado), les dispositifs d'amorce de fissures (tôle d'acier) ont été insérés dans une couche sur deux afin que des détecteurs de fissures puissent être intégrés sans dommage (Aberle, 2000). Cette méthode s'est avérée très efficace et toutes les fissures ont été injectées après le refroidissement de la masse du BCR. Des dispositifs d'amorce de fissures ont été insérés dans une couche sur deux plus récemment au barrage Spring Grove en Afrique du Sud, d'une hauteur de 37 m. Les amorces de fissures ont été réalisées par insertion d'une feuille de PEHD pliée de 250 mm. La performance de ce type de joints de contraction réalisé par amorce de fissure a été jugée satisfaisante au barrage Spring Grove avec un suintement total enregistré via toutes les fissures ainsi formées de 0,7 l/s (Nyakale, 2015). Au début de la pratique en Afrique du Sud, les dispositifs d'amorces de fissures n'étaient insérés que dans une couche sur quatre. Aucun problème conséquent n'a été enregistré et aucune fissure intermédiaire n'a été constatée.

7.4   PERFORMANCE OF CONTRACTION JOINT SYSTEMS AND WATERSTOPS

7.4.1   Performance of crack/joint inducing systems

Crack inducing systems are now standard for modern RCC dams. In the 1980's, however, some RCC dams were allowed to crack under the assumption that sophisticated crack-inducing methods would be prohibitively expensive and slow construction. This has proven not to be true.

The first effective transverse jointing system was developed by the Japanese at Shimajigawa Dam using the RCD construction method. Transverse joints were formed by including fixed galvanized steel plates with waterstop and drains in the wide upstream zone of external CVC and cutting joints into the spread RCC (0.5 m & 0.7 m) layers before compaction using a vibrated blade mounted on a track excavator and inserting a galvanized steel sheeting to prevent joint closure during compaction. The Japanese RCD joint systems have performed essentially as well as conventional mass concrete dams with little leakage.

Induced joints are now common in virtually all RCC dams, with varations of installation as discussed in Section 5.12.

The performance of induced crack/joint systems is largely one of the experience of the contractor, availability of equipment, training of personnel and survey and quality control of the method. Good performance has been achieved with both sophisticated equipment and methods and with manual methods. However, the more sophisticated the system, generally the better the performance. Tolerances of up to +/- 50 mm from the crack survey line are generally achievable with the common equipment available with modern RCC dams.

A question is often raised as to whether it is better to form induced contraction joints before, or after layer compaction. It may be easier to insert plastic sheeting into low workability (Loaded VeBe times greater than 30 seconds, ASTM C1170, Procedure A) RCC mixtures before compaction, while it is generally preferable to insert the crack inducer after compaction with more workable RCC mixtures (Loaded VeBe times from 8 to 30 sec, ASTM C1170, Procedure B). The latter is undoubtedly preferable from a practical point of view, with all related activities off the critical path and the associated equipment following behind the major activity of RCC placement and compaction. Many projects first form a slot in the compacted RCC using a vibrating plate and subsequently insert the plastic sheet. While hydraulic vibration equipment is most effective for cutting slots in compacted high-workability RCC, pneumatic equipment is often necessary when cutting a slot into low-workability RCC after compaction, in which case some surface damage can often be incurred.

Normally, crack inducers are inserted in every layer. At Pueblo Dam Spillway Modification (Colorado) the inducers (steel sheeting) were inserted in every other layer so that crack monitors could be embedded without damage (Aberle, 2000). This was very effective and all cracks were subsequently grouted after the mass RCC had cooled. Crack inducers were inserted in every other layer more recently at the 37 m Spring Grove Dam in South Africa. The crack inducers were formed by inserting folded 250 mm HDPE sheeting and performance was deemed fully satisfactory, with a cumulative seepage on all induced joints of 0.7 l/s (Nyakale, 2015). In early practice in South Africa, crack inducers were inserted only in every fourth layer. No consequential problems were ever recorded and no intermediate cracking was experienced.

Dans le climat chaud du Maroc, selon Chraibi (Chraibi, 2012), les joints de contraction sont normalement réalisés par amorce de fissure avec un espacement de 15 m, et deux joints intermédiaires à travers une zone amont traitée au mortier de reprise (sur 1/4 à 1/3 de la hauteur hydraulique ou minimum 3 m). L'amorce de la fissure des joints de contraction avec une plaque vibrante aux 2/3 de la profondeur de la couche a été efficace. Les joints remplis de sable ont été inefficaces et remplacés par une feuille plastique. Au barrage de Showka aux Émirats Arabes Unis et au barrage de Rmel au Maroc, des armatures verticales et horizontales sans aucun joint ont été adoptées avec succès dans des températures ambiantes de 40°C.

Des fissures intermédiaires entre les joints réalisés par amorce de fissure se sont parfois produites. Au barrage d'Elk Creek, aux États-Unis, les joints de contraction étaient espacés de 90 m. Des températures ambiantes plus élevées que prévu se sont produites pendant la mise en place, ce qui a entraîné la formation de trois fissures supplémentaires entre les joints. Ces effets ont été attribués à des effets thermiques et à des changements dans la section du barrage qui ont entraîné des concentrations de contraintes. Au barrage de Shah wa Arus, Afghanistan (Sayed Karim Qarlog, 2015), des fissures se sont formées entre les joints de contraction réalisés par amorce de fissures et se sont propagées du parement amont du barrage vers la galerie. La fissuration à des intervalles de 3 à 10 m entre les joints de contraction a été attribuée à plusieurs facteurs, dont certains parmi les suivants : (1) un parement amont en béton conventionnel vibré très épais (2 m), (2) l'absence de cure à l'eau adéquate et (3) les gradients thermiques induits au début de la saison froide d'hiver, sans protection thermique du béton du parement.

Certaines fissures amorcées s'ouvrent plus que d'autres. La déformation des fondations a été citée comme étant à l'origine de l'ouverture d'un joint de contraction dans un barrage au Brésil, figure 7.15 (Andriolo, 2015). Le joint de contraction s'ouvre sur une inflexion de la fondation comprenant une masse rocheuse à module d'élasticité élevé. Inversement, la combinaison d'un faible module d'élasticité du grès et de couches intermédiaires de remplissage plus déformables a contribué à l'ouverture d'une fissure au barrage d'Upper Stillwater (Drahushak-Crow & Dolen, 1988).

Figure 7.15
Joint de contraction ouvert dans un barrage brésilien résultant d'une déformation différentielle
en fondation
(Photo : Andriolo, 2015)

In the hot climate of Morocco, according to Chraibi (Chraibi, 2012), contraction joints normally are induced at a 15 m spacing with two intermediate joints through an upstream bedding zone (1/4 to 1/3 of the hydraulic height or minimum 3 m). Inducing contraction joints with a vibrating plate to 2/3 the depth of the layer has been effective. Joints filled with sand were ineffective and replaced with plastic sheeting. At Showka Dam in the UAE and Rmel Dam in Morocco, vertical and horizontal reinforcement and no joints were successfully adopted in ambient temperatures of 40 ºC.

Intermediate cracking in between induced joints has occurred on occasion. At Elk Creek Dam, USA, contraction joints were spaced 90 m apart. Higher than anticipated ambient temperatures during placement occurred, resulting in three additional cracks between the joints. These were attributed to thermal effects and changes in the dam section resulting in stress concentrations. At Shah wa Arus Dam, Afghanistan (Sayed Karim Qarlog, 2015), cracks formed between induced contraction joints and propagated through the upstream face of the dam to the gallery. Cracking at 3 to 10 m intervals between contraction joints was attributed to several factors, including some of the following: (1) a very thick (2 m) upstream facing of CVC, (2) lack of proper water curing and (3) thermal induced gradients early during the cold winter season with no thermal protection of the facing concrete.

Some induced cracks open more than others. Foundation deformation was cited as the origin of a contraction joint opening in a dam in Brazil, Figure 7.15 (Andriolo, 2015). The contraction joint opened on an inflection of the foundation comprising a rock mass with a high modulus of elasticity. Conversely, a combination of low modulus of elasticity sandstone and interlayers of more deformable filling contributed to the wide opening of one crack at Upper Stillwater Dam (Drahushak-Crow & Dolen, 1988).

Figure 7.15
Open contraction joint in Brazilian dam resulting from differential foundation deformation
(Photo: Andriolo, 2015)

Il est considéré important de noter que le BCR peut se déplacer dans la direction de déplacement du rouleau pendant le compactage et conséquemment, il peut être particulièrement difficile de maintenir les tolérances d'alignement des joints lorsque le système de joint est installé avant le compactage du BCR. Même avec une installation soignée après le compactage de la couche de BCR, la meilleure tolérance d'alignement qu'on puisse espérer est de 50 mm, impliquant donc un joint ondulé entre les plots. Selon le mélange de BCR, les conditions climatiques et l'ampleur du fluage, des joints à 20 m d'espacement pourraient éventuellement s'ouvrir de 2 à 5 mm compte tenu de cette situation et de l'ondulation du joint, il faut considérer qu'un joint de contraction typique, fait par amorce de fissure, dans un barrage RCC se comportera comme une clé de cisaillement bidimensionnelle entre les blocs adjacents; tant pendant la construction que l'exploitation.

7.4.2 Performance des dispositifs de joints de contraction/lame d'étanchéité

Les joints avec lame d'étanchéité et système d'amorce de fissure/joint sont maintenant une caractéristique standard dans la construction moderne des barrages en BCR. La performance des lames d'étanchéité et des joints connexes dans les barrages en BCR varie de très satisfaisant à insatisfaisant, principalement en raison des détails et du contrôle de la qualité de l'installation du dispositif complet lame-drainage- amorce de joint. Les détails normalisés des dispositifs lame-drainage-amorce de joint sont encore en cours d'élaboration. Encore une fois, l'équipement, le coût et la qualité de l'exécution sont des facteurs déterminants du bon fonctionnement de ces dispositifs. La cause la plus fréquente d'une mauvaise performance de ces dispositifs est le désalignement de l'amorce de fissure à l'endroit où il rencontre le bulbe de la partie centrale de la lame d'étanchéité. Cela peut être dû à un mauvais support de la lame elle-même, à un mauvais support de l'amorce de fissure à l'endroit où il rejoint la lame, ou à un mauvais alignement du drain. La figure 7.16 illustre trois conceptions de dispositif lame et drain avec des détails de dispositifs de support externe.

Figure 7.16
Trois types de dispositifs d'amorce de joint/fissure avec leurs supports externes et double lames d'étanchéité, munis de plaques rigides pour maintenir la verticalité et la continuité du joint
(Shaw 2008 & 2015)

It is considered important to note that RCC can move in the direction of travel of the roller during compaction and consequently, it can be particularly difficult to maintain joint alignment tolerances when the inducing system is installed prior to RCC compaction. Even with careful attention and installation after the RCC layer compaction, the realistically best achievable overall joint alignment tolerance is ± 50 mm, implying a wavy joint between blocks. Depending on the RCC mix, the climatic conditions and the extent of stress relaxation creep applicable, induced joints at 20 m centres might eventually open by between 2 and 5 mm. Considering this situation and the waviness of the joint, it must be considered that a typical induced contraction joint in an RCC dam will act as a 2-dimensional shear key between the adjacent blocks; both during construction and in operation.

7.4.2   Performance of contraction joint/waterstop systems

Waterstops, with crack inducing systems in the RCC surfacing are now a standard feature in modern RCC dam construction. The performance of waterstops and associated joints in RCC dams ranges from very satisfactory to unsatisfactory, primarily due to the details and quality control of the installation of the full waterstop-drain-crack inducer system. Standardized details for successful waterstop-drain-crack inducer systems are still developing. Again, equipment, cost and workmanship are controlling factors in the successful performance of these systems. The most common cause of poor waterstop-drain-crack inducer performance is misalignment of the crack inducer where it meets the centrebulb of the waterstop. This can be caused by poor support systems for the waterstop itself, or poor support of the crack inducer where it joins with the waterstop, or misalignment of the drain. Figure 7.16 illustrates three waterstop and drain designs with externally supported fabrication details.

Figure 7.16
Three types of externally supported contraction joint inducers with double wasterstop and stiff sheeting
for maintaining verticality and continuity
(Photos: Shaw, 2008 & 2015)

La figure 7.17 montre une fissure qui se développe autour de la lame d'étanchéité en raison de mauvais détails du dispositif de support de la lame et du mauvais alignement de la feuille de plastique souple. Les supports de la lame ont été laissés en place, causant la présence d'armatures au travers de la fissure amorcée prévue, à l'opposé de l'intention du développement d'une fissure amorcée. La figure 7.18 montre le mauvais alignement de la tôle d'acier entre les lames primaire et secondaire.

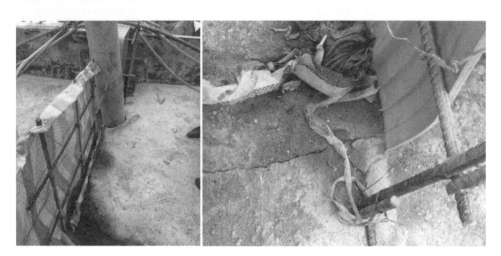

Figure 7.17
Mauvais positionnement d'un dispositif d'amorce de joint/fissure plastique et la fissure résultante au voisinage de la lame (Dolen 2016)

Figure 7.18
Dispositif d'amorce de fissure mal aligné entre deux lames d'étanchéité (Photo : Dolen, 2016)

Figure 7.17 shows a crack wandering around the waterstop due to poor support details for the wasterstop and misalignment of the flexible plastic sheet. The wasterstop supports were left in place, causing reinforcement across the intended induced crack; the opposite intention of an induced crack. Figure 7.18 shows misalignment of steel sheeting between the primary and secondary wasterstops.

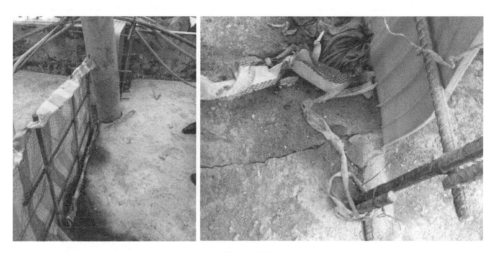

Figure 7.17
Mis-aligned plastic crack inducer and resulting induced joint crack around embedded wasterstop
(Photo: Dolen, 2016)

Figure 7.18
Mis-aligned crack inducer between two embedded wasterstop (Photo: Dolen, 2016)

7.4.3 Performance de joints de contraction injectés après la construction

La grande majorité des joints de contraction réalisés par amorce de fissure dans les barrages en BCR ont été laissés ouverts avec des drains, placés derrière la lame d'étanchéité ou entre deux lames, utilisés pour recueillir les fuites éventuelles. Cependant, certaines conceptions exigent des joints de contraction injectés après la construction. Au projet de modification de l'évacuateur de crues du barrage de Pueblo, au Colorado (États-Unis), un barrage contrefort a été placé en aval du barrage principal et aucun mouvement du barrage après la construction n'était permis en raison d'une section adjacente en remblai. Des joints de contraction transversaux et longitudinaux ont été réalisés par amorce de fissure dans le contrefort de 46 000 m³, qui a ensuite été laissé refroidir pendant environ 12 mois, comme cela a été vérifié par des fissuromètres. Les joints d'intersection et périphériques ont été injectés à l'aide d'un coulis chimique expansif, suivi d'un coulis de ciment après post-refroidissement. Le volume de coulis a confirmé le remplissage complet des joints. Il s'agissait de la première injection réussie d'un ouvrage en BCR aux États-Unis après la construction (Aberle 2000).

Des joints de contraction formés par amorce de fissure ont été injectés avec succès dans des barrages-voutes en BCR ceci est couvert à la section 9.6.6

7.4.4 Performance des réparations de fissures faites après la construction

Plusieurs des premiers barrages en BCR, (construction au début des années 1980) ont dû être réparés après la construction pour corriger soit l'infiltration par les joints entre couches horizontaux, soit les fuites par les fissures ouvertes causées par effet thermique. Le barrage de Willow Creek a souffert d'infiltrations d'eau par les joints horizontaux entre couches lors du premier remplissage. L'infiltration a été mesurée à environ 200 l/s. Bien que la stabilité de la structure n'ait pas été considérée comme menacée, un programme d'injection de coulis a été mené après l'achèvement du barrage en 1984 pour réduire les infiltrations visuellement indésirables. Des forages verticaux d'injections ont été réalisés et du coulis de ciment a été injecté dans les joints entre couches ouverts à l'aide d'un système d'obturateurs. Environ 1 560 m³ de coulis ont été injectés dans le barrage dans le cadre de ce programme. L'objectif du programme d'injection de coulis post-construction a été jugé satisfaisant, avec une réduction des infiltrations de 95 %, selon le propriétaire, la US Army Corps of Engineers (Drahushak-Crow & Dolen, 1988).

Le barrage d'Upper Stillwater, en Utah aux États-Unis a été achevé en 1987 sans joints verticaux de contraction réalisés par amorce de fissure. En 1988, des fuites importantes (0,3 m³/s Drahushak-Crow & Dolen, 1988) ont été observées, principalement par trois fissures importantes d'origine thermiques (95 % des fuites), avec des contributions de 20 fissures plus petites. Une préoccupation particulière au sujet de ces fuites excessives était que le dispositif de drainage dans la galerie ne permettait pas de faire la différence entre les fuites liées aux fissures et les débits provenant des drains de fondation.

Deux programmes d'injection de coulis chimique ont été menés en 1989 et en 1994. Bien que ces programmes aient fait état d'une réduction temporaire des fuites, les fuites ont par la suite augmenté à mesure que le coulis s'est détérioré au fil du temps. En 2004, une membrane d'acier positive a été insérée dans les quatre fissures principales, par des fentes verticales forées perpendiculairement aux fissures et parallèles à l'axe du barrage, comme le montre la figure 7.19. De plus, un revêtement giclé a été appliqué sur le parement amont du barrage pour recouvrir les autres fissures. Enfin, un coulis chimique a de nouveau été injecté dans certaines fissures. Le troisième programme de réparation a été jugé fructueux par le propriétaire, le US Bureau of Reclamation, bien qu'assez coûteux.

7.4.3 Performance of post-construction, grouted contraction joints

The clear majority of induced contraction joints in RCC dams have been left open with drains placed behind the wasterstop, or between two waterstops, collecting any leakage. However, some designs require post construction, grouted contraction joints. At Pueblo Dam Spillway Modification Project, Colorado, USA, a dam buttress was placed downstream of the main dam and no post construction dam movement was allowable due to an adjoining embankment section. Both transverse and longitudinal contraction joints were induced in the 46,000 m^3 buttress, which was then allowed to cool for approximately 12 months, as verified by crack gauges. Intersecting and perimeter joints were sealed with an expansive chemical grout, followed by cement grouting after post-cooling. Grout volume confirmed the complete filling of the joints. This was the first successful post-construction grouting of an RCC section in the USA (Aberle, 2000).

Induced contraction joints have been successfully grouted in RCC arch dams and this is addressed in more detail in Section 9.6.6.

7.4.4 Performance of post-construction crack repairs

Several early (1980's construction) RCC dams have needed post-construction repairs to correct either seepage through horizontal layer joints, or leakage through open thermally induced cracks. Willow Creek Dam suffered from seepage through horizontal layer joints upon first filling. Seepage was measured at approximately 200 litres/s. Although stability of the structure was not considered in jeopardy, a post-construction grouting programme was conducted after dam completion in 1984 to reduce visually objectionable seepage. Vertical grout holes were drilled and cement grout was injected into the open layer joints using a packer system. Approximately 1560 m^3 of grout was injected into the dam in this programme. The objective of the post-construction grouting programme was considered satisfactory, with seepage reduced by 95 %, according to the owner, the US Army Corps of Engineers (Drahushak-Crow & Dolen, 1988).

Upper Stillwater Dam, Utah USA was completed in 1987 without induced, vertical contraction joints. In 1988, significant leakage (0.3 m^3/s) (Drahushak-Crow & Dolen, 1988) was observed, primarily through three major thermally induced cracks (95% of leakage), with contributions from 20 minor cracks. A particular concern with the excessive leakage was that the gallery drainage system could not differentiate between crack leakage and foundation drain seepage.

Two chemical grout injection programmes were conducted in 1989 and in 1994. While these programmes reported temporary reductions in leakage, subsequently leakage again increased, as the grout deteriorated over time. In 2004, a positive steel membrane was inserted into the four primary cracks, through vertical slots drilled perpendicular to the cracks and parallel to the dam axis, as illustrated in Figure 7.19. Additionally, a sprayed membrane was applied to the upstream face of the dam over the other cracks. Lastly, chemical grout was again injected into some of the cracks. The third repair programme was deemed successful by the owner, the US Bureau of Reclamation, although rather expensive.

Figure 7.19
Fente verticale coupée transversalement à une fissure pour la réparation des fissures du barrage
d'Upper Stillwater. Panneau d'acier ondulé inséré dans une fente coupée puis
remplissage avec du bitume (Photo : Barrett, 2006)

Légende
A.   Fente complète au PM 42+85
B.   Installation des panneaux en acier inoxydable.

7.5   PERFORMANCE DES PAREMENTS DES BARRAGES

Divers dispositions ont été utilisées pour les parements dans la construction de barrages en BCR au cours des trois dernières décennies. Au départ, les dispositifs de parement comprenaient des panneaux préfabriqués (avec ou sans géomembrane coté amont), des éléments en béton extrudés avec coffrages glissant et du béton conventionnel vibré placé en même temps que le BCR. Cependant, tous ces systèmes ont perdu de leur popularité au profit de systèmes de parements tout BCR: soient les GERCC, GEVR et IVRCC.

Dans le texte qui suit, les avantages et les inconvénients relatifs aux différents systèmes de parement sont examinés.

7.5.1   Parement coffré BCV

De nombreux barrages en BCR construits jusqu'au milieu des années 1990 utilisaient du BCV placé en même temps que le BCR ; soit placé en premier avant que le BCR ne soit répandu, soit placé dans l'espace vide entre le BCR mis en place et le coffrage. La performance globale d'un tel parement de barrage est satisfaisante, à condition que le BCR et le BCV soient compactés simultanément. Cependant, cela n'est pas toujours facile à réaliser et des problèmes de performance ont été observés, à l'interface BCV-BCR. Pour le BCV placé avant le BCR, un manque de compactage localisé peut se produire en raison de l'instabilité de l'équipement qui compacte le BCR au-dessus du BCV fluide. Alternativement, si le BCR est placé en premier, des difficultés de consolidation peuvent survenir en raison de l'incapacité des aiguilles vibrantes à consolider le BCR à faible maniabilité. Souvent, l'interface entre le BCV et le BCR présente donc une faible densité et est poreuse.

Souvent, le revêtement en BCV souffre des fissures de retrait à des distances plus rapprochées que celles que l'on retrouve dans la masse du BCR, mais ces fissures ne pénètrent généralement pas profondément sous la surface du barrage. Les fissures amorcées, avec ou sans joints de contraction amorcés, ont réussi à limiter la largeur des fissures dans le parement en BCV à des niveaux tolérables. Les produits de calfeutrements étanches placés dans les amorces de fissures à encoche en "V" ont été efficaces avec une installation appropriée, comme suit : (1) nettoyer le béton dans la fissure, (2) placer une "élément de fond de joint" en mousse dans l'encoche et (3) utiliser le produit de calfeutrement approprié dans l'encoche par-dessus l'élément de fond de joint.

Figure 7.19
Vertical slot cut transverse to crack in Upper Stillwater Dam crack repair. Corrugated steel panel being inserted into cut slot prior to backfilling with asphalt
(Photo: Barrett, 2006)

7.5   PERFORMANCE OF DAM FACING SYSTEMS

A variety of dam facing systems have been used in RCC construction over the past three decades. Initially the facing systems included pre-cast panels (with or without a membrane on the upstream side), slip-formed concrete kerb systems and conventional CVC placed concurrently with the RCC. However, all these systems have lost popularity in favour of the all-RCC facing systems GERCC, GEVR and IVRCC.

In the subsequent text, the relative advantages and disadvantages of the various facing systems are discussed.

7.5.1   Formed CVC facing

Many RCC dams constructed through the mid 1990's utilized CVC concrete placed simultaneously with the RCC placement; either placed before the RCC is spread, or placed in the void between the spread RCC and the formwork. The overall performance of such a dam facing is satisfactory, as long as the RCC and CVC are compacted simultaneously. This, however, is not always easily achieved and performance issues have been observed, at the CVC-RCC interface. For CVC placed before RCC, localized lack of compaction can occur due to the instability of equipment compacting the RCC above the fluid CVC. Alternately, if RCC is placed first, difficulty in consolidation can occurred due to the inability of poker vibrators to consolidate low-workability RCC. Frequently, the interface between the CVC and RCC is consequently low density and porous.

Often CVC facing will suffer shrinkage cracking at closer spacings than applicable for the RCC mass, although these cracks do not generally penetrate deeply below the dam surface. Induced cracks, with or without induced contraction joints have been successful in limiting crack widths in the CVC facing to tolerable levels. Sealants placed in "V" notch crack inducers have been effective with proper installation, as follows; (1) clean the concrete in the crack, (2) placing a "foam "backer rod" in the notch and (3) using the proper sealant in the notch over the backer rod.

La plupart des barrages brésiliens ont utilisé un parement en BCV de 0,5 m de large avec une lame d'étanchéité et des drains, dont les performances sont satisfaisantes (voir Figure 7.20). Cela s'explique par des formulations de béton de parement bien proportionnées, un bon contrôle de la qualité globale, des formulations en BCR à faible dosage en liant avec ajout de fines et un faible potentiel de fissuration thermique dans un climat favorable. Cependant, certains barrages brésiliens construits dans des régions très éloignées avec un personnel de construction moins expérimenté ont montré des fuites dues principalement à un compactage/vibration inadéquat. Voir les figures 7.21 et 7.22.

Figure 7.20
Placement de parement amont en BCV au Brésil (Photo : Andriolo, 2015)

Figure 7.21
Infiltrations sur le parement aval d'un barrage en BCR due à une consolidation inadéquate
du béton de parement (Photo : Andriolo, 2015)

Most dams in Brazil have utilized a 0.5 m wide CVC facing with embedded wasterstop and drains with satisfactory performance, see Figure 7.20. Reasons for this include well-proportioned facing mixtures, good overall quality control, low cementitious RCC mixtures with added fines and low thermal cracking potential in a favourable climate. However, some Brazilian dams constructed in very remotes areas using less experienced construction staff have shown some leakage due mainly to inadequate compaction/vibration. See Figures 7.21 and 7.22.

Figure 7.20
Placement of CVC upstream facing in Brazil
(Photo: Andriolo, 2015)

Figure 7.21
Leakage on the downstream face of RCC dam due to inadequate consolidation of facing concrete
(Photo: Andriolo, 2015)

Figure 7.22
Réparation avec une géomembrane imperméable en parement amont du barrage de Saco de Nova Olinda pour réduire les fuites, environ 25 ans après la construction (Photo : Andriolo, 2015)

7.5.2 *Parement en BCR enrichi au coulis (GERCC) et BCR enrichi au coulis vibré (GEVR)*

Au cours des 15 dernières années, les parements BCR enrichis au coulis (GERCC) et les parements BCR enrichis au coulis vibrés (GEVR) sont devenus la méthode de choix pour la construction de parements de BCR, et tous deux ont démontré une performance très satisfaisante. Forbes a documenté l'élaboration et la réussite du GERCC (Forbes, 2003). Voici quelques-uns des aspects clés de la performance du GERCC :

1. "À moins qu'un superplastifiant ne soit utilisé dans le coulis ajouté, la résistance à la compression du GERCC peut être légèrement inférieure (peut-être une réduction de la résistance d'environ 4 à 5 %) (Dolen, 2003)
2. Pour un GERCC correctement placé avec la méthode de placement par couche inclinée, il n'y aura pas de joint entre couches et la résistance au cisaillement et à la traction sera celle du matériau dans la masse. Pour améliorer la résistance des joints entre couches plus matures, il est nécessaire d'aviver (d'araser) la surface en pour enlever tout excès de laitance et exposer les gros granulats. L'utilisation de mortier de reprise sera nécessaire, comme pour la surface adjacente de la masse du BCR (McDonald, 2002)
3. Un succès limité a été obtenu avec du GERCC avec entraineur d'air pour la durabilité au gel-dégel. Les essais effectués par l'U.S. Army Corps of Engineers pour entraîner de l'air sur la planche d'essai de North Fork Hughes River ont généralement échoué. Une section avec du "BCR avec entraineur d'air" a obtenu des performances satisfaisantes au gel-dégel. Remarque : Le GERCC et le GEVR ont été utilisés avec du BCR de type BCREL avec entraineur d'air lors de la planche d'essai au barrage de Muskrat Falls, projet du cours inférieur du fleuve Churchill au Canada. Toutefois, le parement du barrage lui-même a été réalisé en BCV en raison de l'environnement de gel et de dégel rigoureux
4. La durabilité du GERCC contre l'érosion due à l'écoulement sur un évacuateur de crues en marches d'escalier dépendra essentiellement de la résistance à la compression du GERCC et de la qualité des granulats. Après environ 6 mois d'écoulement avec des hauteurs d'eau de près de 200 mm (8 pouces) au-dessus de la crête du seuil, la surface des marches de 60 cm de hauteur (du barrage de Kinta) est encore en bon état
5. Essentiellement, (l'apparence d') un GERCC est un (celle) d'un béton conventionnel vibrable à faible affaissement. En raison de son faible affaissement, il est sujet à des défauts de surface tels que des vides ou des nids d'abeilles dus à une consolidation insuffisante, ainsi qu'à un manque de pâte dans les interstices au contact du coffrage, ce qui entraîne des vides superficiels et des nids d'abeilles, comme c'est le cas avec un revêtement en BCV. Un aspect important du processus de construction est que les opérateurs des aiguilles vibrantes soient formés pour savoir quand un compactage suffisant a été atteint et pour ne pas passer à la zone adjacente trop tôt

Figure 7.22
Upstream impermeable membrane repair at Saco de Nova Olinda Dam to reduce leakage, approximately 25 years after construction (Photo: Andriolo, 2015)

7.5.2   Grout-Enriched RCC (GERCC) and Grout-Enriched Vibrated RCC (GEVR) facing

Both Grout-Enriched RCC (GERCC) and Grout-Enriched, Vibrated RCC (GEVR) facings have become the preferred method of constructing RCC facing in the past 15 years and both have demonstrated very satisfactory performance. Forbes documented the development of and successful performance of GERCC (Forbes, 2003). Some of the key aspects of GERCC performance include the following:

1. "Unless a superplasticizer is used in the added grout, the compressive strength of GERCC may be slightly lower, (perhaps approximately a 4 to 5% reduction in strength) (Dolen, 2003).
2. For properly placed GERCC with the sloping layer placement method, there will be no layer joint and shear and tensile strength will be that of the parent material. To improve the strengths on more mature layer joints, it is necessary to green cut the surface to remove any excess set grout (laitance) and expose the surfaces of the aggregate. Use of bedding mortar will be necessary, as with the adjoining parent RCC surface (McDonald, 2002).
3. Limited success has been achieved with air-entrained GERCC for freeze-thaw durability. Tests performed by the U.S. Army Corps of Engineers to entrain air at the North Fork Hughes River Test Section were generally unsuccessful. One section with "air-entrained RCC" achieved satisfactory freeze-thaw performance. Note: both GERCC and GEVR were used with air-entrained HCRCC at the FST for Muskrat Falls Dam, Lower Churchill Project in Canada. However, the dam facing itself remained CVC due to the severe freeze-thaw environment.
4. The durability of GERCC against erosion from flow over a stepped spillway will essentially depend on the compressive strength of the GERCC and the quality of the aggregates. After some 6 months of spillway flow to depths of nearly 200 mm (8 in) over the ogee crest, the surface of the 2-foot-high steps (of Kinta Dam) was still in a good condition.
5. In essence, (the appearance of) GERCC is a low slump vibratable conventional concrete. Being low slump, it is subject to surface defects such as voids or honeycombing from insufficient consolidation as well as loss of paste from gaps in the formwork with consequent surface voids/honeycombing, just as is the case with a CVC facing. An important aspect of the construction process is that operators of the immersion vibrators are trained to know when sufficient compaction has been achieved and not to move on to the adjacent zone too soon.

6. Certains projets ont utilisé le GERCC avec des résultats généralement bons, comme pour celui du barrage de Tannur. Dans ce cas, une lame d'étanchéité en PVC a été placée entre le barrage en BCR et la section de l'évacuateur de crues en marches d'escalier en béton construite plus tard en aval. Des sections placées verticalement et horizontalement ont été nécessaires pour accommoder la section en marches d'escalier de 1,2 m de hauteur de l'évacuateur de crues. La lame d'étanchéité a été incorporée dans le parement en GERCC de l'évacuateur de crues et lors de l'inspection après le décoffrage, il était clair que la lame avait été enrobée avec succès sans aucun signe de vide sur la face inférieure des sections horizontales, ou sous les zones arrondis, etc. (Forbes, Hansen & Fitzgerald, 2008).

La performance du GEVR tend à être meilleure que celle du GERCC, en raison d'un principe de base et d'une fiabilité supérieurs, le matériau le plus léger (pâte) remontant à la surface et montrant une consolidation totale. La méthodologie et l'expérience de la main-d'œuvre de certains entrepreneurs conviennent mieux au GEVR qu'au GERCC ou vice versa, tandis que certaines formulations de BCR ne fonctionneront pas bien avec le GERCC sans une dose significative de superplastifiant. Le GERCC et le GEVR ont tous deux été utilisés au barrage Gibe 3. Au début, l'entrepreneur a éprouvé des difficultés à consolider le GERCC, ce qui a entraîné la formation de nids d'abeilles à la surface et autour des lames d'étanchéité, ainsi que la rupture de liaison entre couches RCC. Par la suite, l'entrepreneur est passé au GEVR avec des résultats satisfaisants. Le GERCC et le GEVR ont été spécifiés pour le barrage de Portugues, Porto Rico (U.S. Army Corps of Engineers, 2008). Le GEVR a finalement de nouveau été choisi plutôt que le GERCC pour ce projet, en raison de ses performances supérieures.

La taille des aiguilles vibrantes est un aspect essentiel au bon fonctionnement du GERCC et du GEVR. Les aiguilles vibrantes de grande taille (75 à 150 mm de diamètre), montées sur un équipement sur chenilles, fourniront une consolidation plus satisfaisante et seront probablement plus efficaces avec des formulations de temps VeBe avec charge plus élevés. Les aiguilles vibrantes portatives de plus petite taille (40 à 75 mm de diamètre) sont efficaces pour les formulations dont les temps VeBe avec charge sont plus bas. De plus, l'aspect de surface du GERCC et GEVR peut être affecté par la construction et l'étanchéité du coffrage. Des ouvertures dans les coffrages ou un support inadéquat peuvent entraîner des fuites excessives de coulis et un mauvais rendu.

Le GEVR semble être une méthode plus appropriée pour la mise en place du BCR au niveau des fondations et des rives simplement parce que le coulis est répandu directement sur la surface du rocher, sous forme d'une boue de coulis, ce qui permet un meilleur remplissage des vides et des discontinuités du rocher.

On peut conclure que le GERCC et le GEVR peuvent tous deux être pleinement efficaces pour les parements de barrage, mais que la GEVR tend à être plus fiable dans un éventail plus large de circonstances.

7.5.3   Performance des géomembranes imperméables en PVC

Des géomembranes imperméables en PVC ont été utilisées sur des barrages en BCR en utilisant soit la méthodologie standard de construction après le BCR (la géomembrane en PVC exposée plus une couche de drainage géotextile fixée avec des "profilés"), soit en incorporant la membrane avec des systèmes de panneaux en béton préfabriqués, ainsi que pour des réparations localisées "à sec" et pour quelques applications sous l'eau. La performance d'une géomembrane de PVC de 3 mm et 2,5 mm d'épaisseur mise en place après construction du BCR au barrage de Miel I de 176 m de hauteur en Colombie a été rapportée (Vaschetti, Jimenez & Cowland, 2015). Une fuite totale maximale d'environ 3,9 l/s a été enregistrée, avec une moyenne d'environ 2 l/s pour une surface de 31 500 m². Environ 25 à 30 l/s de suintement sont mesurés à travers les fondations en rive. Quelques petites déchirures ont été observées et réparées dans le cadre de l'entretien régulier du barrage sur une période de 11 ans d'exploitation du barrage. Les essais comparatifs d'un échantillon de géomembrane exposée prélevé sur le barrage et du matériau d'origine ont conclu "qu'il n'y avait aucune raison ou preuve qu'ils puissent exister une altération significative des propriétés du géocomposite" après 13 ans.

La performance de deux installations de géomembranes sur des barrages BCR en France, le barrage du Riou et le barrage du Rizzanèse, a été rapportée (Delorme, 2015). Le barrage du Riou, d'une hauteur de 26 m, utilisait un système de géomembrane de type géocomposite exposé de 2 mm

6. Some projects have used GERCC with generally good results, such as at Tannur Dam. In this case, a PVC wasterstop was placed between the RCC dam and the later constructed downstream concrete stepped spillway section. Both vertically and horizontally placed sections needed to accommodate the (1.2 m) four foot high stepped spillway section. The wasterstop was incorporated into the GERCC facing of the spillway and on inspection after stripping the formwork, it was clear that the wasterstop had been successfully embedded without any sign of voiding on the underside of the horizontal sections, or under the bends, etc (Forbes, Hansen & Fitzgerald, 2008).

The performance of GEVR tends to be better than GERCC, due to a superior basic principle and reliability, with the lightest material (paste) rising to the surface and demonstrating full consolidation. Some contractors' methodology and labour force experience are better suited to GEVR over GERCC or vice versa, while some RCC mixes will not work well with GERCC without a significantly dosage of superplasticiser. Both GERCC and GEVR were utilized at Gibe 3 Dam. Early on, the contractor experienced difficulties with consolidation of GERCC that resulted in honeycombing on the surface and around wasterstops, as well as de-bonding of RCC layers. The contractor subsequently changed to GEVR with satisfactory results. Both GERCC and GEVR were specified for Portugues Dam, Puerto Rico (U.S. Army Corps of Engineers, 2008). GEVR was again finally selected over GERCC for this project, due to superior performance.

One aspect critical to the satisfactory performance of both GERCC and GEVR is the size of the internal vibrators. Large size vibrators (75 to 150 mm diameter), powered by tracked equipment will provide more satisfactory consolidation and are likely to be more effective with higher Loaded VeBe time mixtures. Smaller sized (40 to 75 mm diameter), hand held vibrators are effective for mixtures with lower Loaded VeBe times. Additionally, the surface appearance of GERCC and GEVR may be affected by the formwork construction and tightness. Gaps in forms or inadequate support may lead to excessive grout leakage and poor performance.

GEVR appears to be a more suitable method for placement of RCC at foundations and abutments simply because the grout is spread directly onto the rock surface, like slush grout, resulting in better filling of voids and rock discontinuities.

It can be concluded that both GERCC and GEVR can be fully successful for dam facings, but that GEVR tends to be more reliable in a wider range of circumstances.

7.5.3 Performance of impermeable PVC membranes

Impermeable, PVC membranes have been constructed on RCC dams using either the standard post-construction methodology (exposed PVC membrane plus a geo-textile drainage layer attached with "profiles"), by incorporating the membrane with pre-cast concrete panel systems, "in-the dry" localized repairs and a few underwater applications. The performance of a 3 mm and 2.5 mm thick, post construction PVC membrane at the 176 m Miel I dam in Colombia was reported (Vaschetti, Jimenez & Cowland, 2015). A maximum total leakage of approximately 3.9 l/s was recorded, with an average of approximately 2 l/s for a 31,500 m² surface area. Approximately 25–30 l/s of seepage was measured through the abutments. Some small tears have been observed and repaired as regular dam maintenance over a time of 11 years of dam operation. Comparison testing of a sample of exposed membrane from the dam and virgin material concluded "there was no reason or evidence that they can be relevant to a significant alteration of the properties of the geo-composite" after 13 years.

The performance of two geo-membrane installations on RCC dams in France, Riou Dam and Rizzanese Dam, has been reported (Delorme, 2015). The 26 m Riou dam utilized an exposed 2 mm thick geomembrane/geo-composite drainage system. Performance reported after 6 and approximately

d'épaisseur. Les performances rapportées après 6 ans et environ 25 ans indiquent que les fuites globales sont passées d'environ 700 l/min à 210 l/min après huit mois, puis à environ 45 l/min dans des conditions normales d'exploitation. L'infiltration à travers la géomembrane a été documentée à environ 35 l/min, la principale source d'infiltration étant due à l'absence de liaison effective entre la plinthe amont ancrée sur laquelle est fixée la géomembrane et le voile d'injection dans la fondation réalisé depuis la galerie.

Au barrage du Rizzanèse, un système composé d'un géocomposite avec une géomembrane en PVC et un géotextile a été incorporé à des panneaux verticaux préfabriqués en béton. Le drainage était assuré par un autre géotextile au contact des panneaux préfabriqués avec des buses (tuyaux) semi-circulaires (de 300 mm de diamètre), pour assurer la collecte du drainage, installées dans du BCV derrière le système de la géomembrane. L'absence de support de la géomembrane dans le vide créé par les drains collecteurs a entraîné des déchirures localisées. De plus, des ruptures localisées de joints soudés entre les panneaux ont été observées dans ces zones en absence de support. Au départ, le débit total collecté dans le système était de 1 650 l/min. Après réparation par remplissage des drains collecteurs avec principalement des matériaux granulaires, le débit a diminué à 1 200 l/min puis à 200 l/min après l'injection de résine époxy. Par la suite, des réparations à sec, un an après, ont réduit le débit d'infiltration à 50 l/min. Il est à noter que la conception du collecteur de drainage de ce parement avec ces buses semi-circulaires au contact de la géomembrane n'était pas une conception standard.

On peut conclure qu'un système de géomembrane imperméable correctement installé, avec un support rigide de la géomembrane, présentera une performance très satisfaisante. Une performance réussie nécessite un support rigide sous la géomembrane afin d'empêcher les déchirures localisées d'endommager la géomembrane.

7.5.4   *Performance de membranes réalisées in-situ par giclage*

La performance des membranes giclées in-situ après la construction a été rapportée pour plusieurs barrages en BCR. Le barrage de Galesville a utilisé une membrane élastomère à base de goudron de houille appliquée peu après l'achèvement du barrage en BCR. La membrane a adhéré à la surface du parement en BCV, mais elle n'a pas réussi à ponter efficacement sur les fissures d'origine thermique survenues après la construction dans les 6 à 12 mois suivant l'achèvement du barrage et s'est rompue localement aux fissures. Une membrane élastomère a été appliquée sur la surface du barrage d'Upper Stillwater environ 17 ans après son achèvement et sur une distance d'environ 6 m des deux côtés de 14 fissures d'origine thermique. Encore une fois, la membrane a bien adhéré à la surface préparée, mais elle n'a pas pu ponter les fissures pendant la contraction thermique régulière. La cause de ces deux défaillances de la membrane était l'insuffisance de surface non collée de chaque côté des fissures. Les défaillances de la membrane du barrage d'Upper Stillwater ont été réparées, ce qui a permis d'obtenir une surface non collée suffisante au voisinage des fissures, et les membranes ont depuis lors donné des résultats satisfaisants. Il est à noter qu'il n'y avait pas de joints de contraction formés par fissure amorcée sur l'un ou l'autre de ces deux barrages.

Une membrane en polyurée à deux composants a été appliquée par giclage sur la surface en amont de la partie la plus basse du barrage de Gibe 3, où la charge hydrostatique dépasse 200 m. La couche polyurée giclée adhère au support et recouvre un composant élastomère thermo plastique libre de se déformer, préalablement installé en face amont en correspondance des joints de contraction du barrage (déjà protégé par deux lames d'étanchéité en néoprène avec un tuyau de drainage entre les deux), et génère ainsi une surface étanche continue de 3 mm d'épaisseur.

Un vaste programme d'essais en laboratoire a été mené afin de définir les procédures d'application et d'améliorer l'adhérence entre la membrane giclée et le support. L'élément clé du succès de la mise en œuvre de ce système est la préparation de la surface amont du BCR, qui comprenait l'élimination soigneuse, au moyen d'un lavage à haute pression ou d'un sablage, de toute trace de saleté et de matériau lâche et l'application d'une couche de primaire en époxy-ciment sur la surface du BCR.

Le niveau du réservoir a atteint environ 90 % de la charge hydrostatique maximale à la fin de la saison des pluies de 2016. Les performances du barrage, en termes d'infiltration à travers la face amont du barrage, sont, jusqu'à présent, pleinement satisfaisantes (moins de 10 l/s) (Pietrangeli, 2017).

25 years indicated overall leakage declining from approximately 700 l/min to 210 l/min after eight months and declining further to approximately 45 l/min under normal operations. Seepage through the geomembrane was documented at approximately 35 l/min, the primary source of seepage being the absence of a positive connection between the anchoring upstream "Plinth" and the grouting curtain constructed from the gallery.

At Rizzanese Dam, a geocomposite system comprising a PVC geomembrane and a geotextile was attached to vertical, precast concrete panels. Drainage was ensured by a second geotextile placed on the inside of the precast panels, with half-round pipes (300 mm in diameter) for drainage collection installed in CVC behind the geomembrane system. The lack of support of the geomembrane within the voids of the collector drains caused localized tearing of the geomembrane and some failures of the welded joints between panels, resulting in a total leakage through the system of 1,650 l/min. Initial repairs involving filling the drainage collector voids mainly with granular materials decreased leakage to 1,200 l/min, while subsequent epoxy resin grouting reduced leakage further to 200 l/min. Dry repairs one year later decreased the seepage flow to 50 l/min. It should be noted that the drainage collector design associated with the geomembrane system applied was non-standard.

It can be concluded that a properly installed impermeable membrane system, with rigid support of the membrane, will have very satisfactory performance. Successful performance requires rigid support under the membrane to prevent localized tearing from breaching the membrane.

7.5.4 Performance of spray-on membranes

The performance of post construction, spray-on membranes has been reported for several RCC dams. Galesville Dam utilized a spray-on coal-tar based elastomeric membrane shortly after completion of the RCC dam. The membrane adhered to the surface of the CVC facing, but did not effectively bridge post-construction thermal cracks occurring within 6 to 12 months of completion of the dam and failed locally at the cracks. An elastomeric membrane was sprayed onto the face of Upper Stillwater Dam approximately 17 years after completion and over a distance of approximately 6 m on either side of 14 thermal cracks. Again, the membrane adhered well to the prepared surface, but did not span over the cracks during regular thermal contraction. The cause of both membrane failures was insufficient un-bonded surface area on either side of the cracks. The Upper Stillwater Dam membrane failures were repaired, allowing for sufficient un-bonded surface adjacent to the cracks, and the membranes have since performed satisfactorily. It is noted there were no induced contraction joints on either of the two dams.

A sprayed two-component polyurea membrane was applied on the upstream surface the lowest part of Gibe 3 Dam, where the hydrostatic head exceeds 200 m. The sprayed polyurea adheres to the substrate and overlaps with an external free-to-deform thermo plastic elastomer previously installed in correspondence to the dam contraction joints (already protected by two internal neoprene waterstops and a drain pipe in between) and thus generating a continuous 3 mm thick impervious surface.

An extensive laboratory testing programme was carried out to define the application procedures and to improve the bonding between sprayed membrane and substrate. The key issue for the successful implementation of this system is the preparation of the RCC upstream surface, which included the careful removal, by means of high pressure washing or sanding, of all traces of dirt and loose material and the application of an epoxy-cementitious primer on the RCC surface.

The reservoir level reached about 90% of the maximum head at the end of the 2016 rainy season. Performance of the dam, in terms of seepage through the dam upstream face, is, until now, fully satisfactory (less than 10 l/s) (Pietrangeli, 2017).

On peut conclure qu'un système avec membrane giclée correctement appliqué peut adhérer au parement des barrages en BCR. On ne doit pas se fier aux membranes giclées pour remplacer les joints de contraction en raison de l'incapacité de ponter les fissures. Pour obtenir de bons résultats, il est nécessaire de bien préparer la surface par sablage ou d'autres méthodes à haute pression.

7.6   DURABILITÉ DU BCR

7.6.1   Performance dans des environnements soumis aux cycles de gel-dégel

La durabilité aux cycles de gel-dégel du béton conventionnel dépend du pourcentage d'air entraîné dans le béton, de la résistance à la compression du béton, du degré de saturation et du nombre et de la sévérité des cycles de gel-dégel. La plupart des BCR n'ont pas d'entraîneur d'air et la durabilité aux cycles de gel-dégel des BCR saturés est faible. De plus, si le BCR est insuffisamment compacté, la durabilité aux cycles de gel-dégel sera également médiocre.

Le barrage de Monksville, New Jersey, États-Unis, a été construit en 1986 avec une formulation de BCR à faible résistance. Le parement aval du barrage a souffert d'une importante détérioration liée aux cycles de gel-dégel sur une profondeur d'environ 0,3 à 0,5 m depuis la surface initiale du parement aval après 12 ans. Le barrage a été réparé en 2007 à l'aide de panneaux préfabriqués résistants aux cycles de gel-dégel et d'un dispositif de drainage pour éliminer l'eau qui s'accumule contre le BCR (Dolen, 2003).

Le barrage de Galesville, dans l'Oregon, aux États-Unis, a été construit avec un parement aval en BCR exposé. L'infiltration d'eau à travers les fissures d'origine thermique non injectées et les joints entre couches mal compactés a contribué à la détérioration sous l'action des cycles de gel-dégel. Au début, le BCR est saturé par l'eau d'infiltration, puis l'eau à la surface gèle pendant la nuit, la glace se dilatant provoque la rupture du BCR lâche de faible résistance. Lorsque l'eau dégèle par la suite pendant la journée suivante, le BCR et les particules granulaires sont délogés, voir Figure 7.23.

Figure 7.23
Gel des eaux d'infiltration du BCR sur le parement aval de l'évacuateur de crues (Photo : Dolen, 2011)

It can be concluded that a properly applied spray-on membrane system can adhere to the facing of RCC dams. Spray-on membranes should not be relied on as a substitute for contraction joints due to the inability to bridge cracks. Successful performance requires proper surface preparation by sand blasting or other high-pressure methods.

7.6   DURABILITY PERFORMANCE OF RCC

7.6.1   Performance in freeze-thaw environments

The freeze-thaw (FT) durability of conventional concrete is dependent on the percentage of entrained air in the concrete, the compressive strength of the concrete, the degree of saturation and the number and severity of FT cycles. Most RCC is not air entrained and the FT durability of saturated RCC is poor. Additionally, if RCC is not fully compacted, the FT durability will also be poor.

Monksville Dam, New Jersey, USA was constructed in 1986 with a low strength RCC mixture. The downstream face of the dam suffered from extensive FT deterioration; to a depth of approximately 0.3 to 0.5 m from the original downstream face surface after 12 years. The dam was repaired in 2007 with FT-resistant pre-cast panels and drainage to remove water collecting against the RCC (Dolen, 2003).

Galesville Dam, Oregon, USA was constructed with an exposed RCC downstream face. Seepage water through un-grouted thermal cracks and through poorly compacted layer joints has contributed to FT deterioration. Initially the RCC is saturated by the seepage water, then water at the surface freezes during the night time, with the ice expanding and breaking low strength, loose RCC. When the water subsequently thaws during the following daytime, RCC and aggregate particles are dislodged, see Figure 7.23.

Figure 7.23
Freezing of RCC seepage water on downstream spillway facing (Photo: Dolen, 2011)

De nombreux évacuateurs de crues en BCR ont été exposés à des conditions sévères en terme de durabilité dans des environnements soumis aux cycles de gel-dégel. L'évacuateur de crues en BCR de Standley Lake (Colorado, Etats Unis) montre des signes visuels de détérioration en lien avec les cycles de gel-dégel due à un mauvais compactage et à une faible résistance à la compression spécifiée.

Le BCR avec entraineur d'air BCRAE a été spécifié et utilisé dans des barrages construits par le Bureau of Reclamation (USBR) des États-Unis depuis 1989 (Metcalf, Dolen & Hendricks, 1992). Les formulations modernes de BCR avec des temps VeBe avec charge de 8 à 20 s sont plus favorables à l'entraînement de l'air. L'USBR a également spécifié des granulométries de sable lavé et de qualité béton pour mieux entraîner de l'air dans le BCR. Les essais effectués par l'USBR et l'U.S. Army Corps of Engineers ont montré des performances satisfaisantes de BCRAE dans des éprouvettes réalisées en laboratoire et des carottes obtenues par forage dans des structures construites. (Dolen, 2003 & McDonald 2002).

Les essais sur les carottes extraites des planches d'essai in-situ pour le barrage du Lac Robertson, Canada, ont révélé des teneurs en air pétrographique et des paramètres de vide dans le BCR qui répondaient aux critères du béton résistant aux cycles de gel-dégel. Le BCR avec entraineur d'air a été spécifié pour le barrage, qui a été construit dans une région où les conditions de gel sont extrêmes et où les températures peuvent chuter jusqu'à -35 ˚C. Les parements amont et aval ont été construits en BCV.

7.6.2. *Résistance à l'abrasion et à l'érosion / performance*

De nombreux barrages en BCR ont été submergés pendant ou après la construction avec des performances satisfaisantes. Le barrage de Ralco a été submergé à trois reprises pendant la construction et n'a subi que peu ou pas de dommages. Plusieurs batardeaux en BCR brésiliens ont été débordés avec des débits allant de 853 m^3/s à 6 671 m^3/s et des hauteur d'eau de déversement allant de 7 à 12 m. Selon Andriolo, "les structures se sont comportées conformément aux attentes de la conception et ont montré une résistance remarquable à l'érosion". Comme le montrent les figures 7.24 et 7.25, le barrage de Camp Dyer a été submergé d'environ 0,6 à 1 m plusieurs mois après sa construction, avec seulement une faible détérioration de la surface de l'évacuateur de crues en marches d'escalier en BCR.

Figure 7.24
Le barrage de Camp Dyer submergé plusieurs mois après la construction (Photo: USBR, 1992)

Many RCC spillways have been exposed to severe FT durability environments. The Standley Lake (Colorado, USA) RCC spillway shows visual evidence of FT deterioration due to both poor compaction and low specified compressive strength.

Air-entrained RCC (AERCC) has been specified and constructed in dams by the U.S. Bureau of Reclamation (USBR) since 1989 (Metcalf, Dolen & Hendricks, 1992). Modern RCC mixtures with Loaded VeBe times of 8 to 20 seconds are more favourable for the entrainment of air. USBR has also specified washed, concrete quality sand gradings to better entrain air in RCC. Tests performed by USBR and the U.S. Army Corps of Engineers have shown some satisfactory performance of AERCC in both laboratory cast specimens and drilled cores from constructed structures (Dolen, 2003 & Mcdonald, 2002).

Testing on cores from the FST for Lac Robertson revealed petrographic air contents and void parameters in the RCC that met the criteria for freeze-thaw resistant concrete. Air-entrained RCC was specified for the dam, which was constructed in a region with extreme freezing conditions where temperatures can drop to -35°C. Both the upstream and downstream faces were formed in CVC.

7.6.2   Abrasion and erosion resistance / performance

Many RCC dams have been overtopped either during or after construction with satisfactory performance. Ralco Dam was overtopped three times during construction with little or no damage. Several Brazilian RCC cofferdams have been overtopped with flows ranging from 853 m³/s to 6,671 m³/s and overtopping depths from 7 to 12 m. According to Andriolo, "The structures behaved according to what was expected in the design and showed a remarkable strength against erosion." As shown in Figures 7.24 and 7.25, Camp Dyer Dam was overtopped by approximately 0.6 to 1 m several months after construction with only a little surface deterioration on the RCC stepped spillway.

Figure 7.24
Camp Dyer Diversion Dam being overtopped several months after construction (Photo: USBR, 1992)

7.6.3 Réactions chimiques délétères

Le BCR n'est pas différent des autres bétons de masse et est donc sensible aux réactions chimiques délétères. Le barrage de Pajarito, au Nouveau-Mexique, aux États-Unis, a été construit par le ministère de l'Énergie des États-Unis comme un ouvrage de stockage d'urgence après des incendies dévastateurs dans le bassin versant en amont. En raison de la nature urgente du projet et de la courte durée de vie prévue de la structure (5 à 10 ans), le barrage a été construit avec des granulats disponibles localement et potentiellement réactifs et du ciment haute teneur en alcalins. Comme on s'y attendait, une réaction alcali-granulats a été décelée dans le BCR dans un délai d'environ 5 ans après la construction.

De nombreux barrages en BCR construits avec des pouzzolanes de bonne qualité devraient avoir une bonne résistance aux réactions alcali-granulats. De plus, les ciments à faible chaleur d'hydratation peuvent être utilisés pour la construction de barrages en BCR et devraient avoir une bonne performance dans les environnements sulfatés, surtout s'ils sont construits avec une pouzzolane de type cendres volantes de bonne qualité. Toutefois, il est prudent d'effectuer des études de durabilité rigoureuses pour les granulats, les ciments et les pouzzolanes

7.7 PERFORMANCE DES BARRAGES EN BCR SOUMIS À DES CONDITIONS DE CHARGES EXTRÊMES

7.7.1 Performance sous charges sismiques

Évidemment, la performance des barrages en BCR sous des charges sismiques extrêmes dépendra de la géométrie du barrage, des conditions de fondation, de la magnitude et du contenu énergétique des accélérations du sol et des propriétés in situ des joints entre couches de BCR ; tant la résistance des joints entre couches que le pourcentage de joints entre couche avec liaison. Il n'est pas certain que la pression de l'eau à travers les fissures verticales ou les couches de BCR mal compactées aura un impact sur la performance du barrage. L'information sur le comportement de deux barrages en BCR soumis à des accélérations extrêmes du sol sous charge sismique a été documentée (Nuss, Matsumoto & Hansen, 2012).

Le barrage de Shapai a été le premier barrage en BCR sollicité par un séisme majeur. Le barrage-voûte en BCR de 132 m de hauteur a été achevé en 2003 dans la province du Sichuan, en Chine, et est situé à 32 km de l'épicentre de la faille de Wenchuan, sur laquelle un séisme de magnitude 8.0 a eu lieu en mai 2008. L'accélération horizontale maximale au sol sur le site a été estimée entre 0,25 et 0,5 g, comparativement à la valeur de 0,1375 g considérée lors de la conception du barrage. Comme le réservoir était presque plein à ce moment-là, la structure du barrage n'a pas du tout été endommagée par l'événement, bien que les galeries d'injection et de drainage aient été inondées en raison d'un éboulement rocheux qui a bloqué les sorties et qu'une des passerelles de l'évacuateur de crues ait été légèrement endommagée.

Le barrage de Miyatoko est un barrage poids en BCR de 48 m de hauteur, situé dans la préfecture de Miyagi, au Japon. Un accéléromètre installé dans la galerie a enregistré une accélération horizontale maximale au sol de 0,32 g lors du tremblement de terre de Tohoku le 11 mars 2011. Aucun dommage dû à cet évènement n'a été signalé.

7.7.2 Performance des évacuateurs de crues en BCR

On a signalé des performances satisfaisantes du BCR dans plusieurs cas de protection au déversement en crête de barrage en remblai et pour des évacuateurs de crues traditionnels. La figure 7.26 illustre le déversement du barrage du lac Tholocco lors de la crue de 1994 ayant conduit à la rupture du barrage et le bon état de la surface du BCR en marches d'escalier de la protection construit après cette crue. (Dolen & Abdo, 2008) La surface illustrée dans la photo prise 14 ans après la construction montre ce nouvel évacuateur de sécurité après avoir subit une dizaine de déversements.

7.6.3   Deleterious chemical reactions

RCC is no different from any other mass concrete and is thus susceptible to deleterious chemical reactions. The Pajarito Dam, New Mexico, USA was constructed by the U.S. Department of Energy as an emergency detention structure after devastating fires in the upstream watershed. Due to the emergency nature of the project and short expected service life (5 to 10 years) of the structure, the dam was constructed with locally available and potentially reactive aggregates and high alkali cement. As expected, alkali-aggregate reaction was found in the RCC within approximately 5 years of construction.

Many RCC dams constructed with good quality pozzolans are expected to have good resistance to AAR. Additionally, low heat cements can be utilized for RCC dam construction and should be expected to have good performance in sulfate environments, especially if constructed with a good quality fly ash pozzolan. However, it is prudent to perform rigorous durability investigations for aggregates, cements and pozzolans.

7.7   PERFORMANCE OF RCC DAMS UNDER EXTREME LOADING CONDITIONS

7.7.1   Performance under seismic loadings

Obviously, the performance of RCC dams under extreme seismic loading will depend on the dam geometry, the foundation conditions, the magnitude and energy content of the ground accelerations and on the in-situ properties of the RCC layer joints; both strength of the layer joints and the percentage of layer joints bonded. It is uncertain how water pressure through vertical cracks or poorly compacted RCC layers will impact the dam performance. Performance information for two RCC dams subject to extreme ground accelerations under seismic loading has been documented (Nuss, Matsumoto & Hansen, 2012).

Shapai Dam was the first RCC dam shaken by a significant earthquake. The 132 m, three-centred RCC arch dam was completed in 2003 in Sichuan Province, China and is located 32 km from the epicentre of the Wenchuan fault, on which a M 8.0 earthquake was experienced in May 2008. The horizontal peak ground acceleration at the site was estimated to be between 0.25 and 0.5 g, compared to a dam design value of 0.1375 g. With a reservoir that was almost full at the time, the dam structure was completely undamaged by the event, although the grouting and drainage galleries were flooded due to a rockfall blocking the outlets and one of the spillway gantries was slightly damaged.

Miyatoko Dam is a 48 m RCC gravity structure, located in the Miyagi Prefecture, Japan. A strong-motion instrument in the gallery recorded a peak horizontal ground acceleration of 0.32 g during the Tohoku earthquake on 11 March 2011. No consequential damage was reported.

7.7.2   Performance of RCC spillways

Satisfactory performance of RCC has been reported for several cases of embankment dam overtopping protection, as well as for conventional spillways. Figure 7.26 illustrates the overtopping of Tholocco lake Dam during the flood of record in 1994, which lead to the dam's failure, and the stepped RCC overtopping protection constructed after the flood had receded (Dolen & Abdo, 2008). The spillway surface illustrated in the photograph approximately 14 years after completion had experienced approximately 10 overtopping events.

Figure 7.25
Détail de l'état d'un évacuateur de crues en marches d'escaliers entièrement en BCR après déversement. La résistance en compression du BCR était d'environ 25 MPa au moment du déversement (Photo : USBR, 1992)

Figure 7.25
Close-up of all RCC stepped spillway after overtopping. RCC compressive strength was approximately 25 MPa at the time of overtopping (Photo: USBR, 1992)

Figure 7.26
Barrage du Lac Tholocco, Alabama, États-Unis pendant la crue de 1994 et état du BCR exposé des marches d'escalier de l'évacuateur de crues de sécurité 14 ans après sa construction et après une dizaine de déversements (Dolen, Abdo 2008)

Figure 7.27
Bassin de dissipation en BCR de l'évacuateur de crues du barrage d'Ochoco, Oregon, États-Unis, en exploitation peu de temps après la construction (Photo : USBR, 1996)

Figure 7.26
Thocco Lake Dam, Alabama, USA during 1994 Flood and exposed RCC stepped emergency spillway
14 years after completion and after approximately 10 overtopping events (Photo: Abdo, 2008)

Figure 7.27
Ochoco Dam, Oregon, USA spillway RCC plunge pool during operation shortly after construction
(Photo: USBR, 1996)

La figure illustre le fonctionnement du bassin de dissipation en BCR de l'évacuateur de crues du barrage d'Ochoco, peu de temps après la construction, y compris les seuils en BCR conçus pour maintenir une profondeur suffisante pour la dissipation d'énergie. La figure 7.28 montre le fonctionnement de l'évacuateur de crues du barrage d'Upper Stillwater, avec un écoulement aéré sur des éléments de parement en béton extrudé par coffrage glissant.

Figure 7.28
Parement en béton extrudé du barrage d'Upper Stillwater, pendant le fonctionnement de l'évacuateur
(Photo : USBR,1988)

7.7.3   *Performances sous conditions géologiques défavorables*

Bien que très peu de barrages en béton aient connu des ruptures dans le monde, les problèmes de fondation et les problèmes de stabilité qui y sont liés sont la cause première de ces défaillances. Le 17 juin 2004, le barrage en BCR de Camara au Brésil s'est rompu à cause de l'érosion et de l'effondrement des fondations, causant la mort de 5 personnes et laissant 800 familles sans abri (Wikipedia recherche Internet, 2016). La rupture s'est produite au niveau de l'appui rive gauche, où le barrage a été fondé sur une masse rocheuse fracturée, avec des joints altérés. La pression de l'eau de la retenue a entraîné une infiltration d'eau qui a provoqué une érosion progressive du matériau altéré jusqu'à ce que la stabilité soit compromise et que le massif rocheux se rompe. Au départ, le BCR de type BCRFL de la structure du barrage a ponté la zone de la rupture. Toutefois, cette dernière s'est finalement effondrée dans la brèche laissée dans les fondations. Voir les figures 7.29 à 7.31.

Figure 7.27 illustrates the operation of the Ochoco Dam RCC spillway plunge pool, shortly after construction, including RCC weirs designed to maintain sufficient depth for energy dissipation. Figure 7.28 shows the spillway operation at Upper Stillwater Dam, with aand erated flow over slip-formed concrete facing elements.

Figure 7.28
Upper Stillwater Dam slipformed concrete facing during spillway operation (Photo: USBR, 1988)

7.7.3   Performance under geological non-conformities

While very few concrete dams have failed worldwide, foundation problems and related stability issues have been the primary cause of the failures that have occurred. On 17 June 2004, the Camara RCC Dam in Brazil failed due to foundation erosion and collapse, causing 5 deaths and leaving 800 families homeless (Wikipedia Internet search, 2016). The rupture occurred on the left abutment, where the dam was founded on a fractured rock mass, with weathered joint seams. Water pressure from the impoundment resulted in seepage, which caused a progressive erosion of the weathered material until insufficient stability remained and failure of the rock mass occurred. Initially, the LCRCC of the dam structure bridged the area of the failure. This, however, eventually collapsed into the breach left in the foundation. See Figure 7.29 to 7.31.

Figure 7.29
Barrage Camara, Brésil peu de temps après la brèche due à la rupture de la fondation, 2004
(Photo : Wikipedia, 2004)

Figure 7.30
BCR exposé sur la face inférieure de la brèche du barrage Camara, au Brésil, montrant des signes d'un
mauvais compactage au niveau des joints entre couches (Photo : Wikipedia, 2004)

Figure 7.29
Camara Dam, Brazil soon after breach due to foundation failure, 2004 (Photo: Wikipedia, 2004)

Figure 7.30
Exposed RCC on underside of dam breach at Camara Dam, Brazil showing evidence of poor compaction at layer joints (Photo, Wikipedia, 2004)

Figure 7.31
Effondrement final du BCR au barrage Camara, Brésil (Photo : Wikipedia, 2004)

RÉFÉRENCES / REFERENCES

ABERLE, P. *"Pueblo Dam Spillway Modification Grouting Report."* 2000.

AMERICAN CONCRETE INSTITUTE, ACI REPORT 207.5R-11. *"Report on Roller Compacted Concrete"*. Chapter 4, Hardened Properties, ACI, Farmington Hills, MI, USA, 2011.

ANDRIOLO, F.R. *"Some Aspects of the RCC Use in Brazilian Dams"*. Proceedings of the 7th International Symposium on Roller Compacted Concrete Dams, Changdu, China, 2015.

CHRAIBI, A.F. *"Recent Development in RCC Dams Technology in Morocco."* Proceedings of the 6th International Symposium on Roller Compacted Concrete Dams, Zaragoza, Spain, 2012.

DELORME, F. *"Lessons Learnt from Operation of Some RCC Dams"*. Proceedings. 7th International symposium on RCC Dams, Chengdu, China. October 2015.

DOLEN, T.P. & ABDO, F.Y. *"Roller Compacted Concrete for Dam Safety Modifications"*. Proceedings. 50th Brazilian Congress on Concrete. RCC Symposium. Ibracon. September 2008.

DOLEN, T.P & DUNSTAN, M.R.H. *"The Tensile Strength of RCC for Dams"*. Proceedings of the 6th International Symposium on Roller Compacted Concrete Dams, Zaragoza, Spain, 2012.

DOLEN, T.P. *"Long-term Performance of Roller Compacted Concrete at Upper Stillwater Dam, Utah, U.S.A."* Proceedings of the 4th International Symposium on Roller Compacted Concrete Dams, Madrid, Spain, 2003.

DOLEN, T.P. *"Freeze-thaw Durability Performance of Air-entrained RCC"*. U.S. Army Corps of Engineers – Bureau of Reclamation Research Program, 2003 USACE Infrastructure Systems Conference, Las Vegas, Nevada, USA, 2003.

DOLEN, T.P. *"RCC Strength Properties Including Layer Line Strength"*. International RCC Dam Symposium, Atlanta, GA, USA, 2011.

DRAHUSHAK-CROW, R.D. & DOLEN, T.P. *"Evaluation of Cores from Two RCC Gravity Dams,"* ASCE, New York, Feb. 1988.

Figure 7.31
Final collapse of RCC at Camara Dam, Brazil (Photo: Wikipedia, 2004)

FORBES, B.A., HANSEN, K.D. & FITZGERALD, T.J. "State of the Practice – Grout Enriched RCC in Dams". Proceedings. USSD. 28th Annual Meeting and Conference. Portland, OR, USA. April 2008.

FORBES, B.A. "Some Recent Innovative methods and Techniques in the Design and Construction of RCC Dams" Proceedings of the 4th International Symposium on Roller Compacted Concrete (RCC) Dams, Madrid, Spain, November 2003.

HA, N.H., HUNG, N.P. MORRIS, D & DUINSTAN, M.R.H. "The In-situ Properties of the RCC at Lai Chau". 7th International symposium on RCC Dams, Chengdu, China. September 2015.

HANSEN, K.D. "Lessons from the past". International Water Power and Dam Construction Magazine. November 5, 2008, www.waterpowermagazine.com.

MCDONALD, J.E. "Grout-Enriched Roller-Compacted Concrete - Phase I Investigation". McDonald Consulting, 2002.

METCALF, M., DOLEN, T.P. & HENDRICKS, P.A. "Santa Cruz Dam Modification." 1992 ASCE Specialty Conference on Roller Compacted Concrete, San Diego, CA, 1992.

NUSS, L.K., MATSUMOTO, N. & HANSEN, K.D. "Shaken, But Not Stirred – Earthquake Performance of Concrete Dams". Proceedings of U.S. Society on Dams Annual Meeting, 2012, pp. 1511–1530.

NYAKALE, J, ET AL. "RCC Construction Aspects and Quality Control of Spring Creek Dam, (South Africa)". Proceeding of the 7th International Symposium on RCC Dams, Chengdu, China, Sept. 24–25, 2015, pp. 403–414.

PIETRANGELI, A. Email communication report for Q.H.W. Shaw. 4th October 2017.

PORTLAND CEMENT ASSOCIATION. Skokie, IL, USA, 1994

SAYED KARIM QARLOG. "The Revival of Dam Building in Afghanistan: Ministry of Energy and Water, Islamic Republic of Afghanistan". Proceeding of the 7th International Symposium on RCC Dams, Chengdu, China, Sept. 24–25, 2015, pp. 424–430.

U.S. ARMY CORPS OF ENGINEERS. "U.S. Army Corps of Engineers. Project Specifications". Portugues Dam, Portugues and Bucana Rivers Project, W912EP-07-R-0019 Ponce, Puerto Rico, USACE, Jacksonville District, FL, USA, 2008.

VASCHETTI, S.A., JIMENEZ, M.J. & COWLAND, J. "Geomembranes on RCC Dams: A Case History After 13 Years of Service". Proceedings of the 7th International Symposium on Roller Compacted Concrete Dams, Changdu, China, 2015.

WIKIPEDIA INTERNET SEARCH. Camara Dam, Brazil, 2016.

8.   AUTRES APPLICATION DU BCR

8.1   INTRODUCTION

L'utilisation de béton compacté au rouleau (BCR) pour des applications connexes aux barrages continue de se développer au-delà des utilisations identifiées dans le Bulletin No 126 de la CIGB (ICOLD/ CIGB, 2003). Ce chapitre du nouveau bulletin porte sur plusieurs utilisations du BCR à des fins autres que la structure même du barrage. Ce chapitre traitera des applications suivantes du BCR:

a. Protection contre le déversement en crête – L'application de BCR sur la crête et le pare-ment aval d'un barrage en remblai afin de le protéger contre l'érosion de surface en cas de déversements en crête lors de crues extrêmes;
b. Stabilisation de barrage – L'ajout de BCR sur le parement aval d'un barrage existant pour augmenter la masse ou pour le remplissage d'aires ouvertes d'un barrage afin d'améliorer la stabilité statique et/ou dynamique de la structure;
c. Protection contre l'érosion - Le revêtement des canaux ou autres surfaces soumises à un écoulement d'eau afin de protéger un canal ou toute autre surface érodable contre l'affouillement incontrôlé. Cela inclut également le BCR pour la résistance à une érosion plus agressive, par exemple pour protéger les fosses d'amortissement, pour les fonds de bassins de dissipation d'énergie, pour protéger contre l'érosion en aval des dissipateurs d'énergie et pour protéger les roches érodables dans le canal de fuite des centrales;
d. Remplacement de fondations - Le BCR est un matériau approprié pour remplacer de vastes zones de fondations de barrages afin de répondre aux besoins topographiques ou d'autres besoins économiques pour procurer des fondations durables et fiables;
e. Batardeaux - L'industrie a confirmé la viabilité de l'utilisation du BCR pour deux appli-cations ou types de batardeaux pendant la phase de construction – 1) des structures temporaires enlevées après la mise en service; et 2) des structures intégrées qui feront partie du barrage achevé;
f. Rehaussement de barrages en béton - Le RCC est un matériau idéal pour rehausser des barrages en béton existants;
g. Autres applications.

Pour les applications en BCR autres que pour les barrages tel que décrit dans le présent ouvrage, il est présumé que les bonnes pratiques générales en matière d'ingénierie sont observées, y compris, mais sans s'y limiter, à l'ingénierie appropriée des aspects suivants:

a. Dosage des constituants du BCR pour la résistance et la durabilité;
b. La mise en place par temps chaud et froid;
c. Traitement des joints de reprise (chaud, tiède et froid);
d. Le bon entretien durant la construction (c.-à-d. nettoyage, séchage, contrôle des débris, etc.);
e. Mise en place et compactage.

8.2   PROTECTION CONTRE LES DÉVERSEMENTS EN CRÊTE

8.2.1   Généralités

Parmi les premières applications du BCR, notamment aux États-Unis, figuraient des projets associés à la réhabilitation, visant notamment la protection des barrages en remblai contre les déverse-ments en crête. À partir du milieu des années 1980, les ingénieurs ont commencé à reconnaitre l'avan-tage d'un revêtement en BCR sur une partie ou l'intégralité de la pente aval d'un barrage en remblai en tant que méthode pour protéger le barrage lors d'importants événements hydrologiques jusqu'à la Crue Maximale Probable (CMP).

8.   OTHER APPLICATIONS OF RCC

8.1   INTRODUCTION

The use of roller-compacted concrete (RCC) for other applications appurtenant to dams continues to expand beyond the uses identified in ICOLD Bulletin 126 (ICOLD/CIGB 2003). This Chapter of the new Bulletin focuses on several uses of RCC for purposes other than the dam structure itself. This Chapter will address the following applications of RCC:

a. Overtopping Protection – The application of RCC on the crest and sloping downstream face of an embankment dam to protect the structure from erosion under extreme flood overtopping events.
b. Dam Stabilization – The addition of RCC on the downstream side of an existing dam to provide additional mass or infilling of open areas of the dam for the purposes of improving the static and/or dynamic stability of the structure.
c. Erosion Protection – The lining of canals or other surfaces that are subject to flowing water in order to protect a channel or other erodible surface from uncontrolled scour. This also includes RCC for resistance to more aggressive erosion, for example to protect plunge pools, for stilling basin floors, to protect against erosion downstream of energy dissipaters, and to protect erodible rock in powerhouse tailraces.
d. Foundation Replacement – RCC is a suitable material to replace typically large areas of foundations for dams to meet topographic shaping or other economic need for durable and reliable material as a foundation.
e. Cofferdams – The industry has seen the use of RCC for two applications, or types of cofferdams during construction – 1) temporary structures that are removed following service; and 2) integrated structures that become part of the completed dam.
f. Raising Concrete Dams – RCC is an ideal material for raising existing concrete dams.
g. Other Uses.

For applications of RCC other than dams as covered herein, it is stipulated that general good practice for engineering shall be applied, including, but not limited to proper design of:

a. RCC mix for strength and durability
b. Hot and cold weather placements
c. Lift joint treatment (hot, warm and cold joints)
d. Construction housekeeping (i.e. clean lifts, curing, debris control, etc.)
e. Placement and compaction

8.2   OVERTOPPING PROTECTION

8.2.1   General

Many early applications of RCC, specifically in the United States, were projects associated with rehabilitation, specifically overtopping protection for embankment dams. Starting in the mid-1980s, engineers began to see the benefit of armouring a portion or the entirety of the downstream slope of an embankment dam as a rehabilitation alternative to protect the dam for large hydrologic events up to the probable maximum flood (PMF).

La figure 8.1 montre une illustration typique de l'utilisation du BCR pour la protection contre le déversement. Le BCR est un matériau approprié pour cette application, basé sur les éléments suivants:

a. Exigences minimales de coffrages;
b. Propriétés robustes des matériaux qui résistent à l'érosion sous des écoulements à grande vitesse;
c. Projet à coûts économiques basés sur des besoins en main-d'œuvre relativement faibles;
d. Approprié dans plusieurs conditions de sites (par exemple, applicables aux pentes raides et douces, conditions de fondation variables, etc.);
e. Matériaux facilement disponibles provenant des usines à béton conventionnelles.

En 2014, il y avait 119 projets existants incorporant la protection contre les déversements en crête aux États-Unis, tel qu'indiqué dans un inventaire du manuel de protection contre les déversements du gouvernement (FEMA, 2014). Ce manuel d'une agence fédéral (États-Unis) constitue une excellente source d'informations pour la conception et la construction de parements en BCR en guise de protection contre les déversements.

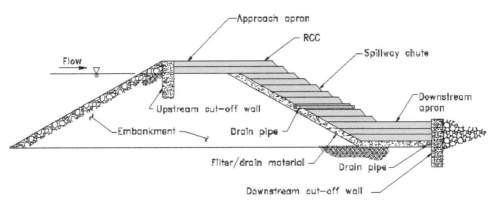

Figure 8.1
Coupe type d'une protection en BCR contre le déversement en crête d'un barrage en remblai

Légende :
A. Tablier d'approche
B. BCR
C. Coursier d'évacuateur
D. Écoulement
E. Mur parafouille amont
F. Remblai
G. Tuyau de drainage
H. Tablier aval
I. Matériau filtre/de drainage
J. Mur parafouille aval

8.2.2 Considérations sur la conception

Le Bulletin No 126 (ICOLD/CIGB, 2003) fournit des recommandations encore valide pour une solution en BCR de la protection contre les déversements. Comme le montre la figure 8.1, les principales caractéristiques d'une telle conception sont les suivants:

a. Mur parafouille en amont - Assure le confinement du BCR sur la crête du barrage afin d'empêcher l'affouillement, la détérioration et le soulèvement des matériaux du BCR;

A typical illustration of the use of RCC for overtopping protection is shown in Figure 8.1. RCC is a suitable material for this application based on the following:

a. Minimal forming requirements
b. Sturdy material properties that resist erosion under high velocity flows
c. Economic project costs based on relatively low manpower requirements
d. Flexible applications to varying site conditions (e.g. applicable to steep as well as gentle slopes, variable foundation conditions, etc.)
e. Readily available materials from conventional concrete source plants

As of 2014, there were 119 overtopping protection projects in the United States as noted in an inventory by the government's overtopping protection manual (FEMA, 2014). This (United States) federal manual is an excellent source of design and construction information for RCC overtopping.

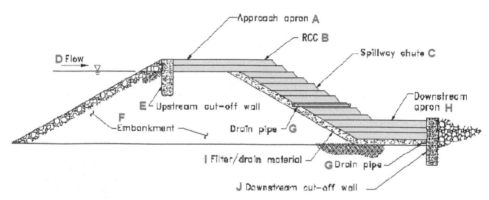

Figure 8.1
Typical section of RCC overtopping protection for an embankment dam

8.2.2. Design considerations

ICOLD Bulletin 126 (ICOLD/CIGB 2003) provided suitable design guidance for RCC overtopping protection that is still applicable. As shown in Figure 8.1, key aspects of this design include the following:

a. Upstream Cut-off Wall – Provides confinement for the RCC on the dam crest to prevent scour, undermining and uplifting of the RCC materials.

b. Tablier d'approche - contrôle hydraulique (déversoir à seuil large) sur le dessus du barrage avec les critères d'épaisseur minimale à respecter pour résister au soulèvement sous un écoulement à grande vitesse;

c. Coursier d'évacuateur de crue – Protection contre l'érosion structurelle de la face aval du barrage en remblai avec une série de bandes horizontales superposées, chacune de 2,4 m de largeur minimales et d'une épaisseur minimale de 1 mètre normal à la surface pour permettre de résister au soulèvement et aux vibrations par mobilisation du poids du matériau – l'utilisation de marches de 600 mm est aussi importante afin d'assurer une dissipation d'énergie (à des débits plus faibles) et l'aération/la séparation de l'écoulement;

d. Drainage - une couche perméable de 300 mm (minimum) entre le barrage en remblai et le parement de BCR lequel est muni d'un tuyau de drainage dirigé vers la face aval pour intercepter et relâcher les pressions hydrauliques empêchant ainsi le développement de sous-pressions sous la couche de BCR pouvant la soulever;

e. Tablier aval et mur parafouille - offre une protection en aval du parement en BCR contre les retours de courant en fournissant une résistance à l'affouillement au pied aval du barrage qui pourrait éroder et déstabiliser la protection en BCR;

f. Joints de contraction - Ces types de joints ne sont généralement pas nécessaires dans les parements de protection contre les déversements en crête, mais peuvent être appropriés pour éviter la fissuration non-contrôlée.

g. Impacts visuels – dans de nombreux projets la couche de protection contre le déversement en crête en BCR est recouverte par une couche de sol ensemencée afin de procurer un aspect esthétique naturel au parement, laquelle doit être entretenue afin d'empêcher que pousse des arbustes et des arbres. La figure 8.2 (AVANT) et 8.3 (APRES) illustre ce principe.

Figure 8.2
Photographie du parement en BCR AVANT ensemencement (Photo: Ministère de l'agriculture, États-Unis)

b. Approach Apron – hydraulic (broad crest weir) control over the top of the dam with a minimum thickness to resist uplift under high velocity flow.

c. Spillway Chute – structural erosion protection of the downstream embankment slope with a 2.4 m (minimum) lane of placement providing a minimum thickness of at least 1 meter normal to the surface that resists uplift and vibrations based on the weight of material – the use of 600 mm steps is important to provide energy dissipation (at lower flows) and flow aeration/separation.

d. Drainage – a 300 mm (minimum) pervious layer between the embankment dam and RCC to intercept and relieve hydraulic pressure to prevent destabilizing uplift pressures on the RCC layer with a drain pipe to the downstream face.

e. Downstream Apron and Cut-off Wall – provides downstream containment of the RCC material and resistance to scour at the toe that could undermine and destabilize the RCC protection.

f. Contraction Joints – typically joints are not required in overtopping protection schemes, but may be preferable to prevent uncontrolled cracking.

g. Visual Impacts – many projects have covered the RCC overtopping protection layer with a layer of soil with seeded grasses to present a positive aesthetic appearance to the project, which should be maintained to prohibit large bushes or tree growth, as shown in Figures 8.2 (BEFORE) and 8.3 (AFTER).

Figure 8.2
RCC dam BEFORE grass coverage (Lake Vesuvius Dam, Ohio, USA) (Photo: U.S. Department of Agriculture, USA)

Figure 8.3
Photographie du parement en BCR APRÈS ensemencement (Photo: Ministère de l'agriculture, États-Unis)

8.3   STABILISATION DE BARRAGES

8.3.1   Généralités

Le BCR a été utilisé avec succès pour stabiliser des barrages en béton en leur procurant une masse supplémentaire de béton du côté aval et en ajoutant du remplissage entre les contreforts de barrages en béton. Des contreforts massifs de BCR ont également été utilisés pour stabiliser des appuis latéraux rocheux abrupts, autrement instables, situés à l'aval. Par exemple, ces contreforts ont été utilisés aux barrages de Thissavros et de Platanovryssi (Grèce). Parfois, ils offrent également une protection contre l'érosion (voir Figure 8.5).

8.3.2   Considérations sur la conception

Un point important à prendre en compte, lors de l'utilisation du BCR pour stabiliser les structures en béton existantes, est de développer une structure de barrage composite dans laquelle le béton initial et le nouveau BCR fonctionnent comme une structure monolithique dans des conditions statiques et dynamiques. Dans tous les cas identifiés dans cette classification, le contrefort a été placé en aval d'un barrage existant. Cela est nécessaire car ces structures sont généralement modifiées alors que le barrage retient l'eau du réservoir, ce qui pré-charge la structure. Une fois modifié, le nouveau contrefort ne prendra la charge du réservoir que pour les niveaux supérieurs au niveau d'eau durant la construction. Par conséquent, il est nécessaire de réduire le plus possible le niveau du réservoir durant la construction afin que la nouvelle structure composite réagisse à une plus grande plage de charge hydrostatique.

Les principaux aspects de l'utilisation du BCR comme renforcement ou remplissage d'une structure existante sont les suivants:

   a.   Fondation - Il est important d'excaver du côté aval du barrage ou des contreforts existants jusqu'à un niveau approprié en tenant compte des aspects suivants:
   I.   Des précautions doivent être prises si la conception d'origine du barrage mobilise la poussée d'un remblai à l'aval ou de la poussée passive d'un talus rocheux au pied aval du barrage. Ce remblai ou ce talus rocheux ne doivent pas être excavés à moins que les calculs ne confirment la stabilité de l'ouvrage;

Figure 8.3
RCC dam AFTER grass coverage (Lake Vesuvius Dam, Ohio, USA) (Photo: U.S. Department of Agriculture, USA)

8.3   DAM STABILIZATION

8.3.1   General

RCC has been used successfully to stabilize existing concrete dam structures by providing additional mass of concrete at the downstream side of an existing dam, or infilling between multiple buttress-type dam structures. Massive buttresses of RCC have also been used to stabilize otherwise unstable steep cuts in rock abutments and downstream slopes, for example at Thissavros and Platanovryssi dams (Greece). At times these buttresses also provide erosion protection (see Fig. 8.5).

8.3.2   Design considerations

An important consideration of using RCC to stabilize existing concrete structures is to develop a composite dam structure where the original concrete and new RCC perform as a monolithic structure under static and dynamic conditions. In all cases identified under this classification, the buttress has been placed on the downstream side of an existing dam. This is necessary as typically these structures are modified with an existing reservoir pool against the dam, which pre-loads the structure. Once modified, the new buttress will only pick up loads with reservoir levels higher than the drawdown during construction. Therefore, it is necessary to reduce the reservoir loading against the dam to as low as practically possible such that the new composite structure reacts to the largest range of water loading.

Key aspects of the design that utilizes RCC as a buttress or infilling of an existing structure will include the following:

   a. Foundation – It is important to excavate on the downstream side of the dam or existing
       buttresses to an appropriate level considering the following:
       I.   Care should be taken if the original dam design includes reliance on the resisting
            force of downstream fill or passive resisting force of a rock wedge at the toe – such
            fill or rock wedge should not be removed unless calculations confirm stability.

II.   Dans certains cas, l'excavation au pied aval nécessite d'atteindre une profondeur supérieure à celle du barrage initial pour atteindre le socle rocheux souhaité – la sécurité d'une telle excavation doit être validée avant l'excavation afin d'éviter un affaiblissement temporaire de la structure (affouillement);

III.   Le drainage existant devra être revu pour maintenir ou améliorer l'efficacité des drains qui évacuent l'eau et soulagent les sous-pressions sous les structures originales et nouvelles.

b.   Interface - Il est important de créer une nouvelle structure composite qui se comporte sous charge statique et dynamique de façon monolithique, à moins que la conception ne permette une interface non liée mettant en jeu la friction, mais sans compter sur la cohésion ni sur la résistance à la traction. Les aspects clés de la conception comprennent:

I.   Harmoniser les valeurs de la résistance et du module du béton d'origine avec ceux des nouveaux matériaux de BCR. Il convient de prévoir que le BCR peut prendre un à deux ans pour atteindre ses propriétés de résistance ultime.

c.   Joint entre le barrage d'origine et le nouveau BCR - il convient de prendre les précautions suivantes:

I.   Enlèvement du béton de surface détérioré sur le barrage d'origine, ce qui peut être fait avec un jet d'eau à haute pression, un sablage au jet ou des méthodes mécaniques (boucharde) - il convient de veiller à ne pas endommager ou affaiblir la surface du béton laissé en place ou à dessertir les granulats.

II.   La joint du béton d'origine avec le nouveau BCR peut être réalisée en plaçant une zone de BCR enrichi de coulis de ciment au contact du béton d'origine, avec des goujons injectés dans le barrage original puis encastré dans le BCR, ou, en plaçant adéquatement un BCR régulier (sans enrichissement au coulis) et en s'assurant qu'un bon compactage et une bonne adhérence au béton existant sont effectués.

d.   Drainage - Bien que la plupart des concepts doivent être développés pour assurer une connexion positive, sans fissure ni délaminage, entre la structure en béton originale et la nouvelle, cela peut s'avérer impossible dans de rares cas. Ceci impliquerait que l'interface comprenne un système de drainage afin d'éviter l'augmentation des sous-pressions hydrostatiques à l'interface.

L'évaluation des contraintes et du comportement dynamique de la nouvelle structure composite doit être validée par une modélisation numérique (EF) qui inclut, de préférence, la progression par étape de la construction et des charges statiques, les effets de la température (chaleur d'hydratation et refroidissement du BCR) et les augmentations du niveau d'eau du réservoir.

8.3.3   Projets représentatifs

Remplissage de barrage à voutes multiples - Barrage Big Dalton, Glendora, Californie, États-Unis

En 1998, le barrage Big Dalton (Glendora, Californie, États-Unis) a été reconstruit afin de résoudre les problèmes de stabilité sismique liés à ce barrage léger à voutes cylindriques multiples (type «Eastwood»). Bien que suffisamment stable sous les charges sismiques dans la direction amont-aval, le barrage Big Dalton montrait une faiblesse sous ces charges dans la direction de l'axe longitudinal du barrage. Le BCR a été utilisé pour combler de manière économique l'espace entre les contreforts en leur apportant un appui latéral sous charge sismique.

II. In some cases, excavation at the toe will need to go deeper than the original dam to get to a particular rock quality objective – the safety of such an excavation should be validated prior to excavation to avoid a temporary weakened state (undermining) of the original structure.

III. Existing drainage will need to be addressed to maintain or improve underdrains that relieve uplift pressures on the original and new structures.

b. Interface – It is important to create a new composite structure that behaves under static and dynamic loading as a single monolith unless the design allows for an un-bonded interface with fiction, but no cohesion or tension. Key aspects of the design will include:

I. Matching closely strength and modulus values for the original concrete and new RCC materials – care must be taken with RCC that may take one to two years to reach ultimate strength properties.

c. Connection between the original dam and new RCC – care must be taken for the following:

I. Removal of deteriorated surficial concrete on the original dam, which may be done with high pressure water, sand blasting or mechanical (bush-hammer) methods – care should be taken not to significantly damage or weaken the concrete left behind or loosen aggregates.

II. Connection of the original concrete to the new RCC can be made with a locally grout enriched RCC against the original concrete; with grouted dowels into the original concrete, then embedded into the RCC; or, careful placement of regular RCC (without grout enrichment) if good compaction and bonding can be assured.

d. Drainage – While most designs should be developed to assure a positive connection without cracking or delamination between the original and new concrete structures, in rare cases this might not be possible, which would require that the interface include design provisions for drainage to avoid the build-up of hydrostatic pressures.

The details of the stresses and dynamic performance of the new composite structure should be validated by numerical modelling that preferably includes staged construction of static loads, temperature effects (hydration heating and cooling of RCC) and eventual increases in reservoir water level.

8.3.3 Representative projects

Infilling Multiple Barrel Arch Dam – Big Dalton Dam, Glendora, California, USA

In 1998, Big Dalton Dam (Glendora, California, USA) was reconstructed to address seismic stability issues with the light-weight multiple barrel arch ("Eastwood" type) dam. While sufficiently stable with seismic forces in the upstream-to-downstream direction, Big Dalton Dam indicated inadequate levels of stability for ground motions in the direction of the dam axis. RCC was used to economically fill between the hollow buttresses providing lateral restraint to movement of the buttresses under dynamic loading.

Figure 8.4
Remplissage en BCR au barrage Big Dalton (Glendora, Californie, États-Unis) (Photo: Comté de Los Angeles, Département des Travaux Publics, États-Unis)

8.4   PROTECTION CONTRE L'ÉROSION

8.4.1   Généralités

La robustesse et la résistance à l'érosion inhérentes au BCR en font une solution idéale pour protéger les zones où des matériaux sensibles à l'érosion ou à l'affouillement sont exposés. La résistance à l'érosion du BCR est remarquable, comme l'ont montré Schrader et Stefanakos (Schrader & Stefanakos, 1995).

Ces applications comprennent:

      a.   Revêtement des bassins de dissipation y compris le radier;
      b.   Revêtement de coursiers d'évacuateur et de canal;
      c.   Tabliers de déversoir à crête libre;
      d.   Revanche amont (protection contre les vagues);
      e.   Digues de séparation (barrière);
      f.   Fosse de dissipation et résistance à l'érosion.

8.4.2   Considérations sur la conception

Les considérations clés sur la conception du BCR comme protection contre l'érosion comprennent les éléments suivants:

      a.   Durabilité - Pour les applications où le BCR est utilisé pour résister à l'érosion hydraulique, des critères de conception devraient être établis pour fournir une performance à long terme avec une exposition à des environnements agressifs et à des charges hydrauliques normales à extrêmes;
      b.   Dissipation d'énergie - Dans la plupart des cas, le concept marches en BCR apporte une fonction positive pour dissiper l'énergie;

Figure 8.4
RCC infilling at Big Dalton Dam (Glendora, California, USA) (Photo: Los Angeles County, Department of Public Works, USA)

8.4 EROSION PROTECTION

8.4.1 General

The inherent strength and erosion resistance properties of RCC make it an ideal solution for areas where protection is needed for other materials susceptible to erosion or scour. The erosion resistance of RCC is remarkable as documented by Schrader and Stefanakos (Schrader & Stefanakos, 1995, p. 1175–1188).

These applications include:

a.   Stilling Basin Armouring and Floor Slabs
b.   Chute or Channel Lining
c.   Spillway Aprons
d.   Upstream Freeboard (wave protection)
e.   Barrier (Separation) Dikes
f.   Plunge Pool Shaping and Erosion Resistance

8.4.2 Design considerations

Key aspects of the design that utilizes RCC as erosion protection will include the following:

a.   Durability - For applications where RCC is being used to resist hydraulic erosion, design criteria should be established to provide long-term performance with exposure to harsh elements and regular/extreme water forces.
b.   Energy Dissipation - In most cases, a stepped RCC form construction approach can provide a positive design aspect for energy dissipation.

c. Rugosité hydraulique - Il convient de prendre en compte le fait que le BCR présentera, dans la plupart des cas, une surface plus rugueuse que celle du BCV, ce qui pourrait avoir des effets importants sur la rugosité hydraulique (coefficient de Manning) et aura d'autres impacts sur les écoulements à surface libre.

8.4.3   Projets représentatifs

Revêtement du bassin de dissipation de l'évacuateur de crue du barrage Platanovryssi (Grèce)

Le barrage de Platanovryssi est un barrage poids en BCR de 95 mètres de haut et 305 mètres de long, dont la construction a été complétée en 1999. Le projet comprenait 420 000 m³ de BCR, y compris une construction en aval destinée à stabiliser les talus de la rive du fleuve et à fournir une protection contre l'érosion, tel qu'illustré à la figure 8.5. Au moment de la construction, il s'agissait du plus grand barrage en BCR d'Europe.

Figure 8.5
BCR utilisé pour le revêtement de protection contre l'érosion du bassin de dissipation à Platanovryssi Dam (Grèce) (Photo: Malcolm Dunstan & Associates, UK)

8.5   REMPLACEMENT DES MATÉRIAUX DE FONDATION

8.5.1   Généralités

Il est particulièrement important que les fondations des structures hydrauliques, y compris les barrages, soient bien conçues pour éviter des changements géométriques brusques pouvant entraîner des concentrations de contraintes. Les matériaux de fondation peuvent souvent être variables, avec de grandes zones de matériau moins résistant qui doit être enlevé afin de mettre à jour un matériau compétent et acceptable.

c. Hydraulic Roughness - Care should be taken to consider that RCC will in most cases result in a rougher surface than CVC, which could have important effects for hydraulic roughness (Manning's coefficient) and other impacts for open channel flow.

8.4.3 Representative project

Platanovryssi Dam Spillway Stilling Basin Armoring (Greece)

The Platanovrysi Dam is a 95-meter-high and 305-meter-long RCC gravity dam completed in 1999. The project encompassed 420,000 m³ of RCC, including a downstream application to stabilize the river bank slopes and provide an erosion-resistant barrier as shown in Figure 8.5. At the time of construction, it was the largest RCC dam in Europe

Figure 8.5
RCC used as erosion-resistant lining of stilling basin at Platanovryssi Dam (Greece)
(Photo: Malcolm Dunstan & Associates, UK)

8.5   FOUNDATION REPLACEMENT

8.5.1   General

It is especially important that the foundations of hydraulic structures, including dams, are shaped in a proper manner to avoid sharp offsets that could result in stress concentrations. Foundations can be notoriously variable, often with large areas of weaker material that needs to be removed in order to expose a competent material.

8.5.2 Considérations sur la conception

Pour répondre aux exigences de conception ou aux conditions changeantes du terrain, les ingénieurs spécifient souvent l'utilisation du BCR, qui se prête bien au remplacement de fondation massive et aux semelles massives, etc., de structures hydrauliques. Pour les raisons suivantes, le BCR convient particulièrement à cette fin :

    a. Résistance - Le mélange du BCR peut être conçu pour présenter les caractéristiques de résistance ultime d'une fondation rocheuse «légèrement à modérément altérée», avec un faible degré de perméabilité et une résistance élevée à l'érosion, ou bien même pour atteindre celles des roches beaucoup plus compétentes;

    b. Le BCR en tant que substitution aux matériaux de fondation peut généralement être placé sans joints de contraction, ce qui permet au matériau de se fissurer selon un motif aléatoire non planifié lequel ne devrait pas présenter de faiblesses inhérentes;

    c. Traitement de fondation moins rigoureux - Le remplacement des matériaux de fondation par du BCR peut généralement être abordée de manière moins rigoureuse que celle requise pour une fondation de barrage en béton. Ceci peut être accompli en utilisant des traitements de surface allant d'une absence de préparation à une préparation générale avec nettoyage par air comprimé et par jet d'eau;

    d. Joints de reprise - Le traitement des joints de reprise (entre les couches) est important dans toute application de BCR qui dépend des propriétés de la masse de la structure et en conséquence, le traitement des joints horizontaux doit généralement être similaire à ceux appliqués aux barrages en béton.

    e. Contrôle de la qualité - En raison de la nature moins critique du BCR utilisé pour le remplacement des fondations, le nombre d'essais sur les matériaux et le béton mis en place peuvent être réduits d'environ la moitié de ceux planifiés pour la construction d'un barrage en béton

8.5.3 Projets représentatifs

Barrage Olivenhain – Blocs de mise en forme

Les caractéristiques de la fondation du barrage d'Olivenhain étaient une roche de granodiorite «légèrement altérée». Un vaste programme d'investigation géotechnique et géologique sur le terrain a été mené pendant les phases de planification et de conception afin de caractériser cet horizon.

Comme le montre la figure 8.6, le profil de fondation comprenait trois linéaments géologiques primaires traversant l'axe du barrage, avec des points bas dans la vallée mineure gauche, la vallée principale centrale et la vallée mineure droite. Les trois vallées ont été formées en raison de la présence locale de roches altérées et de plus faible résistance. La conception a exigé l'excavation d'une partie des zones altérées et leurs remplacement par de grands blocs en béton pour la « mise en forme de la fondation ». La conception a optimisé les performances latérales du barrage lors de sollicitations sismiques en minimisant les mouvements différentiels entre les sections monolithiques. Les blocs de mise en forme de la fondation augmentent et restaurent l'intégrité structurelle et topographique des "cols" dans la fondation du corps "rocher de type tonalite" (au voisinage du pm 23+50) sur la partie secondaire gauche et dans la dépression (au voisinage du pm 5+00) près de la rive droite.

Une analyse structurelle a permis d'établir la géométrie des blocs pour la mise en forme. Les blocs de mise en forme simulent les propriétés d'un plan de fondation semi-infini par rapport au barrage avec les propriétés d'une semelle filante par rapport à la fondation. Une série d'études paramétriques ont été menées pour obtenir des contraintes optimales qui minimisent le volume des blocs. Le barrage et les blocs de mise en forme optimisés ont été analysés en tant que structures intégrées en utilisant les charges du SMP sélectionné. Le bloc de mise en forme de pilier gauche est illustré à la figure 8.7.

8.5.2 Design considerations

To meet design requirements or to address changing field conditions, engineers will often specify the use of RCC, which lends itself well to of mass foundation replacement and to massive footings, etc, for hydraulic structures. For the following reasons, RCC is particular suitable for this purpose.

   a. Strength - RCC can be designed to have ultimate strength characteristics of a "slightly-to-moderately weathered" rock foundation, with a low degree of permeability and high erosion resistance, or it can be designed to simulate much more competent rock.
   b. RCC as a foundation replacement can typically be constructed without contraction joints, allowing the material to crack in an unplanned, random pattern that is not expected to introduce any inherent weaknesses.
   c. Relaxed foundation treatment – RCC foundation replacements can generally be approached in a manner that is less rigorous than required for a dam foundation, with typical receiving surface treatments ranging from nothing to general preparation using light air and water blasting cleaning.
   d. Lift Joints – treatment of lift joints is important in any application of RCC that is going to depend on the mass characteristic properties of the completed structure and accordingly, horizontal lift treatments should generally be similar to those applied for dams.
   e. Quality Testing – due to the less-critical nature of RCC used for foundation replacement, testing of materials and placed concrete can be reduced to approximately half that expected for a new dam construction.

8.5.3 Representative projects

Olivenhain Dam – Shaping Blocks

The foundation criteria for Olivenhain Dam was "slightly weathered" granodiorite rock. An extensive geotechnical and geological field investigation programme was conducted during the planning and design phases to establish this horizon.

As shown in Figure 8.6, the foundation profile included three primary geological lineaments crossing the dam axis, with low points in the left minor valley, the central main valley, and the right minor valley. The three valleys were formed due to the local presence of weaker, weathered rock. The design required excavation of a portion of the weathered areas and replacement with large, concrete "foundation shaping blocks". The design optimized the dam's lateral performance during an earthquake by minimizing differential movement between monolithic sections.The foundation shaping blocks augment and restore the structural and topographic integrity of the "saddles" in the foundation at the "tonalite" body (in the vicinity of Sta. 23+50) on the left abutment and in the topographic low (in the vicinity of Sta. 5+00) near the right abutment.

A structural analysis established the dimensional outlines of the shaping blocks. The shaping blocks simulate the properties of a semi-infinite plane of foundation relative to the dam with the properties of a spread footing relative to the foundation. A series of parametric studies were conducted to achieve optimum stresses that minimize the volume of the blocks. The dam and optimized shaping blocks were analysed as an integrated structure using the selected MCE loads. The complete Left Abutment Shaping Block is shown in Figure 8.7.

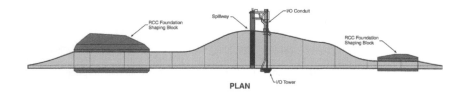

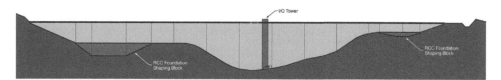

Figure 8.6
Plan et profil du barrage Olivenhain

Légende:
- A. Vue en plan
- B. Élévation
- C. Bloc de mise en forme de la fondation
- D. Évacuateur

Figure 8.7
Bloc de mise en forme pour le remplacement de fondation au barrage de Olivenhain
(Escondido, Californie, États-Unis) (Photo: San Diego Water Authority, États-Unis)

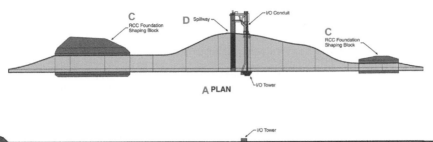

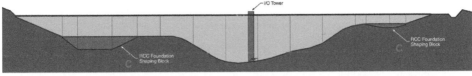

Figure 8.6
Plan and profile of Olivenhain Dam

Figure 8.7
Foundation replacement "Shaping Block" at Olivenhain Dam (Escondido, California, USA)
(Photo: San Diego County Water Authority, USA)

Fondation de la chambre de vanne du barrage Português (Porto Rico)

Une autre application du BCR est le remplacement des fondations dans le cas de fondations manquantes ou érodées. Lors de la construction du barrage Português en BCR, les ingénieurs ont profité de la présence de l'usine de BCR du barrage pour construire la base servant de fondation pour la structure de la vanne de vidange. La fondation en BCR de la structure fournit à la fois un support structurel et une résistance à l'érosion contre les écoulements provenant des vannes et du le canal de fuite adjacent, comme le montre la figure 8.8.

Figure 8.8
Fondation en BCR pour la chambre de vanne de vidange au barrage Português
(Photo: Ibañez-de-Aldecoa, 2013)

Fondation du barrage Oroville (États-Unis)

Les réparations d'envergure effectuées après l'incident de l'évacuateur de crue du barrage Oroville en 2017 (ICOLD, 2018) constituent un autre exemple d'utilisation du BCR pour le remplacement de fondations manquantes ou érodées. Avec une hauteur de 234,7 mètres, le barrage Oroville est le plus haut barrage des États-Unis. Le 7 février 2017, pendant les opérations d'évacuation après une très forte précipitation, l'évacuateur de crues principal de 54,5 m (179 pieds) de largeur et 1006 m (3300 pieds) de longueur a subi une défaillance catastrophique dans la partie inférieure du coursier. Enfin, une partie d'environ 427 m du coursier inférieur de l'évacuateur de crue a été perdue et 1,2 million m³ de roches et de matériaux de sol ont été érodés. Lors du même événement, l'évacuateur d'urgence a été utilisé pour la première fois depuis la mise en service du projet en 1967. Ce déversement a provoqué une érosion et un affouillement très importants qui ont conduit les autorités à craindre pour la sécurité de la structure de l'évacuateur. En conséquence, ils ont activé le plan d'urgence et l'évacuation d'environ 188 000 personnes des communautés en aval.

Dans le cadre du projet de réhabilitation, le BCR a été utilisé comme solution de remplacement pour la fondation du coursier de l'évacuateur principal et pour former un coursier intérimaire dans une partie de cet évacuateur reconstruit, comme le montre la figure 8.9. Le BCR a également été utilisé comme contrefort et radier pour la réhabilitation de l'évacuateur d'urgence.

Portugues Dam Valve House Foundation (Puerto Rico)

Another application of RCC is a straight-forward foundation replacement for missing or eroded foundations. At the construction of the Portugues RCC Dam, engineers utilized the RCC operations of the dam to construct a foundation pad for the outlet valve structure. The RCC foundation of the structure provides both structural support and erosion resistance against flows from the valves and in the adjacent tailrace as shown in Figure 8.8.

Figure 8.8
RCC foundation for Portugues Dam valve house (Puerto Rico, USA)
(Photo: Ibañez-de-Aldecoa, 2013)

Oroville Dam Foundation (United States)

The extensive repairs following the Oroville Dam spillway incident in 2017 (ICOLD, 2018) provide another example of the use of RCC for replacement of missing or eroded foundations. At a height of 234.7 meters, the Oroville Dam is the highest dam in the United States. On February 7, 2017 during spillway operations following a very large precipitation event, the project's 54.5 m (179- foot) wide, 1006 m (3300-foot) long high- velocity Flood Control Outlet spillway suffered a catastrophic failure of the lower chute area. Finally, approximately 427 m of the lower spillway chute was lost and 1.2 million m³ of rock and soil materials was eroded. During the same event, the Emergency Spillway was used for the first time since the project was completed in 1967. This overflow discharge caused significant erosion and scour, which led authorities to fear for the safety of the emergency spillway structure, resulting in the activation of the Emergency Action Plan and the evacuation of approximately 188,000 persons from downstream communities.

As part of the recovery design for the project, RCC was used as replacement of the spillway channel foundation and to form an interim chute in a portion of the reconstructed main spillway, as shown in Figure 8.9. RCC was also used as a buttress and apron for the rehabilitated Emergency Spillway

Figure 8.9
Utilisation du BCR pour la reconstruction du coursier de l'évacuateur de crues du barrage de Oroville
(Photo: California Department of Water Resources, États-Unis, 2018)

8.6 BATARDEAUX

8.6.1 Généralités

Le BCR a été utilisé de manière innovante pour la construction de batardeaux en rivière, offrant l'avantage particulier d'une mise en place rapide pendant les périodes de faible débit et utilisant généralement des matériaux déjà prévus pour la construction du barrage en béton. Dans certains cas, ces batardeaux ont également été intégrés à la structure du barrage permanent. Il est particulièrement avantageux que les batardeaux puissent être conçus pour accepter un déversement sans être sujet à la rupture. De plus, la résistance à l'érosion inhérente au BCR le rend particulièrement bien adapté à la construction de batardeaux. Hansen et Johnson (2011) ont noté que le BCR avait été utilisé pour la première fois dans un batardeau en 1960 dans le cadre du projet à buts multiples de Shihmen à Taiwan.

8.6.2 Considérations sur la conception

Les considérations clés sur la conception d'un batardeau en BCR sont les suivantes:

a. Fondation - Il est important de créer une fondation pour un batardeau en BCR aussi solide et bien conçue que celle du barrage principal. La fondation doit de préférence être composée de roches compétentes parmi lesquelles les matériaux faibles et compressibles ont été enlevés. La roche doit être nettoyée pour exposer une surface à laquelle le BCR se liera pour développer la friction et la cohésion nécessaire. La surface de fondation doit être débarrassée de flaques d'eau;

b. Mise en place - Pour un batardeau en BCR, les considérations concernant la résistance aux infiltrations peuvent être assouplies. En effet, une fuite notable dans les joints entre les couches de BCR et/ou les joints de contraction (ou fissure verticale) peut être tolérée pendant la construction car contrôlées par des pompes entre le batardeau et le barrage principal;

Figure 8.9
RCC used in the spillway reconstruction at Oroville Dam (Photo: California Department of Water Resources, USA, 2018)

8.6 COFFERDAMS

8.6.1 General

RCC has been used innovatively for river cofferdams, providing the particular advantage of rapid construction during periods of lower river flow and usually using materials already specified for the dam construction. In some cases, these cofferdam structures have also been integrated into the permanent dam structure. It is particularly advantageous when cofferdams can be designed to be overtopped without failure and the erosion resistance inherent to RCC consequently makes it particularly well-suited for cofferdam construction. It was noted by Hansen and Johnson (2011) that RCC was first used in a cofferdam in 1960 at the Shihmen multipurpose project in Taiwan.

8.6.2 Design considerations

Key aspects of the design of an RCC cofferdam will include the following:

a. Foundation – It is important to create a foundation for an RCC cofferdam that is as sound and well designed as that of the main dam. The foundation should preferably comprise competent rock from which weak and compressible material has been removed. It should be cleaned to expose a sound surface to which the RCC will bond to develop the necessary friction and cohesion. The foundation surface should be cleared of pooled water.
b. Placement – For a temporary RCC cofferdam structure, the design considerations for seepage resistance may be relaxed, as a substantial leakage through RCC lift joints and/or contraction joints (or vertical cracking) can be tolerated during construction, with pumps between the cofferdam and main dam construction.

c. Joints de contraction - Les joints de contraction ne sont généralement pas nécessaires pour les batardeaux en BCR. Il s'agit d'un meilleur contrôle des eaux que de permettre au BCR mis en place monolithiquement de se fissurer naturellement plutôt que de créer des passages d'eau avec des joints de contraction non munis de lame d'étanchéité ou d'un revêtement imperméable en amont;

d. Déversement - Les batardeaux en BCR doivent être conçus de manière à permettre le déversement en crête. En règle générale, ces structures sont conçues pour passer la crue spécifiée pour la période de construction, soit un événement hydrologique d'une période de retour de 25 à 50 ans. Les débits dus à une crue supérieures à celle prévue vont naturellement se déverser pardessus la crête. Par conséquent, la surface finale de la crête et de la pente aval devrait accommoder de tels déversements. Un batardeau en BCR devrait permettre à la zone de construction délimitée par l'enceinte des batardeaux de se remettre rapidement d'un événement de déversement afin de reprendre la construction le plus rapidement possible.

Le BCR utilisé pour les batardeaux temporaires peut être soumis à un programme de contrôle de qualité réduit puisque ces structures ne sont généralement nécessaires que pour quelques années. Cependant, les batardeaux en BCR incorporés dans des structures permanentes doivent bénéficier des mêmes contrôles de qualité en matière de conception et de construction que le BCR de la structure principale du barrage.

8.6.3 Projets représentatifs

Batardeau – Barrage des Trois Gorges (Chine)

Deux batardeaux temporaires en BCR ont été utilisés pour permettre la construction du barrage majeur qu'est celui des Trois Gorges. Plus grand que la plupart des barrages en BCR, le batardeau de l'étape I avait un volume de 1,3 M m³ de BCR, une longueur de 1163 m et une hauteur maximale de 107 m. Le batardeau de la phase II avait un volume d'environ 200 000 m³, une longueur de 580 m et une hauteur maximale de 140 m. Comme le montre la figure 8.10, ces batardeaux étaient des structures temporaires majeures pour la construction et étaient équipés de vannes de contrôle intégrale pour permettre le remplissage de l'enceinte entre le batardeau et le barrage principal.

Figure 8.10
Batardeau en BCR au barrage des Trois Gorges (circa 2006, China)
(Photo: China Three Gorges Company, Chine)

c. Contraction Joints – Contraction Joints are typically not necessary for temporary RCC cofferdams. It is better for control of water, to allow a monolithic RCC placement to crack naturally than to create water pathways with contraction joints not treated with an upstream waterstop or impermeable liner.

d. Overtopping – RCC cofferdams should be designed to accommodate overtopping. Typically, these structures will be designed to accommodate a specific flood during the construction period in the range of a 25- to 50-year return period hydrological event. Inflows during storms greater than that designed will naturally overtop the RCC cofferdam. Consequently, the final exposed surface of the crest and downstream slope should accommodate overtopping flows. The expectation of a temporary RCC cofferdam is that the downstream construction area can quickly recover from an overtopping event in order to resume construction with as little delay as possible.

RCC used for temporary cofferdams may have a reduced quality control programme since these structures are typically needed only for a few years. However, RCC cofferdams that are incorporated into permanent structures should have the same quality control care in design and construction as the RCC in the main dam structure.

8.6.3 Representative projects

Temporary Cofferdam – Three Gorges Dam (China)

Two temporary RCC cofferdams were used to facilitate construction of the major Three Gorges Dam. Larger than most RCC dams, the cofferdam in Stage I had a volume of 1.3 M m^3 of RCC, a length of 1163 m and a maximum height of 107 m. The Stage II cofferdam had a volume of approximately 200,000 m^3, a length of 580 m and a maximum height of 140 m. As shown in Figure 8.10, these cofferdams were key temporary structures in the construction and were equipped with integral flow discharge gates to accommodate filling of the area between the cofferdam and main dam structures.

Figure 8.10
RCC cofferdam at the Three Gorges Dam (circa 2006, China)
(Photo: China Three Gorges Company, China)

Structures Intégrées - Barrage Beni Haroun (Algérie)

Le concept d'intégration d'un batardeau en BCR dans un barrage final en BCR a d'abord été développé au barrage Beni Haroun (Algérie) en 1999 et a également été utilisé pour le barrage Yeywa (Myanmar) en 2006. Comme le montre la figure 8.11 pour le projet Beni Haroun, l'intention était de construire le batardeau en BCR comme pied amont du barrage principal. Dans ce cas, le batardeau en BCR était de 35 m, alors que la hauteur du barrage principal était de 120 m, comme le montre la figure 8.12.

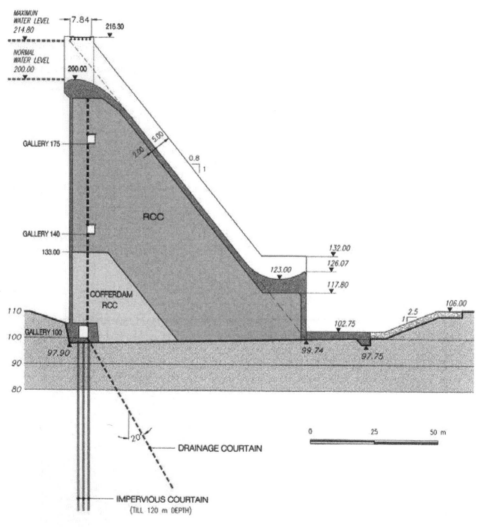

Figure 8.11
Schéma du barrage de Beni Haroun montrant le batardeau intégré

Légende:
- A. Niveau d'eau maximal
- B. Niveau d'eau normal
- C. Galerie
- D. BCR

- E. Batardeau en BCR
- F. Rideau de drainage
- G. Rideau d'injection

Integral Structures – Beni Haroun Dam (Algeria)

The concept of integrating an RCC cofferdam into a final RCC dam was first developed at the Beni Haroun Dam (Algeria) in 1999 and also used for Yeywa Dam (Myanmar) in 2006. As illustrated in Figure 8.11 for the Beni Haroun Project, the intent is to construct the RCC cofferdam as the upstream heel of the main dam. In this case, the RCC cofferdam was 35 m, compared to a main dam height of 120 m, as shown in Figure 8.12.

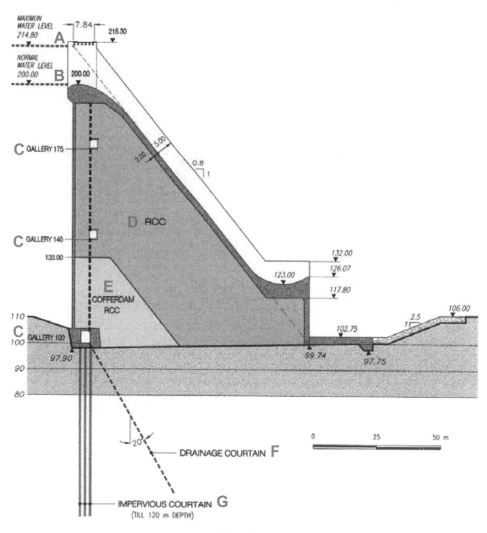

Figure 8.11
Beni Haroun Dam cross-section indicating integrated cofferdam

Figure 8.12
Mise en place du BCR à l'aval du batardeau intégré du barrage de Beni Haroun (Algérie)
(Photo: Ibañez-de-Aldecoa, 1999)

8.7 LE REHAUSSEMENT DES BARRAGES EN BÉTON

8.7.1 Généralités

Le rehaussement des barrages-poids en béton existants est un cas particulier des contreforts en BCR présenté précédemment dans cette section. Le BCR est bien adapté à ce type d'application car il permet aux opérations de construction de se poursuivre avec tous les avantages de la mise en place du BCR – moins de coffrage et un échéancier accéléré. Il est à noter que le concept général de rehaussement d'une structure en béton existante en utilisant du BCR est similaire à celui de batardeau intégré, où le BCR est placé pour encapsuler la structure préexistante.

8.7.2 Considérations sur la conception

Les considérations clés sur la conception d'un rehaussement de barrage par du BCR sont les suivantes :

  a. Fondation - Il est important de créer une fondation pour la portion aval du contrefort en BCR, qui est aussi solide et bien conçue que celle que l'on développerait pour un barrage en BCR. La fondation doit être composée de roches compétentes, dont les matériaux faibles et compressibles ont été enlevés. La roche doit être nettoyée pour exposer une surface à laquelle le BCR peut adhérer afin développer la friction et la cohésion nécessaires et elle doit être débarrassée des flaques d'eau;
  b. Mise en place - L'utilisation du BCR pour rehausser une structure en béton existante devrait être effectuée selon les mêmes exigences techniques que celles utilisées pour un nouveau barrage, y compris la mise en place, le traitement des joints de reprise, les dispositifs concernant la contraction du RCC et sa cure;

Figure 8.12
RCC placement downstream of integrated cofferdam at the Beni Haroun Dam (Algeria)
(Photo: Ibañez-de-Aldecoa, 1999)

8.7   RAISING CONCRETE DAMS

8.7.1   General

Raising existing concrete gravity dams is a specialized application of RCC buttressing presented in Section 8.3. RCC is well suited to this application as it allows construction to proceed with the advantages of general RCC placement – reduced form work and expedited schedule. It is noted that the general concept of raising an existing concrete structure with RCC is also similar to an integrated cofferdam application, where the RCC is placed to encapsulate the pre-existing structure.

8.7.2   Design considerations

Key aspects of the design for an RCC dam raising will include the following:

   a. Foundation – It is important to create a foundation for the downstream RCC buttress portion of the dam raise that is as sound and well designed as one would develop for an RCC dam. The foundation should be composed of competent rock, with weak and compressible material removed. It should be cleaned to expose a sound surface to which the RCC may bond to develop the necessary friction and cohesion and it should be cleared of pooled water.
   b. Placement – The use of RCC to raise an existing concrete structure should be undertaken with the same care and technical requirements as a new dam, including placement, lift joint treatment, contraction provisions and curing.

c. Interface - Comme indiqué ci-dessus pour la conception des contreforts en BCR, il convient de veiller tout particulièrement à créer une interface robuste entre les structures existantes et la nouvelle. La surface du béton existant doit être traitée pour éliminer les matériaux lâches et détériorés en utilisant un jet de sable ou un jet d'eau. Les méthodes mécaniques de traitement de surface doivent être évitées car celles-ci ont tendance à endommager la surface du béton existant et de produire des microfissures. En plus des préparations de surface, des mesures supplémentaires sont recommandées pour assurer une liaison de qualité entre les structures existantes et les nouvelles par l'utilisation de GEVR, GERCC, IVRCC ou BCV à l'interface;

d. Joints de contraction - Les joints de contraction sont nécessaires et doivent être installés aux mêmes endroits que les joints de la structure existante.

Il convient de noter que la complexité de mise en place du BCR contre la paroi d'un barrage existant est susceptible de réduire la production comparativement à celle prévue pour la mise en place du BCR dans une nouvelle structure. Cela est dû au fait que les zones de travail seront toujours petites comparées à celles des nouveaux barrages en BCR.

8.7.3   Projets représentatifs

Rehaussement du barrage San Vicente, San Diego, Californie, États Unis

Le projet de rehaussement du barrage de San Vicente (ZHOU et al., 2009) a permis de rehausser de 35,7 m le barrage d'origine en béton de 67 m. Ceci en fait le plus grand rehaussement de barrage en BCR au monde. Le rehaussement du barrage a demandé plus de 459 000 m³ de BCR pour augmenter la capacité de stockage du réservoir de 182 Mm³. Un diagramme schématique du rehaussement est présenté à la figure 8.13, tandis que la figure 8.14 montre le rehaussement durant la construction.

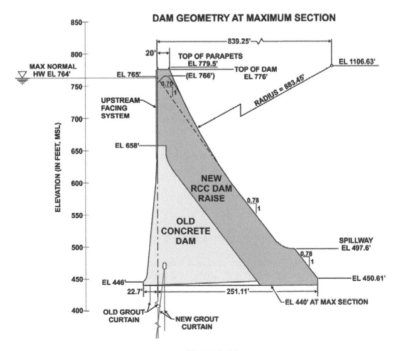

Figure 8.13
Schéma du rehaussement du barrage San Vicente

c.   Interface – As noted above for RCC buttress design, special care should be taken to create a robust interface connection between the existing and new structures. The surface of the existing concrete should be treated to remove loose and deteriorated materials using sandblasting or water jetting. Mechanical methods of removal should be avoided as these methods tend to cause damage in the form of micro-cracking to the existing concrete surface. In addition to surface preparations, additional measures are recommended to assure a good quality bond between the existing and new structures through the use of GEVR, GERCC, IVRCC or CVC at the interface.

d.   Contraction Joints – Contraction Joints are necessary and should be installed coincident with joints in the existing structure.

It should be noted that the added complication of placement at an existing dam is likely to cause somewhat slower RCC production than that expected during normal RCC placement in a new structure. This is due to the fact that work areas will always be small compared to new RCC dams.

8.7.3   *Representative project*

San Vicente Dam Raise, San Diego, California, USA

The San Vicente Dam Raise (SVDR) project (Zhou et al, 2009) raised the original 67 m concrete gravity dam by 35.7 m, making it the tallest RCC dam raise in the world to date. The dam raise utilized more than 459,000 m³ RCC to increase the reservoir storage capacity by 182 M m³. A schematic diagram of the raise is presented in Figure 8.13, while Figure 8.14 shows the raise under construction.

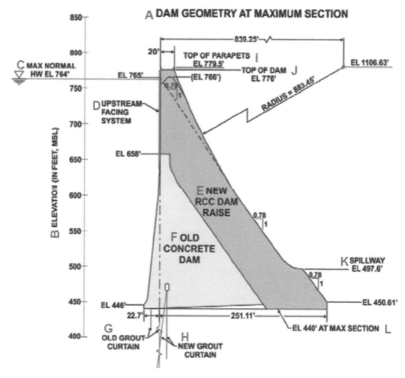

Figure 8.13
Schematic representation of the RCC dam raise at San Vicente Dam

Figure 8.14
Rehaussement du barrage San Vicente en construction (Californie, États-Unis)
(Photo: San Diego County Water Authority, USA, 2011)

Légende

A - Géométrie du barrage à la hauteur maximale
B - Niveau au-dessus de la mer en pieds
C - Niveau normal maximal 764 pi
D - Parement amont
E - Nouveau rehaussement en BCR
F - Ancien barrage en béton

G - Ancien rideau d'injection
H - Nouveau rideau d'injection
I - Dessus des garde-corps
J - Crête du barrage
K - Évacuateur
L - Niv. 440 pieds à la section maximale

Figure 8.14
San Vicente Dam raising with RCC under construction (California, USA)
(Photo: San Diego County Water Authority, USA, 2011)

Un aspect crucial du concept était d'harmoniser les propriétés et les caractéristiques du BCR avec celles du béton de masse du barrage préexistant. L'objectif est de développer une structure composite de l'ancien avec le nouveau béton; lesquelles structures doivent être compatibles par rapport à leurs propriétés physiques et comportementales et de minimiser les impacts négatifs résultants de comportements différentiels. Cet objectif visant la création d'une structure monolithique est particulièrement important le long de l'interface entre l'ancien et le nouveau béton, spécialement en regard des propriétés thermiques, mécaniques et de résistance. Pour atteindre cet objectif, la première tâche consistait à déterminer les propriétés du béton du barrage existant par recherche des archives caractérisant les granulats et les ciments utilisés dans le mélange de béton lors de la construction. La deuxième tâche consistait à évaluer l'état actuel du barrage par des essais sur des échantillons de carottes extraites du barrage et en effectuant des essais in situ. Les essais visaient à déterminer la qualité (détérioration due aux effets du vieillissement), la résistance, le module de Young, les propriétés thermiques et la température du barrage existant.

Le dosage des constituants du BCR visait à développer un mélange dont les propriétés correspondaient le plus étroitement possible au béton d'origine. Le mélange sélectionné était composé de granulats fabriqués à partir d'un gisement de conglomérats près du barrage présentant des propriétés très similaires aux granulats d'origine en termes de résistance et de propriétés thermiques. L'autre facteur critique était la fabrication du BCR de manière à ce que sa résistance ultime à la compression et son module de déformation se rapprochent de ceux du béton du barrage existant. Une discussion plus détaillée du programme de dosage des constituants du BCR est présentée dans la réf. (ZHOU et al, 2009).

8.8   AUTRES APPLICATIONS DU BCR

8.8.1   Généralités

Outre les « autres applications du BCR » abordées ici, il existe d'autres applications innovantes qui n'ont pas été traitées en détail dans ce document. Par exemple, la deuxième écluse de navigation à "Bonneville Lock and Dam (États-Unis) » a été construite avec du BCR. Un mur en BCR de masse, principalement submergé, a été construit au barrage Lower Granite (États-Unis) pour bloquer les remous et les turbulences causés par le bassin de dissipation et qui perturbaient les débits d'eau nécessaires pour attirer les poissons à la passe-à-poissons. Ces applications novatrices et de nombreuses autres applications du BCR ont été rendues possibles grâce à des ingénieurs créatifs continuant à trouver de nouvelles opportunités pour appliquer cette technologie.

8.8.2   Projets représentatifs

Barrage Kárahnjúkar. Plinthe du barrage à masque amont en béton, confluence des rivières « Jökulsá á Brú » et « Jökulsá í Fljótsdal »

D'une puissance installée de 690 MW, le complexe de Kárahnjúkar présente la plus grande centrale hydroélectrique d'Islande. Le barrage de Kárahnjúkar est un barrage en enrochement à masque amont en béton de 193 m de hauteur et de 730 m de longueur. Comme le montre la figure 8.15, le barrage comprend une plinthe à la base du masque amont. Du BCR a été ajouté lors de la conception afin de fournir un appui aval à la plinthe.

A crucial aspect of the design for the SVDR was to match the properties and characteristics of the RCC with those of the mass concrete of the pre-existing dam. The objective was to develop a composite structure with compatible old and new concrete relative to its behavioural and material properties and to minimize any negative consequences due to differential behaviour. The objective to create a monolithic structure was particularly important along the interface between the old and new concrete, including thermal, mechanical and strength properties. To achieve this objective, the first task was to determine the properties of the concrete in the existing dam through a search of archival information describing the aggregates and cements used in the concrete mix during construction. The second task was to measure the current condition of the dam concrete by testing samples of drilled core and conducting tests in situ. The tests were aimed at determining the quality (deterioration due to aging effects), strength, Young's modulus, thermal properties and temperature of the existing dam.

The RCC mix design programme was aimed at developing an RCC mix with properties that matched the original concrete as closely as possible. The selected mix comprised of aggregates manufactured from a Conglomerate deposit close to the dam with properties very similar to the original aggregates in terms of strength and thermal properties. The other critical factor was to design the RCC so that its ultimate compressive strength and modulus would closely approximate that of the existing dam concrete. A more detailed discussion of the RCC mix design programme was presented by Zhou et al (2009).

8.8 OTHER USES OF RCC

8.8.1 General

In addition to the "other uses of RCC" covered herein, there are other innovative applications that have not been covered in detail in this document. For example, the second navigation lock at Bonneville Lock and Dam (USA) was constructed with RCC, and a mostly submerged mass wall of RCC was constructed at Lower Granite Dam (USA) to block eddies and turbulence caused by the stilling basin that were disrupting water flows required to attract fish to the fish ladder. These and many other innovative applications of RCC have been made possible through creative engineers continuing to find new opportunities in the technology.

8.8.2 Representative project

Kárahnjúkar Dam. Toe Wall Support, Confluence of Jökulsá á Brú and Jökulsá í Fljótsdal Rivers, Iceland

With an installed capacity of 690 MW, the Kárahnjúkar plant is the largest hydroelectric power plant in Iceland. The Kárahnjúkar Dam is a 193 m concrete-faced rockfill dam with a crest length of 730 m. As shown in Figure 8.15, the dam includes a toe wall at the upstream base of the embankment. RCC was added to the design as a downstream support to the toe wall.

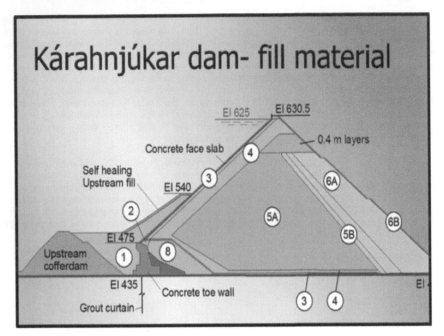

Figure 8.15
Barrage Kárahnjúkar – BCR montré en rouge à l'aval de la plinthe

Légende
   A.   Barrage Kárahnjúkar – remblai
   B.   Masque amont en béton
   C.   Remblai amont auto-colmatant
   D.   Batardeau amont
   E.   Rideau d'injection
   F.   Plinthe
   G.   Couches de 0,4m

8.9   CONCLUSIONS

L'utilisation de BCR pour la réhabilitation des structures existantes et la construction de nouveaux barrages en béton continue de prendre de l'ampleur alors que les ingénieurs exploitent les nombreux avantages de ce matériau et optimisent les méthodes de mise en place pour réduire les investissements et les échéanciers des projets. En plus des applications présentées ici, il existe de nombreuses autres utilisations du BCR visant la sécurité des barrages et leur mise aux normes. Ceci inclue les nouvelles structures d'évacuateurs, les bassins de dissipation et les radiers; la protection des faces amont, la stabilisation des barrages en remblais; et la mise en place d'importantes coupures étanche (cut-off walls) à l'intérieur des digues ou des barrages en enrochement. Bon nombre de ces solutions en BCR sont décrites plus en détail dans la publication de 2017 du Bureau of Reclamation des États-Unis intitulée "Roller-Compacted Concrete – Design and Construction Considerations for Hydraulic Structures." Second Edition, 2017 (USBR 2017).

RÉFÉRENCES / REFERENCES

FEMA, United States Department of Homeland Security, Federal Emergency Management Agency. "*Technical Manual: Overtopping Protection for Dams*". FEMA P-1015 / May 2014.

HANSEN, K.D. & JOHNSON, D.L. "*RCC use in cofferdams*". International Journal on Hydropower and Dams. Volume Eighteen, Issue Four. 2011.

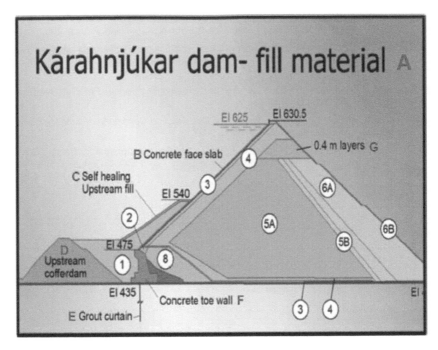

Figure 8.15
Kárahnjúkar Dam – RCC shown in red behind "Concrete toe wall"

8.9   CONCLUSIONS

The use of RCC for the rehabilitation of existing structures and construction of new concrete dams continues to expand as engineers utilize the many efficiencies of this material and placement methodology to benefit project economy and schedule. In addition to those applications presented herein, there are many other various uses of RCC for dam safety and rehabilitation; including new spillway structures, stilling basins and aprons, upstream slope protection and stabilization for embankment dams and large cut-off walls inside embankments or rockfill dam sections. Many of these RCC solutions are described in greater detail in the 2017 United States Bureau of Reclamation publication "Roller-Compacted Concrete – Design and Construction Considerations for Hydraulic Structures." Second Edition, 2017 (USBR, 2017).

ICOLD/CIGB. *"Roller-compacted concrete dams"*. State of the art and case histories/Barrages en béton compacté au rouleau. Technique actuelle et exemples. Bulletin N° 126, Paris, France, 2003.

ICOLD. *"Oroville Dam Spillway Incident – Roller-Compacted Concrete Influences on Recovery Structural Design Features"*. Proceedings. ICOLD 2018 Special Session on the Oroville Spillway Incident of 2017, Vienna, Austria, 2018.

SCHRADER, E.K. & STEFANAKOS, J. *"RCC Cavitation and Erosion Resistance"*. Proc. Int. Symp. on Roller Compacted Concrete, pp. 1175–1188, 1995.

U.S.B.R. *"Roller-Compacted Concrete – Design and Construction Considerations for Hydraulic Structures"*. Second Edition, U.S. Bureau of Reclamation, 2017.

ZHOU, J., ROGERS, M.F., KELLER, T.O. & MEDA, J. *"Roller Compacted Concrete for Raising San Vicente Dam"*. Proceedings. International Commission On Large Dams, 23rd ICOLD Congress, Brasilia, Brazil. June 2009

9.   BARRAGES VOÛTES EN BCR

9.1   HISTOIRE

Les deux premiers barrages en BCR conçus pour tirer un parti structurel de l'effet voûte sont les barrages de Knellpoort (50 m) et de Wolwedans (70 m), tous deux construits en Afrique du Sud à la fin des années 1980. Les deux barrages étaient des barrages poids-voûtes circulaires, à parement amont vertical et à parement aval incliné en marches d'escalier. Le fruit aval plus élevé et la hauteur plus grande du barrage de Wolwedans conduisent à une prise en compte plus importante de l'effet voûte, dans des conditions de fonctionnement normales, ainsi que sous charges extrêmes.

Au cours de la même période, des batardeaux en BCR de forme poids voûte puis voûte ont été construits pour un certain nombre de barrages poids en BCR en Chine, offrant une confiance suffisante pour permettre la réalisation du premier barrage voûte épaisse en BCR en 1993, le barrage de Puding (75 m), puis du premier barrage voûte mince circulaire en 1995, le barrage de Xibing (63,5 m). (ICOLD/ CIGB, 2003) Depuis lors, la Chine est devenue le leader mondial incontesté des barrages voûtes en BCR, avec 60 ouvrages de ce type achevés à la fin de 2017, le plus élevé étant le barrage à double courbure de Wanjiakouzi de 168 m de hauteur.

Figure 9.1
Barrage Wanjiakouzi (Chine)
(Photo: rccdams.co.uk)

Le début de la deuxième décennie du 21ème siècle vit se réaliser des barrages voûtes en BCR hors de Chine, avec le barrage Changuinola 1 au Panama (105 m), le barrage de Portugues à Porto Rico (67 m) et les barrages de Kotanli (85 m) et Köroğlu (100 m) en Turquie. En outre, la technologie chinoise a été appliquée au barrage Gomal Zam (133 m) au Pakistan et au barrage Nam Ngum 5 (99 m) au Laos. Le barrage BCR de Tabellout (121 m) en Algérie (Cervetti et al, 2015) a été conçu comme un barrage poids incurvé, dans le but d'augmenter sa résistance structurelle sous une charge sismique critique. Une ceinture sismique a été incluse à proximité de la crête du barrage pour augmenter sa résistance aux actions sismiques orientées vers l'amont, tandis que les joints formés avec des éléments de coffrages amovibles permettaient la réalisation d'un système traditionnel d'injection des joints par compartiments. Le barrage Janneh (165 m), actuellement en construction au Liban, sera le plus haut barrage poids-voûte en BCR lorsqu'il sera achevé en 2020.

9. RCC ARCH DAMS

9.1 HISTORY

The first two RCC dams to be designed to take advantage of arching structural function were Knellpoort Dam (50 m) and Wolwedans Dam (70 m), both constructed in South Africa in the late 1980s. Both dams applied a simple single-centre, arch-gravity configuration, with a vertical upstream face and a sloped, stepped downstream face. The steeper downstream face slope and greater height of Wolwedans Dam implied a greater reliance on arch load transfer under normal operating conditions, as well as under extreme loading.

Over the same period, curved gravity and subsequently arch RCC cofferdams were constructed for a number of RCC gravity dams in China, providing sufficient confidence to enable the completion of the first RCC thick-arch dam in 1993, Puding Dam (75 m), and the first single-centre thin arch dam in 1995, Xibing Dam (63.5 m) (ICOLD/CIGB, 2003). Since that time, China has gone on to become the clear world leader in RCC arch dams, with 60 structures of this type completed by the end of 2017, the highest being the 168 m Wanjiakouzi double curvature RCC arch.

Figure 9.1
Wanjiakouzi Dam (China)
(Photo: rccdams.co.uk)

The early part of the second decade of the 21st century saw the completion of RCC arch dams outside China, with the Changuinola 1 Dam in Panama (105 m), Portugues Dam in Puerto Rico (67 m) and Kotanli (85 m) and Köroğlu (100 m) dams in Turkey. In addition, Chinese technology was applied for Gomal Zam Dam (133 m) in Pakistan and Nam Ngum 5 Dam (99 m) in Laos. The structure of Tabellout Dam (121 m) in Algeria (Cervetti et al, 2015) was configured as a curved RCC gravity dam, with the specific objective of increasing structural resistance under critical seismic loading. A tension belt was included in the dam crest to increase resistance to seismic forces orientated in an upstream direction, while joints formed using precast concrete form elements allowed the inclusion of a traditional, compartmentalised joint grouting system. Janneh Dam (165 m), currently under construction in Lebanon, will be the highest RCC arch-gravity dam when completed in 2020.

383

9.2   INTRODUCTION

Un barrage voûte est une structure incurvée horizontalement (et parfois verticalement) qui repose sur la transmission des charges latérales ou tridimensionnelles dans les blocs adjacents et dans les rives de la vallée, nécessitant en principe une structure monolithique. Un barrage voûte en BCR fonctionne de la même manière qu'un barrage voûte en BCV, avec des différences et exigences spécifiques liées aux méthodes de construction. Pour s'adapter à la construction par couches horizontales continues utilisée dans les barrages voûtes en BCR, des approches spécifiques doivent être utilisées pour la conception, la construction et l'injection des joints de contraction qui sont, pour les voûtes en BCR, amorcés plutôt que coffrés. La construction continue et horizontale implique que les contraintes thermiques ne sont pas toujours ou complètement dissipées avant la fin de la construction et le chargement du barrage.

Les barrages voûtes en BCR partagent les mêmes avantages que les barrages voûtes en BCV en termes de performances et de fonctionnement. Là où la topographie et la géologie sont le mieux adaptée à un barrage voûte en BCR, ce type de barrage sera souvent compétitif à la fois par rapport aux barrages poids en BCR et aux barrages voûtes en BCV, avec un avantage maximal sur les sites où la rapidité de construction du BCR peut être exploitée. Dans les vallées très escarpées, avec des conditions géologiques appropriées, les difficultés d'accès et les exigences structurelles ainsi que des sections plus minces et l'utilisation forte de la double courbure, tendent à favoriser la construction verticale et réduisent par conséquent la compétitivité du barrage voûte en BCR par rapport à un barrage voûte en BCV.

Dans tous les cas, la motivation pour adopter un barrage voûte en BCR est un coût réduit et une mise en œuvre plus rapide, par rapport à une voûte en BCV comparable ou un barrage poids en BCR.

9.3   CONCEPTION DES BARRAGES VOÛTE EN BCR

9.3.1   Introduction

La conception d'un barrage voûte en BCR peut suivre fondamentalement la même approche que celle d'un barrage voûte en BCV, avec une section des consoles qui varie de la clé aux rives et l'utilisation du post-refroidissement et du clavage des joints, ou elle peut suivre approche sensiblement différente, en particulier lorsque la conception cherche à tirer parti des principaux avantages liés à la construction du BCR.

Alors que les barrages voûtes construits à ce jour en Chine ont généralement une géométrie simple, de nombreuses structures ont un faible rapport épaisseur à la base/hauteur (B/H) et des barrages plus récents ont été construits avec une double courbure (Wang, 2007). En revanche, tous les barrages voûtes en BCR construits à ce jour ailleurs qu'en Chine sont des structures où l'effet de console est prédominant et qui devraient donc être classées en barrage poids arqué ou en voûte épaisse. Dans tous les cas, la conception d'un barrage voûte en BCR doit tenir en compte du fait que la construction en BCR est plus performante lorsque la simplicité de construction est maintenue, ce qui nécessite généralement des sections plus larges avec de grandes zones de mise en place du BCR et un accès facile.

Concernant les voûtes en BCR, il convient de reconnaître un certain nombre de différences fondamentales par rapport aux voûtes en BCV, notamment:

- La construction par levées horizontales plutôt que par plots verticaux;
- l'inclusion de joints amorcés plutôt que de joints coffrés, compte tenu de la fonction des clés de cisaillement, de l'efficacité des injections de joints, de la possibilité de ré-injection;
- Les inconvénients/complications additionnels et l'efficacité en partie réduite du post-refroidissement;
- Le respect de la simplicité dans la conception et la construction.

De plus, les facteurs suivants doivent être pris en compte dans le cas des voûtes en BCR:

- Le dosage en ciment du BCR pour les barrages voûtes est généralement plus élevé que pour les barrages poids et est souvent similaire à celui des barrages voûte en BCV

9.2   INTRODUCTION

An arch dam is a horizontally (and sometimes vertically) curved structure that relies on the lateral, or 3-dimensional transmission of load between adjacent blocks and into the valley abutments, in principle requiring a monolithic structure. An RCC arch dam functions in the same manner as a CVC arch dam, with the primary differences and requirements relating to the methods of construction. To accommodate the continuous horizontal construction used for an RCC arch dam, different technologies for the design, construction and grouting of induced, rather than formed contraction joints have needed to be developed. Continuous and horizontal construction implies that thermal and gravity stresses are not always, or necessarily fully dissipated before construction is completed and the dam is loaded.

RCC arch dams share the same advantages as CVC arch dams in performance and operation. On a site where the topography and geology are most suitable for an RCC arch dam, this dam type will often be competitive with both RCC gravity dams and CVC arch dams, with the greatest advantage possible on sites where the speed of construction benefits of RCC can be exploited. In very steep-sided valleys, with suitable geological conditions, access difficulties and structural requirements, as well as thinner sections and the use of extensive double-curvature, start to favour vertical construction, reducing the competitiveness of an RCC arch dam compared with a CVC arch dam.

In all cases, the motivation for adopting an RCC arch dam type is reduced cost and more rapid implementation, compared to an equivalent CVC arch or RCC gravity dam structure.

9.3   DESIGN OF RCC ARCH DAMS

9.3.1   Introduction

The design of an RCC arch dam can follow essentially the same approach as that for a CVC arch dam, with a cantilever section that varies from the crown to the flanks and fully accommodating mass gradient thermal effects through post-cooling and joint grouting, or it can follow a substantially different approach, particularly when the design seeks to take advantage of the primary benefits associated with RCC construction.

While the RCC arch dams constructed to date in China generally indicate a comparatively simple geometry, many of the structures have low base thickness/height (B/H) ratios and more recent dams have been constructed with double-curvature (Wang, 2007). By contrast, all RCC arch dams constructed to date elsewhere in the world have been structures with a significant level of cantilever function and would accordingly be classified as arch-gravity structures, or thick arch dams. In all cases, the design of an RCC arch dam needs to recognise the fact that RCC construction is most efficient when simplicity of construction is maintained, which generally requires wider sections with large placement areas and easy access.

In all cases of RCC arch dams, a number of fundamental differences compared to CVC arches must be recognised, related to the following:

- The application of horizontal, rather than vertical construction;
- The inclusion of induced, rather than formed joints, considering the related function of shear keys, grouting effectiveness, re-grouting, etc;
- The increased inconvenience/complication and partly reduced effectiveness of post-cooling;
- The observance of simplicity in design and construction.

Furthermore, the following factors are relevant to RCC arch dams:

- The cementitious materials content of RCC for arch dams is typically higher than for gravity dams and often similar to that for CVC arch dams;

- Les vitesses de mises en place du BCR pour les barrages voûtes sont inférieures à celles des barrages poids en raison des diverses contraintes évoquées ci-dessus; et
- Le coût unitaire du BCR pour les voûtes est généralement plus élevé que pour un barrage poids.

9.3.2 Les voûtes en BCR en Chine

Les premiers concepts ont été développés en 1987 et des essais de construction de barrages voûte en Chine ont été initiés sur des batardeaux gravitaires courbes aux barrages de Yantan et de Geheyan en 1988. Par la suite, trois batardeaux en voûte ont été construits aux barrages de Shuidong, Jiangya et Dachaoshan, mettant en évidence une réduction de la durée et des coûts de construction. Avec un volume de béton de 75 000 m³, le batardeau voûte en BCR de Dachaoshan a été achevé en 88 jours et fut submergé seulement trois mois après sa construction.

Au début des années 90, le Programme National pour le Développement Scientifique et Technologique en Chine a abordé le "Développement de méthodes de conception structurelle et de matériaux innovants pour les barrages voûtes en BCR d'environ 100 m de hauteur", en association avec la conception et la construction du barrage voûte en BCR de Shapai. Ce programme de recherche a impliqué des chercheurs, des concepteurs et des ingénieurs de construction issus de nombreuses disciplines et de l'ensemble du pays. Il a permis une avancée majeure dans la conception et la construction de barrages voûtes en BCR, avec le développement de diverses technologies et méthodes de construction innovantes.

Après l'achèvement du barrage voûte en BCR de Puding en 1993, tous les types de barrages voûtes ont été construits en Chine, du barrage poids voûtes aux voûtes à double courbe. Le tableau 9.1 donne des exemples de quelques-uns des importants barrages voûte en BCR achevés en Chine jusqu'en 2017.

Tableau 9.1
Sélection de barrages voûtes construits en Chine jusqu'en 2017

Nom du Barrage	Type	Hauteur (m)	Longueur (m)	Volume de béton (m³x10³)	Forme de la vallée	Ratio L/H	Ratio B/H	Année d'achèvement
Puding	D.C	75	196	137	V	2.61	0.38	1993
Wenquanpu	S.C	49	188	63	U	3.84	0.28	1994
Xibing	S.C	63	93	33	V	1.47	0.19	1996
Hongpo	P.V.	55	244	78	U	4.44	0.47	1999
Shapai	S.C.	132	238	200	V	1.80	0.24	2002
Shimenzi	D.C	109	187	373	U	1.72	0.27	2001
Longshou	D.C	82	196	275	U	2.39	0.34	2001
Linhekou	D.C.	96.5	311	295	V	3.22	0.28	2003
Xuanmiaoguan	D.C	65.5	191	95	U	2.92	0.22	2004
Zhaolaihe	D.C.	107	198	204	V	1.82	0.17	2005
Dahuashui	D.C.	134.5	198	290	V	1.47	0.17	2006
Maobaguan	S.C.	66	120	106	V	1.82	0.42	2007
Yunlonghe III	D.C.	135	143	175	V	1.06	0.13	2008
Huanghuazhai	D.C.	108	244	300	V	2.62	0.24	2009
Tianhuaban	D.C	113	159	305.9	V	1.41	0.22	2010
Qinglong	D.C.	137.7	116	212	V	0.84	0.17	2011
Sanliping	D.C.	133	284.6	448	U	2.14	0.17	2011
Shankouyan	D.C.	99	268	260	V	2.71	0.30	2012
Lijiahe	D.C.	98.5	352	370	V	3.57	0.32	2013
Lizhou	D.C.	132	201.8	380	V	1.53	0.20	2015
Wanjiakouzi	D.C.	168	413.2	1140	U	2.47	0.21	2017

Legende: S.C. = simple courbure; D.C. = double courbure; P.V. = poids voûte;

- Placement rates of RCC for arch dams are generally lower than for gravity dams as a consequence of various of the above issues; and
- The unit cost of RCC for an arch dam will generally be higher than for a gravity dam.

9.3.2 RCC arch dams in China

With the first concepts developed in 1987, construction trials for RCC arch dams in China were initiated with curved gravity cofferdam structures at the Yantan and Geheyan dams in 1988. Thereafter, three RCC arch cofferdams were constructed at the Shuidong, Jiangya and Dachaoshan dams, each resulting in reduced construction time and cost. With a concrete volume of 75 000 m³, the Dachaoshan RCC arch cofferdam was completed in 88 days and was overtopped after only three months.

In the early 1990s, the National Program for Science and Technology Development in China addressed the "Development of Structural Design Methods and Novel Materials for RCC Arch Dams of around 100-m Height", in association with the design and construction of the 132 m high Shapai RCC arch dam. Involving researchers, designers and construction engineers across numerous disciplines and the entire nation, this research programme gave rise to a major breakthrough in the design and construction of RCC arch dams, with the development of various innovative related technologies and construction methods.

After the completion of Puding thick RCC arch dam in 1993 all types of arch dam have been constructed in China, from arch-gravity to double-curvature thin arch dams. Examples of some of the significant RCC arch dams completed in China by 2017 are listed in Table 9.1.

Table 9.1
Selected RCC arch dams completed in China to 2017

Name of Dam	Type	Height (m)	Length (m)	Concrete Volume (m³x10³)	Shape of valloy	Ratio of L/H	Ratio of B/H	Year of Completion
Puding	D.C	75	196	137	V	2.61	0.38	1993
Wenquanpu	S.C	49	188	63	U	3.84	0.28	1994
Xibing	S.C	63	93	33	V	1.47	0.19	1996
Hongpo	A.G.	55	244	78	U	4.44	0.47	1999
Shapai	S.C.	132	238	200	V	1.80	0.24	2002
Shimenzi	D.C	109	187	373	U	1.72	0.27	2001
Longshou	D.C	82	196	275	U	2.39	0.34	2001
Linhekou	D.C.	96.5	311	295	V	3.22	0.28	2003
Xuanmiaoguan	D.C	65.5	191	95	U	2.92	0.22	2004
Zhaolaihe	D.C.	107	198	204	V	1.82	0.17	2005
Dahuashui	D.C.	134.5	198	290	V	1.47	0.17	2006
Maobaguan	S.C.	66	120	106	V	1.82	0.42	2007
Yunlonghe III	D.C.	135	143	175	V	1.06	0.13	2008
Huanghuazhai	D.C.	108	244	300	V	2.62	0.24	2009
Tianhuaban	D.C	113	159	305.9	V	1.41	0.22	2010
Qinglong	D.C.	137.7	116	212	V	0.84	0.17	2011
Sanliping	D.C.	133	284.6	448	U	2.14	0.17	2011
Shankouyan	D.C.	99	268	260	V	2.71	0.30	2012
Lijiahe	D.C.	98.5	352	370	V	3.57	0.32	2013
Lizhou	D.C.	132	201.8	380	V	1.53	0.20	2015
Wanjiakouzi	D.C.	168	413.2	1140	U	2.47	0.21	2017

Legend: S.C. = single curvature; D.C = double curvature; A.G. = arch-gravity;

Des barrages voûtes en BCR ont été construits avec succès en Chine sur des sites où les conditions géologiques n'étaient pas idéales. Par exemple, le module de déformation de la masse rocheuse au barrage de Shimenzi était seulement de 4 GPa (Wang, 2007).

9.3.3   Agencement général

Les exigences et les considérations principales de conception, structurelles et géotechniques applicables à une voûte en BCR ne diffèrent pas de celles applicables à un barrage voûte en BCV. Néanmoins, un certain nombre de différences fondamentales affectant l'agencement général le plus approprié doivent être pris en compte. En général, les problèmes suivants doivent être soigneusement pris en compte lors de l'étude de l'agencement et de la configuration optimaux d'un barrage voûte en BCR:

- Le transport des matériaux et la gestion de la construction nécessitent une planification détaillée
- L'espace de travail restreint associé à un barrage voûte aura un impact plus important sur l'efficacité de la construction dans le cas du BCR que du BCV;
- La raideur de rives, qui peut compliquer l'accès des véhicules et des équipements nécessaires à la construction;
- Les travaux nécessaires, tels que l'injection de consolidation sur des pentes abruptes, peuvent avoir un impact sur l'efficacité de la construction;
- Le barrage est construit en principe horizontalement
- L'effet voûte se développe au fur et à mesure que la hauteur du barrage augmente;
- Les caractéristiques spécifiques de relaxation des contraintes par fluage d'un mélange de BCR particulier influenceront le comportement thermique initial et les contraintes qui en résultent;
- Des techniques de construction spécifiques sont utilisées pour la création de joints de contraction transversaux
- Le système d'injection des joints de contraction est installé en même temps, comme une partie intégrante du système d'amorce de fissure pour former les joints et
- Des systèmes de post-refroidissement et des moyens et méthodes de construction spéciaux sont souvent nécessaires.

Pour tirer parti des avantages en termes de vitesse de construction de la technologie RCC, l'agencement général, la géométrie et la conception des barrages voûtes en BCR doivent être aussi simples que possible et les travaux annexes doivent, si possible, être séparés du barrage ou être conçus de manière à minimiser les interférences avec le processus de mise en place du BCR. Reconnaître l'importance de maintenir la simplicité de construction grâce à une conception appropriée est un facteur clé du succès des barrages voûte en BCR.

Les barrages voûte et poids voûtes en BCR utilisent communément le GEVR pour réaliser le parement amont. Dans la pratique chinoise, des agrégats BCR de taille maximale réduite sont souvent utilisés dans la zone du parement amont en combinaison avec le GEVR, afin d'améliorer la résistance aux infiltrations et la qualité de la finition de surface.

9.3.4   Géométrie de la voûte et coupe type

La géométrie optimale en plan et la section transversale d'un barrage voûte en BCR dépendent des conditions du site, comme pour un barrage voûte en BCV. Cependant, l'état de contrainte et le comportement de la structure étant particulièrement affectés par l'approche et la méthodologie de construction dans le cas d'un barrage voûte en BCR, ces aspects doivent faire l'objet d'une attention particulière dans la conception et la géométrie de la voûte et sa coupe type verticale doit être optimisée dans les limites suivantes:

- Prendre en compte l'impact négatif des contraintes thermiques;
- Faciliter la rapidité de construction, en particulier en adaptant la géométrie d'un barrage voûte en BCR aux procédures de construction et au fonctionnement des équipements;
- Limitez le fruit du pied amont des consoles à 1V: 0,2H, en maintenant une face en amont régulière pour éviter les concentrations de contraintes.

RCC arch dams have been successfully constructed in China on sites where the geological conditions are not ideal. For example, the rock mass at Shimenzi Dam indicated a deformation modulus of 4 GPa (Wang, 2007).

9.3.3 Layout

The primary design, structural and geotechnical requirements and considerations for an RCC arch do not differ from those applicable for a CVC arch dam. Nevertheless, a number of fundamental differences that affect the most appropriate layout must be recognised. In general, the following issues must be given careful consideration in establishing the optimal layout and configuration of an RCC arch dam:

- Materials conveyance and construction management require detailed planning;
- The restricted working space associated with an arch dam will impact construction efficiency more in the case of RCC than CVC;
- Steep abutments, which can complicate vehicle and equipment access necessary for construction;
- Necessary work, such as consolidation grouting on steep slopes, may impact construction efficiency;
- The dam is constructed, in principle, horizontally;
- Arch action is developed as the dam increases in height;
- The specific stress relaxation creep characteristics of a particular RCC mix will influence early thermal and consequential stress behaviour;
- Specific construction techniques are used to develop transverse contraction joints;
- The contraction joint grouting system is installed together with/as part of the transverse joint inducing system; and
- Post-cooling systems and related special construction means and methods are often required.

To take advantage of the rapid construction benefits of RCC technology, the overall layout, geometry and design of RCC arch dams must be kept as simple as possible and appurtenant works must be separated from the dam where feasible or be designed for minimum interference with the RCC placement process. Recognising the importance of maintaining constructional simplicity through appropriate design is a key factor in the success of RCC arch dams.

RCC arch and arch-gravity dams commonly use GEVR for the upstream facing. In Chinese practice, a smaller maximum size aggregate RCC is often applied in a zone at the upstream face in combination with GEVR, to improve seepage resistance and surface finish quality.

9.3.4 Arch geometry and cross section

The optimal horizontal geometry and cross section of an RCC arch dam is dependent upon site conditions, similar to a CVC arch dam. However, as a result of the fact that the stress state and structural behaviour are particularly affected by the construction approach and methodology in the case of an RCC arch dam, these aspects must be given particular consideration in design and the arch geometry and vertical cross-section should be optimised for economy within the following constraints:

- Consider the adverse impact of thermal stresses;
- Facilitate rapid construction, in particular, adapting the geometry of an RCC arch dam to the construction procedures and equipment operation;
- Limit undercutting of the upstream heel on the cantilevers to 1V:0.2H, maintaining a smooth upstream face to avoid stress concentrations.

En respectant ces contraintes, différentes configurations de voûtes ont été réalisées avec succès en Chine, avec des courbures horizontales circulaires et paraboliques uniques ou multicentriques, avec ou sans porte-à-faux amont et dans de nombreux cas avec une double courbure. Bien que la plupart des premières voûtes en Chine aient adopté des configurations simples de voûtes épaisses, presque tous les exemples les plus récents sont des barrages voûtes à double courbure, avec des épaisseurs comparable à celle des voûtes en BCV.

Bien que les exigences relatives à la simplicité de conception et de construction qui s'appliquent aux barrages-poids en BCR soient généralement encore plus pertinentes dans le cas des barrages voûtes en BCR en raison de la surface de mise en place généralement réduite, les exigences spécifiques des voûtes en RCC sont les suivantes:

- Limiter la courbure tant horizontale que verticale;
- Concevoir le procédé de réalisation et d'injection des joints de façon à limiter l'interférence avec la mise en place du BCR
- Rationaliser et minimiser l'usage du system de post-refroidissement; et
- Concevoir des systèmes de post-refroidissement adaptés à la construction en BCR afin de minimiser l'impact sur sa mise en place.

Dans les limites indiquées ci-dessus, un barrage voûte en BCR peut aller d'une structure relativement mince présentant une double courbure à une structure poids incurvée, où l'effet voûte sert uniquement à apporter une sécurité supplémentaire dans les situations extrêmes. Alors que le premier type de conception nécessitera très probablement un pré-refroidissement, un post-refroidissement et une injection soignée des joints transversaux, il pourra en être différemment pour le deuxième type. À un extrême, la géométrie la plus fine et la plus complexe peut générer un volume plus faible de béton, mais aura des conséquences défavorables en termes de perte d'efficacité de la construction du BCR et d'augmentation de la durée des travaux et des coûts pour le post-refroidissement et le clavage ultérieur des joints. À l'autre extrême, l'élimination du post-refroidissement et de l'injection des joints nécessitera une augmentation du volume de béton, ce qui permettrait d'augmenter l'efficacité de la mise en place du BCR et permettrait que le remplissage de la retenue soit indépendant des contraintes associées à l'injection des joints. Entre les deux, il existe une gamme de solutions possibles, qui peuvent utiliser le pré-refroidissement, un post-refroidissement limité (ou partiel), des systèmes de joints ré-injectables, des systèmes d'injection contenant plusieurs boucles d'injection et/ou d'injection sur des sections limitées de la voûte, etc.

Situé dans des climats tempérés, le barrage voûte épaisse de Portugues (67 m) (Nisar, 2008) a été construit avec des joints amorcés, mais sans système d'injection, tandis que la barrage poids-voûte de Changuinola 1 (105 m) (Shaw, 2013) a été construit avec un système d'injection installé uniquement dans les zones où se produit un effet d'arc, bien qu'aucune injection de joint n'ait finalement été nécessaire, en raison du faible niveau de relaxation de contraintes par fluage observé dans le BCR. La configuration optimale de la voûte en BCR dépend donc des conditions spécifiques du site et doit être identifiée par un exercice d'optimisation tenant compte de la topographie, de la géologie, de la température (climat), des matériaux cimentaires, de l'espacement des joints de contraction, de la température de pose et de la construction.

9.3.5 Joints structuraux courts

L'analyse structurale montre que des contraintes élevées de traction se développent souvent dans les barrages voûtes sur la face amont au voisinage des appuis et dans les sections inférieures de la console de clé sur le parement aval, du fait de la déformation des arcs sous la charge. Une solution innovante a été trouvée en concevant des joints structuraux courts à ces endroits pour relâcher les contraintes de traction (Liu, Li & Xie, 2002), comme cela été réalisé pour la première fois sur la voûte mince en BCR de Xibing. Les joints structuraux courts ne sont réalisés qu'aux endroits soumis à une contrainte de traction élevée et ne s'étendent dans la structure du barrage que de 1 à 4 m des faces amont et aval, selon un alignement radial. Les joints structuraux courts en amont sur les appuis suivent plus ou moins l'alignement de la fondation, avec un certain lissage des irrégularités. Sur le parement aval en vallée, les joints structuraux courts sont généralement verticaux. En principe, les joints courts permettent une meilleure répartition des contraintes sur une voûte à simple courbure.

Respecting these constraints, various different arch configurations have been successfully applied in China, with single and multi-centre circular and parabolic horizontal curvatures, with and without undercut upstream faces and in many cases with double curvature. While most of the early arches in China adopted simple, thick arch configurations, almost all of the more recent examples are double curvature arch dams, with no distinct difference in arch thickness between RCC and CVC arches.

While the same requirements for simplicity of design and construction that apply to RCC gravity dams are generally even more relevant in the case of RCC arch dams, due to a typically reduced placement surface area, specific requirements of RCC arches are:

- To limit the degree of both horizontal and vertical curvature;
- To arrange induced joints and joint grouting systems for least interference with RCC placement;
- To rationalise and minimise the inclusion of post-cooling systems; and
- To design post-cooling systems for suitability with RCC construction and for least interference with RCC placement.

Within the above constraints, an RCC arch dam can range from a relatively thin structure with some double curvature, to a curved gravity structure, which relies only on arching for an additional factor of safety under extreme loading. While the former will most probably require pre-cooling, post-cooling and comprehensive transverse joint grouting, the latter may not. At one extreme, the thinnest possible and most complex geometry might give rise to the least concrete volume, but will incur impacts of lost RCC construction efficiency and increased time and cost for post-cooling and subsequent joint grouting. At the other extreme, the elimination of post-cooling and joint grouting will require increased concrete volume, which would in turn allow increased RCC efficiency and imply impoundment is independent of any constraints associated with joint grouting. In between, a range of possible solutions exist, which can make use of pre-cooling, limited (or partial) post-cooling, re-injectable grouting systems, grouting systems containing multiple injection loops and/or grouting over limited sections of the arch, etc.

Located in temperate climates, the thick arch Portugues Dam (67 m) (Nisar, 2008) was constructed with induced joints, but without a grouting system, while the arch-gravity Changuinola 1 Dam (105 m) (Shaw, 2013) was constructed with a grouting system installed only in areas where arching occurs, although no grouting finally proved necessary, due to the low level of stress-relaxation creep apparent in the RCC. The optimal RCC arch configuration is consequently dependent on the applicable site-specific conditions and should be identified through an optimisation exercise considering topography, geology, temperature (climate), available cementitious materials, contraction joint spacing, placing temperature and construction.

9.3.5 Short structural joint

Structural analysis demonstrates that high tensile stresses often develop in RCC arch dams at the upstream face against the abutments and in the lower sections of the crown cantilever on the downstream face, as the arches deflect under load. An innovative solution was found in providing short structural joints at these locations to release the tensile stresses (Liu, Li & Xie, 2002), as first applied at the Xibing thin RCC arch dam. Short structural joints are only included at locations of high tensile stress and extend into the dam structure typically only 1 to 4 m from the upstream and downstream faces, on a radial alignment. The short structural joints on the upstream abutments more or less follow the alignment of the foundation, with some smoothing over irregularities. On the central downstream face, short structural joints are usually vertical. In principle, short joints allow an improved stress distribution on a single-curvature arch dam.

Pour éviter que ces joints ne s'étendent plus profondément dans le béton, des profilés 'C' en acier sont installés perpendiculairement à l'extrémité intérieure et une lame d'étanchéité est installée à l'extrémité extérieure (sur la face amont) pour empêcher toute pénétration de pression d'eau.

Figure 9.2
Le barrage Shimenzi en cours de construction (Chine)
(Photo: Conrad, 2001)

9.3.6. *Articulation charnière*

La structure de l'articulation à charnière a été développée lors de la conception du barrage-voûte Shimenzi RCC (Liu, Li & Xie, 2002). Le barrage de Shimenzi a été construit en deux moitiés, avec un joint de contraction transversal formé conventionnel, avec des clés de cisaillement, entre les deux. A l'extrémité amont du joint de contraction transversale dans le sommet de l'arc, une fente verticale a été créée de 2 à 3 m de largeur et 3 à 5 m de profondeur. Avec le double objectif de fournir une isolation pour contrôler les gradients thermiques pendant l'hiver et pour fournir de l'eau au début pour l'irrigation en aval, la fente a été remplie d'un béton compensant le retrait (avec MgO) avant la mise en eau partielle du réservoir, pour former un bouchon, appelé « articulation à charnière ». L 'expansion du bouchon de béton crée des contraintes d'arc de pré-compression, compensant la perte de tension lorsque le béton refroidit avec la dissipation de la chaleur d'hydratation. L'inclusion du joint de charnière permet de retarder le jointoiement du joint de contraction central, en aval du bouchon, jusqu'à ce que le refroidissement complet à la température de fermeture du joint ait été atteint, tout en éliminant également la nécessité d'un post-refroidissement du RCC avant la mise en eau . Le post-refroidissement a cependant été appliqué pour réduire les températures d'hydratation de pointe pendant la période la plus chaude de l'année.

To avoid these joints extending deeper into the concrete, steel channels are installed on a perpendicular orientation at the inner end and a sealing element (waterstop) is installed at the outer end (on the upstream face) to prevent the ingress of water pressure.

Figure 9.2
Shimenzi Dam during construction (China)
(Photo: Conrad, 2001)

9.3.6. Hinge joint

The hinge joint structure was developed during the design of the Shimenzi RCC arch dam (Liu, Li & Xie, 2002). Shimenzi Dam was constructed in two halves, with a conventional formed, transverse contraction joint, with shear keys, in between. At the upstream end of the transverse contraction joint in the arch crown, a vertical slot was created of 2 to 3 m width and 3 to 5 m depth. With the dual purposes of providing insulation to control thermal gradients during winter and to provide early water for downstream irrigation, the slot was filled with a shrinkage-compensating concrete (with MgO) prior to partial reservoir impoundment, to form a plug, or the so-called "hinge joint". Expansion of the concrete plug creates pre-compression arch stresses, compensating for stress loss as the concrete cools with hydration heat dissipation. The inclusion of the hinge joint allows the grouting of the central contraction joint, downstream of the plug, to be delayed until full cooling to the joint closure temperature has been achieved, while also eliminating the requirement for post-cooling of the RCC prior to impoundment. Post-cooling was, however, applied to reduce the peak hydration temperatures during the hottest period of the year.

9.3.7   Barrages voûtes

Alors que la majorité des barrages voûtes construits en Chine appartiendraient à la catégorie des voûtes épaisses, avec un (B/H) supérieur à 0,20, le plus mince à ce jour a un rapport B/H de 0,13 et plus de la moitié, et la grande majorité des barrages voûtes récents, ont un rapport B/H inférieur à 0,25. Pour les ouvrages ne ressortant pas de la technologie chinoise, la seule voûte épaisse à avoir été construite à ce jour est le barrage de Portugues à Porto Rico (67 m), qui a un rapport B/H de 0,5. Néanmoins, la voûte épaisse est probablement la solution offrant le plus grand potentiel de développement pour le BCR. Sur un site où la topographie et/ou les conditions géologiques ne permettent pas de tirer pleinement parti de l'efficacité d'une voûte mince en BCV, il sera souvent possible d'obtenir le maximum d'efficacité avec une voûte en BCR. L'optimisation de la géométrie de la voûte et des matériaux vis-à-vis des charges thermiques, par exemple, peut éliminer le besoin de post-refroidissement et d'injection des joints, tout en conservant une configuration simple adaptée à la construction en BCR, comme ce fut le cas au barrage de Portugues (Liu, Li & Xie 2002). De même, la configuration peut être optimisée pour permettre un refroidissement naturel et une injection ultérieure avant la mise en eau des sections les plus minces. Une approche de post-refroidissement et d'injection localisée et stratégique peut également être développée dans certains cas, ce qui permet de réduire considérablement les volumes de béton sans aucun délai supplémentaire (ou minime) associé au post-refroidissement ou à l'injection des joints.

9.3.8   Barrage poids-voûtes et barrage poids incurvés

1.   *Généralité*

Du fait de leur configuration simple et de leurs niveaux de contrainte modestes, les barrages poids-voûtes et les barrages poids incurvés sont généralement bien adaptés à la construction en BCR. Bien qu'un barrage poids voûte offre des avantages par rapport à un barrage poids du fait d'un volume de béton réduit, il convient de prendre en compte certaines complexités supplémentaires, avec une durée de construction et un coût potentiellement plus importants, du fait du besoin éventuel de joints transversaux amorcés injectables et d'un pre-refroidissement et/ou un post-refroidissement.

Un barrage poids voûte fonctionnera généralement comme une série de consoles rigides, avec des fléchissements sous charge amenant les consoles à entrer en contact dans les niveaux supérieurs transférant ainsi la charge latéralement. Le comportement structurel est constitué d'une partie gravitaire et d'une partie fonctionnant en arc, certaines zones de la structure supportant des charges d'arc ou des charges rive à rive. Cependant, la baisse de température résultant de la dissipation thermique après l'hydratation et le retrait associé compromettent le fonctionnement structurel d'arc, qui doit souvent être restaurée par la suite par une injection de clavage. En raison du niveau élevé de redondance structurelle (hyperstaticité) dans de tels types de voûtes, seules les parties de la structure qui développent des efforts d'arc nécessitent une injection de clavage et une injection localisée stratégique plutôt qu'une injection complète, produira généralement des résultats satisfaisants [10]. En fonction de la rigidité relative des consoles, de la température de clavage applicable en relation avec le climat dans lequel le barrage est construit et de l'ampleur de relaxation de la contrainte due au fluage, les effets thermiques associés au gradient de masse ne nécessiteront pas toujours l'injection des joints de contraction amorcés.

2.   *Agencement général*

Un barrage poids voûte se caractérise généralement par une section transversale prismatique et une courbure circulaire, à rayon unique, avec un parement amont vertical et une face aval inclinée selon un fruit constant compris entre 0,35H/1V et 0,6H/1V.

Un barrage poids incurvé aura généralement une section transversale simple et une courbure circulaire, avec une face amont verticale ou à forte pente et une face aval typiquement avec une pente constante comprise entre 0,7H/1V et 0,85H/1V, selon le cas le chargement, les conditions de fondation et la topographie de la vallée. La courbure a généralement pour objectif d'augmenter le facteur de sécurité dans un cas de charge extrême particulier, d'augmenter la résistance au glissement sur les fondations ou de réduire le volume total de béton. En combinaison avec une ceinture sismique de crête (Cervetti, 2015 & Yziquel, Ndrian & Mathieu, 2015), une telle configuration représente une solution efficace pour supporter une charge de calcul sismique élevée avec une augmentation du volume de béton plus faible qu'il n'en serait nécessaire pour assurer la stabilité d'un barrage poids rectiligne.

9.3.7 Arch dams

While the majority of arch dams constructed in China would fall into the category of thick arch, with a base length/height ratio (B/H) exceeding 0.20, the most slender to date indicates a B/H ratio of 0.13 and more than half, and the significant majority of recent arch dams, indicate a B/H ratio of less than 0.25. Outside the application of Chinese technology, the only thick arch to have been constructed to date is Portugues Dam in Puerto Rico (67 m), which indicates a B/H ratio of 0.5. A thick arch, however, probably represents the solution with the greatest development potential for RCC. For a site where the topography and/or geological conditions will not allow the realisation of the full efficiencies of a thin CVC arch, greatest opportunity will often exist to achieve the maximum efficiencies associated with an RCC arch dam. Optimising the arch geometry and materials for applicable thermal loads, for example, can eliminate the need for post-cooling and joint grouting, while retaining a simple configuration suitable for RCC construction, as constructed at Portugues Dam (LIU, LI & XIE 2002 p. 68–77). Similarly, the configuration can be optimised to allow natural cooling and subsequent grouting prior to impoundment of the thinner sections only. An approach of localised and strategic post-cooling and grouting can also be developed in some cases, gaining the benefit of significantly reduced concrete volumes without any (or minimal) additional time requirements associated with post-cooling, or joint grouting.

9.3.8 Arch-gravity dams and curved gravity dams

1. General

As a result of their simple configuration and modest stress levels, arch-gravity and curved-gravity dam structures are generally well suited to construction in RCC. While an arch-gravity dam will offer advantages over a gravity dam in reduced concrete volume, consideration must be given to some additional complexities, with potentially increased time and cost, as a consequence of a possible requirement for groutable induced transverse joints and increased pre-cooling and/or post-cooling.

An arch-gravity structure will typically function as a series of rigid cantilevers, with deflections under load causing the cantilevers to make contact in the upper elevations and subsequently transfer load laterally. The structural behaviour is part gravity and part arch whereby certain zones of the structure will carry arch, or cross-canyon loads. However, post-hydration heat dissipation temperature drop and associated shrinkage compromise arch structural action, which must often subsequently be restored through joint grouting. As a consequence of a high level of structural redundancy in such arch types, only the parts of the structure that incur arch action require grouting and strategic, rather than comprehensive grouting will generally produce satisfactory results (SHAW 2015). Depending on the relative stiffness of the cantilevers, the applicable closure temperature relative to the climate in which the dam is constructed and the extent of stress relaxation creep, the associated mass gradient thermal effects will not always necessitate grouting of the induced joints.

2. Layout

An arch-gravity dam will typically indicate a prismatic cross section and a simple, single radius, circular curvature with a vertical upstream face and a downstream face inclined at a constant slope of between 0.35H:1V and 0.6H:1V.

A curved gravity dam will generally indicate a simple cross section and a circular curvature, with a vertical, or steeply inclined upstream face and a downstream face typically with a constant slope of between 0.7H:1V and 0.85H:1V, depending on the applicable loading, the foundation conditions and the valley topography. The applied curvature is usually included to increase the safety factor under a particular extreme loading case, to provide additional foundation sliding resistance, or to reduce total concrete volume. In combination with a crest tension belt e.g. CERVETTI (2015) & YZIQUEL, NDRIAN & MATHIEU (2015), such a configuration represents an effective solution to accommodate high seismic design loading with a lower consequential increase in concrete volume than would be required to achieve the necessary stability in a straight gravity dam.

9.3.9 Barrages voûtes et barrage poids voûtes utilisant un BCR à faible relaxation de contraintes par fluage

Comme indiqué aux chapitres 1 et 2, les recherches sur prototype ont mis en évidence un comportement de faible relaxation de contrainte par fluage au jeune âge, en particulier dans les BCR riches en cendres volantes cette propriété a été utilisée pour améliorer la conception des barrages poids. La réduction de relaxation de contrainte par fluage implique que la sollicitation due à la baisse de température maximale supportée dans un barrage voûte est diminuée, ce qui peut éliminer la nécessité d'une injection des joints dans un climat tempéré.

Il est toutefois important de noter que la sollicitation thermique la plus importante dans un barrage voûte construit avec un BCR à faible relaxation de contrainte par fluage n'est pas nécessairement associée à la situation à long terme, lorsque la chaleur de l'hydratation est complètement dissipée et que les températures dans la structure du barrage sont déterminées uniquement par les variations saisonnières. En particulier pour un barrage poids voûte, la base de la structure qui est plus large aura besoin d'un temps beaucoup plus long pour atteindre ses températures d'équilibre que la crête du barrage. Au fur et à mesure que la structure du barrage refroidit, le retrait, en particulier à la base de la structure, entraînera le déplacement des consoles vers l'aval, fermant les joints au sommet et renforçant l'effet voûte. Cependant, lorsque la crête refroidit plus rapidement que la base, les joints de contraction amorcés s'ouvrent dans la partie supérieure de la structure, mais le basculement de la console ne se produit pas pour atténuer cet effet, ce qui a pour conséquence que des tractions verticales peuvent se développer sur le parement amont, alors que les parties supérieures des consoles tentent de se déplacer pour réaménager l'effet voûte. Bien que ce cas de charge nécessite une attention particulière, il offre également des opportunités potentiellement bénéfiques. Permettre le refroidissement de la crête avant la mise en eau, ou appliquer un post-refroidissement stratégique en crête pendant que la base conserve encore une chaleur importante, permettra l'injection des joints transversaux à leur ouverture maximale, ce qui garantira une augmentation progressive des compressions dans la voûte pendant que la structure du barrage continue à dissiper la chaleur d'hydratation.

Il est considéré comme particulièrement important de noter que le barrage de Changuinola 1 est situé près de la ligne d'enveloppe supérieure sur le graphique de la production mensuelle moyenne par rapport au volume total de CCR, comme le montre la figure 5.1. Le fait d'être l'un des barrages RCC les plus rapides de sa taille confirme qu'une conception intelligente peut maintenir efficacement toute la simplicité de la construction RCC pour une configuration de barrage à voûte par gravité.

En raison du climat tempéré du Panama, le barrage de Changuinola 1 n'a nécessité aucune injection de joints, mais une approche différente a dû être retenue pour les barrages de Kotanli et de Köroğlu, dans le nord-est de la Turquie, en raison de conditions climatiques beaucoup plus sévères. Bien que le barrage de Kotanli, plus petit, ne subisse une action de voûte importante que sous charges extrêmes, il a été possible de concevoir un refroidissement naturel et une injection des joints minimale en crête. Le barrage de Köroğlu, quant à lui, montre un fonctionnement en voûte plus marqué, ce qui a permis de concevoir un post-refroidissement stratégique dans la zone travaillant en voûte et les injections associées avant la mise en eau.

Figure 9.3
Le barrage de Changuinola 1 presque achevé (Panama) (Photo: Lose, 2011)

9.3.9   Arch and arch-gravity dams using low stress-relaxation creep RCC

As discussed in Chapters 1 and 2, prototype research has identified a low early stress relaxation creep behaviour particularly in flyash-rich RCC and this has been used to benefit efficient arch-gravity dam design. Reduced stress-relaxation creep implies that the maximum temperature drop load to be accommodated in an arch dam is decreased, which can eliminate the need for joint grouting in a temperate climate.

It is, however, important to note that the most significant thermal load condition in an arch dam constructed with a low stress-relaxation creep RCC is not necessarily the long-term case, when the heat of hydration is fully dissipated and temperatures in the dam structure are determined only by seasonal variations. Particularly with an arch-gravity configuration, the broader base of the dam structure will require a substantially longer time to achieve equilibrium temperatures than the dam crest. As the dam structure cools, the shrinkage particularly in the base of the structure will cause the cantilevers to displace downstream, closing the joints at the crest and enhancing arch action. When the crest cools more rapidly than the base, however, the induced joints open in the upper part of the structure, but the tilting of the cantilever does not occur to mitigate this effect, with the consequence that vertical tensions can be developed in the upstream face, as the upper sections of the cantilevers attempt to displace to redevelop arch action. While this particular load case consequently requires specific attention, it also gives rise to potentially beneficial opportunities. Allowing crest cooling before impoundment, or applying strategic post-cooling in the crest while the base still retains significant heat will allow transverse joint grouting at maximum joint opening, which in turn will ensure that arch compressions progressively increase as the dam structure continues to dissipate hydration heat.

It is considered particularly significant to note that Changuinola 1 Dam plots close to the upper envelope line on the graph of average monthly production against total RCC volume, as illustrated in Figure 5.1. Being one of the fastest-constructed RCC dams of its size confirms that intelligent design can allow the full simplicity of RCC construction to be effectively maintained for an arch-gravity dam configuration.

While no joint grouting was necessary in the Changuinola 1 Dam due to the temperate climate of Panama, a different approach was required at the Kotanli and Köroğlu dams in north-eastern Turkey due to significantly more extreme conditions. As the smaller Kotanli dam will only incur significant arch action under extreme loads, it was possible to design for natural cooling and minimal joint grouting in the crest. With an increased arch action in the case of Köroğlu Dam on the other hand, strategic post cooling in the arch zone and associated joint grouting prior to impoundment was included in the design.

Figure 9.3
Changuinola 1 Dam, approaching completion (Panama) (Photo: Lose, 2011)

9.4 MATÉRIAUX ET MÉLANGES DE BCR POUR LES BARRAGES VOÛTES

9.4.1 Généralités

Les dispositions du chapitre 4 sur le dosage des mélanges s'appliquent de la même manière aux différents types de barrages voûtes en BCR. La section ci-après ne traite que des expériences sur les mélanges de BCR sur des voûtes et des questions qui revêtent une importance particulière pour les barrages voûtes en BCR.

9.4.2 Barrages voûtes en BCR en Chine

1. Matériaux spéciaux

Afin de réduire la fissuration dans les barrages voûtes, un objectif de conception spécifique est de produire un béton ayant une résistance à la traction relativement élevée, une bonne capacité de déformation en traction, un module d'élasticité faible, un faible retrait hydraulique (dû au séchage), un faible retrait autogène (ou même une expansion), une faible élévation de la température d'hydratation adiabatique et une faible conductivité thermique. Plus précisément, les matériaux retenus comprennent les ciments à faible chaleur d'hydratation, les cendres volantes et l'oxyde de magnésium permettant de compenser le retrait (MgO).

L'usage de ciments expansifs ou d'additifs d'expansion dans le béton à retrait compensé développe une expansion autogène pouvant partiellement compenser le retrait causé par la baisse de température. À cet égard, la Chine a mis au point et appliqué avec succès un béton à retrait compensé à base de MgO (Du, 2005). La température de cuisson est un facteur clé dans les performances d'expansion du MgO dans le béton et un comportement à expansion contrôlable ne peut être atteint que lorsque le $MgCO_3$ est modérément chauffé (à environ 1 100 ° C) pour produire du MgO, la cuisson à des températures plus élevées produisant une expansion tardive néfaste.

Les résultats des tests ont montré que le BCR mélangé avec 3,5 à 4,5% de MgO pouvait produire une dilatation de l'ordre de 70 à 100 microdéformations (micron/m), réduisant ainsi les contraintes de traction du béton de 0,6 à 1,0 MPa.

2. Mélanges de BCR typiques

Tous les barrages voûte en BCR en Chine ont été construits avec des mélanges BCREL et les caractéristiques particulières de leurs proportions peuvent être résumées comme suit:

- Tous les BCR pour barrages voûtes ont utilisé des cendres volantes dans les matériaux cimentaires, avec des pourcentages allant jusqu'à 65%, en fonction des qualités du ciment et des cendres volantes disponibles. En règle générale, les cendres volantes de la meilleure qualité constituent le choix optimal;
- Le rapport E/C est généralement compris entre 0,4 et 0,65;
- La maniabilité du BCR, déterminée par le test VC, est généralement comprise entre 3 et 10 secondes;
- Lorsque deux classes de granulats grossiers sont utilisées (40 mm et 20 mm), la taille maximale des granulats est de 40 mm et les proportions respectives sont généralement de 6 :4 ou 5 :5. Pour trois classes de granulats grossiers, la taille de granulat maximale est de 80 mm, généralement dans les proportions 4 :4 :3 ou 3 :4 :3;
- Les adjuvants chimiques sont utilisés pour augmenter le temps de prise, la maniabilité et la durabilité. Il est parfois avantageux d'utiliser plus d'un adjuvant chimique;
- Le rapport sable/granulats est généralement compris entre 30% et 38%;

9.4　RCC MATERIALS & MIXES FOR ARCH DAMS

9.4.1　General

The provisions of Chapter 4 on mixture proportioning are equally applicable to RCC arch dam types and the following section addresses only RCC mix application experience and issues that are of particular importance and relevance to RCC arch dams.

9.4.2　RCC arch dams in China

1.　Special materials

To reduce cracking in arch dams, a specific design objective is to produce concrete with a relatively high tensile strength, high tensile strain capacity, low elastic modulus, low drying shrinkage, low autogenous shrinkage (or even expansion), low adiabatic hydration temperature rise and low thermal conductivity. Specifically, preferred materials include low heat cements, flyash and shrinkage-compensating Magnesium Oxide (MgO).

The application of expansive cements, or expansion additives in shrinkage-compensating concrete develops autogenous expansion that can partially compensate for the shrinkage caused by temperature drop. In this regard, China has successfully developed and applied MgO-based shrinkage-compensating concrete (Du, 2005). The burning temperature is a key factor in the expansive performance of MgO in concrete and controllable expansion behaviour can be achieved only when $MgCO_3$ is lightly-burnt (at around 1100°C) to produce MgO, with burning at higher temperatures producing deleterious late expansion.

Test results have indicated that RCC mixed with 3.5 to 4.5% MgO can produce expansion of the order of 70–100 microstrain, reducing concrete tensile stress typically by 0.6–1.0 MPa.

2.　Typical RCC mixes

All RCC arch dams in China have been constructed using HCRCC mixes and particular features of the mix proportions can be summarised as follows:

- All RCC arch dams have included flyash in the cementitious materials, with percentages as high as 65%, depending on the qualities of the cement and the fly ash available. Generally, the highest quality fly ash is recognised as the optimal choice.
- The w/c ratio is generally between 0.4 and 0.65.
- The RCC workability, determined by the VC test, is typically in the range of 3 to 10 seconds.
- When two coarse aggregate sizes are used (40 mm & 20 mm), the maximum aggregate size is 40 mm and the respective proportions are generally 6:4 or 5:5. For three coarse aggregate sizes, the maximum aggregate size is 80 mm, typically in the proportions 4:4:3 or 3:4:3.
- Chemical admixtures are used to increase setting time, workability and durability. Occasionally it is beneficial to use more than one chemical admixture.
- The sand/aggregate ratio is usually in the range of 30% to 38%.

- Les granulats calcaires possèdent les propriétés les plus favorables pour le BCR. Si de la poudre de roche est incluse (jusqu'à 22% des granulats fins), il a été constaté en Chine que la maniabilité peut être améliorée sans affecter la résistance du BCR;
- Pour les granulats naturels, la teneur en particules en plates et allongées doit être aussi faible que possible et toujours inférieure à 15%;
- L'âge de référence du BCR est généralement de 90 ou 180 jours, en raison de la montée lente de la résistance lorsque la teneur en cendres volantes est élevée;
- Un béton à retrait compensé, à base de MgO, a été mis au point et appliqué avec succès sur un certain nombre de barrages voûtes en BCR.

9.4.3 Voûtes hors de Chine

Pour les barrages poids voûtes construits en Afrique du Sud et au Panama, un mélange de BCR contenant 70% de cendres volantes et un dosage en matériaux cimentaires de l'ordre de 200 kg/m^3 a été utilisé avec succès. La faible relaxation des contraintes dû au fluage à jeune âge de ces mélanges a été confirmé à la fois pendant l'exploitation et dans le déplacement vers l'amont du barrage Changuinola 1 mesuré pendant la construction. En règle générale, les mélanges à haute teneur en cendres volantes de cette nature atteignent une résistance à la compression supérieure à 30 MPa à un an. Dans le cas des deux barrages poids voûtes construits en Turquie, un mélange avec une teneur totale en ciment de 215 kg/m^3, incorporant 60% de pouzzolane naturelle de Trass (densité de 2,39), a permis d'atteindre une résistance à la compression de 20 MPa à un an. Les premières données de comportement confirment une faible relaxation de contrainte due au fluage pour ces mélanges.

Pour le barrage de Portugues à Porto Rico, une teneur en matériaux cimentaires de 165 kg/m^3 a été utilisée, contenant 31% de cendres volantes.

Dans le cas de barrages plus massifs poids voûtes et barrages poids incurvés, les contraintes sous charges statiques ne diffèrent pas de celles qui s'appliquent généralement à un barrage poids et, dans de tels cas, les spécifications des mélanges BCR sont similaires. Même si les tractions verticales au pied amont ne sont pas en général un mode de défaillance pertinents pour un barrage poids voûtes, les contraintes de traction en d'autres zones de la structure lorsque soumises à une charge dynamique seront généralement élevées et représenteront par conséquent généralement l'exigence déterminante pour la résistance du mélange BCR.

En règle générale, la majorité des barrages gravitaires en BCR ont donc été construits en utilisant du BCREL.

9.5 CALCUL DES CONTRAINTES THERMIQUES

Les principaux effets thermiques et les spécifications associées pour les barrages en BCR sont décrits au chapitre 2. Cette section ne traite que des aspects d'importance particulière pour les voûtes en BCR.

Comme dans le cas d'un barrage voûtes en BCV, les effets thermiques et les sollicitations associées ont une importance cruciale en termes de fonctionnement structurel d'un barrage voûte en BCR, avec la nécessité d'assurer ou de rétablir, partiellement ou totalement, le monolithisme structurel compromis par la baisse post-hydratation de la température. Il est généralement admis que le post-refroidissement sera appliqué à un grand barrage voûte en BCV afin de réduire suffisamment la température pour permettre l'injection des joints de contraction entre les monolithes avant la première mise en eau. Cela peut ne pas être le cas pour une voûte en BCR où l'approche optimale doit être précisée par une analyse thermique détaillée.

- Limestone aggregate has the best properties for RCC. If rock powder is included (up to 22% of fine aggregate), it has been found in China that the workability can be improved without affecting RCC strength.
- For natural aggregates, the content of flaky and elongated particles should be as low as possible and always less than 15%.
- The design age for RCC is generally 90 or 180 days, due to the slow strength gain associated with a high fly ash content.
- MgO-based shrinkage-compensating concrete has been successfully developed and applied on a number of RCC arch dams.

9.4.3 Arch dams outside China

For the arch-gravity dams in South Africa and Panama, a workable RCC mix containing 70% fly ash and total cementitious materials of the order of 200 kg/m³ was successfully used. The low early stress-relaxation creep of these mixes was confirmed both during operation and in the measured upstream movement of Changuinola 1 Dam during construction. Typically, high fly ash content mixes of this nature achieve a 1 year compressive strength exceeding 30 MPa. In the case of the two RCC arch-gravity dams constructed in Turkey, a mix with a total cementitious content of 215 kg/m³ was applied, incorporating 60% Trass natural pozzolan (with a specific gravity value of 2.39), to achieve a 1 year design compressive strength of 20 MPa. Early performance data confirms a low stress relaxation creep for these RCC mixes.

For Portugues Dam in Puerto Rico, a cementitious materials content of 165 kg/m³ was used, containing 31% fly ash.

In the case of heavier arch-gravity dams and curved gravity dams, stresses under static loading are not dissimilar to those typically applicable for a gravity dam and in such cases similar RCC mix requirements will apply. While vertical heel tensions do not directly represent a failure mode for an arch-gravity dam, tensile stresses in other areas of the structure under dynamic loading will generally be elevated and will usually consequently represent the determining requirement for RCC mix design strength.

In general, the majority of RCC arch-gravity dams have accordingly been constructed using HCRCC.

9.5 THERMAL STRESS ANALYSIS

The primary thermal effects and related requirements for RCC dams are discussed in Chapter 2 and this section addresses only those aspects of specific importance for RCC arch dams.

As is the case with a CVC arch dam, thermal effects and loadings are of critical importance in terms of the structural function of an RCC arch dam, with a requirement to ensure, or reinstate, partly or fully, the monolithic structural function compromised by post-hydration temperature drop. Whereas it is generally given that post-cooling will be applied for a significant CVC arch dam to bring the temperature down sufficiently to enable grouting of the contraction joints between monoliths before first impoundment, that may not be the case for an RCC arch dam, depending on the optimal approach identified through detailed thermal analysis.

Dans le cas d'un barrage voûte en BCR, l'inclusion de systèmes de post-refroidissement représente une complication et un impact plus important sur la construction que pour une voûte en BCV, alors que les sections de béton généralement plus épaisses nécessitent une plus grande énergie de refroidissement pour atteindre les températures nécessaires pour l'injection des joints. Inversement, les sections plus épaisses impliquent une plus grande rigidité structurelle des consoles, ce qui peut être bénéfique pour permettre à la structure de supporter une charge plus importante en console. En conséquence, la conception et l'analyse d'un barrage voûte en BCR doivent non seulement optimiser le volume de béton, mais également tenir compte des délais et des coûts supplémentaires dus au post-re-froidissement et à l'injection des joints permettant de prendre en compte les effets thermiques associés.

L'identification de la solution optimale en lien avec les considérations précédentes nécessite une analyse thermique complète et le calcul des contraintes qui en découlent, confirmant ainsi l'importance cruciale de cet aspect dans le processus de conception d'un barrage voûte en BCR.

9.6   CONTRÔLE THERMIQUE

9.6.1   Généralités

Les méthodes et systèmes de contrôle de la température du BCR sont décrits dans les chapitres 2 et 5 et seuls les aspects particulièrement pertinents pour les barrages voûtes et poids voûtes en BCR sont abordés dans ce chapitre.

La plus faible épaisseur de la section et le volume total de béton associés à une configuration en voûte ou en poids voûte peuvent présenter des avantages en termes de calendrier, mais lorsque la construction de la structure du barrage n'est pas sur le chemin critique, ces caractéristiques peuvent parfois permettre d'éviter ou de réduire le refroidissement artificiel, en mettant en place le BCR seulement pendant les périodes les plus froides de l'année. Une telle approche a été appliquée avec succès à un certain nombre de barrages poids voûtes de plus petit volume.

9.6.2   Pré-refroidissement

Dans les barrages poids en BCR, le pré-refroidissement est appliqué afin de garantir que la fissuration due au gradient de surface et au gradient de masse ne développe pas d'impacts structurels néfastes. Pour un barrage voûte ou poids voûte, le pré-refroidissement vise le même objectif et représente l'un des outils possibles dans la conception globale du barrage, comme indiqué à la section 9.5. Le pré-refroidissement est utilisé pour tous les barrages voûtes en BCR en Chine.

9.6.3   Post-refroidissement

Le post-refroidissement du béton est évidemment bénéfique pour un barrage voûte et essentiel pour une voûte mince et/ou à double courbure dans laquelle aucun additif de compensation du retrait n'est utilisé, en particulier dans le cas d'un climat rigoureux. Le post-refroidissement des barrages voûtes en BCR est toutefois plus difficile et impacte beaucoup plus l'efficacité de la construction que pour les barrages en BCV. Le post-refroidissement n'a généralement été utilisé que dans les barrages voûtes construits par la Chine et les très grands barrages poids.

L'expérience pratique de la mise en œuvre des systèmes de post-refroidissement dans les barrages voûtes en BCR a mis en avant les importantes exigences de conception et de construction suivantes (Du, 2010):

- Les systèmes de tuyaux de refroidissement et leur installation doivent être conçus de manière à avoir un impact minimal sur les vitesses de mise en place du BCR

In the case of an RCC arch dam, the inclusion of post-cooling systems represents a greater complication and impact on construction than is the case for a CVC arch, while the typically thicker concrete sections require greater cooling energy to achieve the necessary joint closure temperatures. Conversely, the thicker sections imply greater structural stiffness in the cantilevers, which can be beneficial in allowing the structure to carry a higher degree of cantilever load. Accordingly, the design and analysis of an RCC arch dam must not only optimise concrete volume, but must also take into account any additional time and cost associated with post-cooling and joint grouting, to address associated thermal effects.

To identify the optimal solution in relation to the above requires comprehensive thermal and associated stress analysis, confirming the particular importance of this element in the design process for an RCC arch dam.

9.6   THERMAL CONTROL

9.6.1   General

Methods and systems for the temperature control of RCC are discussed in Chapters 2 and 5 and only those aspects that are of particular relevance to RCC arch and arch-gravity dams are discussed in this Chapter.

The reduced section thickness and total concrete volume associated with an arch, or arch-gravity configuration can offer schedule benefits, but when the actual dam structure construction is not on the critical path, these characteristics can sometimes allow artificial cooling to be avoided, or reduced, through RCC placement only during the cooler periods of the year. Such an approach has been successfully applied at a number of smaller-volume RCC arch-gravity dams.

9.6.2   Pre-cooling

In RCC gravity dams, pre-cooling is applied in order to ensure that surface-gradient and mass-gradient effects do not develop any deleterious structural impacts. For an RCC arch, or arch-gravity dam, pre-cooling fulfils the same purpose, as well as representing one of the possible tools in the overall dam design, as mentioned under Section 9.5. Pre-cooling is used for all RCC arch dams in China.

9.6.3   Post-cooling

Concrete post-cooling is obviously beneficial for an arch dam and essential for a thin and/or double-curvature arch in which no shrinkage compensation additives are used, particularly in the case of a more extreme climate. Post-cooling of RCC arch dams, however, is more difficult and impacts construction efficiency significantly more than is the case for CVC dams. Post-cooling has generally only been used in Chinese-built RCC arch dams and very large gravity dams.

Practical experience in the application of post-cooling systems in RCC arch dams has demonstrated the following important design and construction requirements (Du, 2010):

- Cooling pipe systems and installation must be designed to minimise impact on RCC placement rates;

- Les systèmes de tuyauterie doivent être conçus pour résister aux dommages causés par le BCR mis en place au-dessus, ainsi que par les installations et équipements d'épandage et de compactage du BCR
- Aucune installation ou équipement ne doit être autorisé sur ou en contact direct avec les tuyaux de refroidissement
- Il convient d'utiliser du polyéthylène haute densité (PEHD), en particulier du polyéthylène composite (PE), avec des longueurs de bobine de 200 à 250 m permettant de minimiser voire d'annuler la présence de raccords au sein d'une couche de BCR;
- Des procédures de construction appropriées doivent être développées;
- Les raccords de tuyauterie doivent être soigneusement collés et assemblés de manière à éliminer tout risque d'arrachement lors de l'épandage et du compactage du BCR
- Avant et après l'épandage du BCR, les tuyaux de refroidissement doivent être testés en vue de détecter les fuites;
- Les tuyaux de refroidissement doivent être mis en place sur un BCR fraîchement compacté avant la prise initiale, avec des colliers ancrés à l'aide de barres d'armature en U inversées de petit diamètre
- Les tuyaux de refroidissement doivent être recouverts d'une épaisseur minimale de 25 cm de BCR ;
- Le déchargement, l'épandage et le compactage du BCR doivent être démarrés d'un côté du réseau de tuyaux de refroidissement, puis toujours à distance de ce point, évitant ainsi le besoin de circulation sur les tuyaux, etc.

Bien que le matériau PE ait une conductivité thermique inférieure aux tuyaux de refroidissement traditionnels en acier, les recherches et les pratiques de construction ont montré que le refroidissement qui en résulte n'est pas affecté de manière significative (Zhu, 1999), en partie du fait de la minceur des parois des tuyaux en PE utilisés.

Dans la pratique chinoise des barrages voûtes en BCR, le post-refroidissement est effectué en deux ou trois phases. La phase initiale est réalisée immédiatement après le compactage de la couche de BCR au-dessus des tuyaux de post-refroidissement et est maintenue pendant 14 jours pour réduire le pic de température d'hydratation. La phase finale du post-refroidissement est lancée au moins un mois avant l'injection des joints de contraction transversaux, afin de réduire les températures du béton à la température visée pour le clavage. Dans les régions plus rigoureuses sur le plan climatique, une phase intermédiaire de post-refroidissement est réalisée afin de réduire les gradients de température dans la section de BCR.

Lorsque des joints de contraction transversaux conventionnels (joints entièrement décollés) sont mis en place de façon exclusive, un post-refroidissement complet à la température de clavage sera effectué pour permettre l'injection avant la mise en eau du réservoir. Lorsque des joints transversaux conventionnels et des joints amorcés (partiellement décollés) sont utilisés conjointement, un post-refroidissement partiel ou complet peut être effectué et, bien que tous les joints soient ensuite injectés avant la mise en eau, une deuxième injection est également prévue pour être réalisée en phase d'exploitation. Lorsqu'on utilise seulement des joints amorcés, le post-refroidissement ne sera généralement pas appliqué, sauf occasionnellement pour limiter les gradients thermiques.

9.6.4 Systèmes de réalisation des joints

Les joints de contraction transversaux sont réalisés dans les barrages voûtes en BCR en insérant des systèmes de coupure soit partiellement, soit sur toute la surface de la section transversale du joint, de manière similaire aux barrages poids en BCR. Toutefois, dans le cas des barrages voûtes, les systèmes mis en œuvre doivent généralement inclure des installations d'injection du joint afin de rétablir la continuité structurale après le retrait dû à la baisse de la température post-hydratation.

Dans les barrages voûtes chinois, un système qui crée une coupure sur toute la surface du joint est appelé «joint de contraction transversal conventionnel». Un système qui coupe de 1/6 à 1/3 de la surface du joint en incluant un système de coupure uniquement sur certaines couches est appelé "joint amorcé", dans lequel un plan de faiblesse de traction est créé afin d'amorcer une fissure lors de la dissipation thermique post-hydratation.

- Pipe systems must be designed to be resistant to damage from RCC placed on top, as well as RCC spreading and compaction plant and equipment;
- No plant, or equipment must be allowed on, or in direct contact with the cooling pipes;
- High-density polyethylene (HDPE), particularly composite polyethylene (PE), should be used, with reel lengths of 200 to 250 m, allowing minimal, or no jointing within an RCC layer;
- Appropriate construction procedures must be developed;
- Pipe connections must be thoroughly sealed and jointed in a manner to eliminate the possibility of pull-out during RCC spreading and compaction;
- Before and after RCC spreading, the cooling pipes should be tested for leakage;
- Cooling pipes should be placed on freshly-compacted RCC prior to initial set, with loops anchored in place using small diameter inverted U-shaped reinforcing bars;
- Cooling pipes should be covered with a minimum RCC layer depth of 25 cm;
- Dumping, spreading and compaction of RCC must be initiated at one side of the cooling pipe network, subsequently always working away from this point and accordingly avoiding the need for traffic moving over the pipes, etc.

Although PE material has a lower thermal conductivity than traditional steel cooling pipes, research and construction practice has demonstrated that the consequential cooling is not significantly affected (Zhu, 1999), partly due to the thin-walled PE pipes used.

In Chinese RCC arch dam practice, post-cooling is performed in two or three phases. The initial phase is performed immediately after the compaction of the RCC layer above the post-cooling pipes and is maintained for a period of 14 days to reduce the peak hydration temperature. The final phase of post-cooling is initiated at least one month prior to grouting of the transverse contraction joints, to reduce the concrete temperatures to the target closure temperature. In climatically more extreme areas, an intermediate phase of post-cooling is applied to reduce temperature gradients across the RCC section.

Where conventional transverse contraction joints (fully de-bonded joints) exclusively are applied, full post-cooling to the closure temperature will be completed to allow joint grouting before reservoir impounding. For a mix of conventional and induced (partially de bonded) transverse joints, partial, or full post-cooling can be applied and while all joints are subsequently grouted prior to impoundment, a second grouting during operation will also be foreseen. When only induced joints are used, post-cooling will generally not be applied, except occasionally to limit temperature gradients.

9.6.4   Joint forming systems

Transverse contraction joints are formed in RCC arch dams by inserting de-bonding systems over either part, or all of the cross-section area of the defined joint, in a similar manner to RCC gravity dams. In the case of arch dams, however, the systems applied must generally include grouting facilities to re-establish structural continuity after post-hydration temperature drop shrinkage.

In Chinese arch dams, a system that creates de-bonding over the full joint contact area is termed a "conventional transverse contraction joint". A system that de-bonds between 1/6 and 1/3 of the joint area by including a de-bonding system only on certain layers is termed an "induced joint", whereby a plane of tension weakness is created for the purpose of initiating a crack during post-hydration heat dissipation.

Ailleurs dans le monde, on appelle joint de contraction conventionnel un joint entièrement coffré plutôt qu'un "joint amorcé", dans lequel le BCR est mis en place initialement d'un côté du joint contre un coffrage, puis de l'autre côté du joint une fois le coffrage enlevé, comme dans un barrage en BCV. Un joint de contraction transversal conventionnel a été utilisé dans divers barrages poids voûtes en BCR pour diverses raisons, généralement liées à la logistique de la construction et/ou à la planification. De tels joints ont également été utilisés lorsqu'une capacité de résistance au cisaillement spécifique est requise sur le joint soumis à une charge dynamique (Shaw, 2015). Dans de tels cas, tous les joints sans pose de BCR contre un coffrage sont qualifiés de joints amorcés.

9.6.5 Joints de contraction transversaux injectables

1. Système utilisé pour les barrages voûtes en Chine

Des joints de contraction transversaux injectables ont été réalisés dans tous les plus grands barrages voûtes en BCR (> 70 m) en Chine et le système généralement utilisé comprend des blocs de béton préfabriqués (Zhu, 2003). Les joints sont réalisés à l'aide de deux types (A et B) de blocs de béton préfabriqués de 1 m de longueur et de 0,3 m de hauteur (égaux à l'épaisseur de la couche), avec une largeur à la base de 0,3 m. Le côté en pente du bloc en contact avec le BCR est en forme de «dents» pour favoriser la liaison. Dans les blocs de type A, les trous pour l'installation des tuyaux d'alimentation et d'évacuation du coulis sont intégrés et des blocs de type A sont installés dans chaque cinquième ou sixième couche, avec des blocs de type B installés entre eux, comme illustré à la Fig. 9.4. Les blocs de béton sont alignés sur la ligne du joint de contraction et ancrés dans le BCR à l'aide de barres d'acier.

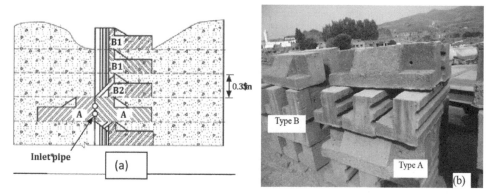

Figure 9.4
Joint de contraction transversal (a) et blocs de béton préfabriqués utilisés pour former le joint (b)
(photo: Du, 2015)

Elsewhere in the world, a conventional contraction joint is considered to apply to a wholly formed, rather than induced joint, whereby RCC is placed initially on one side of the joint against formwork and subsequently on the other side of the joint once the formwork has been removed, in the same manner applicable for a CVC dam. A conventional transverse contraction joint has been used in various RCC arch-gravity dams for diverse reasons, usually related to construction logistics and/or planning. Such joints have also been used where specific shear resistance capacity is required on the joint under dynamic loading (Shaw, 2015). In such instances, all joints not involving placing RCC against formwork would be termed an induced joint.

9.6.5 Groutable transverse contraction joint

1. System used for RCC arches in China

Groutable transverse contraction joints have been included in all larger (> 70 m) RCC arch dams in China and the system generally used comprises pre-cast concrete blocks (Zhu, 2003). The joints are formed using two types (A and B) of precast concrete block of 1 m length and 0.3 m height (equal to the layer thickness), with a bottom width of 0.3 m. The sloped side of the block in contact with RCC is formed with "teeth" to promote bonding. In the type A blocks, the holes for installation of the grout feed and vent pipes are included and type A blocks are installed in every fifth or sixth layer, with type B blocks installed in between, as illustrated in Fig. 9.4. The concrete blocks are aligned on the line of the contraction joint and anchored into the RCC with steel bars.

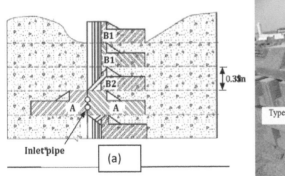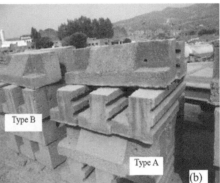

Figure 9.4
Transverse contraction joint (a) and precast concrete blocks used to form the joint (b)
(Photo: Du, 2015)

Les blocs sont installés sur un mortier de pose pour améliorer la liaison et l'imperméabilité à la surface de la couche de BCR réceptrice. Le BCR est placé et compacté de chaque côté. Les joints sont injectés avant la première mise en eau du réservoir.

2. *Système post-compactage*

Un système d'amorce et d'injection de joint comprenant des tuyaux en PEHD perforés installés à l'intérieur d'une feuille de PEHD pliée a été développé pour le barrage de Wolwedans en Afrique du Sud (Geringer, 1995) & (Shaw, 2003) et ceux-ci ont été installés lors de la mise en place du BCR. Ces systèmes ont été qualifiés de «amorce de fissures injectables». Des problèmes ont été rencontrés causé par déplacement latéral du BCR lors du compactage au rouleau, ce qui a entraîné l'ouverture des tuyaux formant le joint et a ensuite incité à mettre au point un système amélioré pour le barrage Changuinola 1 au Panama.

En créant une tranchée sur l'alignement du joint de contraction dans le BCR compacté à l'aide d'une large lame vibrante fabriquée spécialement, fixée à un bras de pelle, il était possible d'insérer un tuyau en HDPE perforé à l'intérieur d'une feuille de HDPE pliée, avec des entrées et des sorties sur la face aval et des tuyaux de raccordement dans le GEVR en amont pour former des boucles (voir Fig. 9.5). Sur l'alignement du joint, des amorces de fissure pouvant être injectées ont été installées dans chaque cinquième couche, avec des feuilles de PEHD pliées sans tuyaux dans la troisième couche, entraînant un décollement de 50% de la section transversale du joint. Lors de l'installation de ces systèmes, il est essentiel de nettoyer les canalisations à l'air comprimé pendant les premiers jours suivant l'installation, en raison de l'accumulation de laitance et d'eau qui pénètre dans le système malgré l'obturation des perforations des tuyaux par des manchons en caoutchouc.

Figure 9.5
Système d'amorce et d'injection de joint transversal, utilisé aux barrages
Changuinola 1, Kotanli et Koröğlu (Photo: Shaw, 2010)

The blocks are installed on a bedding mortar to improve bonding and impermeability with the receiving RCC layer surface and RCC is placed and compacted on either side. The joints are grouted prior to the initial reservoir impounding.

2.   *Post-compaction system*

A joint inducing and grouting system comprising perforated HDPE pipes installed inside a folded HDPE sheet was developed for Wolwedans Dam in South Africa (Geringer, 1995) & (Shaw, 2003) and these were installed in the process of RCC placement. These systems were termed "groutable crack directors". Problems were experienced in the sideways movement of RCC under roller compaction, which resulted in pipe joints being pulled apart and subsequently prompted the development of an improved system for Changuinola 1 Dam in Panama.

By creating a trench in the compacted RCC on the alignment of the contraction joint using a specially manufactured wide vibrating blade attached to a backactor, it was possible to insert a perforated HDPE pipe inside a folded HDPE sheet, with inlets and outlets on the downstream face and connector pipes in the upstream GEVR to form loops (see Figure 9.5). On the alignment of the joint, groutable crack directors were installed in every fifth layer, with folded HDPE sheets without pipes installed in the third layer, resulting in a 50% de-bonding of the cross-section on the joint. During the installation of these systems, it is essential to clear the pipes with compressed air for the first few days after installation, due to the accumulation of laitance and water, which enters the system despite the pipe perforations being sealed with rubber sleeves.

Figure 9.5
Typical tranverse joint inducing and grouting system, as used at Changuinola 1 Dam, Kotanli Dam & Koröğlu Dam (Photo: Shaw, 2010)

9.6.6 Injection de joints

1. Système d'injection de joint

Comme pour un barrage voûte en BCV, les systèmes de joints des barrages voûtes en BCR sont conçus pour compenser la contraction associée à la baisse de température post-hydratation et sont donc généralement injectés pour rétablir le monolithisme de la voûte et la continuité structurelle. Au cours de l'histoire des voûtes en BCR, un certain nombre de stratégies et de technologies ont été développées pour injecter les joints de contraction amorcés. Les trois systèmes suivants sont généralement utilisés (Du, 2006):

- Un système d'injection à usage unique avec post-refroidissement de la masse de RCC
- Un système d'injection en deux ou trois phases, et
- Un système d'injection ré-injectable.

Lorsque le BCR est post-refroidi pour évacuer la chaleur d'hydratation et atteindre artificiellement la température de clavage, une seule phase d'injection est suffisante, comme pour les voûtes en BCV. Lorsqu'on laisse refroidir une voûte naturellement, en fonction de sa configuration structurelle il peut être nécessaire d'injecter les joints de contraction par étapes. En règle générale, un système de double injection permettra deux étapes d'injection, tandis qu'un système d'injection ré-injectable autorisera en théorie des injections répétées, selon les besoins. Comme sous-entendu, une installation de double injection comprend deux systèmes d'injection indépendants dans chaque compartiment d'injection.

Dans la plupart des barrages voûtes en BCR chinois, des systèmes d'injection ré-injectables sont installés dans tous les types de joints, tandis qu'au barrage voûte en BCR de Linhekou à double courbure de 96,5 m de hauteur, un système de scellement triple a été installé dans les cinq joints amorcés et les trois joints conventionnels.

2. Systèmes d'injection ré-injectables

Un système d'injection ré-injectable a été développé en Chine, spécialement pour l'injection des joints de contraction transversaux dans les voûtes en BCR (Chen, Ji & Huang, 2003).

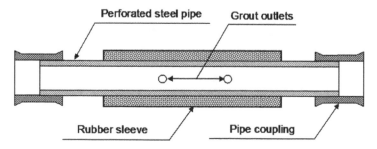

Figure 9.6
Détail des dispositifs d'injection ré-injectables

Légende
- A. Tuyau perforé.
- B. Orifice d'injection
- C. Manchon en caoutchouc
- D. Raccord de tuyauterie

9.6.6 Joint grouting

1. Joint grouting systems

As for a CVC arch dam, joint systems in RCC arch dams are provided to accommodate contraction associated with post-hydration temperature drop and are consequently generally grouted to re-establish the monolith arch structure and the associated structural continuity. Over the history of RCC arch dams, a number of strategies and technologies have been developed to grout induced contraction joints. The following three systems are generally applied (Du, 2006):

- A once only grouting system with post-cooling of the RCC mass;
- A system that is grouted in two, or three stages; and
- A re-injectable grouting system.

When RCC is post-cooled to remove hydration heat and to artificially achieve the closure temperature, a single grouting exercise will be sufficient, similar to CVC arch dams. When an arch is allowed to cool naturally, depending on its structural configuration, it may require grouting of the contraction joints in stages. Typically, a double-grouting system will allow two grouting stages, while a re-injectable grouting system will theoretically allow repeated re-grouting, as and whenever necessary. As implied, a double grouting facility includes two independent grouting systems within each grouting compartment.

In most of the Chinese RCC arch dams, re-injectable grouting systems are installed in all joint types, while at the 96.5-m high Linhekou double curvature RCC arch dam, a triple grouting system was installed in the five induced joints and three conventional joints.

2. Re-injectable grouting system

A re-injectable grouting system was developed in China specifically for grouting transverse contraction joints in RCC arch dams (Chen, Ji & Huang, 2003).

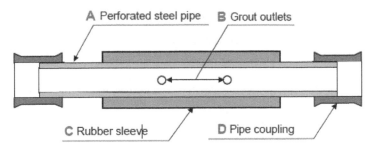

Figure 9.6
Detail of re-injectable grouting outlets

Comme illustré à la Fig. 9.6, l'élément clé du dispositif d'injection ré-injectable est un «tube à manchette» comprenant un tuyau en acier perforé à l'intérieur d'un manchon en caoutchouc. Le manchon en caoutchouc très élastique épouse parfaitement le tube en acier et fonctionne comme une valve. Il ne s'ouvre que lorsque la pression interne dans le tuyau d'injection dépasse 60 à 150 kPa (0,6 à 1,5 bar) pour permettre au coulis de se répandre dans le joint de contraction. Une fois l'injection terminée, le système de tuyau d'injection est lavé avec de l'eau basse pression, ce qui permet de le réutiliser ultérieurement lorsque l'ouverture du joint de contraction se développe.

Une fois que l'instrumentation indique qu'un joint s'est suffisamment ouvert, l'injection est classiquement effectuée, mais une provision est généralement jugée nécessaire pour permettre une nouvelle injection plus tard au cours de l'exploitation du barrage, si cela est jugé nécessaire. Deux joints conventionnels et deux joints amorcés ont été construits dans la voûte en BCR de Shapai, chacun comprenant un système d'injection ré-injectable. Les joints conventionnels ont été injectés avant la première mise en eau du réservoir, tandis que la première phase d'injection des joints amorcés s'est effectuée au cours des neuf mois suivants (avril à décembre 2001) et que l'injection de la deuxième phase a été achevée en avril 2003, deux ans après l'achèvement de la construction du barrage.

L'expérience acquise à ce jour a montré que la plupart des joints amorcés dans une voûte en BCR ne se ré-ouvrent pas après l'injection initiale. Cependant, il y a eu des exceptions où des fissures se sont développées par la suite entre des joints alors que les joints amorcés eux-mêmes restent fermés. Au barrage de Puding, par exemple, les deux joints amorcés sont restés fermés plusieurs années après le début de l'exploitation, tandis que des fissures se sont produites dans le béton des appuis gauche et droit. La cause probable de ces fissures est considérée comme étant soit des températures de pose plus élevées associées à des joints de construction verticaux inappropriés (Chen & Xu, 2000) dans ces zones, soit simplement un nombre inadéquat de joints amorcés sur les appuis en rive.

Un concept similaire de système d'injection ré-injectable a également été utilisé en dehors de la Chine, avec des tubes en PEHD de 40 mm (au lieu d'acier) percés de trous de 10 mm espacés de 100 mm, qui sont pareillement recouverts d'un manchon en caoutchouc formant un "tube à manchette", pour permettre l'injection, le lavage et la réutilisation.

3.   *Importantes leçons tirées de l'injection des joints de barrages en BCR*

Les problèmes qui peuvent être rencontrés pendant l'injection de joints non coffrés ou amorcés sont le blocage du coulis et des fuites. L'injection de joints amorcés au barrage poids voûte en BCR de Wolwedans environ 4 ans après l'achèvement des travaux en 1993 (Hattingh, Heinz & Oosthuizen, 2003), a permis de tirer d'importants enseignements. Le système a été considérablement amélioré pour être appliqué au barrage de Changuinola 1. Bien que les problèmes d'obstruction et d'arrachement aux raccords aient été sensiblement éliminés par l'installation après qu'avant le compactage du BCR, le problème le plus important rencontré lors de l'injection du barrage de Wolwedans était la conséquence de la présence d'une zone très perméable entre le BCR et les parements en BCV (comme indiqué au chapitre 2), aussi bien à l'amont qu'à l'aval. Bien que cette situation et les fuites de coulis autour des lames d'étanchéité aient empêché d'atteindre la pression recherchée dans les joints amorcés lors de l'injection, lorsque les joints de contraction étaient ouverts, le remplissage par le coulis a été réussi. Au barrage de Changuinola 1, seuls les joints inaccessibles après la mise en eau ont été injectés et dans ce cas, les pressions d'injection requises ont été atteintes sans difficulté.

9.6.7   Matériaux spéciaux

Comme indiqué ailleurs dans ce chapitre, les adjuvants compensant le retrait et les mélanges BCR de faible fluage peuvent être utilisés pour réduire les effets thermiques du gradient de masse, tandis que les mélanges de BCR à fluage élevé peuvent être utilisés pour réduire les effets des gradients thermiques de surface.

As illustrated in Figure 9.6, the key component of the re-injectable grouting system is a "tube-à-manchette" arrangement comprising a perforated steel pipe inside a rubber sleeve. The highly elastic rubber sleeve fits tightly around the steel pipe and functions as a one-way valve. Only when the internal pressure in the grouting pipe exceeds 60 to 150 kPa (0.6 to 1.5 bar) will the rubber sleeve open to allow grout to be released into the contraction joint. On completion of grouting, the grouting pipe system is washed out with low pressure water, allowing subsequent re-use when further contraction joint opening develops.

Once instrumentation indicates that a joint has opened sufficiently, grouting is typically undertaken, while the provision to re-grout is provided in case sufficient further joint opening develops during dam operation. Two conventional joints and two induced joints were constructed in the Shapai RCC arch dam, each including a re-injectable grouting system. The conventional joints were grouted prior to the initial reservoir impounding, while the 1st-stage grouting of the induced joints ensued over the following 9 months (April to December 2001) and the 2nd-stage grouting was completed in April 2003, two years after completion of the dam construction.

Experience to date has demonstrated that most of the induced joints in an RCC arch dam will not be open again after initial grouting. However, there have been exceptions where cracks have subsequently developed between joints, while the induced joints themselves remained closed. At Puding Dam, for example, the two induced joints remained closed several years after operation commenced, while cracks occurred in the concrete on the left and right abutments. The probable cause of these cracks is considered to be either higher placement temperatures in conjunction with inappropriate vertical construction joints (Chen & Xu, 2000) in these areas, or simply an inadequate number of induced joints on the extreme flanks.

A similar concept of a re-injectable grouting system has also been used outside China, with 40 mm HDPE pipes (instead of steel) perforated with 10 mm holes at 100 mm centres, which are similarly covered with a rubber sleeve in a "tube-à-manchette" system, to allow grouting, washing and re-use.

3.   Important lessons learned from RCC joint grouting

The problems that can be encountered during the grouting process on non-formwork, or induced joints are blockage and leakage. Important lessons were learnt during the induced-joint grouting at Wolwedans RCC arch-gravity dam approximately 4 years after completion in 1993 (Hattingh, Heinz & Oosthuizen, 2003) and the system was substantially improved for application at Changuinola 1 Dam. While blockage and pull-out problems at connection points were substantially eliminated through installation after, rather than before RCC compaction, the most significant problem experienced at Wolwedans Dam during grouting was a consequence of the presence of a highly permeable zone between the RCC and the CVC facing (as discussed in Chapter 2), at both the up- and downstream faces. While this situation and leakage of grout around waterstops prevented the development of the intended pressure in the induced joints during grouting, where the contraction joints were open, successful grout filling was achieved. At Changuinola 1 Dam, only those joints that could not be accessed after impoundment were grouted and in this case, target grouting pressures were achieved without difficulty.

9.6.7   Special materials

As discussed elsewhere in this Chapter, shrinkage compensating cement additives and low stress-relaxation creep RCC mixes can be used to reduce the impacts of mass-gradient thermal effects, while high stress-relaxation creep RCC mixes can be used to reduce the impacts of surface-gradient thermal effects.

9.7 INSTRUMENTATION

La discussion sur l'instrumentation des barrages en BCR présentée au chapitre 2 est également pertinente pour les barrages voûtes en BCR. Cependant, dans le cas particulier des barrages voûtes en BCR, la surveillance des déformations structurelles et de l'ouverture des joints est particulièrement importante car elle permet de comprendre la réponse structurelle aux effets thermiques et aux charges et de déterminer les niveaux réels de relaxation de contrainte par fluage. Pour atteindre ces objectifs, il est nécessaire de surveiller les déplacements, les déformations et la température, tant pendant la construction que pendant l'exploitation. Pour un fluage faible, un barrage voûte tendra à se déplacer vers l'amont pendant la construction, ce qui aura tendance à ouvrir les joints transversaux amorcés du côté amont [22] et à augmenter les contraintes de compression dans les arcs en aval. Par conséquent, un programme de contrôle précis du déplacement et des déformations doit être mis en œuvre, avec des mesures hebdomadaires pendant la construction, puis une fréquence mensuelle jusqu'à ce que la chaleur d'hydratation soit complètement dissipée.

L'installation de jauges de déformation longue base mesurant la température (LBSGTM) sur les joints amorcés s'est révélée efficace, mais il est important que l'implantation des instruments permette de surveiller l'ouverture différentielle du joint entre les faces amont et aval du barrage. Les LBSGTM doivent être situés de manière stratégique près de la surface du barrage, mais pas trop près pour ne pas être influencés par les effets de gradient de surface, dont la profondeur variera en fonction des conditions climatiques. En complément de la mesure de la déformation des joints, la mesure de la déformation de compression sur le parement aval à mi-distance des joints amorcés est utile, tandis que la mesure de l'ouverture des joints en surface pendant la construction permettra de surveiller les effets du gradient thermique de surface.

Les informations données par les LBSGTM sur l'ouverture des joints sont d'une importance cruciale pour établir la nécessité et le calendrier de l'injection des joints induits, tandis que les mêmes instruments fourniront des informations essentielles pour connaître la réponse de la structure du barrage lors de l'injection.

9.8 PERFORMANCE

9.8.1 Construction

En principe, un barrage voûte en BCR fonctionne de manière similaire à une voûte en BCV et les différences principales résident dans la construction et les effets thermiques qui se développent pendant la période de construction et au début de l'exploitation. Contrairement à une voûte en BCV, la construction horizontale d'une voûte en BCR implique que l'effet voûte est immédiatement présent et persiste jusqu'à ce que les joints transversaux s'ouvrent en raison du refroidissement naturel ou d'un post-refroidissement artificiel. Alors que les contraintes résultant de la température et des effets thermiques dans un barrage voûte en BCV peuvent être sensiblement atténués grâce à la possibilité du libre rétrécissement des monolithes verticaux individuels, les contraintes thermiques résiduelles persisteront souvent dans une voûte en BCR et peuvent affecter le comportement de la structure pendant la construction et en service.

Le fait que plus de 10% de tous les barrages en BCR construits en Chine, le pays qui compte de loin le plus grand nombre de barrages en BCR, soit une forme de voûte, confirme que l'usage du BCR pour les barrages voûtes n'est pas limité par une complexité spécifique de construction. L'expérience de la construction de barrages poids voûte en BCR a démontré que l'installation des systèmes nécessaires pour l'amorce et l'injection des joints ne crée pas d'interférences ni d'impacts importants sur la mise en place du BCR, alors que la géométrie simple de ces barrages permet d'atteindre un rendement maximal pour la construction du BCR.

Lorsqu'il est important de caractériser le comportement thermique et de relaxation des contraintes par fluage du BCR et de la structure du barrage, un contrôle accru des déplacements et de la déformation pendant la construction est nécessaire.

9.7 INSTRUMENTATION

The discussion on instrumentation for RCC dams presented in Chapter 2 is equally relevant for RCC arch dams. In the specific case of RCC arch dams, however, the monitoring of structural deflections and joint opening is of particularly importance, as these enable an understanding of the structural response to thermal effects and loads and the determination of the actual levels of stress-relaxation creep. To achieve these objectives requires monitoring of deflections, strain and temperature, both during construction and operation. For a low stress relaxation creep, an arch structure will indicate some upstream movement during construction, which will tend to open the induced transverse joints on the upstream side (Shaw, 2012) and increase compression strain in the downstream arch areas. Consequently, a programme of accurate displacement and strain monitoring should be implemented, with measurement on a weekly basis during construction, extending to a monthly interval until the hydration heat is fully dissipated.

The inclusion of long-base-strain-gauge-temperature-meters (LBSGTMs) across the induced joints has proved successful, while it is important that the related instrument arrangement allows monitoring of the differential joint opening between the upstream and downstream dam faces. LBSGTMs must be strategically located close to the dam surface, but not so close as to be influenced by surface gradient effects, which depth will vary based on the applicable climatic conditions. To augment joint strain measurement, the measurement of compression strain in the downstream face mid-distance between induced joints is beneficial, while surface joint opening measurement during construction will allow the monitoring of surface gradient thermal effects.

LBSGTM joint opening information is of critical importance to establish the need and timing for transverse induced joint grouting, while the same instruments will provide essential information defining the response of the dam structure during joint grouting.

9.8 PERFORMANCE

9.8.1 Construction

In principle, an RCC arch dam performs in a similar manner to a CVC arch and the primary differences lie in the construction and in thermal effects that develop during the construction period and during early operation. Unlike a CVC arch, the horizontal construction of an RCC arch dam implies that arch action is immediately present and will remain until the transverse joints are opened due to natural cooling, or artificial post-cooling. While stresses consequential to temperature and thermal effects in a CVC arch dam can be substantially dissipated through the individual vertical monoliths being allowed to shrink away from each other, residual thermal stresses will often remain in an RCC arch dam and these can affect structural behaviour during construction and operation.

The fact that more than 10% of all RCC dams constructed in China, the country with by far the largest number of RCC dams, are some form of arch confirms that the application of RCC for arch dams is not limited by any associated constructional complexity. Experience in the construction of RCC arch-gravity dams has demonstrated that the installation of the necessary systems for inducing and grouting joints creates no significant interference, or impact on RCC placement, while the simple associated dam configurations allow the full achievement of maximum efficiency RCC construction.

When it is important to establish the stress-relaxation creep and thermal behaviour of the RCC and the dam structure, increased displacement and strain monitoring during construction is required.

9.8.2 En phase d'exploitation

Comme rapporté à ce jour, tous les barrages voûtes et poids voûtes se sont comportés de manière exemplaire. Le barrage de Shapai, de 132 m de hauteur et achevé en 2002, était le barrage le plus proche de l'épicentre du grand séisme survenu dans le Sichuan en 2008. Malgré des accélérations nettement supérieures à ses charges de conception au cours de l'événement de magnitude 7.8 sur l'échelle de Richter, la structure du barrage voûte en BCR s'est parfaitement comportée, sans fissures ni autre dommages consécutifs. (Nuss, Matsumoto & Hansen, 2012)

Au début de l'exploitation, des fuites se sont produites au barrage de Wolwedans, émergeant des tuyaux d'entrée et de sortie du système d'injection des joints transversaux sur les marches en aval. Les tuyaux en HDPE perforés dans les joints amorcés agissant comme des drains s'étendant sur presque toute la largeur de la section transversale jusqu'au parement amont, toute infiltration contournant les lames d'étanchéité ou à travers le béton du parement en CVC, était immédiatement interceptée et acheminée vers le parement aval. Ce problème était aggravé de manière significative par une zone très perméable résultant d'un compactage insuffisant entre le revêtement BCV et le BCR, qui permettait également de diriger les infiltrations vers les tuyaux d'injection perforés. Bien que l'injection des joints ait été particulièrement efficace pour étancher tous les chemins de fuite, avec un transport latéral du coulis à travers l'interface perméable entre le CVC et le RCC, d'importantes leçons ont été apprises. Concernant les systèmes d'amorce et d'injection des joints transversaux, des manchons en caoutchouc de type «tubes-à-manchette» ont par la suite été mis en place sur les trous perforés, tandis que l'installation des systèmes d'amorce et d'injection des joints pendant la mise en place du BCR a été abandonnée au profit de mise en place dans une tranchée formée dans la surface de BCR fraîchement compactée.

RÉFÉRENCES / REFERENCES

CERVETTI, J-L, VALADIÉ, M, SICHAIB, A & RACHEDI, R. *"Special features of Tabellout RCC arched dam"*. Proceeding. Hydro-2015. Advancing Policy & Practice. Bordeaux, France. October 2015.

CHEN, D.X. & XU, Y. *"Analysis of causes of cracks occurred in Puding RCC arch dams."* (in Chinese). Guizhou Water Power. Vol.14, No.1, 2000, pp.34–36, 39.

CHEN, G.X., JI, G.J. & HUANG, G.X. *"Repeated grouting of RCC arch dams. Roller Compacted Concrete Dams."* (ed. by L. Berga, J.M. Buil, C. Jofre & C.G. Shen). 2003, Madrid, Spain, pp.421–426.

DU, C. *"A Review of magnesium oxide in concrete"*. Concrete International (ACI). Vol. 27, No. 12, 2005, pp.45–50.

DU, C. *"Post-cooling of RCC dams with embedded cooling pipe systems"*. International Journal on Hydropower and Dams. Issue 1, 2010, pp.93–99.

DU, C. *"Transverse contraction joints and grouting systems for RCC arch dams"*. International Journal on Hydropower and Dams. Issue 1, 2006, pp.82–88.

GERINGER, J. J. *"The design and construction of the groutable crack joints of Wolwedans dam"*. Proceedings of International Symposium on Roller Compacted Concrete Dams. Santander, Spain, 2–4 October 1995, Volume 2, pp1015–1036.

HATTINGH, L.C., HEINZ, W.F. & OOSTHUIZEN, C. *"Joint grouting of a RCC arch-gravity dam: Practical aspects"*. Roller Compacted Concrete Dams. (ed. by L. Berga, J.M. Buil, C. Jofre & C.G. Shen). 2003, Madrid, Spain, pp.1037–1052.

ICOLD/CIGB. *"Roller-compacted concrete dams. State of the art and case histories/Barrages en béton compacté au rouleau. Technique actuelle et exemples."* Bulletin No 126, ICOLD/CIGB, Paris, 2003.

LIU, G, LI, P, HU, Y & ZHANG, F. *"The RCC Arch Dam Structure on Taxi River and Water Storage Measure During Construction. Proceedings of International Symposium on Roller Compacted Concrete Dams.* Chengdu, China. 21–25 April 1999. Volume 1, pp 121.

LIU, G.T., LI P.H. & XIE, S.N. *"RCC arch dams: Chinese research and practice"*. International Journal on Hydropower and Dams. Issue 3, 2002, pp.95–98.

LIU, G.T., LI P.H. & XIE, S.N. *"Research and practice of roller-compacted concrete arch dams"*. Proceedings of International Conference on RCC Dam Construction in Middle East. April 7–10, 2002, Jordan, pp.68–77.

9.8.2 *In operation*

As reported to date, all RCC arch and arch-gravity dams have performed in an exemplary manner and Shapai Dam, which is 132 m in height and was completed in 2002, was the closest dam to the epicentre of the Great Sichuan earthquake in 2008. Despite experiencing accelerations substantially in excess of its design loads during the Richter scale 7.8 event, the RCC arch dam structure performed extremely well, with no cracking, or other consequential damage. (Nuss, Matsumoto & Hansen, 2012).

During early operation, leakage occurred at Wolwedans Dam, emerging from the transverse joint grouting system inlet and outlet pipes on the downstream face steps. With the perforated HDPE pipes in the induced joints acting as drains running almost the full width of the cross section to the upstream face, any seepage passing the waterstops, or through the CVC skin concrete was immediately intercepted and routed to the downstream face. This problem was significantly aggravated by a highly permeable zone, as a result of poor compaction, between the CVC facing and the RCC, which similarly allowed any seepage to be routed to the perforated grouting pipes. While the later grouting of the joints was particularly effective in sealing all of the problem seepage paths, with sideway movement of grout through the permeable interface between the CVC and RCC, important lessons were learned. In respect of the transverse joint inducing and grouting systems, "tube-à-manchette" rubber sleeves were subsequently applied over the perforated holes, while the installation of the joint inducing and grouting systems as part of the RCC placement process was abandoned in favour of placement in a trench cut into the freshly compacted RCC surface.

NISAR, A, DOLLAR, D, JACOB, P, CHU, D, LOGIE, C & LI, G. "*Nonlinear incremental stress-strain analysis for Portugues Dam; an RCC gravity arch dam*". 28th United States Society of Dams Annual Meeting and Conference. Portland, Oregon. April, 2008.

NUSS, L.K., MATSUMOTO, N & HANSEN, K.D. "*Shaken, But Not Stirred – Earthquake Performance of Concrete Dams*". Proceedings USSD Conference. Innovative Dam & Levee Construction for Sustainable Water Management. April 2012. New Orleans, USA.

SHAW, Q.H.W. "*Developments in the technology of RCC dam design*". Proceedings of the International Conference on Roller Compacted Concrete (RCC) Dams. November 2013, New Delhi, India.

SHAW, Q.H.W. "*The development of RCC arch dams*". Roller Compacted Concrete Dams (ed. by L. BERGA, J.M. BUIL, C. JOFRE & C.G. SHEN). 2003, Madrid, Spain, pp.363–371.

SHAW, Q.H.W. "*The influence of low stress-relaxation creep on large RCC arch & gravity dam design*". Proceedings of the 6th International symposium on Roller Compacted Concrete (RCC) Dams. 23–25 October 2012, Zaragoza, Spain, C026.

SHAW, Q.H.W. "*The structural function of different arch dam types*". Proceedings. SANCOLD. Dam safety, maintenance and rehabilitation of dams in Southern Africa. September 2015. Cape Town, South Africa.

VAZQUEZ, P. & GONZALEZ, A. "*Moving successfully from a conventional concrete into an RCC design for Portugués dam*". Proceedings of the 6th International symposium on Roller Compacted Concrete (RCC) Dams. 23–25 October 2012, Zaragoza, Spain, C018.

WANG, S.P. "*Development of RCC Dam Construction Technology in China*". Proceedings of the 5th International Symposium on RCC Dams. Guiyang, China, November 2007, pp.58–77. (in Chinese).

YZIQUEL, A, ADRIAN, F, MATHIEU, G. "*Janneh dam, Lebanon: a case study*". Proceedings. Hydro-2015. Advancing Policy & Practice. Bordeaux, France. October 2015.

ZHU, B. "*Effect of cooling by water flowing in non-metal pipes embedded in mass concrete*". Journal of Construction Engineering and Management. ASCE, Vol.125, No. 1, 1999, pp.61–689.

ZHU, B. "*RCC arch dams: temperature control and design of joints*". International Water Power and Dam Construction. Vol.55, No.8, 2003, pp.26–30.

APPENDICE A
LE FLUAGE DANS LE BÉTON DE MASSE

LA RELAXATION DES CONTRAINTES PAR LE FLUAGE DANS LE BETON DE MASSE

Retrait du béton en bas âge

L'hydratation des matériaux cimentaires est une réaction chimique exothermique au cours de laquelle la pâte cimentaire gagne en résistance et développe un module d'élasticité croissant. Le volume du produit de la réaction est inférieur au volume des composants de la réaction, la quantité de retrait total dépendra de la composition des matériaux cimentaires dans le mélange. En règle générale, le retrait chimique total d'un mélange de ciment Portland et d'eau, pendant la période d'hydratation au complet, est d'environ 9% (90 000 microdéformations).

Lorsque le ciment s'hydrate, il forme une structure squelettique qui gagne progressivement en résistance. Par conséquent, tout le retrait chimique ne se traduit pas par un retrait physique de la pâte de ciment, le retrait chimique total se traduisant par des vides dans la pâte + retrait autogène (voir Figure 1).

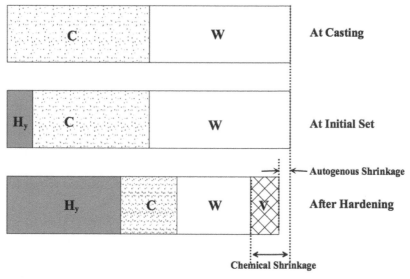

Figure 1
Réactions causant le retrait autogène et chimique (Japon, 1999)

Légende:
A. Au moment de la coulée
B. À la prise initiale
C. Ciment non-hydraté
D. Retrait autogène
E. Béton durci
F. Retrait chimique
Hy. Produits de l'hydratation
W. Eau non-hydratée
V. Vides générés par l'hydratation

STRESS-RELAXATION CREEP IN MASS CONCRETE

Early Concrete Shrinkage

The hydration of cementitious materials is an exothermic chemical reaction, during which cementitious paste gains strength and develops an increasing elastic modulus. The volume of the product of the reaction is less than the volume of the reacting components, with the extent of total shrinkage being dependent on the composition of the cementitious materials applicable. Typically, the total chemical shrinkage for a Portland cement and water mixture, which continues for the full duration of hydration, is approximately 9% (90 000 microstrain).

As cement hydrates, it forms a skeletal structure that progressively gains strength. Consequently, not all of the chemical shrinkage is translated into a physical shrinkage of the cement paste, with total chemical shrinkage manifesting as voids in the paste + autogenous shrinkage (see Figure 1)

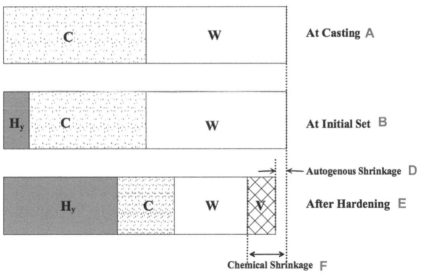

Figure 1
Reactions causing autogenous and chemical shrinkage. [Japan 1999]

Le béton comprend une pâte à base de ciment + granulats + air et les effets du retrait autogène de la pâte à base de ciment sont atténués dans le béton par la présence de granulats et de la structure squelettique créée par les granulats. Alors que le béton de masse conventionnel (BCV) comprend des pourcentages de pâte supérieurs à ceux du BCR, le premier est consolidé par gravité, tandis que ce dernier reçoit une importante énergie de compactage. Le compactage du BCR densifie la structure squelettique du granulat, expulsant l'excès de pâte vers la surface.

En raison d'une teneur réduite en pâte et d'une structure squelettique des granulats mieux développée, les effets du retrait autogène de la pâte ont une influence réduite sur le BCR par rapport au BCV.

LE DEVELOPPEMENT DE LA RELAXATION DES CONTRAINTES PAR LE FLUAGE DANS LE BETON DE MASSE

Lorsque l'hydratation est initiée dans une masse de béton coulée pour un barrage, la dilatation thermique est généralement contrainte par le béton environnant, qui subit la même augmentation de température d'hydratation. La déformation unitaire due à la dilatation thermique dans le béton contraint résulte par conséquent en une contrainte de compression. Avec le retrait chimique entraînant des vides dans la pâte cimentaire et le retrait autogène de la pâte de ciment entraînant des vides dans la structure interne du béton, un mécanisme de fluage sous contrainte de compression est créé. Comme la résistance du béton en mûrissement est encore faible à ce moment-là, la contrainte de compression thermique se relâche par fluage donnant ainsi *relaxation de contraintes par fluage*.

NIVEAUX TYPIQUES DE RELAXATION DE CONTRAINTES PAR FLUAGE DANS LE BETON DE MASSE

En fonction de la hauteur des levées en cause, la relaxation des contraintes par fluage dans la construction de barrages en béton est généralement, et de manière simpliste, assimilée à un retrait thermique équivalent ou légèrement inférieur à l'augmentation totale de la température d'hydratation. Pour les ouvrages en BCV construits par plots verticaux, il s'agit d'une hypothèse commode et conservatrice, qui correspondra généralement à un retrait effectif du béton compris entre 180 et 250 microdéformations

L'INFLUENCE DES MATERIAUX CIMENTAIRES SUR LE RETRAIT AUTOGENE ET LA RELAXATION DES CONTRAINTES PAR FLUAGE

La recherche a démontré que l'utilisation de quantités significative de pouzzolanes peut influencer d'autant le retrait autogène mesuré sur le mortier cimentaire (voir figure 2). Sans aucun doute, la réduction mesurée du retrait autogène est une conséquence de la réduction du retrait chimique total.

Concrete comprises cementitious paste + aggregates + air and the effects of autogenous shrinkage of the cementitious paste are further reduced in concrete through the presence of aggregates and the skeletal structure created by the aggregates. Whereas conventional mass concrete (CVC) comprises higher percentages of paste than RCC, the former is consolidated under gravity, while significant energy is used in the compaction of the latter. RCC compaction densifies the aggregate skeletal structure, expelling excess paste to the surface.

As a consequence of a reduced paste content and a better-developed aggregate skeletal structure, the effects of autogenous paste shrinkage are of reduced influence in RCC compared to CVC.

THE DEVELOPMENT OF STRESS-RELAXATION CREEP IN MASS CONCRETE

When hydration is initiated in mass concrete cast in a dam, it is typically constrained against thermal expansion by the surrounding concrete, experiencing the same hydration temperature increase. Thermal expansion strain in the constrained concrete is consequently manifested as compression stress. With chemical shrinkage resulting in voids in the cementitious paste and autogenous shrinkage of the cement paste resulting in voids within the internal structure of the concrete, a mechanism for creep under compression stress is created. As the strength of the maturing concrete is still low at this time, the thermal compression stress is relaxed through creep; stress-relaxation creep.

TYPICAL LEVELS OF STRESS-RELAXATION CREEP IN MASS CONCRETE

Depending on the heights of the lift pours applied, stress-relaxation creep in mass concrete dam construction is typically and simplistically equated to a thermal shrinkage equivalent to, or marginally less than, the full hydration temperature rise. For vertically-constructed CVC, this is a convenient and conservative assumption and will typically equate to an effective concrete shrinkage of between 180 and 250 microstrain.

THE INFLUENCE OF CEMENTITIOUS MATERIALS ON AUTOGENOUS SHRINKAGE AND STRESS-RELAXATION CREEP

Research has demonstrated that the use of significant percentages of pozzolan can very significantly influence the extent of autogenous shrinkage measured in cementitious mortar (see Figure 2). Undoubtedly, the measured reduction in autogenous shrinkage is a consequence of reduced total chemical shrinkage.

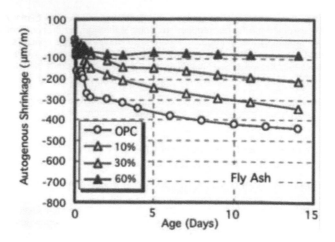

Figure 2
L'influence des cendres volantes sur le retrait autogène du mortier (Nawa et al, 2004)

Légende :
    A. Âge (jours)
    B. Retrait autogène (um/m)
    C. Cendres volantes
    D. Ciment Portland

Alors que des pourcentages élevés de cendres volantes réduisent particulièrement le retrait autogène, certains laitiers de hauts fourneaux peuvent quant à eux augmenter le retrait autogène.

L'utilisation de 70% de cendres volantes dans le mélange de BCR, dans deux barrages voute/ gravité construits en zones de climat tempéré, a démontré une relaxation des contraintes par fluage d'approximativement 50%.

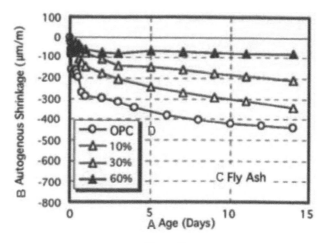

Figure 2
The influence of fly ash in autogenous mortar shrinkage (Nawa et al, 2004)

While high percentages of fly ash particularly reduce autogenous shrinkage, certain blast furnace slags can actually increase autogenous shrinkage.

Using 70% fly ash in a workable RCC mix, a net stress-relaxation creep of approximately 50 microstrain was demonstrated on two RCC arch/gravity dams constructed in temperate climates.